第三版编写人员

主　编　陈怀涛

副主编　独军政　尚佑军

编　者（以姓氏笔画为序）

丁玉林　王凤龙　王金玲　扎西英派　　刘思当

刘振轩　何晚红　张芳芳　张旺东　陈怀涛　范希萍

尚佑军　金　毅　独军政　姚万玲　贺文琦　谭雪芬

动物疾病诊治彩色图谱经典系列

牛羊病
诊治彩色图谱 （第三版）

陈怀涛◎主编

中国农业出版社
农村读物出版社
北　京

内容提要

本书由陈怀涛教授等17位兽医科技工作者编写而成。其内容主要包括牛、羊的主要传染病、寄生虫病、普通病、肿瘤与其他疾病143种，特征图片691幅，每种疾病基本是按病原、流行病学、发病机理、症状、病理变化、诊断与防治等七项内容叙述。本书资料丰富，文字精炼，图片真实，理论结合实际，编排得当，便于临诊使用。既可作为农业院校预防兽医学、临诊兽医学及兽医病理学等相关学科与专业的研究生和大学生的教材，又可供兽医科研工作者、基层畜牧兽医人员和医学科学工作者参考。

第三版前言
FOREWORD

《牛羊病诊治彩色图谱》（第二版）自2010年出版至今已经12年了。牛羊等动物疾病特别是传染病的不断发生和流行，引起了兽医防控和研究工作者的关注。在世界兽疫新动向形势下，为使本书新版适应兽医实践需要，我们对其进行了修订。

第三版的修订工作主要包括两个方面：一方面是对全部文字做了仔细审阅压缩，删除了一些繁杂的内容，使每一部分都更加明确、实用，每个疾病也更加紧凑、精炼。但是，与疾病诊断和防治有关的重要理论还是尽量做了简述。我们还增加了牛疙瘩皮肤病、地方流行性鼻咽癌、蓝舌病及小反刍兽疫。另一方面对图片也进行了调整，有的图片质量较差，我们更换了新的；有的疾病图片不足，我们尽力做了增补。因此，本版的文字和图片质量均较第一、二版有明显提高。

牛羊病很多，很复杂，不可能在一部著作里收集完全，更不可能对每种疾病做全面系统的论述。本书重点介绍牛、羊重要疾病中与诊断防治有关的知识。对于广大基层畜牧兽医工作者来说，疾病防控是目的，而疾病诊断是关键。疾病诊断有许多方法，我们都拟作了介绍，但最易掌握和实用的，则是临诊病理学方法。因此，在书中我们特别加强了病理变化与临诊症状的描述及其图片的展示。这也是本书的重要特点之一。

本书第一、二版由几十位兽医学领域的专家、教授用心参与编写，还有许多国内外同行毫无私心地提供了珍贵图片。应该说，第三版能顺利出版是所有这些同仁共同努力的结果。在第三版付梓之际，我们衷心感谢大力支持与关心本书面世的所有同志。我们还要特别感谢中国农业出版社武旭峰等编辑和相关工作人员，是他们为本书的出版做了精心设计和具体安排。

　　《牛羊病诊治彩色图谱》的修订和再版是一项非常重要而细致的工程，虽然我们为此付出了很多劳动，但因学术水平有限，临诊经验不足，书中难免有不当或疏漏之处，恳请广大读者批评指正。

编　者

2022年10月于兰州

目 录
CONTENTS

Chapter **2**

第二章
寄生虫病

第二部分　羊　病

Chapter **5**
第五章
传染病

Chapter **6**
第六章
寄生虫病 　　　　　　　　　　　　　　　　240

Chapter **7**
第七章
普通病　　　　　　　　　　　　　　　　　　　　　　270

Chapter **8**
第八章
肿瘤和其他病症　　　　　　　　　　　　　　　　300

Part 1

第一部分

牛 病

Chapter 1 第一章

传染病

一、炭疽

炭疽（anthrax）是由炭疽杆菌引起的一种人畜共患的急性、热性、败血性传染病，其特征是突然发病、高热稽留、脾脏肿大、结缔组织出血性水肿和血液凝固不良。

[病原] 炭疽杆菌的大小为 (1.0 ~ 1.5) μm × (3.0 ~ 5.0) μm，革兰氏染色阳性，无鞭毛，不运动。本菌在组织病料内常散在，或几个菌体相连呈短链，排列如竹节状，菌体周围有荚膜，一般无芽孢（图1-1-1）。在人工培养基或自然界中，菌体呈长链状排列，两菌接触端平直如刀切，于适宜条件下可形成芽孢，位于菌体中央。进行串珠试验时，炭疽杆菌呈串珠状或长链状（图1-1-2）。炭疽杆菌繁殖体抵抗力不强，但芽孢抵抗力坚强，在干燥的土壤中可存活数十年之久。常用消毒剂有20%漂白粉、2%~4%甲醛溶液、0.5%过氧乙酸和10%氢氧化钠。本菌对青霉素、磺胺类药物等敏感。

[流行病学] 各种家畜及人对本病均有易感性，牛、羊等草食兽易感性高。病畜是主要传染源，濒死期患病动物体内及分泌物、排泄物中常有大量菌体，若尸体处理不当，炭疽

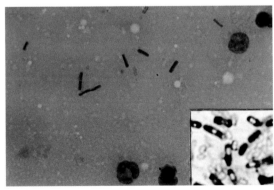

图1-1-1　组织中炭疽杆菌的形态：大杆状，有厚层荚膜。右下插图为菌体的芽孢形成。（Wright×1 000）

（胡永浩）

图1-1-2　串珠试验时炭疽杆菌的形态：串珠状或长链状。（Gram×1 000）

（胡永浩）

杆菌形成芽孢并污染土壤、水源和牧地，则可成为疫源地。牛、羊通常由采食污染的饲料或饮水而感染，也可经呼吸道或吸血昆虫叮咬传染。本病多发生于夏、秋季，呈散发性或地方性流行。

[发病机理]　炭疽杆菌主要经消化道感染，也可经皮肤或呼吸道感染。本菌的致病作用主要是由荚膜物质（D-谷氨酸多肽）和菌体毒素复合物（包括水肿因子、保护性抗原与致死因子）等引起。前者可中和体内的杀菌物质，并能抵御白细胞的吞噬作用。后者除上述作用外，还可使组织细胞代谢障碍，引起细胞变性、坏死；使血管内皮细胞肿胀、变性，管壁通透性增强等。由于激活内、外源性凝血系统，故发生弥漫性血管内凝血。因此，导致出血、水肿、休克和一系列退行性病变。当病原菌突破机体防御屏障而侵入血流大量繁殖时，可使动物因败血症而死亡。

[症状]　潜伏期一般为1～5d。临诊上可分为最急性、急性和亚急性三种病型。

最急性：常见于流行初期，绵羊为多。患病动物突然倒地、昏迷，呼吸困难，可视黏膜发绀，全身战栗，天然孔常出血。羊多出现摇摆、磨牙及痉挛等症状，个别牛表现兴奋、鸣叫或臌气。于数分钟或几小时内死亡。

急性：较为常见。患畜体温升高达42℃，精神不振，食欲下降或废绝，反刍停止，可视黏膜发绀、有小点出血。病初便秘，后期腹泻带血，甚至出现血尿，少数病例发生腹痛。濒死期体温下降，天然孔流血，于1～2d死亡。

亚急性：病性较缓，多见于牛。通常在咽喉、颈部、胸前、腹下及肩前等部位的皮肤、直肠或口腔黏膜等处发生局限性炎性水肿、溃疡，称为"炭疽痈"，可经数周痊愈。该型有时也可转为急性，发生败血症而死亡。

[病理变化]　最急性病例多无明显病变，或仅在个别内脏见到出血点。急性炭疽以败血性变化为主（图1-1-3）。尸体腹胀明显，尸僵不全，天然孔出血，血液凝固不良呈煤焦油样，可视黏膜发绀。全身广泛性出血，皮下、肌肉间及浆膜下胶样水肿（图1-1-4）。脾脏肿大（图1-1-5），脾髓软化呈糊状（图1-1-6）。淋巴结肿大、出血，切面多血（图1-1-7）。肠道发生出血性炎症。部分病例于局部形成"炭疽痈"。肺和其他器官还可见到浆液出血性炎症。镜检可发现炭疽杆菌。

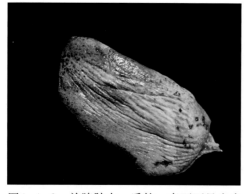

图1-1-3　羊脾肿大，质软，表面可见出血斑点。

（王金玲）

图1-1-4　皮下结缔组织呈出血性胶样水肿。

（陈怀涛）

图1-1-5　脾肿大、质软，呈紫黑色。

（R. W. Blowey等）

图1-1-6　羊脾肿大，切面见脾髓软化呈糊状，似煤焦油。

（王金玲）

图1-1-7　羊出血性淋巴结炎，淋巴结出血呈黑红色。

（王金玲）

[诊断]　依据典型病变和重要症状可怀疑或初步诊断本病，但确诊须进行实验室检查。

（1）病原学检查

①病料采集　死于炭疽的动物应严禁剖检尸体。患病动物生前于濒死期采集耳静脉血液、水肿液或血便；死后可立即于四肢末梢采集静脉血液；必要时做腹部局部切口，采集小块脾脏，然后将切口用浸透0.2%升汞或5%石炭酸的棉花或纱布塞好，以防污染环境。用上述病料制作涂片。

②染色镜检　涂片用瑞氏法或美蓝法染色镜检，若发现带有荚膜的炭疽杆菌，结合临诊表现，即可作出诊断。

③分离培养、鉴定　采集新鲜血液、水肿液和组织病料，直接用于分离培养。如病料为毛发、骨粉等污染材料，70℃加热30min杀灭杂菌后，再进行分离培养。病料接种于普通琼脂或鲜血琼脂平板，37℃培养，挑选可疑菌落进行荚膜及运动力测定，必要时进行串珠试验和γ噬菌体试验以做出鉴定。

④动物接种试验　用培养物或病料悬液，皮下接种豚鼠或小鼠数只，接种动物一般于1～2d死亡，取病料染色镜检、分离培养，可做出判断。

（2）免疫学试验　炭疽沉淀试验（Ascoli氏反应）是诊断炭疽简便而快速的方法，但炭疽杆菌与蜡样芽孢杆菌等近缘菌有共同抗原，结果判定时必须注意。此外，荧光抗体技术、琼脂扩散试验、间接血凝试验等也可用于炭疽的诊断。

牛炭疽与牛出血性败血病、牛气肿疽，羊炭疽与羊巴氏杆菌病、恶性水肿病等，在症状、病理变化方面相似，应注意鉴别。

[防治]

（1）对常发病地区和受威胁地区的牛、羊，可用炭疽疫苗进行免疫接种。Ⅱ号炭疽芽孢苗可用于牛、羊，无毒炭疽芽孢苗只用于牛和绵羊，山羊不宜使用。

（2）发生炭疽时，应立即上报疫情，采取隔离、治疗、划区封锁等措施。尸体严禁剖检，应深埋或焚烧处理，污染的饲料、粪便及垫草等应彻底烧毁，污染的环境应严格消毒。疫区和受威胁区的易感动物均应进行紧急免疫接种。

（3）对发病牛、羊，可用抗炭疽血清进行治疗，皮下或静脉注射，必要时可重复一次；或选用青霉素、土霉素、链霉素等和磺胺类药物进行治疗。

二、犊牛大肠杆菌病

犊牛大肠杆菌病（colibacillosis in calf）也称犊白痢，是由致病性大肠杆菌所引起，其特征是败血症和剧烈的腹泻。成年牛常表现为乳腺炎。

[病原]　大肠杆菌（*Escherichia coli*）为革兰氏阴性杆菌，大小中等，为（0.2～0.7）μm×（2～3）μm，不形成芽孢，具有周身鞭毛，能运动（图1-2-1）。在动物组织材料的抹片中，有时呈两极着色。大肠杆菌广泛存在于自然界。致病性大肠杆菌和动物肠道内正常寄居的非致病性大肠杆菌在形态、染色反应、培养特性和生化反应等方面没有区别，但抗原结构不同。致病性菌株一般能产生一种内毒素和一或两种肠毒素，内毒素耐高温，肠毒素则不同。肠毒素有两种，一种不耐热，有抗原性；另一种耐热，无抗原

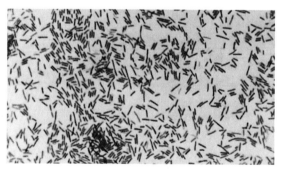

图1-2-1　大肠杆菌的形态。（Gram×1 000）

（陈怀涛）

性。大肠杆菌有菌体（O）抗原（已知173种）、表面（K）抗原（已知103种）和鞭毛（H）抗原（已知60种）三种。根据抗原成分，将致病性大肠杆菌分为许多血清型，按O抗原分为许多群，其中某些血清型对犊牛（如O_3、O_{115}）、羔羊（如O_2、O_{78}）易致病。

[发病机理]　致病性大肠杆菌具有多种毒力因子，引起不同的病理过程。已知的有：①定植因子：是大肠杆菌引起大多数疾病的先决条件；②内毒素：是一种毒力因子，在败血症中其作用尤为明显；③外毒素：使肠黏膜细胞分泌亢进，发生腹泻和脱水；④侵袭性：某些肠毒性大肠杆菌，具有直接侵入并破坏肠黏膜细胞的能力；⑤大肠杆菌素：具有引起败血症的能力；⑥细胞毒素：其毒性作用似引发人出血性肠炎、猪水肿病的致病作用。

[症状]　潜伏期为数小时。病犊病程多为1～10d。①败血型：一般见于出生后至7d且没有吃过初乳的犊牛，本菌从肠道进入血流，引起败血症。病犊发热，精神委顿，间有腹

泻，常常导致突然死亡。从尸体的内脏和组织里都可分离到单一血清型的大肠杆菌纯培养菌株。②肠毒血型：见于生后7d内吃过初乳的犊牛，表现为虚脱和突然死亡，肠道内致病性大肠杆菌大量增殖并产生肠毒素，但没有菌血症，死亡是由于大量的肠毒素吸收入血所致。③肠型（白痢）：见于7～10d吃过初乳的犊牛，病初体温升高达39.4～40℃，食欲减退，喜卧；数小时后开始腹泻，初如稀糊，后呈水样，混有未消化的乳凝块、血块和气泡，粪便初呈黄色，继而变为灰白色；病的后期，排便失禁，尾及后躯被稀粪污染，体温降到常温以下，由于脱水及电解质平衡紊乱，多于1～3d内死亡。病程稍长的病例，出现肺炎及关节病变。由大肠杆菌 O_{115} 引起的综合征，一般发生严重的腹泻，可使2～5d的犊牛迅速死亡。此外，还有多发性关节炎、胸膜炎、心包炎、虹膜睫状体炎和脑膜炎。有的犊牛出现血红蛋白尿。

乳腺炎：成年牛的大肠杆菌病常表现为乳腺炎。病牛发病急，乳腺的一叶或数叶肿胀、发热、疼痛，产奶量急剧下降、甚至泌乳停止，也有体温升高和食欲废绝等全身症状。

[病理变化]　败血症或肠毒血症的尸体常无特征病变。腹泻病死的犊牛，其尸体极度消瘦，可见黏膜苍白，尾及后躯被恶臭的稀粪所污染。消化道的病变最为明显，真胃有大量乳凝块，黏膜充血、水肿，间有出血，有严重的卡他性至出血性肠炎，肠内容物如血水样，含有气泡（图1-2-2）。肠系膜淋巴结肿大，切面多汁，有时充血。此外，还有败血症病变，如脾肿大、肝与肾被膜下出血及心内膜有小点出血。大肠杆菌

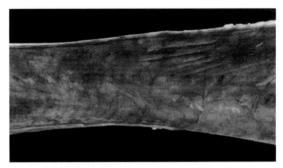

图1-2-2　肠黏膜充血潮红，并见出血点。

（陈怀涛）

O_{115} 还能在成年牛的脾脏引起脓肿。在成年牛，急性乳腺炎表现乳腺充血、肿大，切面可见明显的炎性充血、出血区（图1-2-3）；如为亚急性，则乳腺中有大小不等的坏死灶形成（图1-2-4）。

图1-2-3　成牛急性乳腺炎：乳腺明显充血、出血。
（J. M. V. M. Mouwen 等）

图1-2-4　成牛坏死性乳腺炎：乳腺切面见大小不等的坏死区，其中小叶轮廓尚存在，坏死区外围有一层灰色肉芽组织。

（J. M. V. M. Mouwen 等）

[诊断]　根据症状、病理变化、流行病学资料及细菌学检查等进行综合诊断。生前可采取粪便，死后可采取肠系膜淋巴结、肝、脾及肠内容物。应当注意，在正常动物的消化道中存在大肠杆菌，而且在动物死亡后又容易侵入组织，故从动物组织，尤其是从肠内容物中分离出大肠杆菌，不能确诊为本病。尚需结合其他情况，必要时还需进一步鉴定分离出的大肠杆菌的血清型，综合判定。本病还需与犊牛副伤寒、炭疽及出血性败血病等疾病相鉴别。

[防治]

（1）治疗　对患病幼畜要及时治疗。幼畜死亡的原因是败血症，或因腹泻而致脱水、血液浓缩、电解质平衡失调及酸中毒等。因此，治疗原则为抗菌、补液及调整胃肠机能。

①抗菌疗法　新霉素，每千克体重0.05g，每天2～3次，每天给犊牛肌内注射1g和口服200～500mg，连用5d，可使犊牛在8周内不发病。土霉素粉（或金霉素粉）口服，每千克体重30～50mg，每天2～3次。

②补液　病畜有严重肠炎时，粪便呈水样并混有血液，迅速出现脱水现象。因此，每天必须补液1～2次，静脉输入复方氯化钠溶液、生理盐水或葡萄糖盐水2 000～6 000mL，必要时还可加入碳酸氢钠、乳酸钠等以防酸中毒。对严重病例，可按每小时1 000mL的速度静脉输注，病情缓解后可改用口服法补液。

③调节胃肠机能　在病初，犊牛体质尚强壮时，应先给予盐类泻剂，使胃肠道内含有大量病原菌及毒素的内容物及早排出；此后，可再给予各种收敛剂和健胃剂。

④也可灌服中药止泻剂，如白头翁复方、人参乌梅汤、黄连地丁汤等。

成年牛急性乳腺炎用抗生素治疗效果良好，最常用的是金霉素、氟苯尼考和链霉素。

（2）预防　控制本病，重在预防。对孕畜要供给足够的蛋白质饲料、维生素和矿物质，舍饲家畜要有适当的运动；保持厩舍干燥、清洁卫生；分娩前要将母畜的乳腺洗净，并注意避免幼畜饥饱不均。力争在产后6h内使犊牛吃入足够的初乳是预防本病最有效的措施。此外，在怀孕后期给母畜注射当地菌株所制成的疫苗，或给初生幼畜注射或口服疫苗，或给初生幼畜注射大肠杆菌高免血清等，有一定的预防效果。

三、沙门氏菌病

沙门氏菌病（salmonellosis）也称副伤寒，是由沙门氏菌属的细菌引起各种动物和人的一类疾病的总称，其主要临诊病理特征为败血症和肠炎，孕畜也可发生流产。病牛的主要症状为体温升高和随之发生的腹泻。

[病原]　沙门氏菌属（*Salmonella*）的细菌呈两端钝圆的直杆状，大小为（2～5）μm×（0.7～1.5）μm，革兰氏染色阴性。除鸡白痢沙门氏菌及伤寒沙门氏菌外，其他绝大部分的沙门氏菌为周身鞭毛，能运动，多数菌株尚有 I 型菌毛（图1-3-1）。

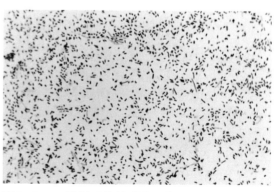

图1-3-1　沙门氏菌的形态。（Gram×1 000）

（陈怀涛）

本属菌可分为两个种：肠道沙门氏菌（*S. enterica*）和邦戈尔沙门氏菌（*S. bongori*）。按其血清型分类，现已有2 500种以上，我国约200种，其中绝大多数属肠道沙门氏菌，不到10个血清型属邦戈尔沙门氏菌。引起牛沙门氏菌病的主要病原为：鼠伤寒沙门氏菌（*S. typhimurium*）、都柏林沙门氏菌（*S. dublin*）、纽波特沙门氏菌（*S. newport*）、肠炎沙门氏菌（*S. enteritidis*）和牛病沙门氏菌（*S. bovis-morbificans*）。

本属细菌对日光、干燥及腐败等因素有一定抵抗力，在外界条件下可存活数周至数月；但对化学消毒剂的抵抗力不强，如0.2%升汞或5%石炭酸2～5min即可将其杀死。

[流行病学]　本病主要发生于10～14d以上的犊牛。犊牛发病后常呈流行性，而成年牛则为散发。发病不分季节，但夏、秋季放牧时较多。

病牛和带菌牛是本病的主要传染源，它们可从体内排出病原菌。病菌潜藏于消化道、淋巴组织与胆囊内，当外界不良因素、营养缺乏或其他病原感染而使机体抵抗力降低时，则其大量繁殖而导致内源性感染。病菌连续通过易感动物，毒力增强而扩大传染。

[发病机理]　本病的发生和流行取决于细菌的数量、毒力、动物机体状态和外界环境等多种因素。病原菌常经消化道感染，从肠黏膜上皮入侵，到达血液和网状内皮细胞，引起心血管系统、实质器官和肠胃等的病理变化。病变的发生同沙门氏菌具有多种毒力因子有关，其中主要的有脂多糖（LPS）、细胞毒素与毒力基因、肠毒素 [如霍乱毒素（CT）样肠毒素] 等。LPS可防止巨噬细胞的吞噬与杀伤作用，并引起宿主发热、黏膜出血、白细胞减少继以增多、弥散性血管内凝血（DIC）及循环衰竭等中毒症状，甚至休克死亡，是引起败血症的主要毒力因子。毒力基因和细胞毒素可促使病原菌入侵肠黏膜上皮，并使其受损坏死。肠毒素可引起机体前列腺素合成与分泌增加，后者能刺激黏膜腺苷酸环化酶（adenylcyclase）的活性，使血管内的水分、HCO_3^- 和 Cl^- 向肠腔渗出，中性粒细胞也大量渗出，故导致肠炎和腹泻的发生。

[症状]　犊牛多在生后2～4周发病，主要表现为体温升高（40～41℃），不食，呼吸加快，腹泻，粪便中混有黏液和血丝；常于5～7d死亡，病死率一般为30%～50%。如病程延长，腕关节和跗关节可能肿大，有的尚有支气管炎症状。成年牛表现为高热（40～41℃），昏迷，不食，呼吸困难，心跳加快；多数于发病后12～24h粪便中带有血块，随之腹泻，粪便恶臭；腹泻开始后体温下降，病牛可于1～5d死亡。如病程延长，则病牛消瘦，因腹痛而常以后肢蹬踢腹部；孕牛多发生流产。有些病例可能恢复。成年牛也可取顿挫型经过或隐性经过。

[病理变化]　犊牛：急性时主要呈一般败血性变化，如浆膜与黏膜出血、实质器官变性等。但下述器官的病变较为重要：胃肠道呈急性卡他性或出血性炎症，炎症主要见于皱胃和小肠后段。肠系膜淋巴结、肠孤立淋巴滤泡与淋巴集结增生，均呈"髓样肿胀"或"髓样变"（图1-3-2）。脾脏肿大、质软，镜下为淤血和急性脾炎，也可见网状内皮细胞增生、坏死。肝脏表面可见多少不

图1-3-2　肠壁淤血、色红，淋巴集结有些增生，呈"髓样变"。

（陈怀涛）

一的灰黄或灰白色细小病灶，镜下为肝细胞坏死灶（图1-3-3）、渗出灶（图1-3-4）或增生灶（即副伤寒结节）。肾脏偶见出血点和灰白色小灶。亚急性或慢性时，主要表现为卡他化脓性支气管肺炎、肝炎和关节炎。肺炎主要见于尖叶、心叶和膈叶前下缘，可见到实变和化脓灶，并常有浆液纤维素性胸膜炎。肝炎基本表现为上述三种灶状病变，但增生灶较为明显（图1-3-5）。关节受损时常表现为浆液纤维素性腕关节炎和跗关节炎。

成年牛：病变和犊牛的相似，但急性时肠炎较严重，多呈出血性小肠炎，淋巴滤泡"髓样肿胀"更为明显，甚至局部发生纤维素性坏死性肠炎（图1-3-6）。

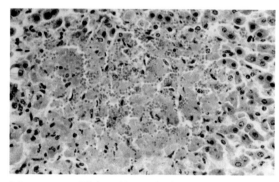

图1-3-3　肝脏坏死灶：肝细胞呈凝固性坏死，着色红，其间有一些红细胞。（HE×400）

（陈怀涛）

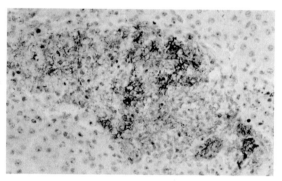

图1-3-4　肝脏渗出灶：病灶局部有纤维素、白细胞和红细胞等炎性渗出物，纤维素呈蓝色丝网状。（Weigert纤维素染色×400）

（陈怀涛）

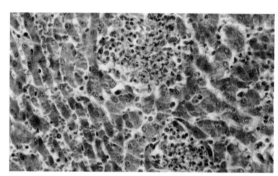

图1-3-5　肝脏增生灶（副伤寒结节）：由一堆增生的肝窦内皮细胞组成，其中杂有少量中性粒细胞和其他炎性细胞。（HE×400）

（陈怀涛）

图1-3-6　固膜性肠炎：牛肠黏膜坏死，并有大量纤维素性渗出物，形成厚层固膜。

（甘肃农业大学兽医病理室）

［诊断］　根据主要症状和病理变化可做出初步诊断，必要时进行细菌学检查。聚合酶链式反应（PCR）可对本病进行快速诊断。由于犊牛沙门氏菌病有腹泻症状和肠炎病变，故应与犊牛大肠杆菌病、犊牛球虫病及犊牛双球菌性败血病鉴别。但这三种疾病都没有肝脏的细小增生灶和坏死灶，而各有其较特征的病变。

[防治]　加强饲养管理，严格执行兽医卫生措施。定期进行免疫接种，如肌内注射牛副伤寒氢氧化铝菌苗，一岁以下每次1～2mL，二岁以上每次2～5mL。治疗本病，可选用经药敏试验有效的抗生素，如金霉素、土霉素、卡那霉素、链霉素和盐酸环丙沙星等，也可应用磺胺类药物；同时，采取对症疗法和支持疗法。

四、坏死杆菌病

坏死杆菌病（necrobacillosis）是由坏死梭杆菌引起的一种慢性传染病，其病理特征是坏死性皮炎、口膜炎和肝炎。

[病原]　坏死梭杆菌（*Fusobacterium necrophorum*）常具多形态，小者呈球杆状；大者呈50μm以上的长丝体，宽约1μm，多见于病灶及幼龄培养物中（图1-4-1），菌丝中常有空泡，碱性美蓝染色宛如串珠状。本菌无鞭毛，不运动，无芽孢，无荚膜，革兰氏染色阴性。本菌严格厌氧，其培养物滤液至少有两种毒素（外毒素、内毒素）。本菌对理化因素抵抗力不强，但在沼泽牧地至少可存活10个月。

[流行病学和发病机理]　本菌在自然界分布广泛，沼泽牧地、潮湿土壤中均存在。健康牛、羊和病畜能不断从粪便中排出本菌，污染外界环境、饲料饲草和饮水。病原菌经损伤的皮肤、黏膜和消化道而感染。本病呈散发性或地方性流行。饲养管理与卫生条件不良等均可促使本病发生。

[症状和病理变化]　坏死性口膜炎（犊白喉）：多见于犊牛，体温升高（41℃），精神沉郁，减食，口腔黏膜充血或糜烂，一侧或两侧颊部、舌黏膜及齿龈发生坏死。坏死灶初红肿、后扩大，界限分明，边缘不整齐，上覆盖灰黄色或灰白色坏死组织（图1-4-2），坏死物脱落则露出鲜红色溃烂面。咽喉部的病变可引起吞咽与呼吸困难（图1-4-3）。

坏死性肝炎：成年牛采食大量淀粉时，由于细菌发酵而大量产酸，引起瘤胃酸中毒和瘤胃炎。随饲料食入的尖锐异物刺入胃壁，引起损伤和发炎。本菌可从上述损伤部位侵入血流到达肝脏，在肝窦增殖并产生杀白细胞素和其他毒性产物，引起肝凝固性坏死。病牛

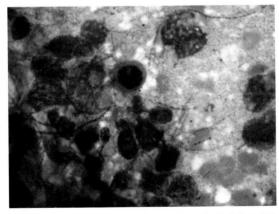

图1-4-1　肝触片可见大量呈蓝染的丝状坏死梭杆菌。（瑞姬氏染色×1 000）
（王金玲、丁玉林）

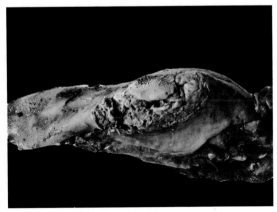

图1-4-2　舌背面见大块坏死溃疡病变。
（王金玲、丁玉林）

虽无明显症状，但剖检时可见肝内有大量黄白色坏死灶，直径可达5cm（图1-4-4）。镜检，肝组织发生凝固性坏死，坏死区边缘有大量炎性细胞，周围肝窦充血（图1-4-5）。本菌还可引起肺脏、瘤胃的凝固性坏死灶（图1-4-6）。

坏死性蹄炎（腐蹄病）：坏死性炎症常发生于蹄冠和趾间皮肤，也可向上蔓延至腕关节以及入侵蹄壳内的上皮组织，引起疼痛和跛行，严重时蹄匣脱落，病畜卧地不起。坏死组织内有黄色恶臭的脓汁。

坏死性皮炎：本菌如由体表创伤侵入，则引起皮肤和皮下组织发生坏死性炎症，甚至溃烂。

在坏死病变组织中，常可见大量坏死杆菌（图1-4-7）。

[诊断]　根据症状和病理变化可做初步诊断。

实验室诊断可从坏死组织与健康组织交界处取材、涂片、固定，并用石炭酸复红染色或用碱性美蓝染色，镜检长丝状或念珠状菌丝。污染病料可研磨成乳剂，经耳静脉注入家兔体内，可致兔体重迅速减轻，一周内死亡；剖检时取内脏（尤其肝脏）坏死灶等病料涂片、镜检，或分离本菌纯培养。

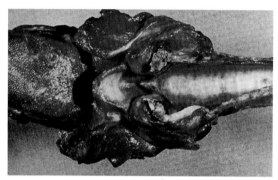

图1-4-3　犊牛坏死杆菌性喉炎，喉两侧见大块组织坏死。

（J. M. V. M. Mouwen等）

图1-4-4　肝脏的凝固性坏死灶，色灰黄，微突出于肝表面，有的坏死灶周围色红。

（王金玲、丁玉林）

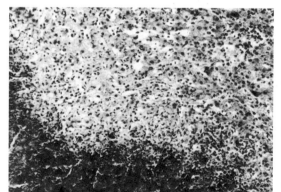

图1-4-5　肝坏死灶组织切片：肝组织坏死，色蓝，坏死区边缘有许多炎性细胞，肝窦明显充血。（HEA×200）

（陈怀涛）

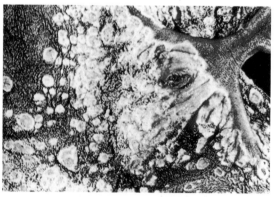

图1-4-6　一头母牛的坏死杆菌病：慢性坏死性瘤胃炎，瘤胃黏膜有许多大小不等的圆形、椭圆形坏死性病变，病变周围是灰白色结缔组织。

（J. M. V. M. Mouwen等）

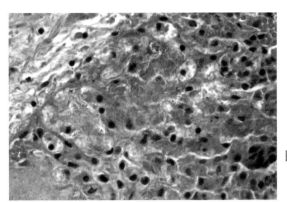

图1-4-7 在肺坏死灶边缘可见大量蓝色坏死杆菌。（HE×400）

（王金玲、丁玉林）

[防治]

（1）加强饲养管理 如不去低湿牧地放牧，保持圈舍清洁。

（2）局部治疗 坏死性口膜炎：除去局部坏死组织，用0.1%高锰酸钾冲洗口腔，病部涂擦碘甘油早晚各一次；或用硫酸铜块轻擦患部直至患部出血为止，隔天一次。成年牛腐蹄病：用10%福尔马林或10%～20%硫酸铜进行蹄浴。蹄底有腐烂孔道，填塞硫酸铜粉、水杨酸粉或高锰酸钾粉，以融化柏油（沥青）封口，或装绷带；蹄冠坏死，用磺胺碘仿、抗生素（如土霉素）撒布，包以绷带，外涂布融化的柏油，以防污水渗入。

（3）全身疗法 为防止本菌转移、扩散，对种用牛、羊，可应用抗生素。如青霉素，成年牛300万～600万IU，犊牛100万～200万IU；链霉素，成年牛400万～600万IU，犊牛100万～200万IU。

五、巴氏杆菌病

巴氏杆菌病（pasteurellosis）是由多杀性巴氏杆菌引起各种畜禽及野生动物的一种传染病的总称。牛巴氏杆菌病又称牛出血性败血病，简称"出败"，其特征为高热、肺炎、急性胃肠炎及多脏器的广泛出血。

[病原] 多杀性巴氏杆菌（*Pasteurella multocida*）是两端着色的革兰氏阴性短杆菌，长1～1.5μm，宽0.3～0.6μm。普通染料均可着色（图1-5-1）。病料组织或体液涂片用瑞氏、姬姆萨法或美蓝染色，菌体呈卵圆形，两端着色深；但培养物涂片染色，两极染色不很明显。用印度墨汁染色时，可显示清晰的荚膜，但经过人工培养而发生变异的弱毒菌，则荚膜很薄且不完全。本菌为需氧兼性厌氧菌，在血液或血清培养基中生长良好，但具溶血性。本菌按菌落的荧光反应分为Fg型和Fo型。Fg型对牛、羊及猪等是强毒菌，对禽类则是弱毒菌。Fo型对禽类是强

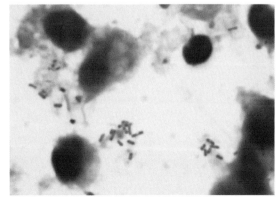

图1-5-1 血液触片，可见典型的革兰氏阴性两极着色的巴氏杆菌。（革兰氏染色×1 000）

（王金玲、丁玉林）

毒菌，对猪、牛则是弱毒菌。Fg型和Fo型可以相互转变，有人依据荚膜（K）抗原将本菌分为A、B、C、D、E五个血清型。有人检查出本菌至少有12个菌体（O）抗原。又有人将二者进行组合，分成目前的15个血清型，每个血清型的O抗原用阿拉伯数字表示，K抗原用英文大写字母表示。牛的常见血清型为6：B、6：E；绵羊的为1：D、4：D。此外，溶血性曼氏杆菌（*Mannheimia hemolytica*）（原名溶血性巴氏杆菌）有时也可成为牛和绵羊巴氏杆菌病的病原。

本菌对理化因素抵抗力不强，自然干燥条件下很快死亡，热和阳光都能较快杀死之。一般消毒剂多有良好消毒效果，如1%石炭酸或漂白粉、5%石灰乳及0.2%升汞等，十几分钟可杀死本菌。但克辽林的杀菌力很差。

[流行病学]　外源性感染主要是经口或呼吸道（飞沫）感染。患病动物和耐过病的动物均是本病的主要传染源。健康牛主要通过与病牛直接接触或通过被本菌污染的垫草、饲料及饮水而感染。疾病的发生与环境、机体的状态、病菌的血清型及毒力等都有密切关系。本病多呈散发，并常局限于一定的地区。但在水牛、牦牛和绵羊，有时呈地方性流行。发病不分季节，但以冷热交替、气候剧变或湿热多雨的时期发生较多。正常牛、羊的扁桃体和上呼吸道的带菌现象十分普遍，在许多诱因作用下而使机体抵抗力降低时，这些细菌即可致病。

[症状]　潜伏期为1～6d。根据病变可分为败血型、水肿型和肺炎型。

（1）败血型　病初体温高达41～42℃，随之出现全身症状，如精神沉郁、食欲废绝、反刍停止、脉搏加快及鼻镜干燥等，然后表现腹痛，腹泻，粪便混有黏液和血液。腹泻开始后，体温下降，迅速死亡。病期多为12～24h。

（2）水肿型　除全身症状外，主要在颈部、咽喉部及胸前部皮下结缔组织出现严重弥散性炎性水肿，舌与周围组织也肿胀。因此，病畜呼吸高度困难，皮肤与黏膜发绀，多因窒息而死亡。病期为12～36h。

（3）肺炎型　因肺炎而出现呼吸困难、咳嗽、流鼻液等症状。病期一般为3～7d。

水牛多呈败血型，牦牛常见水肿型。本病的病死率为80%以上。病愈牛可产生坚强的免疫力。

[病理变化]

（1）败血型　呈一般败血症变化，即全身黏膜、浆膜、皮下、肺及肌肉散在点状出血（图1-5-2）；心、肝、肾等实质器官变性，但脾脏不肿大；全身淋巴结充血、水肿；肺淤血、水肿；体腔内积有多量浆液纤维素性渗出物。

（2）水肿型　除上述一般败血症变化外，其特征是咽喉部炎性水肿，水肿部位可以扩展到舌根、咽喉周围、下颌间隙、颈部、胸部乃至前肢皮下组织。切开时水肿部结缔组织呈胶样浸润、并伴有出血，切面流出淡黄色稍混浊的液体；胃肠黏膜呈急性卡他性炎或出血性炎。

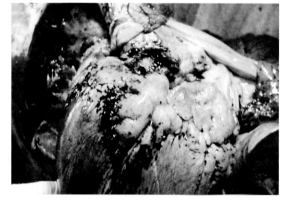

图1-5-2　心冠脂肪和心外膜有大量出血斑点。

（李玉和、石宝兰、赵丹彤）

（3）肺炎型（胸型）　除具有败血型变化外，其特征是纤维素性胸膜肺炎，肺有不同时期的变化，如出血、充血与肝变，间质水肿、增宽，肺切面呈大理石样（图1-5-3）；后期常发生化脓、坏死，因此，病变区暗而无光泽。有时尚见纤维素性心包炎。慢性经过者以发生肺与胸膜或心包粘连为主。镜检，初期肺充血、出血，肺泡腔有浆液、纤维素、红细胞和少量白细胞（图1-5-4），间质水肿、增宽，有大量红细胞和纤维素，淋巴管扩张，淋巴栓形成（图1-5-5）。以后肺泡与支气管腔中白细胞增多，并有化脓与坏死（图1-5-6）。

［诊断］　根据流行特点、典型症状和病理变化常可做出初步诊断，确诊仍需进行病原菌的分离培养鉴定。本病与炭疽、牛肺疫的症状和病理变化有些相似，但炭疽的病原为炭疽杆菌，脾明显肿大；牛肺疫病程较长，肺大理石样变特别典型，病原为牛胸膜肺炎支原体。

［防治］　预防该病可通过注射免疫疫苗。目前使用的疫苗有两种，一种是氢氧化铝凝胶灭活疫苗，一种是油乳佐剂灭活疫苗。前者在牛接种后1～2周产生免疫力，后者则在牛接种后2～3周。免疫时间：前者为3～4个月，后者为6～9个月。

图1-5-3　肺充血、出血、肝变，间质增宽，切面呈大理石样。

（王金玲、丁玉林）

图1-5-4　肺泡间隔血管充血，肺泡腔中有大量纤维素、红细胞和不少白细胞。（HEA×200）

（陈怀涛）

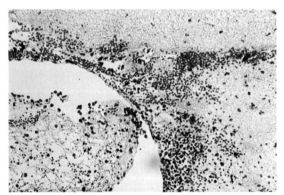

图1-5-5　本图仅显示肺小叶间组织及一个扩张淋巴管的一部分。间质高度水肿、增宽，其中为浆液、纤维素、红细胞和白细胞，淋巴管中有淋巴栓形成。（HEA×200）

（陈怀涛）

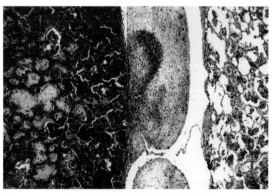

图1-5-6　出血性与纤维素化脓性肺炎：肺小叶间隔增宽，淋巴管扩张，淋巴栓形成；左侧肺小叶为出血性炎症，右侧肺小叶为纤维素化脓性炎症。（HE×200）

（陈怀涛）

发生本病时，应迅速采取消毒、隔离及治疗等措施。必要时，用高免血清或疫苗做紧急预防注射。病初用高免血清或磺胺类药物有疗效，二者并用效果更好。严重病例，可同时注射抗生素，如青霉素、链霉素及土霉素。

六、布鲁氏菌病

布鲁氏菌病（brucellosis）是人畜共患的一种慢性传染病。其临诊特征：母牛感染后发生流产或早产，故又称牛传染性流产，并可引起母牛子宫内膜炎，导致受精障碍而不孕；公牛感染后发生睾丸、附睾、前列腺和精囊腺的炎症，造成无精子症或精子缺乏，使生殖能力下降或不育。本病呈世界性分布。它不仅对牛的繁殖造成严重危害，而且能感染人，严重危害人的健康。

［病原］　病原为布鲁氏菌。布鲁氏菌属有6个种和若干生物型，其中马耳他布鲁氏菌有3个生物型，流产布鲁氏菌有8个生物型，猪布鲁氏菌有4个生物型；这6个种及其生物型的特征，互相间各有些差别。习惯上，称马耳他布鲁氏菌为羊布鲁氏菌，流产布鲁氏菌为牛布鲁氏菌。各个种与各生物型菌株之间，形态及染色特性等方面无明显差别。本菌的形态，染色和培养特性等可参见羊布鲁氏菌病中的相关内容。

［流行病学］　本病的易感动物范围很广，但主要是羊、牛和猪。本病的传染源是病畜及带菌者（包括野生动物）。最危险的是受感染的妊娠母畜，它们在流产或分娩时将大量布鲁氏菌随着胎儿、胎水和胎衣排出。流产后的阴道分泌物，以及乳汁中都含有布鲁氏菌，偶尔也可随粪尿排菌。本病的主要传播途径是消化道，即通过污染的饲料、饮水而感染。

［发病机理］　布鲁氏菌侵入牛体后，很快到达侵入门户附近的淋巴结内，由此再进入血液中导致菌血症的发生。菌血症引起体温升高，其时间长短不等，随后菌血症消失，经过长短不等的间歇后，可再发生菌血症。侵入血液中的布鲁氏菌散布至各器官中，可在停留器官中引起病理变化，同时细菌可从粪、尿中排出。但是到达各器官的布鲁氏菌有的不引起任何变化，常在48h内死亡，以后只能在淋巴结中找到。布鲁氏菌特别适宜在胎盘、胎儿和胎衣组织中生存繁殖，其次是乳腺组织、淋巴结（特别是乳腺组织相应的淋巴结）、骨骼、关节、腱鞘、滑液囊、睾丸、附睾及精囊腺等。

布鲁氏菌进入绒毛膜上皮细胞内增殖，引起胎盘炎，并在绒毛膜与子宫黏膜之间扩散，导致子宫内膜炎。病菌在绒毛膜上皮细胞内增殖时，可使绒毛发生渐进性坏死，同时引起纤维素性脓性分泌物渗出，逐渐使胎儿胎盘与母体胎盘松离。布鲁氏菌还可进入胎衣中，并随羊水进入胎儿引起病变。由于胎儿胎盘与母体胎盘之间松离，及由此引起胎儿营养障碍和胎儿病变，故使母畜发生流产。布鲁氏菌驻留于其他组织器官，也可引起程度不同的病变，如关节炎、睾丸炎等。

［症状］　潜伏期0.5～6个月，孕牛最显著的症状是流产。实验感染见有弛张热，但在自然感染时临诊上常被忽略。流产可发生在妊娠的任何时期，在第6～8个月最常发生，已经流产过的母牛如果再流产，一般比第一次流产时间要迟。流产时，除在数日前表现分娩预兆，如阴唇、乳房肿大，荐部与腹胁部下陷，以及乳汁呈初乳状等外，还有生殖道的发炎症状，即阴道黏膜见有粟粒大红色结节，由阴道流出灰白色或灰色黏性分

泌液。流产时，胎水多、透明，但有时混浊并含有脓样絮片。常见胎衣滞留，特别是妊娠晚期流产者。流产后常从阴道继续排出灰白色或污红色分泌物，有时恶臭，分泌物延至1～2周后消失。早期流产的胎儿，常在产前已经死亡。发育比较完全的胎儿，产出时可能存活，但衰弱、不久即死亡。胎儿也可在子宫内发生木乃伊化。公牛有时可见阴茎潮红、肿胀，更常见的是睾丸炎及附睾炎。急性病例睾丸肿胀、疼痛，还可能有中度发热与食欲不振，以后疼痛逐渐减退，约3周后，通常只见睾丸和附睾肿大，触之坚硬。也常见关节炎症状，甚至可见于未曾流产的牛。关节肿胀、疼痛，有时病牛持续躺卧。通常是个别关节患病，最常见于膝关节和腕关节。腱鞘炎比较少见，但滑液囊炎特别是膝滑液囊炎则较常见。偶见轻度乳房炎症状。如流产后胎衣不滞留，则病牛可迅速康复，又能受孕，但可再度流产。如胎衣未能及时排出，则可发生慢性子宫炎，引起长期不孕。但大多数牛流产后经2个月可以再次受孕。

[病理变化]　胎儿皮下水肿（图1-6-1）。胎衣呈黄色胶样浸润，有些部位覆有纤维蛋白絮片和脓液，有的增厚而杂有出血点。胎盘水肿，子叶出血、坏死，覆以纤维素或脓性渗出物（图1-6-2）。胎儿胃特别是皱胃中有灰白色黏性絮状物，胃肠和膀胱浆膜可见点状和线状出血，浆膜腔内有微红色液体，浆膜上覆有纤维素凝块；皮下呈出血性浆液性浸润；淋巴结、脾脏和肝脏呈程度不等的肿胀，有的散在坏死灶；脐带呈浆液性浸润、肥厚。胎儿和新生犊还可见肺炎病灶。公牛精囊内有出血点和坏死灶，睾丸和附睾有炎性坏死灶和化脓灶（图1-6-3）。

图1-6-1　病牛流产胎儿皮下水肿。

（刘安典）

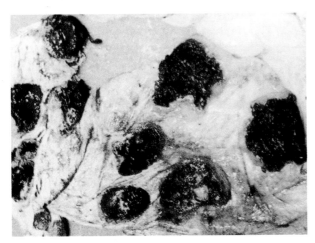

图1-6-2　牛流产胎盘水肿，子叶出血、坏死，故呈棕黑色，其表面附有坏死物。

（R. W. Blowey等）

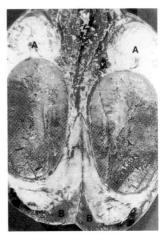

图1-6-3　牛急性睾丸炎和附睾炎：附睾明显发炎（A），并伴有坏死性睾丸炎，阴囊下垂部皮下水肿（B）。

（R. W. Blowey等）

[诊断]　依据临诊症状和流行病学情况，可初步怀疑为本病，但确诊只有通过实验诊断才能得出结果。本病的实验诊断，除流产材料的细菌学检查外，牛主要通过血清凝集试验及补体结合试验进行诊断。对无病乳牛群，环状试验可作为一种监视性试验。酶联免疫吸附试验（ELISA）、荧光抗体技术、DNA探针及聚合酶链式反应（PCR）等方法都可用来检验本病。

[防治]　在引种或补充牛群时，要严格检疫。即将引进或新补充的牛只隔离饲养两个月，同时进行布鲁氏菌病的检查，经两次免疫生物学检查阴性者，才可与原有牛只接触。清净的牛群，还应至少一年一次定期检疫，发现阳性者，及时淘汰。

牛群中如果发现流产现象，除隔离流产母牛和消毒环境及流产胎儿、胎衣外，应尽快做出诊断。确诊为布鲁氏菌病或在牛群检疫中发现本病，均应采取措施，将其消灭。消灭布鲁氏菌病的措施是检疫、隔离、控制传染源、切断传播途径、培养健康牛群及主动免疫接种。关于消灭布鲁氏菌病的办法，世界各地均有不少成功经验，我国也有很多成果，都可因地制宜地参考实施。

通过免疫生物学检查的方法在牛群间反复进行检查淘汰，可以清净牛群。也可将查出的阳性牛隔离饲养，继续利用，阴性者作为假定健康牛继续观察检疫，经一年以上无阳性者出现（初期1个月检查1次，2～3次后，可6个月检查1次），而且正常分娩，即可认为是无病牛群。培养健康牛群从幼畜着手，成功机会较多。由犊牛培养健康牛群，已有很多成功经验。这种工作还可以与培养无结核病牛群结合进行。即病牛所产的犊牛立刻隔离，用母牛初乳人工饲喂5～10d，以后喂以健康牛乳或巴氏灭菌乳。在第5个月及第9个月各进行1次免疫生物学检查，全部阴性时即可认为是健康犊牛。在未感染的牛群中，控制本病传入的最好办法是自繁自养。凡在动物养殖场、屠宰场和畜产品加工厂的工作者，以及兽医、实验室工作人员等必须做好个人防护，严格遵守防护制度，一定要贯彻执行好养殖场的生物安全措施。

七、弯曲菌病

弯曲菌病（campylobacteriosis）是各种动物共患的一种传染病，依致病菌的不同，临诊表现为不育、流产或腹泻等。病原主要为弯曲菌属（*Campylobacter*）中的胎儿弯曲菌（*C. fetus*）和空肠弯曲菌（*C. jejuni*）两个种，前者又分为两个亚种：胎儿弯曲菌胎儿亚种（*C. fetus* subsp. *fetus*）和胎儿弯曲菌性病亚种（*C. fetus* subsp. *venerealis*）。

弯曲菌为革兰氏染色阴性的纤细弯曲杆菌，呈弧状或逗点状、螺旋状，当两个细菌连成短链时，可呈S形和鸥翅形（图1-7-1）。在老龄培养物中，可呈球形、

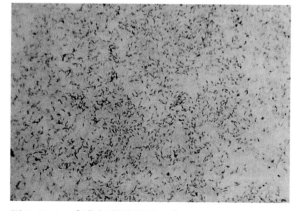

图1-7-1　弯曲杆菌的形态。（Gram×1 000）

（吴润）

类球状体或螺旋状长丝。细菌一端或两端着生单根无鞘鞭毛，运动活泼。

（一）弯曲菌性流产

[病原]　引起牛、羊弯曲菌性流产的主要是胎儿弯曲菌。

[流行病学]　胎儿弯曲菌胎儿亚种可引起绵羊地方流行性流产和牛散发性流产。本菌存在于流产胎盘、胎儿胃内容物，以及感染母羊和牛的血液、肠内容物、胆汁及生殖道中，经口或交配传染。胎儿弯曲菌性病亚种可致牛的不育和流产。本菌存在于母牛阴道黏液，公牛精液和包皮，以及流产胎儿的组织及胎盘中，经交配或人工授精传染。

[发病机理]　胎儿弯曲菌性病亚种引起母牛流产，与耐热性内毒素所致的变态反应有关。胎儿弯曲菌胎儿亚种感染妊娠母牛时，随着菌血症的发生，细菌在胎盘血液中定居，并侵入胎盘和胎盘血管组织而引起胎盘炎，随之引起胎儿感染而发生全身性病变。胎儿病变也与胎盘病变所致的缺氧有关。在绵羊，当感染发展到胎儿胎盘和绒毛膜时，细菌便被带入胎盘循环而引起胎儿菌血症。

[症状和病理变化]　公畜一般没有明显的临诊症状，但精液和包皮可带菌。母牛、母羊的主要症状为流产。感染母牛发生卡他性阴道炎、子宫内膜炎和输卵管炎，从阴道流出黏液性分泌物。生殖道病变可使胚胎早期死亡、并被吸收，从而不断虚情，多数母牛于感染后6个月可以受孕。胎儿死亡较迟者，则多于怀孕后第5～6个月发生流产，流产率为5%～20%，并常有胎衣滞留现象。胎盘水肿，绒毛膜充血，可能有坏死（图1-7-2）；流产胎儿皮肤呈明显胶冻状水肿，胸、腹腔有大量红褐色渗出液。肝脏肿大，多呈黄红色，也可见灰黄色纤维素附着和坏死灶形成（图1-7-3）。

绵羊常在妊娠后3个月发生流产。流产率平均20%～25%，有的群可高达70%。但流产前多无先兆症状，流产后常可迅速痊愈。若死亡胎儿在子宫内滞留，则发生子宫炎和腹膜炎而死亡，病死率约5%。

[诊断]　暂时性不育、发情期延长及流产，是本病的重要临诊症状，但其他生殖道疾病也有类似的情况。因此，确诊有赖于微生物学诊断。

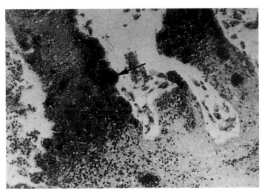

图1-7-2　母牛弯曲杆菌病的胎盘绒毛膜切片：绒毛膜坏死，并含有紫黑色弯曲菌团（↑）。(HE×200)

（刘宝岩等）

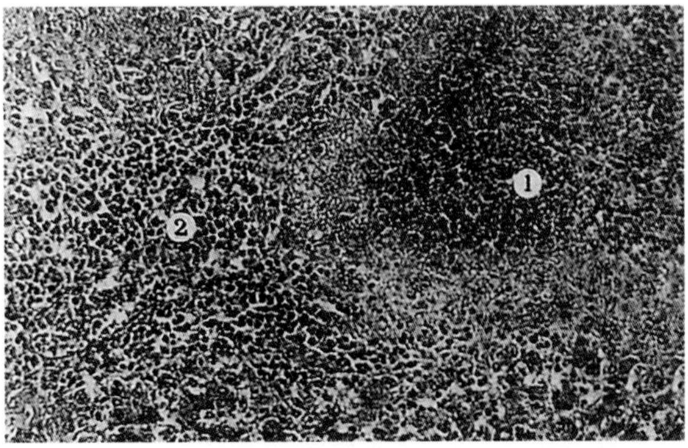

图1-7-3　绵羊弯曲菌病的肝切片：肝组织中有一个由细胞碎片和纤维素组成的坏死灶（1），汇管区有许多淋巴细胞浸润（2）。(HE×200)

（刘宝岩等）

采集流产绵羊和牛的胎盘、胎儿胃内容物、子宫颈与阴道黏液、血液，公畜的精液和包皮垢，以及不孕母畜宫颈部的黏液，进行细菌学和血清学检查。血清学检查主要用于牛的此病诊断，而对绵羊的诊断意义不大。常用的血清学诊断方法有试管凝集试验、阴道黏液凝集试验和间接血凝试验。另外，荧光抗体技术、补体结合反应等也可用于抗体测定或胎儿弯曲菌检查。

[防治]　由于牛弯曲菌性流产主要是交配传染，因此，淘汰有病种公牛、选用健康种公牛进行配种或人工授精，是控制本病的重要措施。

牛群暴发本病时，应暂停配种3个月，同时用抗生素治疗。对流产母牛，可向其子宫内投入链霉素和四环素族抗生素。对患病公牛，可用含多种抗生素的软膏或锥黄素软膏涂擦于阴茎和包皮的黏膜上，也可用链霉素溶于水中冲洗包皮。公牛精液也要用抗生素处理。

绵羊由于主要在分娩时散播疾病，因此，产羔季节要实行严格的卫生措施。

用佐剂苗给牛进行预防注射，可提高繁殖率。用胎儿弯曲菌性病亚种的无菌提取物或死菌苗给小母牛接种，可有效地预防和扑灭此病。多价苗免疫绵羊，可有效预防流产。

（二）弯曲菌性腹泻

[病原]　牛弯曲菌性腹泻又称"冬痢"，是由空肠弯曲菌所致。

[流行病学]　空肠弯曲菌可致犊牛、仔猪、雏鸡等多种动物的腹泻和人的急性胃肠炎与食物中毒，也可引起绵羊的流产和禽类的传染性肝炎。其感染途径是消化道。动物感染空肠弯曲菌后，可随粪便排菌，也可通过牛乳和其他分泌物排出细菌，污染饮水、食物或饲料。本病发生于秋、冬季的舍饲牛，大小牛均可发病，呈地方性流行。

[发病机理]　至今不够清楚。一般认为该菌的致病作用与其侵袭力和毒素有关。鞭毛有助于病菌在肠道定居，而相对分子质量为28 000 ~ 42 000的蛋白质成分则可能是侵袭因子。该菌可产生3种毒素：细胞紧张性肠毒素、细胞毒素和细胞致死性膨胀毒素，可使细胞内cAMP的浓度升高，导致腹泻的发生。

[症状和病理变化]　潜伏期3d。发病突然，病牛排出恶臭、水样棕色稀粪，其中常带有血液；一般无其他全身症状。发病率高达80%。如病情严重，则表现精神委顿，食欲不振，背弓起，寒战，虚弱等。及时治疗，很少发生死亡。主要病理变化为空肠和回肠的出血卡他性炎症。

[诊断]　根据流行病学和临诊表现可怀疑本病，确诊需进行微生物学诊断。除主要采用细菌学检查法外，还可用血清学诊断方法，如试管凝集试验和间接免疫荧光试验。

[防治]　本病可经消化道感染，因此，防治本病应避免畜禽摄食被病菌污染的草料和饮水。病牛要隔离治疗，其粪便和垫草、垫料要及时清除，圈舍和用具要彻底消毒，并空置1周以上。

治疗可选用四环素族抗生素或链霉素。应同时进行对症治疗，如口服肠道防腐、收敛药物。对体弱、卧地不起者，可静脉输液、补充电解质等。

目前尚无有效菌苗用于免疫预防。

八、细菌性肾盂肾炎

细菌性肾盂肾炎（bacterial pyelonephritis）由肾棒状杆菌引起，主要发生于母牛，公牛少

见，马和绵羊偶可发生。其病理特征为肾盂、输尿管、膀胱、尿道及肾脏发生化脓性炎症。

[病原]　肾棒状杆菌（*Corynebacterium renale*）属于棒状杆菌属（*Corynebacterium*）的成员，革兰氏染色阳性，为球杆状或棍棒状，呈单在、成丛或栅栏样排列。无鞭毛，不运动，不形成芽孢。本菌需氧兼性厌氧，可分解一些糖类，产酸不产气。

[发病机理]　本病为尿源性感染，因此，病原菌经尿道生殖道口感染后，先引起尿道炎、膀胱炎或子宫内膜炎，然后再逆行导致肾盂肾炎。由于肾组织损伤与尿液滞留，病畜最终因尿毒症而死亡。

[症状]　病牛主要表现发热，食欲不振，尿频，尿少，尿因混有黏液、脓液、大量蛋白质、脓细胞、白细胞、红细胞及脱落的上皮细胞等而混浊、带血色。尿液涂片或细菌培养可发现病原菌。严重病例常发生尿毒症。

[病理变化]　剖检可见一侧或两侧肾肿大，严重时可达正常的两倍。病程久者肾被膜部分发生粘连，肾表面有大小不等的灰黄色化脓灶。切面可见肾乳头坏死、溃烂、缺损、形成空洞，有放射状的灰黄色条纹由溃烂的肾乳头向髓质和皮质伸展；肾盂扩张，黏膜充血、出血，肾盂腔积有灰白色、无臭的黏脓性渗出物；输尿管膨大、积尿，黏膜增厚，并伴有坏死变化（图1-8-1、图1-8-2）。膀胱黏膜增厚，有出血、坏死和溃疡。

镜检，肾小球和肾小囊周围有大量中性粒细胞浸润，其间可见细菌集落。肾小管上皮变性、坏死，管腔内有尿管型，内含大量脓细胞（图1-8-3）。肾小管如完全坏死，局部则形成大小不等的化脓灶（图1-8-4）。肾乳头部顶端的肾组织，有的完全坏死，坏死区向皮质部伸展，其周围为充血、出血带。髓质间质充血、水肿，有大量中性粒细胞和脓细胞浸润。髓质部集合管上皮变性、坏死、脱落，管腔中充满脓细胞和脱落的上皮细胞（图1-8-5）。

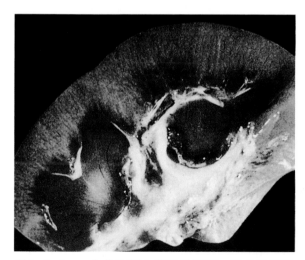

图1-8-1　一头公牛两个肾叶的切面：呈急性肾盂肾炎变化，肾乳头坏死，坏死区周围充血（特别是右侧乳头），伴以化脓性肾炎（肾盂充满白糊状脓液）。

（J. M. V. M. Mouwen 等）

图1-8-2　一头公牛的慢性输尿管肾盂肾炎：输尿管扩张，其壁增厚；肾盂扩张，其周围有厚层白色结缔组织增生。

（J. M. V. M. Mouwen 等）

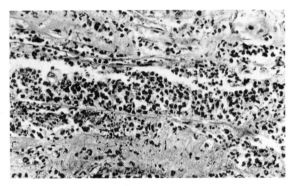

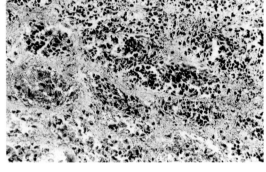

图1-8-3　肾小管上皮坏死，管腔中充满大量脓细胞。（Mallory×400）

（甘肃农业大学兽医病理室）

图1-8-4　肾髓质部肾小管完全坏死，局部被脓细胞取代。（HE×400）

（陈怀涛）

[诊断]　确诊主要依据临诊表现、特征病变及细菌学检查（以无菌操作采尿、离心，取沉渣检查；或从病灶处取病料涂片，革兰氏染色，检查细菌形态和染色反应，同时将病料划线接种于血琼脂平板上，培养24～26h后挑取疑似菌落做纯培养，进行鉴定）。

[防治]　检出的病牛应及时隔离治疗，治愈的病牛应继续观察1年以上，如不复发方可认为痊愈。治疗以抑菌消炎和尿路消毒为原则。前者使用青霉素疗效较好，病初肌内注射，隔天1次，连用4～6周，可以治愈；后者应用呋喃坦啶（呋喃妥因），内服日量为每千克体重0.012～0.015g，2～3次分服。

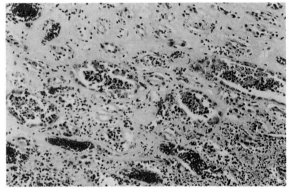

图1-8-5　肾乳头部组织坏死，集合管内充满脓细胞，髓质间质充血、水肿。（HE×400）

（陈怀涛）

九、牛肠毒血症

牛肠毒血症（enterotoxaemia in cattle）又称牛产气荚膜梭菌病或牛魏氏梭菌病，是由产气荚膜梭菌引起的一种急性毒血症。病的发生是由于产气荚膜梭菌在牛的肠道中大量繁殖，产生毒素所引起的，多呈急性或最急性经过。

[病原]　产气荚膜梭菌（*Clostridium perfringens*）又称魏氏梭菌（*Cl. welchii*），是两端稍钝圆的大杆菌（图1-9-1），大小为（0.6～2.4）μm×（1.3～19.0）μm，革兰氏染色阳性，是严格的厌氧菌，无鞭毛，不能运动，在动物体内能形成荚膜，芽孢位于菌体中央。本菌在人工培养时不易形成芽孢。一般消毒药均易杀死本菌繁殖体，但芽孢抵抗力较强，在95℃下需2.5h方可杀死。

产气荚膜梭菌根据毒素-抗毒素中和试验分为A、B、C、D、E、F六型。A型是引起我国牛、羊、猪等家畜"猝死症"的主要病原菌，此外，C型和D型也参与致病作用。

本菌能产生强烈的外毒素，已知有12种外毒素，在致病中有重要性的为α、β、ε、ι 4种毒素。每型魏氏梭菌产生一种主要毒素，如A型：α毒素；B型与C型：β毒素；D型：ε毒素；E型：ι毒素；F型：β毒素。α毒素具有溶血、杀白细胞、增加血管通透性等作用。β毒素可使肠黏膜坏死，但遇胰蛋白酶失去活性。ε 毒素能被

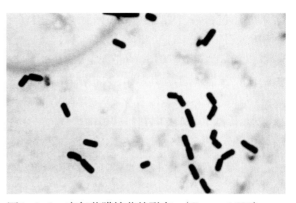

图1-9-1　产气荚膜梭菌的形态。(Gram×1 000)

（刘安典）

胰蛋白酶激活，具有致坏死和神经毒性作用，使脑组织发生局灶性液化坏死，肾皮质坏死，肠黏膜通透性增加，脑和脑血管周围水肿。ι毒素有致死和致肠黏膜坏死的作用。以上毒素均为蛋白质，具有酶活性，不耐热，有抗原性，用化学药物处理可变为类毒素。

另外，本菌还可产生肠毒素，此毒素在有芽孢的菌体内生成，但并不释出，当细菌崩解时才释放出来。毒素可引起局部水肿，但不导致组织细胞坏死。毒素不耐热，能使动物产生抗毒素。

[流行病学]　产气荚膜梭菌在自然界广泛存在，也是人和动物胃肠道的常在菌。本病在黄牛、奶牛、水牛和牦牛都有发生，发病不分性别和年龄，但以0.5～2岁的牛较易感染。本病一年四季都可发生，但以春、秋季和阴雨天气发病较多。一般为散发，也可呈地方性流行。在20世纪90年代，本病曾在河南、山东、陕西、吉林、山西、宁夏、甘肃、河北、辽宁、青海、海南等22个省、自治区流行，造成了巨大的经济损失。

[发病机理]　产气荚膜梭菌随饲料和饮水进入消化道后，大部分被胃酸杀死，小部分存活并进入肠道。正常情况下，细菌增殖缓慢，毒素产生很少，并且肠蠕动不断将肠内容物排出体外，细菌及其毒素难以在肠内大量积聚。但当饲料突然改变，如牛食入大量谷物、青嫩多汁饲料、易发酵饲料或富含蛋白质的草料后，瘤胃一时不能适应，饲料发酵产酸，使瘤胃pH降低，大量未经消化的淀粉颗粒通过真胃进入小肠，导致产气荚膜梭菌迅速繁殖并大量产生毒素；或肠道正常菌群因疾病而改变，使本菌大量增殖。高浓度的毒素可使肠黏膜坏死、肠壁的通透性增高。毒素进入血液则引起全身毒血症，血管通透性增强，溶血，白细胞和有关神经元受害，动物终因休克而死亡。

成年奶牛及其犊牛较易发病，可能与日粮中蛋白质及能量过高有关。

[症状]　肠毒血症多表现为最急性或急性。

最急性：突然发病死亡。病程最短的仅十多分钟，最长的1～2h。

急性：精神沉郁，行动迟缓，食欲废绝，体温不高，心跳、呼吸均加快，耳、鼻和四肢末端发凉，颤抖，站立不稳。死前体温下降，呼吸急促，黏膜发绀，流涎，腹胀、腹痛，有的口鼻流出多量混泡沫的红色水样物，粪便偶见血液，肌肉抽搐，倒地哀叫而死。病程为十几小时至几十小时，致死率几乎为100%。

[病理变化]　主要为小肠和全身实质器官出血。瘤胃臌气，真胃黏膜明显出血、水肿。肠臌气，小肠黏膜弥漫性出血，肠内有多量带血的黏液（图1-9-2），肠系膜淋巴结肿大、

出血。心包积液，心外膜和心内膜密布出血斑点（图1-9-3）。肝肿大，色黄，表面有出血点。脾肿大，表面散在出血点。肺淤血、水肿，间质气肿，表面散布出血点。肾肿大，被膜下也有出血点散在；镜检，肾小管上皮坏死（图1-9-4）。脑与脑膜充血、出血与水肿，有些神经细胞溶解、坏死（图1-9-5）。心肌细胞变性、坏死（图1-9-6）。

图1-9-2　小肠充血、出血，肠壁色鲜红、紫红，肠腔含大量气体。

（刘安典）

　　病犊血液浓缩，但白细胞象和血清生化值一般正常。亚急性病例，血清白蛋白可能减少，但酸碱平衡和电解质多无明显异常。与大肠杆菌病或沙门氏菌病不同，本病很少表现严重的代谢性酸中毒。

　　[诊断]　根据病史、症状及病理变化可做初步诊断，确诊本病应进行病原分离培养及肠毒素鉴定。为此，可尽快将病死牛的小肠和内容物送相关实验室。样品送检时

图1-9-3　心外膜密布出血斑点。

（刘安典）

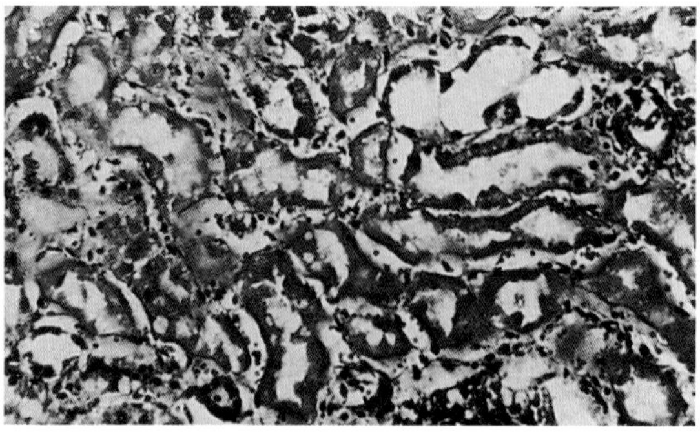

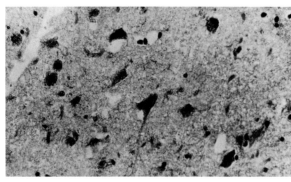

图1-9-4　镜检见肾小管几乎完全坏死。(HE×400)

（刘安典）

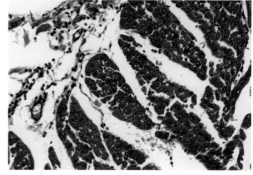

图1-9-5　大脑神经细胞溶解淡染或坏死消失。
（HE×400）

（刘安典）

图1-9-6　心肌细胞变性、坏死，肌束间出血，并有少量炎性细胞浸润。
（HE×400）

（连灿）

应在低温下保存，但不能冻结。α、β毒素在动物死后数小时内会被肠道酶降解。A型产气荚膜梭菌在尸体肠内会继续增殖，并很快侵入组织，在温暖天气更是如此。要确诊肠毒血症为C型梭菌引起，应从肠内容物中鉴定出β毒素；如欲确定为D型菌所致，则需鉴定出ε毒素。

[防治]　预防本病，应在春、秋气候多变季节和阴雨潮湿环境加强饲养管理，提高机体抗病能力，消除诱发因素。要增加适量干草，合理搭配日粮。饲料变换时，一定要逐渐过渡。可定期用产气荚膜梭菌多联浓缩苗进行免疫接种，保护期为半年。有人建议，所有干奶期的奶牛和小母牛都应免疫2次，间隔2～4周（或按商品说明），每年在产犊前一个月再加强免疫1次。犊牛也应在4、8和12周龄时用同种菌苗免疫。

本病发展迅速，往往难以及时治疗。早期治疗可静脉注射青霉素，每天4次，如果有效，可换为每天肌内注射2次。同时，也可应用支持疗法和对症疗法。

十、气肿疽

气肿疽（gasgangrene）也称黑腿病或鸣疽，主要是牛的一种急性发热性传染病。其临诊病理特征是局部骨骼肌的出血坏死性炎、皮下和肌间结缔组织的浆液出血性炎，炎症区里有气体，故按压时有捻发音。

[病原]　气肿疽梭菌（*Clostridium chauvoei*）为严格的厌氧菌，有周身鞭毛、能运动，革兰氏染色阳性，但陈旧培养中有变成革兰氏染色阴性的趋向，其大小为（0.5～1.7）μm×（1.6～9.7）μm，在体内外均可形成中央或近端芽孢，故呈纺锤状或梭状。在接种豚鼠的腹腔渗出物中菌体单个存在或3～5个菌体形成短链。本菌的繁殖体对干燥、高温及化学消毒剂的抵抗力不强。但芽孢的抵抗力很强大，煮沸20min、0.2%升汞10min、3%福尔马林15min才可被杀死。

[流行病学]　本病主要发生于各种牛，其中黄牛最易感，水牛、乳牛、牦牛和犏牛易感性较低。绵羊、山羊、骆驼和鹿很少发病。气肿疽疫区的猪，偶见发病。马属动物、肉食动物和人均不感染。实验动物以豚鼠最易感。

病牛是本病的传染源，但并不直接传染给健牛，而是通过污染的土壤随饲料或饮水进入消化道而间接传染。本病通常见于3个月至4岁的牛，2岁以下的黄牛更易患病。疾病多发生于低湿山谷、沿海或近湖地区，全年均可发生，但以温暖多雨季节较多，而严冬则少见。

[发病机理]　芽孢被牛吞入后，进入内含腐败物质的无氧肠腺中出芽繁殖，经淋巴和血液循环到达肌肉和结缔组织，在受损的部位繁殖，并引起病变。绵羊常由皮肤损伤而感染。气肿疽梭菌在受损肌肉组织繁殖的过程中，不断产生α毒素、透明质酸酶和DNA酶。这些毒素和酶可使红细胞溶解、间质透明质酸液化分解、血管通透性增强及组织细胞坏死，因此，局部发生高度充血、出血、溶血、浆液渗出，以及肌肉变性、坏死。肌肉组织的蛋白质和肌糖原被分解，产生有酸臭气味的有机酸和气体（CO_2和H_2等），即形成本病特有的气性坏疽。若蛋白质分解产生的大量毒素和有毒产物吸收入血，则可引起毒血症。病至后期还会出现菌血症。病牛常因中毒和休克而死亡。动物死亡后，细菌还能借尸体温度繁殖，分解实质器官的碳水化合物与蛋白质。肝脏糖原丰富，因此这种分解过程更为强烈。少数

康复动物可产生保护性抗体。

[症状] 潜伏期一般为2～7d。黄牛常呈急性经过，病程1～3d。病牛体温升高，不食，反刍停止，呼吸困难，脉搏快而弱，有跛行；肌肉丰满部（如臀、大腿、腰、荐、颈、胸及肩部）发生肿胀、疼痛；局部皮肤干硬、黑红，按压有捻发音，叩之有鼓音。病变也可发生于腮部、颊部或舌部，局部组织肿胀、有捻发音。老牛患病时症状较轻。绵羊多为皮肤创伤感染，因此受伤的局部组织发生肿胀，有捻发音。

[病理变化] 尸体因迅速腐败而高度膨胀。常从口、鼻、肛门及阴道流出带泡沫的红色液体。

骨骼肌病变很明显。病变可波及一个肌群，或仅限于个别肌肉或其一部分。病变部皮下与肌膜有多量黑红色出血点和大量红色浆液浸润。肌肉呈明显气性坏疽和出血性炎症变化，色黑褐，按压有捻发音，质脆。切开时流出暗红或褐色液体，内含气泡，散发酸臭气味；肌肉内有黑红色大块坏死区，其中心部较干燥，而外围结缔组织出血、水肿；肌肉切面呈海绵状，色泽不均（图1-10-1、图1-10-2）。镜检，病变肌肉呈玻璃样变；肌纤维轮廓尚存，但肿胀、均质、红染，胞核溶解消失；肌纤维因气肿、水肿而彼此分离，其间有大小不等的气泡、浆液、溶解的红细胞和病原菌；病变中心区间质组织变性、坏死，而外周区则发生水肿和白细胞浸润（图1-10-3）。

其他器官（如肝脏）有出血、水肿或坏死区等病变（图1-10-4）。

[诊断] 根据典型病变和病原菌可做出诊断。本病应与恶性水肿和牛炭疽进行鉴别诊断。恶性水肿的病理变化和本病相似，但水肿更为明显，病变的发生同局部创伤有关，病原主要为腐败梭菌。牛炭疽的肌肉病变（肌肉痈）虽有出血和水肿，但病变部没有严重的肌肉坏死和气泡产生，故按压时无捻发音。

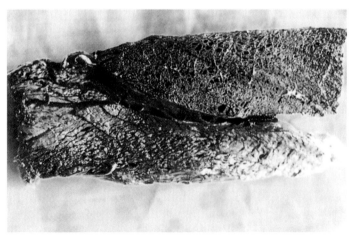

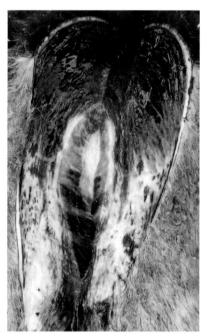

图1-10-1 肌肉切面色暗红，多孔，呈海绵状。

（陈怀涛）

图1-10-2 病部肌肉严重出血、水肿，并有大量气泡，故肌肉疏松，呈海绵状。

（王金玲、丁玉林）

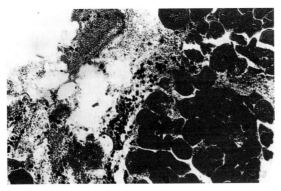

图1-10-3　病变部肌纤维坏死，呈玻璃样变，肌间出血、水肿，含有气泡，有白细胞浸润。（HE×400）

（陈怀涛）

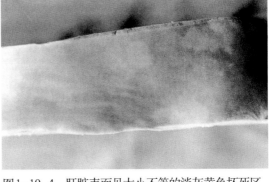

图1-10-4　肝脏表面见大小不等的淡灰黄色坏死区。

（甘肃农业大学兽医病理室）

[防治]

（1）疫苗接种是控制本病的主要措施。可用气肿疽明矾菌苗或甲醛菌苗，皮下注射5mL，春秋两季各注射一次。

（2）病牛及早用抗气肿疽血清（15～20mL）皮下、静脉或腹腔注射治疗，同时应用青霉素和四环素，效果更好。

（3）尸体严禁剥皮吃肉，要消毒深埋或焚烧。

（4）用具、圈栏与环境用3%福尔马林或0.2%升汞液消毒；污染的饲料、垫草与粪便均应烧毁。

<h2 style="text-align:center">十一、恶性水肿</h2>

恶性水肿（malignant edema）是由腐败梭菌为主的多种梭菌引起的一种急性传染病。多种家畜均可经创伤感染，以局部发生炎性水肿、并伴有产酸产气为其特征，还常伴有发热和全身性毒血症。

[病原]　主要病原为梭菌属（*Clostridium*）中的腐败梭菌（*Cl.septicum*），其他梭菌如水肿梭菌（*Cl.oedematiens*）、魏氏梭菌（*Cl.welchii*）[即产气荚膜梭菌（*Cl.perfringens*）]、诺维氏梭菌（*Cl.novyi*）、溶组织梭菌（*Cl.histolyticum*）等也参与致病作用。

腐败梭菌为严格厌氧的革兰氏阳性菌。菌体粗大，两端钝圆，无荚膜，有周鞭毛，能形成芽孢。在培养物中菌体单个存在或呈短链状，这在诊断上有一定参考价值。

本菌在适宜条件下可产生α、β、γ、δ等多种外毒素。α毒素为卵磷脂酶，具有坏死、致死和溶血作用。β毒素是DNA酶，具有杀白细胞作用。γ毒素和δ毒素分别为透明质酸酶和溶血素，它们可使血管通透性增强，导致炎性渗出，并不断向周围组织蔓延，使组织发生坏死。

本菌广泛分布于土壤，也存在于某些草食动物的消化道中。强力消毒药（如10%～20%漂白粉溶液、3%～5%硫酸石炭酸合剂、3%～5%氢氧化钠溶液等）可在短时间内杀灭菌体，但芽孢抵抗力强，需延长时间。

[流行病学] 本病多为散发。自然条件下，绵羊、马较多见，牛、猪、山羊也可发生；犬、猫不能自然感染；禽类除鸽外，即使人工接种也不发病；实验动物中的家兔、小鼠和豚鼠均易感。本病主要经创伤感染，尤其是较深的创伤，造成缺氧更易发病。如食入多量芽孢，除可引起绵羊和猪感染外，对其他动物一般无致病作用。

[发病机理] 毒血症是本病的发病学基础。当病原菌经创伤侵入机体后，在缺氧条件下，其芽孢变成繁殖体进行繁殖，并迅速产生外毒素，使组织坏死及血管的完整性破坏、通透性增强，导致局部组织发生水肿。同时，病变部位肌肉中的肌糖原和蛋白质在细菌产生的酶的作用下发生分解，形成具有酸败气味的有机酸和气体，使病变部产生气性炎性水肿。如细菌毒素和坏死组织的有毒产物被吸收进入血液，则可引起全身性毒血症。动物常于毒血症发生后的 2～3d 死亡。在病畜临死时，细菌可进入血液并繁殖，从而导致败血症，使其他器官也继发炎性水肿。

[症状] 潜伏期一般为 12～72h。

绵羊：感染途径不同，病羊的表现不尽相同。经外伤感染时，其局部组织发生气性水肿，触诊有捻发音。病初表现红、热、肿、痛，随后变为无热、无痛，切开肿胀部位可见淡红色、酸臭、带气泡的液体流出。如经产道感染，则表现阴唇肿胀、阴道黏膜潮红肿胀并有难闻的污秽液体流出，肿胀往往迅速蔓延至股部、乳腺及下腹部。经消化道感染时，往往引起另一种称之为羊快疫的疾病。

牛：经外伤感染时症状和绵羊的相似，主要表现外伤部组织气性水肿。随疾病发展，病牛全身症状加重，表现高热（41～42℃）稽留，呼吸困难，结膜发绀等，多在 2～3d 内死亡，很少自愈。如因分娩感染，症状和绵羊也相似。而去势感染时，多于术后 2～5d，在阴囊、腹下发生气性水肿，病畜呈现疝痛及全身症状。

[病理变化] 剖检可见，肿胀部皮下及肌肉间的结缔组织中有酸臭的、含有气泡的、淡黄或红黄色液体浸润（图1-11-1）；肌肉松软似煮肉样，病变严重者呈暗红或暗褐色（图1-11-2）。胸腔、腹腔积有多量淡红色液体；肺脏严重淤血、水肿；心脏扩张，心肌柔软，呈灰红色；肝脏和肾脏淤血、变性；脾脏质地变软，从切面可刮下大量脾髓。如经产道感染，剖检可见产道周围组织和子宫壁水肿、黏膜肿胀、并覆以恶臭的糊状物；骨盆腔和乳腺淋巴结肿大，切面多汁，有出血。

镜检可见，肌纤维与肌内膜被水肿液分开，水肿液中含有少量蛋白质，肌间组织无炎性细胞反应，中性粒细胞很少；肌纤维变性，病变部深部肌纤维常断裂、液化。

[诊断] 根据外伤部组织气性水肿的特征病变，结合有关情况可对本病做出初步诊断，确诊有赖于细菌分离鉴定。此外，还可用荧光抗体技术对本病做快速诊断。本病应注意与气肿疽相鉴别。

[防治] 本病预防，可用中国兽医药品监察所研制的多联疫苗及其粉末疫苗，也可用多价抗血清，尤其对家畜施行大手术前做预防免疫，效果良好。平时，应注意防止外伤及对创伤进行合理治疗；在进行采血、注射、去势、断尾和剪毛时做好无菌操作。治疗应从早从速，以局部治疗和全身治疗相结合。全身治疗：在早期采用抗生素治疗，效果较好。局部治疗：应尽早切开肿胀部，扩创、清除病变组织和产物，用0.1%高锰酸钾溶液或3%过氧化氢溶液冲洗，之后撒青霉素粉末，施以开放疗法。对症治疗：可依据病畜情况进行补液、注射强心剂、解毒等。

图1-11-1　皮下与肌间结缔组织明显出血、水肿。
（王雯慧）

图1-11-2　肌肉水肿、柔软，色暗、无光泽，似半煮熟状。

（甘肃农业大学兽医病理室）

十二、破伤风

破伤风（tetanus）是一种由破伤风梭菌经创伤感染引起人畜共患的中毒性传染病。其临诊特征为运动神经中枢兴奋性增高和持续性肌肉痉挛，故又名强直症。

[病原]　破伤风梭菌（*Clostridium tetani*）多存在于土壤，易经创伤感染，如皮肤破损、去势、难产、脐带损伤或消毒不严等，均可为本菌入侵提供条件。本菌侵入后在局部繁殖，产生毒素，引起牛的强直症。

形态及染色：本菌菌体细长，大小为（0.5 ～ 1.7）μm ×（2.1 ～ 18.1）μm，单个存在，有周鞭毛，能运动。在适宜的情况下能产生芽孢，芽孢呈圆球形，位于菌体一端，因此，带芽孢的杆菌呈鼓槌状。本菌易被常用的苯胺染料均匀染色；革兰氏染色阳性，但培养24h后常呈阴性染色（图1-12-1）。

培养方法及特性：本菌是严格厌氧菌，生长适温为37.5℃，pH为7.0 ～ 7.5。琼脂培养基上菌落小，稍凸，略透明；血平板上轻度溶血；肉汤培养微变混浊，数日后形成微细颗粒状沉淀。在适宜的情况下，经24 ～ 30h后即开始产生芽孢。

抵抗力：本菌抵抗力不强，但其芽孢抵抗力较强，在土壤中可存活几十年。沸水10 ～ 15min，5%石炭酸15min，0.1%升汞和1%盐酸30min，5%煤酚皂溶液5h，直射阳光12d才可将其杀死。

[发病机理]　本菌常和其他细菌（特别是化脓菌）一同侵入创伤，使组织受损，引起渗出液积聚、氧气消耗殆尽，为破伤风梭菌的繁殖创造有利条件。破伤风梭菌进入健康组织后可产生两种毒素：破伤风痉挛毒素和破伤风溶血素。前者毒力非常强，引起神经兴奋性异常增高和骨骼肌痉挛；后者与破伤风梭菌的致病性无关，其不耐热，对氧敏感，可溶解马和家兔的红细胞，其作用可被相应抗血清中和。

[症状]　潜伏期一般为1 ～ 2周，也有在受伤后2 ～ 3d或1 ～ 2个月出现症状的。急性病例多在7 ～ 10d内死亡。慢性者临诊症状轻微，通常可以治愈，但恢复期较长，有时达1 ～ 1.5个月。

牛多在分娩、断角、去势之后发病，病牛体温正常，但由于头部肌群痉挛性收缩，呈现张口困难，病重的牙关紧闭，采食、咀嚼障碍，咽下困难，流涎，口内含有残食时则发酵有臭味，舌的边缘往往有齿压痕或咬伤，两耳耸立。由于颈部肌群痉挛而使头颈伸直僵硬或角弓反张。因反刍和嗳气停止，腹肌紧缩，阻碍瘤胃蠕动，常发生瘤胃臌气。背部肌肉强直时，表现凹背或弓腰或弯向一侧。尾肌痉挛时则尾根高举，偏向一侧。四肢肌群强直时，则关节屈曲困难，步态显著障碍，尤以转弯或后退更感困难。病牛不安，对外来刺激（声响、触动等）常表现敏感、惊恐，易出现全身性痉挛症状（图1-12-2）。

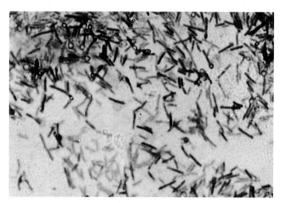

图1-12-1　破伤风梭菌的形态：呈鼓槌状。

（甘肃农业大学兽医病理室）

图1-12-2　肢体强直，头颈僵硬，状似"木马"。

（张晋举）

[病理变化]　中枢神经系统特别是脊髓或脊髓膜常有充血，灰质有点状出血。心肌呈脂肪变性。四肢和躯干肌肉间结缔组织呈浆液性浸润，间有小出血。

对体表和脏器进行检查时，可见有创伤或创伤后形成的瘢痕。

[诊断]　根据病牛的创伤史和特异症状，如应激性增高、肌肉强直及体温正常等，可做初步诊断。当临诊症状和流行病学不足以诊断时，可用细菌学检查法或用病料接种实验动物来确诊。

[防治]　由于本病主要经创伤感染所致，因此，平时应注意饲养管理；在接产、断角、剖腹产手术、外科处置过程中，要严格消毒，注意无菌操作和术后护理。一旦牛只受伤时，应及时进行严格的外科处理。另外，对本病多发地区，可每年定期给牛免疫接种精制破伤风类毒素，皮下注射1mL，犊牛减半。

在临诊治疗中要坚持"早期发现、早期治疗"的原则，及时采取综合措施。

首先要将病牛置于光线较暗、干燥、卫生、安静的牛舍中，减少各种刺激，冬季要注意保暖，要给以易消化的饲料和充足的饮水。

对感染的创伤，应进行清创和扩创手术，然后用3%过氧化氢溶液或3%碘酊进行消毒，再用碘仿硼酸合剂撒布于伤口内。同时，创口周围可用青霉素、链霉素分点封闭，控制毒素的产生，以防止并发感染。

对出现早期症状的病牛，可静脉滴注破伤风抗毒素20万～80万IU直到症状消失。对未出现症状的牛，可肌内注射1.5万IU破伤风抗毒素进行预防。

　　对于出现强直性痉挛或兴奋症状的病牛，可用镇静解痉剂，一般用氯丙嗪肌内或静脉注射，每天早晚各一次，同时用25%硫酸镁注射液100mL缓慢静脉注射或肌内注射，对于症状较严重的病牛可考虑补液。

　　病初可用追风散合蚱蝉地肤散加减：蝉蜕30g，地肤子100g，乌头15g，白术30g，川芎25g，防风30g，白芷25g。共为细末，开水冲，加白酒60mL同调，一次灌服。（提供者：王占斌）

十三、结核病

　　结核病（tuberculosis）是由分枝杆菌属的几种细菌引起的一种人畜共患的慢性传染病。其病理特征是形成结核性肉芽肿——结核结节。牛的结核结节常发生干酪样坏死和钙化。

　　[病原]　结核病的病原菌为分枝杆菌属（*Mycobacterium*）的三种细菌：结核分枝杆菌（*M.tuberculosis*）、牛分枝杆菌（*M.bovis*）与禽分枝杆菌（*M.avium*）。结核分枝杆菌大小为$(1.5 \sim 4.0)\mu m \times (0.2 \sim 0.5)\mu m$，菌体较为细长，直或稍弯。牛分枝杆菌较粗短，着色不均。禽分枝杆菌短而小，呈多形性，如球状、杆状等。

　　分枝杆菌属的细菌在病灶组织的涂片中单在、成双或呈"V""Y""人"字形排列，间或成丛，但在陈旧的培养基上或在干酪样坏死的组织中则有分枝。本属菌不产生鞭毛、芽孢和荚膜，革兰氏染色法较难着色，但能抵抗3%盐酸酒精的脱色作用，故称为抗酸菌。常用的抗酸染色方法为姜-尼二氏（Ziehl-Neelson）染色法，用此法染色时本属菌染成红色，非抗酸菌染成蓝色。

　　本属菌为严格需氧菌，对营养要求严格，因其细胞壁含有丰富的脂类，故对外界环境的抵抗力较强。但碘化物消毒甚佳。70%酒精或10%漂白粉也能很快将本菌杀死。本菌对热抵抗力较弱，如60℃ 30min、直射日光2h内均可将其杀死。对多种抗生素均不敏感，但对链霉素、异烟肼、利福平及卡那霉素等敏感。

　　[流行病学]　本病可侵害多种动物，家畜中牛最易感，特别是奶牛，其次为黄牛、牦牛和水牛。牛结核病主要由牛分枝杆菌引起，也可由结核分枝杆菌及禽分枝杆菌引起。牛分枝杆菌可引起人和多种家畜的结核病，但不能使家禽和鹦鹉类发病。患病动物是本病的传染源。病菌可随鼻液、痰液、粪、尿、乳和生殖道分泌物等排出体外，污染空气、饮水、饲料和环境，通过呼吸道感染健康牛。皮肤创伤、交配及胎犊子宫内感染也有可能。

　　[发病机理]　结核病的发生发展受病原菌、机体及环境等多方面因素的影响。结核菌的致病作用是以其某些特异的化学成分和细胞内寄生为基础的，如巨噬细胞膜对富含类脂质的菌体外壁具有亲和力，因此，菌体易附着于巨噬细胞表面，并被迅速吞噬。细菌的毒力与脂质（特别是糖脂）有关：一种是使细菌在体外培养基中呈索状、螺旋状生长的"索状因子"（cord factor），能破坏线粒体膜，影响细胞呼吸，抑制中性粒细胞游走、并对其有杀伤作用，还可使组织细胞和单核细胞转变为上皮样细胞。另一种糖脂为蜡质D（wax D），可引起迟发型变态反应。当与菌体蛋白结合时则使机体产生的反应更为强烈。脂质中的磷脂不易被巨噬细胞消化，能刺激巨噬细胞转变为上皮样细胞而形成结核结节。结核菌对中性粒细胞有阳性趋化性，作为半抗原参与免疫反应。结核分枝杆菌有多种蛋白，有的能使机体致敏，产生结核菌素反应（超敏反应）。

结核病的免疫是和病理发生联系在一起的。结核病的免疫以细胞免疫反应为主，这种免疫反应是依靠致敏的淋巴细胞和激活的单核细胞相互协作来完成的。结核免疫的另一特点是传染性免疫和传染性变态反应同时存在。

结核分枝杆菌入侵机体后，被巨噬细胞吞噬或被带入局部组织和淋巴结（如肺与肺门淋巴结、扁桃体与咽背淋巴结、肠与肠系膜淋巴结），引起原发性（初发性）结核病灶。淋巴结的原发性结核病灶可以局限化（钙化与形成包囊），但也可因机体抵抗力降低而发生早期或晚期全身化，从而在其他组织器官和淋巴结形成新的结核病灶，此称为继发性结核。继发性结核多是原发性结核的慢性延续，也存在外源性再感染的可能。

[症状]　牛病初症状不明显，或仅有短促干咳。随病情发展，咳嗽频繁而痛苦，呼吸加快，日渐消瘦，乳量减少，体表淋巴结可能肿大。纵隔淋巴结肿大、并压迫食道时，则有慢性臌气症状。乳腺结核可致乳量大减，乳腺淋巴结肿大。肠结核多见于犊牛，表现消化不良，腹泻，迅速消瘦。其他器官的结核病变也可引起相应的症状。

[病理变化]　组织病理学上，主要有增生性、渗出性和坏死性三种结核结节，其中增生性结节最具代表性。增生性结节最常见。初期，结节主要由上皮样细胞（epithelioid cell）和朗罕氏巨细胞（Langhans' giant cell）组成（图1-13-1、图1-13-2）。随结节的增大，中心呈干酪样坏死、钙化，其外是上皮样细胞和巨细胞，最外则围以普通肉芽组织（主要为成纤维细胞和淋巴细胞）（图1-13-3、图1-13-4）。渗出性结节较少见。结核菌先在局部引起充血和浆液、纤维素、单核细胞与淋巴细胞渗出，随后渗出物和局部组织迅速发生干酪样坏死，坏死物周围有明显的炎性渗出反应。坏死性结节很少见。表现为多发性微小坏死灶，周围无炎性反应。这种情况仅见于机体抵抗力极弱且处于过敏状态

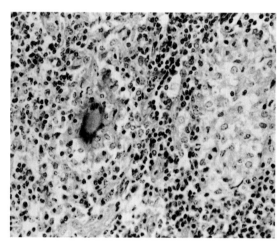

图1-13-1　淋巴结增生性结核结节，主要由上皮样细胞和巨细胞组成。此图显示两个较小的结节，右侧一个仅有淡染的上皮样细胞；左侧一个除上皮样细胞外，其中心部还有一个朗罕氏巨细胞。（HE×400）

（陈怀涛）

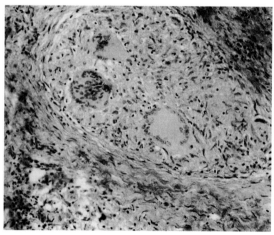

图1-13-2　浆膜增生性结核结节，结节较大，界限明显，由许多上皮样细胞和几个巨细胞组成，其中淋巴细胞散在。（HE×200）

（陈怀涛）

时发生的急性粟粒性结核。除上述结核结节外，也可表现为弥漫性上皮样细胞与巨细胞增生，然后发生干酪样坏死与钙化（图1–13–5）。

眼观，病变多见于肺、淋巴结和浆膜，也可见于乳腺、子宫、肠、肝、脾、肾、骨等器官。

肺：病变常呈大小不等的干酪性支气管肺炎灶，甚至进一步液化形成空洞，这是支气管病变蔓延的结果。如为血液蔓延，则表现为结核结节：渗出性结节，中央为灰黄色坏死物，外围以红色炎性反应带；增生性结节，中央为黄白色干酪样坏死物或带有坚硬的钙化颗粒，外周被灰白色结缔组织包裹（图1–13–6）。

淋巴结：肺门淋巴结、纵隔淋巴结、肠系膜淋巴结和咽背淋巴结最常受害。淋巴结轻度或高度肿大，切面可见多少不一的干酪样坏死灶与钙化结节，或呈大片黄白色斑块状、有间质分隔的干酪样坏死灶，其中也可发生钙化（图1–13–7）。

浆膜：胸膜与腹膜可见密集的增生性结节，俗称"珍珠病"（pearl disease）（图1–13 8）；或表现为渗出性干酪样浆膜炎。

乳腺和其他器官：乳腺见有增生性或渗出性结节，也可见干酪性乳腺炎。肝、肾、脾主要见有干酪样坏死和钙化的增生性结节（图1–13–9）。子宫可见子宫壁增厚，切面有厚层干酪样坏死物，黏膜不平，有结节或肿块（图1–13–10、图1–13–11）。肠结核主要表现为结核结节或结核性溃疡。其他器官也可见到干酪样坏死性结核病变。

[诊断]　采用综合性诊断方法，动物生前以变态反应和微生物检查为主，结合主要症状；死后以微生物学方法为主，结合特征性病理变化。

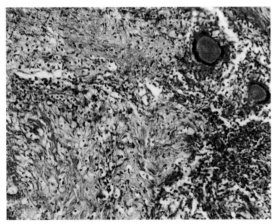

图1–13–3　肝脏中一个较大的增生性结节。图示结节的一部分，左下角为结节中心部红染的干酪样坏死，大片区域为上皮样细胞，右上方是两个典型的朗罕氏巨细胞。（HE×200）

（陈怀涛）

图1–13–4　结核结节发生干酪样坏死（大片红染部分）和钙化（蓝色块粒状物）。（HE×100）

（刘思当）

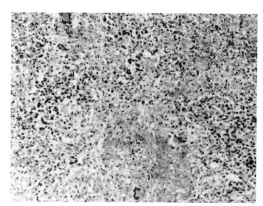

图1-13-5　淋巴结上皮样细胞和巨细胞弥漫性增生，有的区域开始发生干酪样坏死（较红染的部分）。（HE×200）

（陈怀涛）

图1-13-6　肺脏表面可见大量大小不等的结核结节，有些结节已发生明显的干酪样坏死和钙化。

（刘思当）

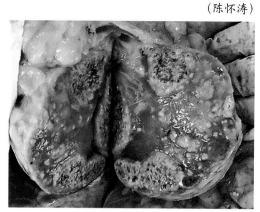

图1-13-7　干酪样淋巴结炎：肺门淋巴结组织几乎被干酪样坏死物所取代，坏死物中散在钙化灶。

（刘思当）

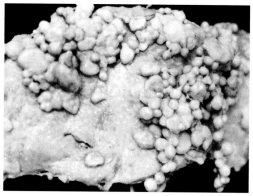

图1-13-8　一头黄牛的胸膜"珍珠病"：胸膜上有许多珍珠状结核结节。

（陈可毅）

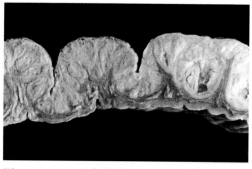

图1-13-9　脾脏的结核结节，其大小不等，圆形，已发生干酪样坏死和钙化。

（陈怀涛）

图1-13-10　子宫结核病：子宫壁增厚，其切面见厚层黄灰色干酪样坏死物，坏死物中有黄色钙化灶。

（陈怀涛）

图1-13-11　子宫结核病：子宫黏膜表面有许多结核结节，有些已破溃形成溃疡。

（陈怀涛）

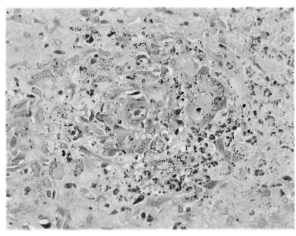

图1-13-12　一个结核结节组织切片的抗酸染色，可见大量红色结核杆菌。

（刘思当）

　　结核菌素变态反应：将从牛分枝杆菌提纯的结核菌素稀释后皮内注射0.1mL，72h若局部炎症反应明显，皮厚差在4mm以上，可判为阳性。也可用结核菌素3～5滴点眼，以观察有无明显的结膜炎和其他全身反应。

　　微生物学检查：可取病灶、痰、鼻液、尿、粪便、乳等病料制作抹片镜检、分离培养和进行动物接种。也可用荧光抗体技术检查病料中的分枝杆菌。

　　特征病理变化：结核结节主要由上皮样细胞和巨细胞组成，结节内常发生干酪样坏死与钙化。结核结节切片经抗酸染色、镜检，可见红色结核杆菌（图1-13-12）。

　　主要症状：渐进性消瘦，咳嗽，肺部异常，慢性乳腺炎，顽固性腹泻，浅表淋巴结肿大等。

　　[防治]　采取综合性防疫措施。平时应加强防疫、检疫和消毒工作，防止疾病传入。1月龄犊牛胸垂皮下注射卡介苗50～100mL，以后每年接种一次。牛舍每年进行2～4次预防性消毒，常用消毒药有5%来苏儿或克辽林、10%漂白粉、3%福尔马林液。假定健康牛群、结核菌素反应阳性牛群及污染牛群，都应定期或多次进行检疫，阳性牛应按规定及时淘汰或处理。治疗上，除特别优良的病奶牛用链霉素、异烟肼等药物治疗外，一般不进行治疗，诊断或检疫出的病畜应立即淘汰。

十四、副结核病

　　副结核病（paratuberculosis）也称副结核性肠炎，主要是牛、羊的一种慢性传染病，其主要症状为顽固性腹泻和渐进性消瘦，病理特征是慢性增生性肠炎。

　　[病原]　副结核分枝杆菌（*M. paratuberculosis*）为革兰氏阳性短杆菌，大小为 (0.2～0.5)μm×(0.5～1.5) μm，抗酸染色呈阳性。在组织和粪便中多成团、成丛排列。本菌对外界环境抵抗力较强，在泥土、粪便、沟水中能存活数月，但对热较敏感，60℃ 30min、80℃ 1～5min

可被杀死。对消毒药的抵抗力和结核杆菌相似。

[流行病学]　牛、羊、骆驼及鹿对本病均易感，乳牛（尤其犊牛）最易感。但因潜伏期长，牛多在2～5岁才出现症状，特别当牛怀孕、分娩或泌乳时易出现症状。病原菌可随病牛粪便、乳汁和尿液大量排出，因此，病牛（包括无症状的病牛）是最重要的传染源。本病常呈散发或地方性流行。主要经消化道感染，也可通过子宫感染胎儿。饲养管理不良、机体抵抗力下降可促进本病的发生、发展。

[发病机理]　副结核分枝杆菌进入机体后，到达小肠后段、盲肠和结肠生长繁殖，因为这里肠液分泌较少，黏液分泌较多，酶含量少，理化环境较单纯，适合于本菌的生存。本菌不产生强大的毒素，故不引起肠黏膜的中毒性坏死和明显的败血症，而仅在局部肠黏膜引起慢性增生性炎症。在固有层、甚至黏膜下层有大量淋巴细胞、巨噬细胞和上皮样细胞增生，嗜酸性粒细胞、浆细胞和肥大细胞也增多。增生的淋巴细胞以T细胞为主，机体首先产生细胞免疫，以后体液免疫逐渐增强。因此，这种慢性肠炎是以细胞免疫为主的Ⅳ型变态反应。在严重病例，黏膜固有层、黏膜下层都充满上皮样细胞和巨细胞，所属淋巴管和淋巴结也会明显受害。肠绒毛的损害，肠腺的萎缩，淋巴管与血管的受压，以及黏膜上皮的变性、坏死，可使肠的吸收、分泌、蠕动等功能障碍，从而导致腹泻、营养不良和慢性消瘦。

[症状]　病初症状不明显，以后由间歇性腹泻变为持续性顽固腹泻，粪便稀、恶臭，混有气泡和黏液，偶见血丝。早期精神、食欲、泌乳无明显改变，以后食欲减退，精神不佳，泌乳减少或停止。逐渐消瘦，体力不支，经常卧地，被毛粗乱，下颌及肉垂水肿，但体温常无变化。如腹泻不止，经3～4个月死亡。

[病理变化]　眼观，除有腹泻和慢性营养不良所致的一些病变外，主要病变见于肠道和肠系膜淋巴结。空肠后段与回肠壁增厚，严重时肠管质地似食管。肠腔狭窄，内容物很少，呈白糊状。黏膜增厚数倍、甚至10倍以上，增厚的肠黏膜形成皱襞，外观似脑回，柔软，表面较光滑，色灰白或灰红，间有出血点（图1-14-1）。盲肠与结肠近祥也可见上述变化。回盲瓣黏膜肿胀，瓣口紧缩，呈球形，发亮。病变部肠浆膜和肠系膜的淋巴管扩张，呈弯曲的线绳状，从切面流出灰白色混浊的液体。肠系膜淋巴结肿大，切面色灰白或灰红、湿润、均质，呈髓样变，有时仅皮质局部呈灰白色（图1-14-2）。

图1-14-1　回肠黏膜增厚，起皱，　图1-14-2　肠系膜淋巴结高度肿大。
外观似脑回。

（刘思当）

（王金玲、丁玉林）

　　组织病理学检查，肠黏膜固有层和黏膜下层有程度不等的上皮样细胞、巨细胞和淋巴细胞增生。在小肠，病变轻微时，固有层有较多淋巴细胞和一些巨噬细胞或上皮样细胞散布，黏膜下层变化不明显；病变严重时，固有层和黏膜肌层下面都有大量上皮样细胞，以及巨细胞、淋巴细胞、浆细胞和嗜酸性粒细胞等。绒毛变粗、变形，上皮大量脱落。肠腺萎缩、甚至消失（图1-14-3、图1-14-4、图1-14-5）。抗酸染色时，上皮样细胞和巨细胞的胞质中可显示丛状或成团的副结核分枝杆菌（图1-14-6、图1-14-7）。盲肠与结肠的变化基本同小肠，但不如小肠的明显。病变轻微时，固有层只有较多浆细胞和淋巴细胞，巨噬细胞或上皮样细胞很少。病变严重时，固有层有较多上皮样细胞，但黏膜下层的细胞增生比小肠的明显，上皮样细胞密集成厚层，紧靠于黏膜肌层之下。在淋巴结，淋巴窦、尤其皮质窦内有密集的上皮样细胞，并夹杂多核巨细胞（图1-14-8）。严重病例的淋巴组织几乎被上皮样细胞所取代，淋巴小结萎缩或消失，上皮样细胞的胞质中也有多量病原菌。

　　[诊断]　根据典型症状可以怀疑本病，但要确诊必须进行细菌学和病理学检查。对症状不明显的家畜（隐性感染病畜），可应用变态反应、补体结合反应或酶联免疫吸附

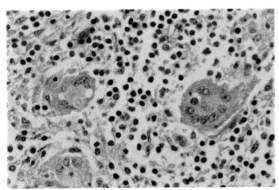

图1-14-3　回肠黏膜固有层中有大量上皮样细胞和多核巨细胞，其间杂有一些淋巴细胞和浆细胞。（HE×400）

（刘思当）

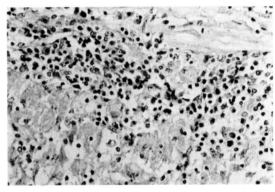

图1-14-4　小肠黏膜下层中有大量淋巴细胞、浆细胞、上皮样细胞和嗜酸性粒细胞。（HE×400）

（陈怀涛）

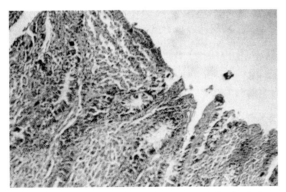

图1-14-5　小肠绒毛因固有层上皮样细胞增生而变形、黏膜上皮坏死。（HE×100）

（陈怀涛）

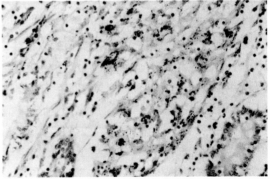

图1-14-6　小肠黏膜切片经抗酸染色后，固有层上皮样细胞中显示的红色副结核分枝杆菌。（抗酸染色×400）

（陈怀涛）

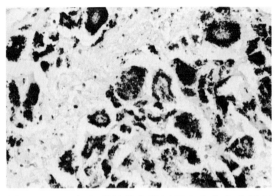

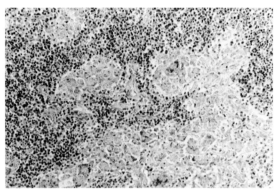

图1-14-7　红色副结核分枝杆菌密集在上皮样细胞中，而细胞外的细菌很少。（抗酸染色×400）

（陈怀涛）

图1-14-8　肠系膜淋巴结的淋巴窦被大量淡染的上皮样细胞和巨细胞所占据。（×200）

（陈怀涛）

试验进行诊断。

[防治]　病至后期，药物治疗难以奏效；早期可试用抗菌、消炎、止泻药，如内服磺胺二甲嘧啶片40g/次，2次/d，连用5d，首次量加倍。

关于本病的人工免疫，尚无良好方法。如有条件，可给新生犊牛肉垂皮下注射副结核分枝杆菌弱毒菌的灭活苗1.5mL，免疫期4年。该病的预防重点应放在严格检疫、淘汰病牛和消毒用具、环境等综合性预防措施上。消毒药液常用的有20%石灰乳、20%漂白粉等。

十五、皮肤霉菌病

皮肤霉菌病（dermatomycosis）又称皮肤真菌病，俗称"钱癣"，是由多种皮肤霉菌引起牛、其他动物和人的一种皮肤传染病。其临诊特征是在皮肤形成圆形或不规则的癣斑或痂块，动物有痒感。

[病原]　引起皮肤霉菌病的病原体为皮肤癣菌科、小孢霉菌属（*Microsporum*）和毛癣菌属（*Trichophyton*）的霉菌。

传染途径主要是病牛与健康牛皮肤直接接触而感染，通过污染的用具也可感染。多发生于育成牛和营养不良的老龄牛，也发生于很少放牧、牛舍阴暗潮湿的舍饲牛，秋、冬季多发。

[症状和病理变化]　本病经常发生在头部，特别是眼的周围、颈部、尾根等部位，不久就遍及全身。病初皮肤见小硬币大小的脱毛区，有时保留一些残毛，随着病情的发展，皮肤上出现界限明显的秃毛圆斑（图1-15-1），癣斑上有硬皮、鳞屑或小疱，一部分皮肤隆起变厚、形似灰褐色的石棉状。病初不痒，逐渐出现发痒症状，由于发痒病牛在墙壁上或柱子上摩擦，故局部痂皮破溃出血，如被细菌感染，则渗出性病变迅速扩大，并与相邻的病变融合在一起变为像湿疹一样的皮炎（图1-15-2）。这是本病的特征病变。

组织病理学检查，皮肤表皮角质层增厚。严重病例，表皮细胞增生，表皮层明显增厚。真皮常充血，并有淋巴细胞浸润。霉菌只寄生在表皮，多不侵入真皮层，主要在表皮角化层（图1-15-3）、毛囊、毛根鞘及其细胞内繁殖，有的穿入毛根内生长繁殖。小孢霉菌的孢子和菌丝将毛根包围（图1-15-4、图1-15-5），而毛癣菌的孢子则排列在毛干内外。

[诊断] 一般根据临诊症状可做初步诊断，如欲确诊可刮取患部痂皮连同受害部的毛，大块者用针拨碎，浸泡于20%氢氧化钾溶液中，微加热3～5min，然后将所采取病料置于载玻片上滴蒸馏水1滴，加盖玻片镜检。在这种透明的标本上，可看到霉菌的分支菌丝和孢子。如为小孢霉菌感染，可见菌丝和小分生孢子沿毛干和毛根部生长，并镶嵌成厚鞘，孢子排列无序，不进入毛干内（图1-15-5）。毛癣菌感染时，孢子不仅存在于毛干外缘，而且大部分在毛干内，并且有规则地平行排列成链状。本病应注意与螨病、过敏性皮炎等疾病鉴别。

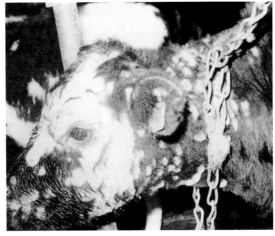

图1-15-1 头颈部皮肤散在许多已脱毛的圆形癣斑。

（张晋举）

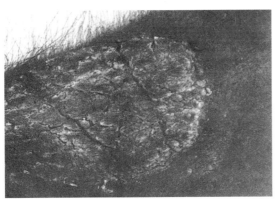

图1-15-2 皮肤病变界限明显，有痂皮。

（J. M. V. M. Mouwen 等）

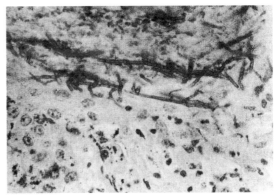

图1-15-3 皮肤角化层里的霉菌菌丝，PAS染色呈红色。

（J. M. V. M. Mouwen 等）

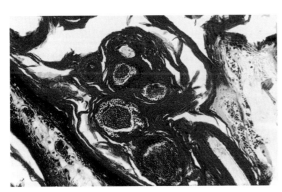

图1-15-4 在表皮角化层毛横切面的周围，见大量霉菌孢子分布。（HEA×200）

（陈怀涛）

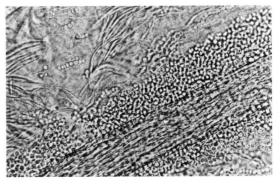

图1-15-5 毛周有厚层孢子，有时也见菌丝（毛标本采自病变部皮肤边缘并经透明）。

（J. M. V. M. Mouwen 等）

[防治]　首先要加强饲养管理，注意牛舍的清洁卫生，保持通风干燥。一旦发现病牛，应立即隔离治疗，同时对全群检查。对污染的牛舍、用具等，用3%甲醛液或3%氢氧化钠液进行消毒。在处置病牛时，管理人员要注意本身的防护，以免受到传染。

治疗时首先局部剪毛，再用3%来苏儿洗去痂块，涂上5%碘酊，每2d 1次，直到痊愈。对较严重的病例，要同时配合抗生素治疗。

十六、放线菌病

放线菌病（actinomycosis）是家畜和人共患的一种非接触性慢性传染病，牛最为常见，其临诊病理特征主要为病牛头部硬组织（骨）或软组织形成放线菌肿。

[病原]　本病可由多种细菌引起，主要是牛放线菌（*Actinomyces bovis*）和林氏放线杆菌（*Actinobacillus lignieresi*），其他细菌如衣氏放线菌（*A.israelii*）、金黄色葡萄球菌、化脓杆菌等也参与致病作用。

牛放线菌是牛骨骼放线菌病和猪乳腺放线菌病的主要病原菌，其形态和染色特性随生长环境而异。本菌在培养基上为杆状或棒状，可形成Y、V、T形排列的革兰氏阳性无隔菌丝，菌丝易断裂成短杆状，但在病变组织中则形成肉眼可见的帽针头大、黄白色小菌块，似硫黄颗粒，故常称"硫黄颗粒"。菌块镜检呈菊花状，其中心部为菌丝体，呈丝球状，革兰氏染色阳性；其外围部为放射状的棍棒体，革兰氏染色阴性，HE染色强嗜伊红性。棍棒体粗长，末端膨大，其长为10～30μm，直径为3～10μm。陈旧性菌块有时钙化，或经碘制剂治疗后分解成散在性断片而不易着色。

林氏放线杆菌是皮肤、舌、唇和其他软组织器官放线菌病的主要病原菌，革兰氏染色阴性。在组织中，菌块的结构和牛放线菌的相似，但中心不呈丝球状，而是许多细小的短杆菌，其大小和巴氏杆菌接近，革兰氏染色阴性；周围也有放射状的棍棒体，但比牛放线菌的短，革兰氏染色阴性。

上述两种细菌虽然在形态学和生物学方面有所不同，但在动物体内引起的病变相似。

[流行病学]　本病主要感染牛，尤其2～5岁的幼龄牛。绵羊、山羊、猪、马也可感染。换牙或口黏膜、皮肤的损伤都可为病原菌的入侵创造良好条件。病原菌存在于污染的土壤、饲料和饮水中，也寄生于口腔和上呼吸道的黏膜。因此，放牧于低湿地的动物较易感染本病，而且病变常见于口腔周围的组织器官。本病呈散在性发生。

[发病机理]　病原菌从受损的皮肤或黏膜进入组织后，在局部引起肉芽肿性炎症反应。开始，眼观为灰白色小灶，镜下，在积聚的中性粒细胞周围，有一些成纤维细胞、少量上皮样细胞和多核巨细胞，最外则是一般疏松结缔组织，其中多有淋巴细胞和浆细胞浸润（图1-16-1）。以后灰白色小灶变大、软化，有"硫黄颗粒"形成。镜下，病灶中心为菊花样的菌块，菌块附近有许多中性粒细胞，周围是上皮样细胞、巨细胞，以及大量淋巴细胞、巨噬细胞和浆细胞，偶见个别嗜酸性粒细胞，最外是成纤维细胞构成的不太明显的包膜（图1-16-2）。这种病灶或结节即称放线菌肉芽肿。这种肉芽肿随疾病发展而不断增多，如同时有结缔组织大量增生、并形成肉眼可见的大肿块时，则称为放线菌肿（actinomycoma）。放线菌肿的质地因结缔组织和炎性细胞的多少而不同。其切面常可见灰白或灰黄色软化灶或小脓灶，其中含有黏稠的脓性内容物和淡黄色粉粒状菌块——"硫黄颗粒"。菌块经时较

久可发生钙化，此时易被苏木精染成蓝色。

放线菌肿中可发生中性粒细胞大量浸润，进一步形成脓肿、并通过瘘管向外排脓。外界各种细菌也可从瘘管入侵组织，从而使化脓、坏死过程增强。

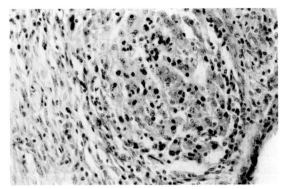

图1-16-1　放线菌肉芽肿的初期结构：肉芽肿界限明显，由一些上皮样细胞组成，其中还有中性粒细胞和淋巴细胞等，肉芽肿结节外围是结缔组织。（HEA×400）

（陈怀涛）

图1-16-2　放线菌肉芽肿的一般结构：肉芽肿的中心是放线菌块，菌块周围有许多中性粒细胞，向外是上皮样细胞、巨细胞等，最外则是结缔组织包膜。（HE×400）

（陈怀涛）

[症状和病理变化]　病变常见于颌骨（图1-16-3）、口腔、头部皮肤与皮下（图1-16-4）、淋巴结及肺脏等。下颌骨或上颌骨发生骨膜炎、骨髓炎，骨内、外膜骨样组织大量增生，致局部肿大、坚硬，骨组织呈多孔海绵状，其中可发生化脓、甚至形成瘘管，向外排出脓汁。头、颈、下颌部软组织也可发生硬结。舌表现为"木舌"（图1-16-5）或形成蘑菇状新生物。唇部肥厚或出现结节。淋巴结（下颌、咽背淋巴结等）和肺脏等部位也可见类似变化。上述增生的组织或结节中，均有灰白、灰黄色小软化灶，软化灶及脓汁中有"硫黄颗粒"。镜下，病变组织中形成大小不等的放线菌肉芽肿，肉芽肿或脓液中有放线菌块。

[诊断]　根据症状可做初步诊断。如欲确诊，应进行以下检查：

放线菌检查：取脓汁少许，用水稀释，找到"硫黄颗粒"，在水中漂洗，将其置载玻片上，加一滴15% KOH溶液，覆以盖玻片挤压，显微镜检查。如欲辨认何种细菌，则可做革兰氏染色镜检。

病理组织学检查：取病变组织，经一系列处理制成石蜡切片，HE染色或放线菌染色（如PAS），镜下观察放线菌肉芽肿的结构和放线菌块的形态（图1-16-6至图1-16-8）。

[防治]　避免在低湿地放牧，坚硬饲料应软化，口黏膜与皮肤伤口要及时治疗。对软组织的放线菌病，可通过外科手术切除病变结节和瘘管，并结合碘制剂进行治疗，如局部多次涂布碘酊，伤口周围组织注射10%碘仿醚或2%鲁戈氏液，内服碘化钾等。为提高本病的治愈率，可长期大量应用抗生素。牛放线菌对青霉素、红霉素较敏感，林氏放线杆菌对链霉素、磺胺类药较敏感。

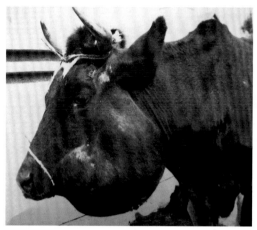

图1-16-3　牛下颌骨放线菌肿：左下颌骨高
度肿大，向外突出似肿瘤。
（周诗其）

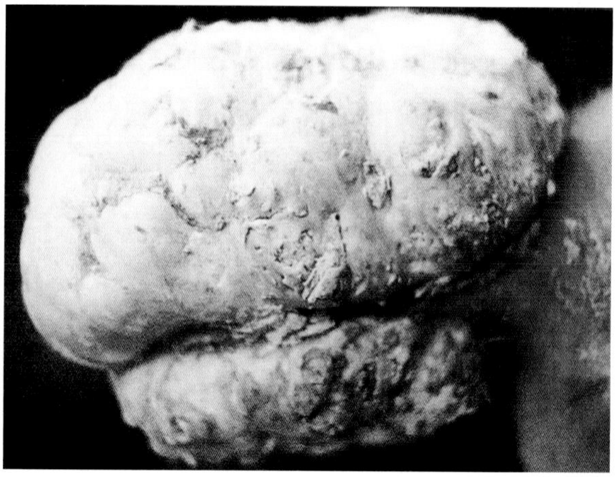

图1-16-4　颌下皮肤的一个放线菌肿。
（陈怀涛）

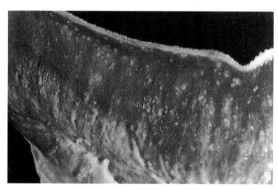

图1-16-5　"木舌"切面上可见许多突出的小白
点——放线菌肉芽肿。
（J. M. V. M. Mouwen等）

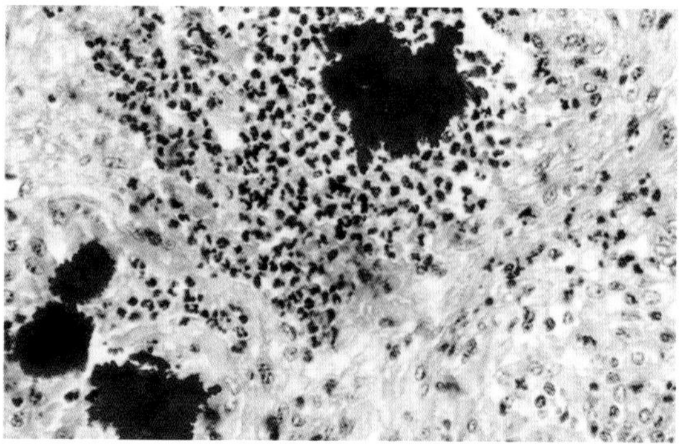

图1-16-6　几个不同时期的放线菌肉芽肿，其中
心都有数量不等的放线菌（红色）。
（PAS×400）
（陈怀涛）

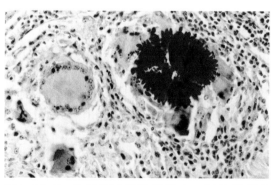

图1-16-7　放线菌肉芽肿组织中，可见呈菊花
样或玫瑰花样的菌块和数个巨细胞。
（HEA×400）
（陈怀涛）

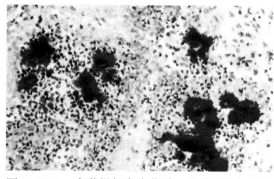

图1-16-8　肉芽组织发生化脓，放线菌块位于大
量脓细胞之中。（PAS×400）
（陈怀涛）

十七、牛传染性脑膜脑炎

牛传染性脑膜脑炎（bovine infectious meningoencephalitis）又称牛传染性血栓栓塞性脑膜脑炎，是牛的一种以脑膜脑炎、肺炎、关节炎等为主要特征的疾病。本病于1956年在美国科罗拉多州最先发现，以后见于加拿大、英国、德国、瑞士、意大利和大洋洲一些国家，1977年以后广泛流行于日本。本病多发生于集约化饲养的肥育牛，表现为突然发热、运动失调、不能起立，随后陷于昏睡、以至死亡。

[病原] 病原为昏睡嗜血杆菌（*Haemophilus somnus*）。这是一种非运动性、多形性小杆菌，革兰氏染色阴性，无鞭毛、芽孢、荚膜，不溶血。本菌对营养的要求很严格，在普通培养基上生长不良。其生长需要动物血液中的生长因子，尤其X因子和V因子。常用的培养基为含有10%牛（或绵羊）血或血清和0.5%鲜酵母提取物的脑心汤琼脂。在37℃、5%～10% CO_2的环境下生长最好，培养2～3d后出现直径约1mm的圆形、淡黄色或奶油色、湿润、有光泽的小菌落，集菌后呈橙黄色。在鸡胚中生长迅速。本菌抵抗力不强，常用消毒液或60℃ 5～20min即可将其杀死。

[流行病学] 本病主要发生于肥育牛，奶牛、放牧牛也可发病，多见于6月龄至2岁的牛。昏睡嗜血杆菌是牛的正常寄生菌，应激因素和并发感染可诱发本病，通常呈散发性。一般通过飞沫、尿液或生殖道分泌物而传染。发病无明显的季节性，但多见于秋末、初冬或早春寒冷潮湿的季节。

[症状] 本病有多种类型，以呼吸道型、生殖道型和神经型为多见。呼吸道型表现高热、呼吸困难、咳嗽、流泪、流鼻液，呈纤维素性胸膜炎症状，其中少数呈现败血症。生殖道型可引起母牛阴道炎、子宫内膜炎、流产、空怀期延长、屡配不孕，所产犊牛发育不良，常于出生后不久死亡；公牛感染后一般不出现明显症状，偶可引起精液质量下降而不育。神经型表现为体温升高，精神极度沉郁，厌食，肌肉软弱，以膝关节着地，步态僵硬，很快出现运动失调、转圈、伸头、伏卧、麻痹、昏睡、角弓反张、痉挛等症状而死亡（图1-17-1）。超急性病例常突然死亡。

[病理变化] 神经型可见脑膜充血，脑脊液增量、呈红色。脑的表面和切面有针尖至拇指头大的出血性坏死软化灶（图1-17-2、图1-17-3）。肺脏、肾脏、心脏等器官可见边界清晰的出血性梗死灶（图1-17-4）。偶见心内膜炎和心肌炎。组织学检查，在脑、脑膜及全身许多组织器官有广泛的血栓形成，血管内膜损伤（脉管炎），并出现以血管为中心的围管性嗜酸性粒细胞浸润或形成小化脓灶。

[诊断] 依据典型的病理学变化可做出初步诊断，但要确诊应从病变组织中分离出病原菌。虽然血清学试验方法不少，但由于许多动物处于带菌状态或隐性感染，所以血清中存在抗体并不能作为发生过本病的标志。

[防治] 对病牛，早期用抗生素和磺胺类药物治疗，效果明显。但如果出现神经症状，则抗菌药物治疗无效。

本病应以预防为主，可使用氢氧化铝灭活菌苗定期注射，同时加强饲养管理，减少应激因素。另外，饲料中添加四环素类抗生素可降低发病率，但不要长期使用，以免产生抗药性。

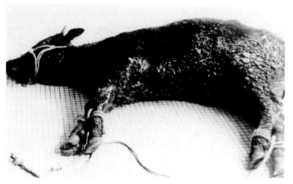

图1-17-1　病犊眼球震颤，四肢僵直，昏睡。

（张旭静）

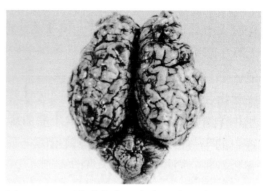

图1-17-2　脑膜充血、出血，在脑膜表面有几个微凹陷的红褐色坏死软化灶。

（张旭静）

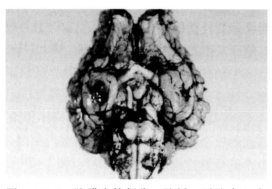

图1-17-3　脑膜血管怒张，脑桥、延脑有几个红褐色坏死软化灶。

（张旭静）

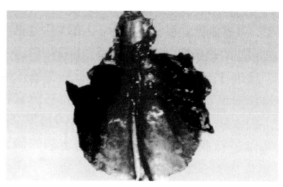

图1-17-4　肺脏见出血性梗死灶，色暗红，界限明显。

（张旭静）

十八、无浆体病

无浆体病（anaplasmosis）是由立克次氏体引起反刍动物的一种蜱媒传染病，病畜主要表现发热、贫血和黄疸等。

本病广泛分布于热带和亚热带地区。我国也有发生，尤其绵羊、山羊的无浆体病，在华南各省以及新疆、辽宁、内蒙古、陕西、青海、甘肃等省、自治区都有报道。

［病原］　无浆体属于立克次氏体目（Rickettsiales）、无浆体科（Anaplasmataeclae）、无浆体属（Anaplasma）的成员。对牛、羊有致病力的无浆体有3种：边缘无浆体边缘亚种（A.marginale subsp. marginale）、边缘无浆体中央亚种（A.marginale subsp. centrale）和绵羊无浆体（A.ovis）。无浆体在红细胞里多寄生于边缘，少数位于中央。这种微生物为致密而均匀的球状团块，几乎没有细胞质。用姬姆萨或瑞氏染色呈蓝色，直径$0.3 \sim 1.0 \mu m$，一般一个红细胞含有一个无浆体，也有含2～3个或更多的。电镜下观察，无浆体是由一层界膜与红细胞质分隔开的内含物，包含1～8个亚单位或称初体。初体

为实际的寄生体，其直径为0.2～0.4μm，圆形，有界膜，体积增大后即分裂繁殖，成为真正的感染性寄生体，一般位于红细胞中或存在于血浆内。

无浆体在普通培养基内不能生长繁殖，必须在细胞内寄生，依靠寄生细胞提供三磷酸腺苷、辅酶I和辅酶A才能生长繁殖。常用的培养方法是动物接种或鸡胚卵黄囊内接种。

无浆体对广谱抗生素均敏感。

[流行病学]　本病的宿主动物是反刍动物，以牛、羊为主，鹿、骆驼也能感染发病。幼畜一般有较强的抵抗力。病畜和康复后带菌者是本病的传染源，蜱是主要传播媒介，吸血昆虫及消毒不彻底的手术器械、注射器、针头等也可造成机械性传播。本病多发生于夏、秋季和蜱活动的地区。一般在6月出现，8～11月为高峰，11月后发病减少。

[发病机理]　无浆体初体侵入动物血液后，以胞质膜内陷和形成空泡的方式进入红细胞，然后以二分裂法繁殖并形成2～8个新的初体。之后初体脱离所在红细胞，再侵入另一个红细胞。这个过程反复发生，破坏大量红细胞而使动物发生贫血。

[症状]　牛：潜伏期为17～45d。犊牛症状较轻，仅见厌食、低烧、轻度抑郁，但血液涂片可在少量红细胞中检出无浆体。成年牛病情严重，急性病例常见体温突然升至40～41.5℃，贫血，黄疸，可视黏膜与皮肤苍白或黄染，呼吸与心跳增数，腹泻或便秘，并伴有顽固性前胃弛缓，尿频、但无血红蛋白尿。妊娠牛发生流产，奶牛泌乳减少或停止。血液检查可发现无浆体（图1-18-1）。慢性病例呈渐进性消瘦、贫血、黄疸、衰弱，红细胞数和血红素显著减少。

羊：多呈隐性经过，仅少数发病。主要表现发热（40℃以上）、贫血、黄疸，红细胞减少，血液涂片可检出无浆体。

图1-18-1　在病牛红细胞的胞质内有数个紫染的球形小体——无浆体。（Giemsa×1 000）

（刘宝岩）

[病理变化]　剖检可见尸体消瘦，体表有蜱附着，可视黏膜、乳腺及会阴部明显黄染，皮下组织有黄色胶冻样水肿。下颌、颈浅、乳腺淋巴结肿大，切面多汁，有出血。内脏器官黄染。心包积液，心肌变软，颜色变淡，心内、外膜有点状出血。肺淤血、出血、水肿。肝肿大，呈黄褐色，胆囊明显胀大，充满胆汁。肾肿大、呈黄褐色。脾肿大3～4倍，脾髓变软，质如果酱。皱胃和肠道分别呈出血性和卡他性炎症变化。

[诊断]　依据流行病学、临诊表现及剖检变化可做出初步诊断，确诊须进行实验室检验。取病变器官及血液做抹片，用10%姬姆萨染色，镜检无浆体（应注意，在严重贫血时可能看不到无浆体，可连续多次检查）。带菌动物可用补体结合试验、毛细管凝集试验和酶联免疫吸附试验检查。在野外，还可用卡片凝集试验，几分钟内便可得出诊断结果。本病注意与钩端螺旋体病及焦虫病鉴别。

[防治]　预防本病的关键在于灭蜱，应经常对畜群进行药浴，防止吸血昆虫叮咬，同时加强检疫。另外，国外已有疫苗使用。对病畜隔离治疗，加强护理，供给足够的饮水和饲

料，每天用灭蝇剂喷洒体表。治疗：常用四环素、金霉素、土霉素治疗，而青霉素和链霉素治疗无效。

十九、牛传染性胸膜肺炎

牛传染性胸膜肺炎（bovine contagious pleuropneumonia）也称牛肺疫，是由丝状支原体引起的一种传染病，其临诊病理特征为纤维素性胸膜肺炎所致的呼吸功能障碍。

[病原]　病原体为丝状支原体丝状亚种（*Mycoplasma mycoides* subsp. *mycoides*）。支原体形态多样，呈球菌样、丝状、螺旋状与颗粒状，以球菌样为主，革兰氏染色阴性，瑞特氏、姬姆萨染色时菌体着染良好。本菌在加有血清的肉汤琼脂上可生长成典型的"煎蛋状"菌落。

支原体对日光照射和化学消毒药的抵抗力不强，但对青霉素、龙胆紫及低温有抵抗力。

[流行病学]　本病曾在不少国家流行，目前尚存在于一些国家。我国西北、东北、内蒙古、西藏等地也曾流行过，现无此病存在。各种牛均可感染发病，牦牛与黄牛较易感，发病率与病死率较高。其他家畜多不感染。

病牛与带菌牛是主要的传染源。疾病常取亚急性或慢性经过。

[发病机理]　病原体首先引起支气管炎及其周围炎，然后沿淋巴管和血管到达小叶间、肺泡间、胸膜下结缔组织、心包和纵隔。因此，常在尖叶、心叶和膈叶前下部发现数量不等的支气管肺炎灶。这些肺炎灶可被吸收消散或机化，也可使病变进一步发展。病原体沿支气管与淋巴管不断向附近肺组织扩散。机体反应性升高致使肺组织发生变态反应性炎症变化，炎症迅速发展，渗出物大量增加。间质淋巴管炎引起淋巴栓形成，淋巴回流障碍，间质发生水肿，间质炎症的发展可引起纤维素性胸膜炎。由于各个支气管肺炎区并非处于同一发展阶段，故病肺呈不同色彩，加之间质变化明显，即构成典型的大理石样景象。这种小叶融合性纤维素性肺炎和浆液纤维素性胸膜炎的形成，不仅可引起明显的症状，也反映了本病发病学的特征。病畜常因抵抗力衰竭、败血症和肺功能严重障碍而死亡，也可因病变机化（肉变）、坏死块化使病情好转或转为隐性过程。肺肉变的发生同淋巴管炎所造成的病理产物吸收困难有关，而坏死块的形成则是由于动脉管炎所致的肺组织的梗死。坏死块内仍有病原体存活，如机体抵抗力下降，疾病便可能复发。

[症状]　多呈亚急性经过。开始仅为短干咳，常在冷刺激或运动时发生。以后咳嗽频繁，咳声短而无力，有痛苦感；体温升高到40～42℃，呈稽留热；流浆液性或脓性鼻液；呼吸加快或困难，呈腹式呼吸。后期心跳加快、无力，胸下与肉垂水肿，食欲丧失，胸部听诊有湿啰音、摩擦音，叩诊有浊音区、并常引起疼痛。病程1～2周，终因呼吸困难而窒息死亡。部分病畜症状缓解，经1～2个月痊愈。如为慢性经过，病畜除逐渐消瘦和偶发干性短咳外，多无明显症状，其预后为慢性衰竭死亡，或经及时治疗和妥善护理而逐渐恢复，但常成为带菌者。

[病理变化]　根据疾病的发展过程，病理变化可分为三个阶段：

（1）初期　在肺尖叶、心叶和膈叶前下部，见有淡红或灰红色支气管肺炎灶或纤维素性支气管肺炎灶。

（2）中期　见有典型的纤维素性肺炎和浆液纤维素性胸膜肺炎，同时尚有纤维素性心包炎。

1）肺实质　常在肺的一侧（尤其右侧）或两侧出现融合性纤维素性肺炎。肺炎区多位

于膈叶和中间叶，心叶与尖叶同时发病者也有。发炎肺叶肿大，质地坚实，其中有鲜红、暗红、灰红、灰黄等不同色彩的肺小叶相互镶嵌，外观似多色性大理石样，故称"大理石样变"（图1-19-1）。这些肺小叶处于纤维素性肺炎的不同发展阶段（充血水肿期、红肝变期与灰肝变期，常无吸收消散期）。

①充血水肿期　病部肺小叶色深红，较坚实，切面流出多量含泡沫的液体。镜检，肺泡隔毛细血管扩张、充血，肺泡腔有大量浆液及少量红细胞、中性粒细胞与巨噬细胞等（图1-19-2）。

②红肝变期　病部肺小叶色暗红，质地坚实，外观似肝，故称"肝变"。镜检，肺泡隔毛细血管仍扩张、充血，肺泡腔有大量纤维素，其中含有多量红细胞和一些其他细胞（图1-19-3）。

③灰肝变期　病部肺小叶色灰白，质地坚实，切面较干燥，常见细小颗粒状结构。镜检，肺泡隔毛细血管充血减退，肺泡腔有大量丝网状纤维素，以及不少中性粒细胞与巨噬细胞等，红细胞很少（图1-19-4）。

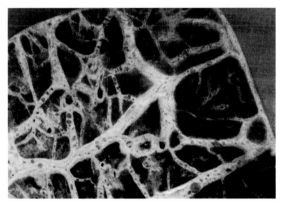

图1-19-1　肺切面呈"大理石样变"。

（甘肃农业大学兽医病理室）

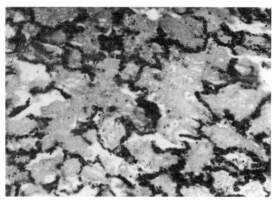

图1-19-2　充血水肿期的肺小叶组织变化。

（HE×200）

（陈怀涛）

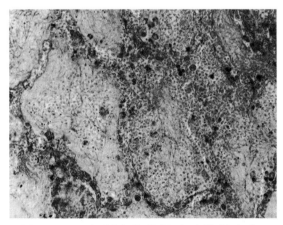

图1-19-3　红肝变期的肺小叶组织变化。

（HE×200）

（陈怀涛）

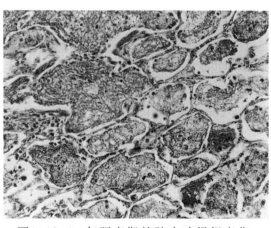

图1-19-4　灰肝变期的肺小叶组织变化。

（HE×200）

（陈怀涛）

2）肺间质　眼观，肺间质因水肿、坏死、淋巴管扩张及淋巴栓形成而明显增宽，间质呈灰白色条索状，其中有圆形或椭圆形空洞和灰白色、红色物质。镜检，主要变化包括：

①淋巴管炎　淋巴管极度扩张，其中充满浆液或纤维素和炎症细胞（淋巴栓），有的淋巴管壁发生坏死（图1-19-5）。

②炎性渗出　间质有大量浆液积聚、纤维素渗出与白细胞浸润，白细胞常坏死崩解（图1-19-6），也有充血和出血现象。

③坏死　间质坏死很明显，坏死灶常位于小叶边缘，呈一条宽阔的崩解区。间质血管发炎或血管壁发生纤维素样坏死，其中常有血栓形成（图1-19-7）。

④机化　随坏死的发展，可见血管周围机化灶、支气管周围机化灶及小叶边缘机化灶。

血管周围机化灶呈界限明显的灶状或块状，位于一支或数支小血管周围。主要由肉芽组织构成，其中还可见中性粒细胞和巨噬细胞浸润；肉芽组织之外可见细胞成分很少的水肿区或透明区；水肿区外围则是内含大量核碎片的坏死区（图1-19-8）。

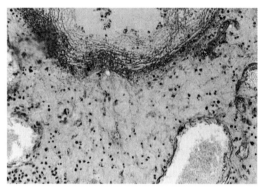

图1-19-5　肺间质明显水肿，可见一个淋巴管（仅显示一半）和几个血管的横切面，淋巴管壁坏死，管腔中有淋巴栓形成。（HE×200）

（陈怀涛）

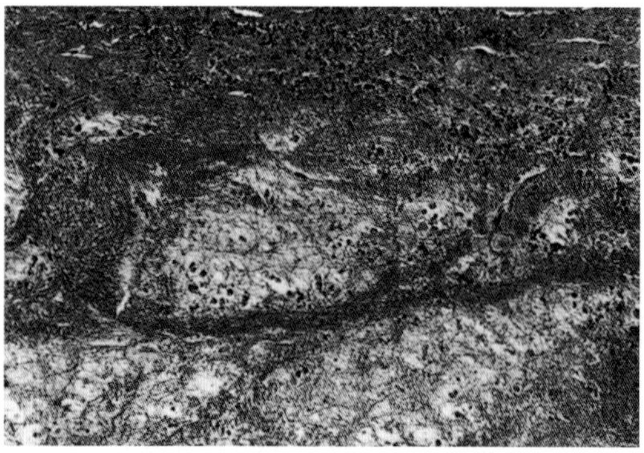

图1-19-6　间质有大量纤维素、白细胞和浆液渗出，白细胞已大量坏死崩解。（HE×200）

（陈怀涛）

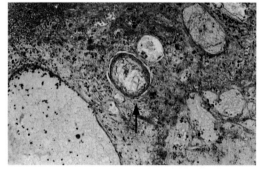

图1-19-7　间质水肿、坏死，本图中心部有一个椭圆形的血管横切面（↑），管壁坏死，管腔有血栓形成，左下方的大管腔为扩张的淋巴管的一部分。（HE×200）

（陈怀涛）

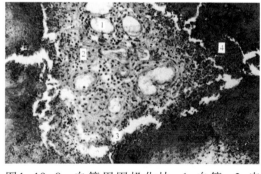

图1-19-8　血管周围机化灶：1.血管；2.肉芽组织；3.透明区；4.坏死区。（HE×200）

（陈怀涛）

　　支气管周围机化灶是以小叶间支气管为中心的肉芽组织增生灶。机化灶周围也可见核崩解区。

　　小叶边缘机化灶呈带状，位于坏死的间质或肺胸膜与活的肺小叶边缘的交界处。小叶边缘一侧为肉芽组织，间质或肺胸膜一侧为核崩解区，一般不见水肿区（图1-19-9）。

　　3）肺胸膜　呈现浆液纤维素性胸膜炎，表现为胸膜上覆以灰黄色纤维素，纤维素可不断沉积，形成厚层（图1-19-10）。胸腔积聚大量混有纤维素絮片的混浊渗出液。

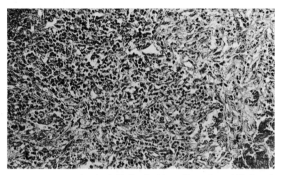

图1-19-9　小叶边缘机化灶：位于坏死的间质（左上角红染区）与活的小叶（右下方显示几个有红色纤维素团块的肺泡）边缘的交界区域，主要由肉芽组织和大量炎性细胞组成。（HE×200）

（陈怀涛）

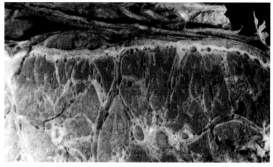

图1-19-10　浆液纤维素性胸膜炎：肺胸膜上有厚层纤维素沉积。

（甘肃农业大学兽医病理室）

　　（3）后期　主要表现为结缔组织增生过程。肺胸膜纤维性增厚，肺胸膜与肋胸膜常发生纤维性粘连。肺实质的炎性渗出物被机化，故肺呈肉变。有时病部因动脉发炎和血栓形成，而引起大块肺组织发生贫血性梗死，其切面隐约可见肺组织纹理。随病变发展，梗死区外围可形成厚层结缔组织包囊，二者以间隙相隔，故梗死区在包囊中呈游离状态。上述变化即"坏死块化"（图1-19-11）。坏死的肺组织偶尔发生溶解、并被咳出，局部可形成空洞。

　　此外，还可见胸腔淋巴结的增生性或坏死性炎症，以及肾贫血性梗死。

　　[诊断]　根据典型眼观病变与组织病理变化，结合流行病学资料与症状，可做出初步诊断。确诊须进行血清学检查（补

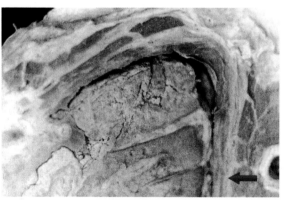

图1-19-11　肺"坏死块化"：肺组织坏死、凝固，切面肺组织轮廓尚可辨认，坏死的肺组织被厚层结缔组织包裹（↑），但二者间有一空隙，此图仅显示坏死块的一部分。

（甘肃农业大学兽医病理室）

体结合试验）和病原体检查。病原体检查：从病变肺组织、胸腔渗出液与淋巴结取材，接种于10%马血清马丁肉汤及马丁琼脂，37℃培养2～7d，如有生长，即可进行支原体的分离鉴定。

胸型巴氏杆菌病的肺病变和本病相似，应注意鉴别。胸型巴氏杆菌病除病原不同外，肺"大理石样变"不如本病的明显、典型，间质增宽与多孔状也不大明显，不发生"坏死块化"，组织上无血管周围机化灶和边缘机化灶等变化。

[防治]　预防方面，除严格执行一般防疫措施外，应扑杀病牛及可疑病牛，并对牛群定期接种牛肺疫兔化弱毒苗或兔化绵羊化弱毒苗。

治疗方面，用土霉素盐酸盐结合链霉素、四环素治疗效果较好，也可试用红霉素、卡那霉素等。

二十、心水病

心水病（heart water）又称立克次氏体病，是一种由立克次氏体引起的发热性传染病，可侵害多种反刍动物。绵羊和山羊对本病较为易感，牛也可发病。本病主要流行于夏季湿热的低洼地区。通过蜱的吸血活动机械传播。

[病原]　反刍兽立克次氏体在人工培养基中不能培养繁殖。大小为0.2～0.5μm，呈圆形、椭圆形或杆状，革兰氏染色阴性，用姬姆萨染色呈蓝色。在发热期间，病原体大量存在于大脑、肾等组织的血管内皮细胞中，少数附着于红细胞上。

[症状]　本病的潜伏期一般为7～14d。病牛主要表现心肺功能障碍的症状，如心跳加快，呼吸困难，鼻孔中有白色泡沫状液体流出（图1-20-1），胸前、腹下水肿等。有时见步态不稳、肌肉痉挛等神经症状。如病牛耐过此病，则病原体从血液中消失，但在一定时期（约60d）内仍为带菌者，痊愈动物具有一定的免疫力。

[病理变化]　皮下水肿，呈黄色胶冻样；心包扩张、积液（图1-20-2）；肺淤血、水肿；呼吸道、消化道和膀胱黏膜有出血点；皱胃明显水肿；脾脏中等肿大；内脏淋巴结出血、水肿。

[诊断]　根据症状、病理变化和流行病学资料可怀疑本病，确诊须取材检出病原体。

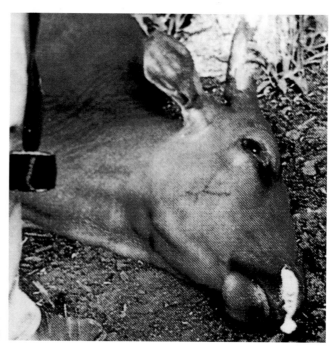

图1-20-1　头颈前伸，鼻孔流出白色泡沫。
（L. Logan-Henfrey）

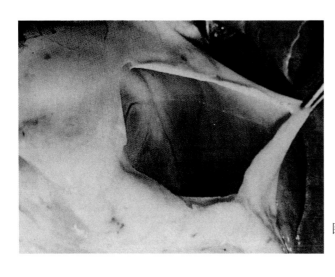

图1-20-2 心包腔积有大量淡黄色液体。
(L. Logan-Henfrey)

[防治] 预防：①在流行季节，对疫区的易感动物进行药物预防，直至吸血昆虫停息期；②定期检疫，查出病畜，尤其是带菌动物，及时给予药物治疗；③限制患病动物进入非疫区；④搞好灭蜱工作。

治疗：可用金霉素、磺胺二甲嘧啶和广谱抗生素。

二十一、衣原体病

衣原体病（chlamydiosis）是由鹦鹉热衣原体引起的一种传染病。临诊上以流产、肠炎、肺炎、多发性关节炎、脑脊髓炎和结膜炎为特征。

[病原] 鹦鹉热衣原体（*Chlamydia psittaci*）是衣原体科、衣原体属的微生物，专性细胞内寄生，革兰氏染色阴性，姬姆萨法染色良好，呈球形或卵圆形（图1-21-1）。反刍动物衣原体也参与致病作用。衣原体因其独特的发育周期而分为初体和原生小体，初体为繁殖型，呈圆形或不规则形，直径0.7～1.5μm，无传染性；原生小体具有传染性，呈球形，直径0.2～0.4μm（图1-21-2）。衣原体在受感染细胞的胞质中可形成包涵体，其直径可达12μm，易着染碱性染料，革兰氏染色阴性，用姬姆萨、马夏维洛（Macchiavello）等法染色良好。

衣原体对低温抵抗力较强。对高温抵抗力不强，56℃ 5min即可灭活。3%来苏儿液24～36h、75%酒精30s、3%过氧化氢片刻可使其灭活。对青霉素、四环素族抗生素和红霉素敏感，但对链霉素、杆菌肽、卡那霉素、庆大霉素及磺胺类药物有抵抗力。

[流行病学] 鹦鹉热衣原体对各种畜、禽及其他动物均有致病性，家畜中牛、羊易感。发病不分年龄，但症状不尽相同。6月龄以前的犊牛多表现为肺肠炎，成年牛为脑炎和精囊炎，孕牛、孕羊常发生流产。1～8月龄幼羊多表现为关节炎、结膜炎。患病动物和带菌者是本病的主要传染源，许多野生动物和禽类是本菌的自然贮主。它们可通过各种排泄物、分泌物以及流产物排出病原体，污染水源、饲料和环境。本病主要经呼吸道、消化道及损伤的皮肤、黏膜感染；也可通过交配或子宫内感染。密集饲养、营养缺乏、长途运输等不良因素可促使本病的发生和流行。发病季节性不明显，但犊牛肺肠炎

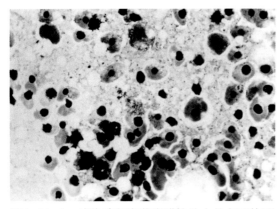

图1-21-1　感染鸡胚卵黄囊膜涂片中的衣原体颗
　　　　　粒。（Giemsa×1 000）

（林治涌）

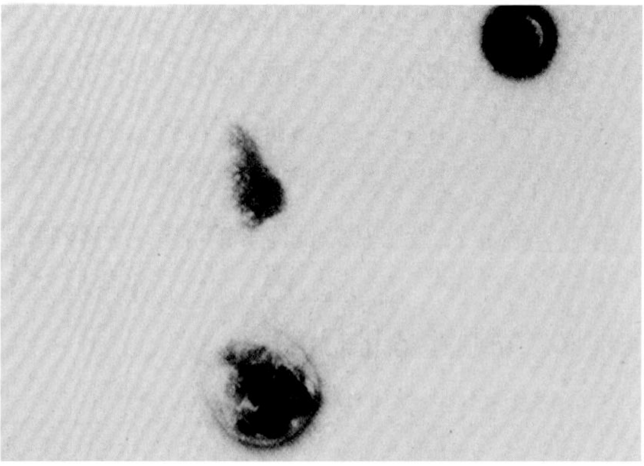

图1-21-2　电镜下的衣原体形态：大颗粒为初
　　　　　体，小颗粒为原生小体。（×20 000）

（林治涌）

多发生在冬季。怀孕牛流产多呈地方性流行，脑炎多为散发。世界上很多国家都有牛衣原体病报道，我国湖北、青海、陕西、四川、山东等地在水牛、牦牛、奶牛、黄牛中证实有本病存在。

[发病机理]　成年孕牛感染后，衣原体先出现于血液，再侵入靶器官（胎盘和胎儿）。衣原体的感染从肉阜间子宫内膜开始，扩展至绒毛膜，引起胎盘滋养层发炎、坏死。感染第6天，胎儿的肝、脾、肾、肺、胸腺、脑、淋巴结及肠道都有衣原体分布，随后发生皮下水肿及肺炎、肠炎、关节炎与肝脏的炎症和坏死。胎儿终因中毒而死亡。

[症状]　本病的潜伏期为数天至数月。

（1）流产型　头胎和二胎母牛多发，一般在妊娠7～9个月流产。产出死胎或弱犊，胎衣排出迟缓，感染群的流产率为10%～40%。年轻公牛常发生睾丸炎、附睾炎和精囊炎，精液品质下降，有的睾丸萎缩。发病率约10%。

（2）肺肠炎型　主要见于6月龄以前的犊牛，潜伏期1～10d。表现抑郁、腹泻，体温升高到41～42℃，食欲缺乏，以后出现咳嗽和支气管肺炎症状。

（3）关节炎型　多见于犊牛，潜伏期4～20d。病初体温升高1～3℃，厌食，不愿站立和运动，2～3d后关节肿大（图1-21-3），局部皮温升高、僵硬疼痛，跛行明显。

（4）脑脊髓炎型　多发于3岁以下的牛，潜伏期4～31d。病初体温突然升高到40.5～42℃，精神沉郁，虚弱，流涎，共济失调，呼吸困难和腹泻。以后出现神经症状，四肢无力，关节肿痛，步态不稳，

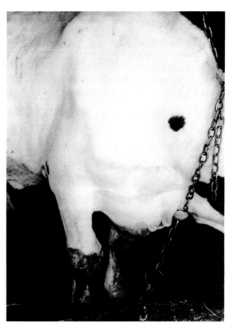

图1-21-3　病牛右前肢腕关节肿大。

（中国农业科学院兰州兽医研究所）

将头抵在坚硬物体上，或转圈运动，起立困难，麻痹，卧地不起，角弓反张，最后死亡。病程10～20d。

（5）结膜炎型　潜伏期10～15d，结膜炎呈单侧或双侧。病眼流泪、羞明，眼睑充血、肿胀，眼球被高度肿胀的眼睑所遮盖，眼角附以黏脓性分泌物。经2～3d，角膜发生不同程度的混浊、血管翳、溃疡。病程8～10d，无严重感染时呈良性经过。角膜溃疡者，病程可达数周。

[病理变化]

（1）流产型　胎膜水肿、贫血，胎儿苍白，皮肤及黏膜小点出血，皮下水肿。流产母牛常有子宫内膜炎、子宫颈炎、阴道炎和乳腺炎。组织学检查，胎儿多器官有弥漫性和局灶性网状内皮细胞增生变化。

（2）肺肠炎型　主要表现卡他性胃肠炎、卡他性上呼吸道炎和纤维素性或化脓性支气管肺炎变化，也可见心包炎、胸膜炎、腹膜炎、间质性肾炎和心肌炎，以及浆液纤维素性关节炎，甚至腱鞘炎和黏液囊炎变化。

（3）关节炎型　多见于羔羊。病变波及数个关节。关节肿大，周围水肿、充血，关节囊中有大量淡黄色液体，滑膜附有纤维素絮片。严重者腱和周围肌肉组织水肿、出血。以后关节滑膜由于绒毛样增生而变粗糙，关节囊增厚。

（4）脑脊髓炎型　脑和脊髓充血、水肿，脑脊液增多。慢性病例伴有纤维素性腹膜炎、胸膜炎和心包炎。组织学检查，脑和脊髓神经元变性，神经胶质细胞增生，神经纤维脱髓鞘，并有淋巴细胞、单核巨噬细胞和中性粒细胞浸润，淋巴细胞和巨噬细胞在脑血管周围形成血管套并浸润于脑膜。

（5）结膜炎型　多见于幼绵羊。结膜明显充血、水肿。角膜水肿、糜烂和溃疡。瞬膜与眼睑结膜有淋巴滤泡形成。镜检，结膜上皮细胞里可发现初体或原生小体。

[诊断]　根据流行特点、症状和病理变化进行综合分析，可获初步诊断。确诊须做实验室检查。

涂片检查：用姬姆萨法染色镜检，以发现圆形或卵圆形病原颗粒。

血清学检查：常用方法是补体结合反应。动物感染后7～10d，血清中就可检出衣原体属特异性抗体，15～20d达到高峰，故通常采取急性和恢复期的双份血清，如抗体滴度增高4倍以上，判为阳性。也可用血清中和试验来检查。

分离培养：取病料悬液0.3mL接种于孵化5～7d的鸡胚卵黄囊中，感染鸡胚常于5～12d死亡，胚胎或卵黄囊发生充血、出血，取卵黄囊抹片镜检，可见大量原生小体。若鸡胚不死亡，可在接种后10～14d收取卵黄囊盲传，3代不死者判为阴性。将病料经脑内、鼻腔或腹腔途径接种SPF小鼠或豚鼠，均可进行衣原体的分离培养鉴定。

临诊上，本病应与布鲁氏菌病、沙门氏菌病等进行鉴别诊断。

[防治]　预防本病应加强饲养管理，消除各种诱发因素。目前尚无牛衣原体病疫苗供免疫接种，但有研究表明，用羊流产衣原体卵黄囊甲醛灭活油佐剂苗，在配种前，给牛皮下注射3mL可有效预防奶牛衣原体病，疫苗使用安全，免疫期可达1年以上。

本病流行地区，对牛群应定期检疫，及时淘汰病牛和血清学阳性牛。发生本病时，应及时隔离病牛，对污染的牛舍、场地等进行彻底消毒。治疗可用氟苯尼考或青霉素肌内注射，每天1～2次，连用3d。

二十二、肉毒梭菌中毒症

肉毒梭菌中毒症（botulism）是牛因食入被肉毒梭菌毒素所污染的饲草、饲料或饮水后引起的一种急性中毒性疾病，以运动神经麻痹为主要特征。

[病原]　肉毒梭菌（*Clostridium botulinum*）是一种能运动的腐生性芽孢杆菌，大小为（4～6）μm×（0.9～1.2）μm，端圆，多单在，偶有成对或短链状排列，无荚膜，芽孢偏于一端。幼年培养物革兰氏染色呈阳性。严格厌氧，28～37℃生长良好。产生毒素的最适温度为25～30℃，最适pH为6～8。肉毒梭菌及其毒素对热的抵抗力很强。

病菌的毒素有8型，引起牛中毒的为A、B、C、D型。

[流行病学]　本病无传染性，常为散发。发病季节性明显，夏、秋季多发。

[发病机理]　能否发病取决于牛摄入毒素的量。毒素经消化道吸收后，作用于神经肌肉接合处，抑制胆碱能神经末梢，释放乙酰胆碱，阻断运动神经的传导，从而导致肌肉麻痹。

[症状]　牛食入毒素后，多在3～7d内发病。特异症状为肌肉软弱无力，并由头部向躯干、四肢发展。开始，咀嚼和吞咽困难，以后丧失咀嚼、吞咽功能，垂舌、流涎（图1-22-1），下颌及上眼睑下垂，瞳孔散大；步态跟跄、不能站立，以至卧地不起；便秘、腹痛、尿少；呼吸极度困难，终因呼吸衰竭而死亡。死前意识、反射、体温正常。中毒严重者数小时内死亡，较轻者可耐过。

[病理变化]　无特征变化。由于咽、食道麻痹，可能导致食物在口腔、咽及食道内蓄积；瘤胃中常有异物，如骨片、木片或石块等。

[诊断]　根据病史、症状可做出初步诊断。检查饲料及尸体内是否含有毒素，并结合小动物试验可确诊。

[防治]　不让动物食入腐败的肉尸和腐烂霉变的饲料。日粮中应加入适量的食盐、钙、磷等以防动物发生异嗜癖。

本病常发地区，可用同型类毒素或明矾菌苗预防接种。早期可用多价抗毒素治疗，若毒素型已确定，则可用同型抗毒素。同时应结合使用盐类泻药、洗胃、灌肠等方法，以清除消化道中残留的毒素。此外，可适当进行对症治疗，如输液、强心等。

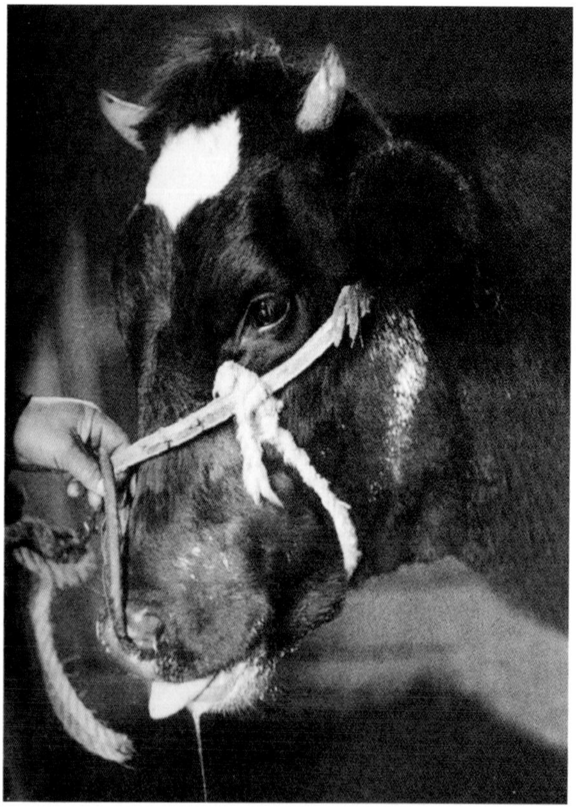

图1-22-1　病牛垂舌、流涎。

（孙晓林）

二十三、口蹄疫

口蹄疫（foot-and-mouth disease，FMD）是由口蹄疫病毒引起的一种急性、热性、高度接触性传染病，主要侵害偶蹄动物，人和其他动物偶尔也可感染。临诊病理特征为口黏膜、蹄部与乳房皮肤发生水疱和烂斑。本病因发病率高、传播快、流行地域广、易感动物种类多、病原变异性强而备受关注。世界动物卫生组织将FMD列为必须通报的动物传染病。

[病原]　口蹄疫病毒（FMDV）是微RNA病毒科（*Picornaviridae*）、口蹄疫病毒属（*Aphthavirus*）的代表性成员。病毒呈球形或六角形，直径23～25nm，呈20面体对称。

FMDV变异性极强，表型变异主要表现在抗原性和宿主嗜性两个方面。抗原性方面，目前已发现7个无交叉反应的血清型，即O、A、C、南非1（SAT Ⅰ）、南非2（SAT Ⅱ）、南非3（SAT Ⅲ）和亚洲1型（Asia I型）。同一血清型内不同毒株的抗原性也不完全相同。宿主嗜性方面，在自然状况下牛对FMDV的易感性最强，但不断发现主要或只感染猪或羊的病毒。

[流行病学]　FMD的天然感染对象主要是多种家养和野生偶蹄动物。其中牛、猪的发病率可达100%。大象、猫、家兔、家鼠和刺猬也偶有散发。FMDV对人的感染力很低，仅见个别病例。FMD的传染源是感染动物和隐性带毒动物。主要通过呼吸道、破裂水疱、唾液、乳汁、粪、尿和精液等排出病毒。

患病牛、羊康复后，以及人工接种弱毒疫苗后，部分动物可长期携带FMDV。一般情况下，羊可带毒几个月，牛可带毒几年，而且所带病毒可在个体间传播，致使群体带毒时间可达20年以上。

FMDV主要通过接触和气溶胶两种方式传播。健康易感动物与患病动物接触，造成直接接触传染；与感染场地、动物产品、饲料、工具及人员等接触，造成间接接触传染。病畜呼出的气体及泼溅排泄物、分泌物形成的含毒气溶胶，使病毒在局部空间长时间悬浮，遇到适当的天气条件（温度、湿度及风力），可远距离向下风方向传播。

[症状]　精神沉郁、厌食、发热、口蹄部出现水疱是FMD患病动物的共同症状。牛的症状较为严重。初期可见流涎（图1-23-1），继而口、舌、蹄、乳头等部位发生水疱。水疱破裂后形成烂斑，随之结痂（图1-23-2至图1-23-6）。猪的症状主要表现为蹄冠、蹄叉、甚至蹄底出现孤立或成片的水疱，水疱皮厚实，严重者蹄壳脱落，称为"脱靴"。

绵羊的症状较轻，一般仅见蹄部有豆粒大小的水疱，需仔细检查才能发现。

山羊症状也较轻微，蹄部症状少见，水疱主要出现于口腔黏膜，水疱皮薄，且很快破裂。由于头部被毛耸立，外观似头部变大，有人称之为"大头病"。

FMD的潜伏期一般为1～10d，病程在2周左右。如无继发症发生，成年动物会在4周之内康复，死亡率5%以下。幼畜死亡率较高，有时可达70%以上，主要死因是心肌受损，常在感染初期猝死，且不出现水疱等特征性症状。

[发病机理和病理变化]　FMDV主要从上呼吸道、食道和无毛处皮肤侵入机体，并在入侵处增殖，形成原发性水疱和病毒血症。增殖的病毒随血液到达全身靶器官，并大量增殖，导致动物出现全身症状和继发性水疱。

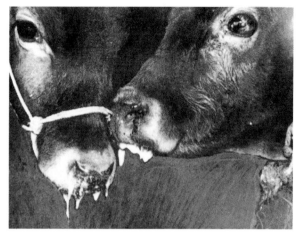

图1-23-1 病牛大量流涎。

（田增义）

图1-23-2 鼻镜可见一个淡黄色大水疱。

（刘思当）

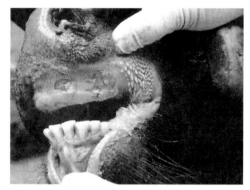

图1-23-3 唇黏膜的烂斑。

（甘肃农业大学家畜传染病室）

图1-23-4 舌背黏膜水疱破溃形成的溃烂面。

（徐有生、刘少华）

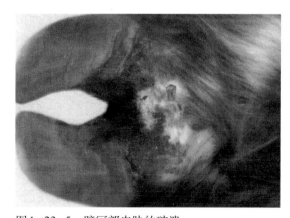

图1-23-5 蹄冠部皮肤的破溃。

（甘肃农业大学家畜传染病室）

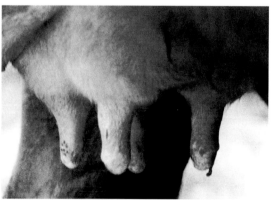

图1-23-6 乳头皮肤的水疱与出血。

（田增义）

剖检，反刍动物除口、蹄部黏膜、皮肤上有水疱、烂斑或痂块外，在咽喉、气管、支气管与前胃黏膜也可见圆形烂斑与溃疡，其上覆以黑色痂块（图1-23-7）。真胃与肠道可见出血性炎症。幼畜心内、外膜有出血斑点（图1-23-8），心肌上出现灰黄或灰白色条纹、斑块，俗称"虎斑心"（图1-23-9）。成年牛的恶性病例也可见到类似病变。

镜检，病变部皮肤黏膜上皮发生水泡变性、网状变性，并形成含有浆液、坏死上皮与中性粒细胞的水泡。变性上皮和水泡内容物中有时可见嗜酸性包涵体（图1-23-10）。真皮乳头层或黏膜固有层充血，有淋巴细胞浸润（图1-23-11）。心肌主要表现为颗粒变性、脂肪变性和蜡样坏死（图1-23-12）。病程稍长者，心脏间质有淋巴细胞、组织细胞增生以及中性粒细胞浸润。血管内皮增生，管腔中有透明血栓形成。

[诊断]　根据流行特点和临诊病理特征可做出初步诊断。在任何情况下，只要见到易感动物流涎、跛行或卧地不愿行走，就应仔细检查蹄部、口腔是否出现水疱。一旦发现水疱性病变，应立即报告疫情，并采集病料送指定的实验室诊断。病原诊断所用病料以新鲜水疱皮为佳，应分别采自两头以上动物，每头动物不少于10g。最好以干冰冻存运送，否则应加保护剂，并使用装有降温剂的隔热容器。如病料最佳采集时间已过，可采集抗凝血或分离血清，送实验室做抗体诊断。

病原诊断可采用经典的补体结合试验、乳鼠保护试验、乳鼠中和试验和细胞中和试验，也可使用操作简便的反向间接血凝试验。以上方法均有诊断与定型功能，也可采用RT-PCR方法检测病毒RNA。

抗体诊断与定型可采用中和试验、补体结合试验、正向间接血凝试验和液相阻断ELISA。

图1-23-7　瘤胃黏膜见大量褐色病斑。

（田增义）

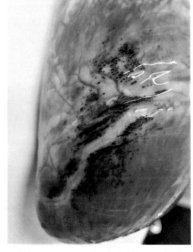

图1-23-8　犊牛恶性口蹄疫：心纵沟附近明显出血，心肌可见灰白色条纹和斑点（"虎斑心"）。

（刘思当）

图1-23-9　犊牛恶性口蹄疫：心肌可见灰白色条纹和斑点（"虎斑心"）。

（刘思当）

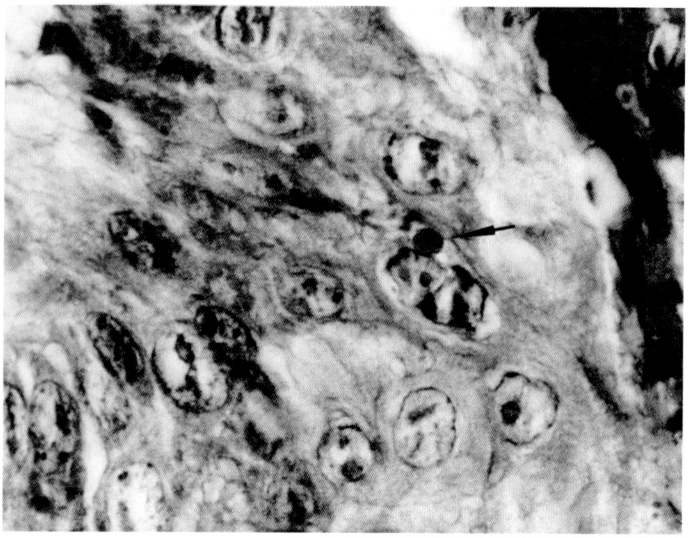

图1-23-10　病变上皮细胞质中的嗜酸性包涵体：在一个细胞核的上方，有一个均质的圆形红色包涵体（↑）。（HE×400）

（陈怀涛）

图1-23-11　舌黏膜的坏死炎症：舌黏膜表层坏死，呈无结构的红色物质，深部有许多炎性细胞浸润。（HEA×100）

（陈怀涛）

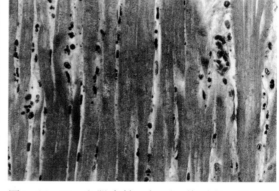

图1-23-12　心肌变性、坏死、均质化，肌纤维间充血、出血、并有少量中性粒细胞浸润。（HE×400）

（陈怀涛）

　　为进一步了解所分离病毒与其他毒株的遗传关系，可测定病毒VP1基因核苷酸序列。通过与参考毒株进行序列同源性比较，可得知流行毒在FMDV系统发生树中的谱系位置。

　　口蹄疫与牛瘟、牛恶性卡他热等传染病有一定相似，应注意鉴别。

　　[防治]　防治措施应非常严格。目前FMD的防治模式有两种。一种是发达国家经常采取的，即扑杀病畜和怀疑染毒易感动物的模式。采取这种模式要求有雄厚的经济实力和较高的法制素质。另一种是发展中国家常用的，即计划免疫模式。采取这种模式需要连续几年、甚至十几年支付经常性防疫费用，并有可能承担畜产品国际贸易方面的巨大损失。

实行计划免疫模式的国家也应早期扑杀孤立疫点的病畜和同群畜，以防疫情扩大。

目前使用的疫苗主要是用仓鼠肾传代细胞（BHK21细胞）生产的灭活疫苗，全世界年产量约为二十几亿头份。这种疫苗的免疫持续期为4～6个月，实行计划免疫时，需每年注射2～3次，每次接种2～3mL。紧急接种时，应在第一次注射疫苗后半个月或两个月时，加强免疫1次。

BEI灭活疫苗是用强毒株的完整病毒粒子制成的，在生产和使用中存在灭活不完全、病毒逃逸等不安全隐患。因此，近20多年来，随着分子生物学理论和基因操作技术的发展，各类基因工程疫苗的研究开发十分活跃。分子疫苗包括原核细胞、真核细胞甚至高等动植物表达的抗原蛋白疫苗、病毒样颗粒疫苗、重组活载体疫苗、DNA疫苗、化学合成肽疫苗以及基于反向遗传系统的重组疫苗。

二十四、牛流行热

牛流行热（bovine epizootic fever）又称三日热或暂时热，是由病毒引起牛的一种急性热性传染病。其临诊主要表现急性高热、流泪、流涎以及呼吸道与关节炎的一些症状。本病多为良性经过，发病率高，死亡率低。

本病广泛流行于亚洲、非洲及大洋洲，我国也有流行。

[病原]　牛流行热病毒（bovine epizootic fever virus）属弹状病毒科（*Rhabdoviridae*）、暂时热病毒属（*Ephemerovirus*），呈圆锥形或子弹头形。其大小约为70nm×176nm，基底部宽窄不一（图1-24-1）。病毒核酸类型为单股RNA。本病毒对氯仿和乙醚敏感。不耐酸，在pH 3.0时，全部失活。对热抵抗力低，56℃ 10min，其感染滴度降至原有滴度的0.1%，20min以后感染性几乎完全丧失。但冷冻对病毒的影响不明显，-20℃可保存56d，滴度变化不大。

本病毒可在小鼠、大鼠、仓鼠以及牛肾细胞、牛睾丸细胞上繁殖并产生细胞病变。

[流行病学]　本病主要侵害黄牛和奶牛，肉牛及水牛发病较少。在自然条件下，绵羊、山羊、骆驼与鹿均不感染发病。

本病的发生有明显的季节性，主要见于蚊、蝇等吸血昆虫大量出现的季节。在我国北方于8～10月发生，南方可能更早。潮湿地区容易流行本病。在一些地区，本病的发生呈明显周期性，间隔几年可出现一次流行高峰。

本病的传染源主要是病牛。病牛高热期的血液中含有较多病毒，如果用此种含毒血静脉感染易感牛，能引起其发病；或给生后24h以内的小鼠或地鼠脑内接种，也可致其发病，并能重新分离到病毒。

[症状]　本病潜伏期为3～7d，突然发病，传播迅速，短时大量牛只患病。病初体温升高达40℃以上，维持2～3d，降至正常。体温升高时病牛精神委顿，食欲减退或废绝，反刍停止，眼结膜潮红、肿胀、羞明、流泪（图1-24-2），呼吸加快，流涕、流涎（图1-24-3），咽喉疼痛。有的关节肿胀、僵硬、疼痛，不愿活动，出现跛行（图1-24-4）。

呼吸困难严重时，常头颈前伸，张口伸舌，口黏膜发绀，终因窒息而死亡。这种病的颈、胸皮下常有不同程度的气肿，心跳快速而微弱。

妊娠母牛可发生流产、产死胎及泌乳量下降或停止。

本病多呈良性经过，病程3～4d即痊愈。少数严重者可于1～3d内死亡，但病死率一般在1%以下。个别病例因长期瘫痪而被淘汰。

[病理变化]　对急性高热期病牛或体温恢复正常牛扑杀检查，常无特征病理变化，只见淋巴结呈不同程度的肿胀，肺出现小区域性间质性气肿和肺泡性气肿。急性死亡病牛，可见尸僵不全，血凝不良，有的皮下气肿。主要病变在肺脏：肺脏明显膨胀，间质增宽，内含多量串珠样气泡，按压有捻发音，呈严重的间质性和肺泡性气肿（图1-24-5）；有的病例肺脏膨大，间质增宽，内为胶冻样物质，切面流出多量暗红色液体；气管内有大量含泡沫的黏液，肺淤血和肺水肿明显；有的见明显间质性肺气肿、肺泡性肺气肿与肺淤血、肺水肿（图1-24-6），甚至有出血斑和区域性红肝变现象。

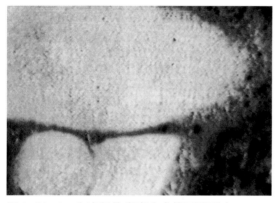

图1-24-1　牛流行热病毒在电镜下的形态。
（中国农业大学动物传染病组）

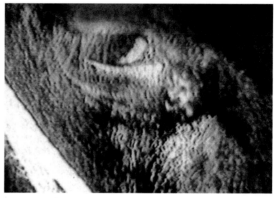

图1-24-2　病牛眼结膜肿胀、潮红、眼羞明、流泪。
（薛登民）

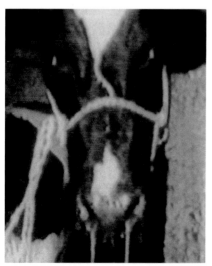

图1-24-3　鼻黏膜、鼻镜发红，鼻
　　　　　孔流出浆黏性鼻液。
　　　　　　　　（薛登民）

图1-24-4　四肢关节肿胀，行走困难。
（薛登民）

图1-24-5　肺淤血、出血，呈紫红色，间质因气
　　　　　肿而增宽（↑）；心外膜充血、出血。

（姚金水）

图1-24-6　肺气肿（左）与肺淤血、气肿
　　　　　（右）。

（薛登民）

[诊断]　本病传播快，发病率高，高热期较短，死亡率较低，流行季节性明显，症状和病理变化比较有特征性。根据这些特点，不难做出诊断，但要确诊，必须进行病毒的分离培养鉴定。分离病毒可接种伊蚊细胞或脑内接种乳鼠，盲传三代可得结果。可用PCR方法检测病毒，或用ELISA法检测抗体。用已知血清做中和试验，或用已知病毒做病牛双份血清中和试验。

[防治]　本病流行有严格的季节性，如果在流行期之间用能产生强免疫力的疫苗免疫接种，则能达到预防的目的。

对本病尚无特效药物。可采取消灭蚊蝇，早发现、早隔离、早治疗等措施，以减少疫病的传播。发病后，根据病情可酌用输氧和退热药、强心药，以及静脉补充生理盐水、葡萄糖溶液，并用中草药结合抗生素或磺胺等抗菌消炎药进行对症治疗，如病初可用羌活汤加减：羌活60g，防风60g，苍术60g，川芎30g，白芷45g，黄芩60g，大青叶100g，蒲公英100g，金银花60g，连翘60g，桔梗45g，贝母30g，甘草30g，大葱120g，生姜120g。水煎服，每天1剂，连服3剂为1个疗程。（提供者：李生涛等）

二十五、恶性卡他热

恶性卡他热（malignant catarrhal fever）是牛的一种急性、热性、病毒性传染病，其临诊病理特征为持续发热、口鼻黏膜和结膜发炎，以及非化脓性脑膜脑炎。

[病原]　恶性卡他热病毒（malignant catarrhal fever virus）又名角马疱疹病毒Ⅰ型（Alcelphine herpesvirus Ⅰ），属疱疹病毒科（*Herpesviridae*）、疱疹病毒丙亚科（*Gammaherpesvirinae*）、猴疱疹病毒属。本病毒不易通过滤器，在血液中附着于白细胞，不易洗脱。病毒可在牛甲状腺细胞或肾上腺细胞培养物上生长，并形成合胞体及核内包涵体。病毒对外界环境的抵抗力不强，不能抵抗冷冻和干燥，因此，含毒血液常保存在5℃环境下。

[流行病学]　本病主要发生于黄牛和水牛，也见于某些野生反刍兽，如鹿、羚羊。4岁以下黄牛多发生，老龄少见。发病不分季节，但冬季与早春较多。一般呈散发，发病率低，

而病死率可达60%～90%。本病一般不能由病牛直接传递给健康牛，带毒绵羊是牛群中暴发疾病的传染源。绵羊与非洲角马是本病毒的贮藏宿主，但它们仅起传播病毒的作用，本身并不发病。本病可通过胎盘传给胎儿。

[发病机理] 入侵机体的病毒进入血流，到达组织器官，在有亲和力的皮肤、黏膜、中枢神经系统和血管引起变性、坏死和单核细胞浸润。这些病变的发生与病毒在细胞内复制及其所引起的变态反应有关。

[症状] 潜伏期多为1～2月。临诊上，本病可分为最急性型、消化道型、头眼型、良性型及慢性型等，以头眼型较多见，各型也可混合存在。病初，病牛呈现持续高热（41～42℃），寒战，食欲锐减，呼吸与心跳加快等。以后，口、鼻、眼部症状明显，鼻黏膜充血、坏死与糜烂，鼻腔流出黏脓性分泌物；口黏膜的变化基本同鼻黏膜，口腔流出有臭味的涎液（图1-25-1）；眼睛畏光、流泪，角膜、巩膜发炎，角膜混浊（图1-25-2）；粪便干燥，渐变腹泻，尿频数，母牛阴户肿胀，关节肿大，皮肤有疱疹，常见神经症状。病末期，病牛脱水、衰竭，体温下降，脉速而弱。

[病理变化] 尸体消瘦，眼、鼻有多量分泌物，血液浓稠，眼角膜周边或全部混浊。头窦与角窦黏膜呈卡他性炎。消化道（尤其口腔、皱胃和大肠）黏膜呈急性卡他性炎，并有糜烂和溃疡。上呼吸道黏膜充血、出血，常有纤维素附着（图1-25-3）。肝脏、肾脏、心脏变性、色黄红，有针尖至粟粒大灰白色病灶。全身（尤其咽部与支气管）淋巴结肿大、色深红，周围胶样水肿，切面多汁，偶见坏死灶。脑膜充血、出血，脑质水肿，脑脊液增多。肺充血、水肿。

镜检，全身多器官组织均有明显变化。血管呈坏死性血管炎变化。许多动

图1-25-1 病牛失明，呼吸迫促，鼻黏膜潮红，鼻孔开张，有少量黏稠的分泌物，口黏膜潮红，口腔流出泡沫状分泌物。

（朴范泽、倪宏波）

脉、静脉和小血管都发生炎症。血管内皮肿胀、增生，管腔内形成纤维素性血栓，外膜有单核细胞、淋巴细胞浸润。病变的血管壁有一种凝固的嗜伊红物质沉着，原结构被破坏而消失。小血管明显充血、出血，管壁纤维素样坏死，管周单核细胞、淋巴细胞浸润。皮肤主要表现为真皮水肿，以及血管充血、出血和血栓形成，管周有单核细胞、淋巴细胞、浆细胞和广泛的嗜酸性粒细胞浸润。角膜为间质性角膜炎，上皮坏死，间质水肿，单核细胞与白细胞浸润。淋巴结充血、水肿，并有血管炎；淋巴组织坏死，小淋巴细胞减少、甚至消失；皮质层变薄，淋巴滤泡和生发中心缺乏；网状内皮细胞和淋巴样细胞增生、坏死；髓质窦内充满巨噬细胞（图1-25-4），髓索中浆细胞浸润。脾呈坏死性血管炎变化（图1-25-5），红髓充血、出血，有含铁血黄素沉着，白髓增生。心脏、肾脏、肝脏除有变性和

坏死灶外，间质血管周见淋巴细胞、单核细胞浸润。鼻黏膜充血、出血，血管周围和间质有单核细胞浸润（图1-25-6），黏膜上皮变性、坏死、脱落，表面有黏液和血液附着（图1-25-7）。肺严重充血、出血，肺泡壁增厚，肺泡气肿，并有血管炎（图1-25-8），血管壁坏死，弹性纤维断裂、崩解（图1-25-9）。脑主要呈现化脓性脑膜炎变化，以小脑最为明显。

[诊断]　根据流行特点、临诊症状和病理组织学变化可做出诊断，必要时进行人工感染犊牛实验，以观察发病过程和病理变化。本病应与口蹄疫、牛痘、牛传染性鼻气管炎、牛传染性角膜结膜炎等疾病进行鉴别。

[防治]　目前尚无特效治疗药物和用于免疫预防的制品。本病的主要预防措施是，在流行地区，应将患病牛与羊隔离。如有必要，可对患牛实施对症疗法。

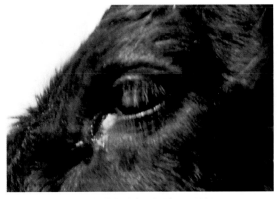

图1-25-2　眼角膜发炎、水肿、混浊。

(王凤龙)

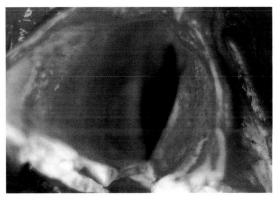

图1-25-3　喉部黏膜明显充血、潮红。

(陈怀涛)

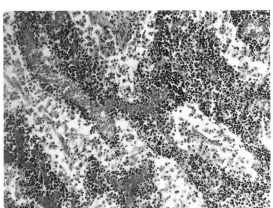

图1-25-4　淋巴结血管充血，血管周围密布淋巴细胞，髓质淋巴窦中有大量巨噬细胞。(HE×200)

(陈怀涛)

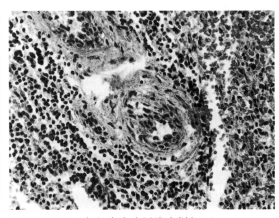

图1-25-5　脾小动脉壁纤维素样坏死。
(HE×400)

(陈怀涛)

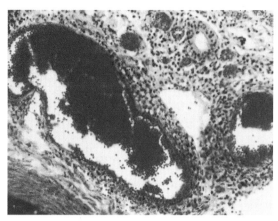

图1-25-6　鼻黏膜充血、出血、水肿，血管周围和间质都有许多单核细胞浸润。（HE×200）

（陈怀涛）

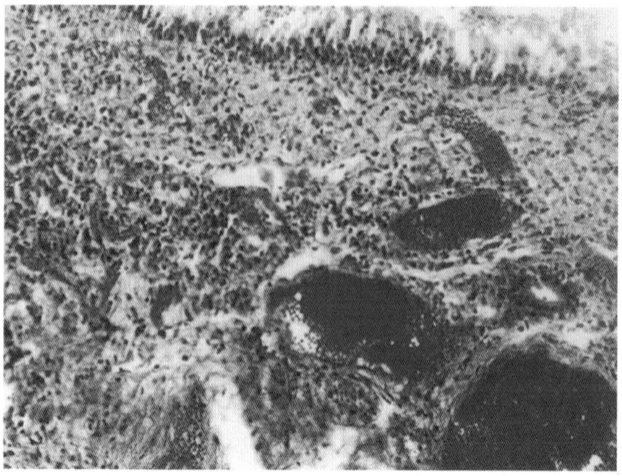

图1-25-7　鼻黏膜上皮变性、坏死、脱落，表面附有黏液和红细胞，黏膜组织充血和单核细胞浸润。（HE×200）

（陈怀涛）

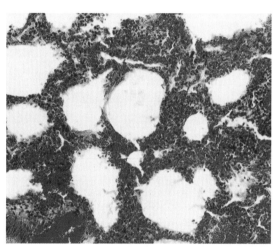

图1-25-8　肺淤血，肺泡间隔增厚，血管周围和肺泡隔有许多单核细胞浸润。（HE×200）

（陈怀涛）

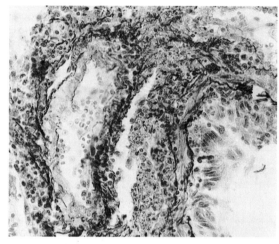

图1-25-9　血管壁坏死，弹性纤维断裂、崩解，呈小条、碎片状。（Weigert弹性纤维染色×400）

（陈怀涛）

二十六、牛传染性鼻气管炎

牛传染性鼻气管炎（infectious bovine rhinotracheitis）是一种病毒性传染病，牛易感，山羊、猪和各种野生动物偶有感染。本病见于美国、澳大利亚、新西兰及许多欧洲国家。我国从引进种畜中分离到病毒，说明本病在我国也有传播。牛的主要症状因受害部位不同而异。

［病原］　牛传染性鼻气管炎病毒（infectious bovine rhinotracheitis virus，IBRV）又名牛疱疹病毒Ⅰ型（Bovine herpesvirus Ⅰ，BHV-Ⅰ），属疱疹病毒科（*Herpesviridae*）、疱疹病

毒甲亚科（*Alphaherpesvirinae*）。BHV-Ⅰ具有疱疹病毒粒子的基本特征（图1-26-1），对醚和氯仿敏感，能被其灭活；核酸为线状，双链DNA；病毒DNA生物合成部位和病毒粒子装配部位在核内。

BHV-Ⅰ可在牛、猪、羊、马肾细胞及牛胚肾细胞上生长，并可引起细胞病变，使细胞聚集，出现多核合胞体。体内、外感染的细胞均可形成核内包涵体。

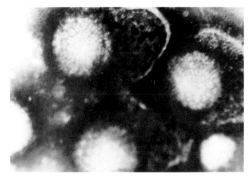

图1-26-1　牛传染性鼻气管炎病毒在电镜下的形态。

（李健强）

[流行病学]　病牛和带毒牛为主要传染源。主要传播方式为接触传染，也可通过昆虫和人工授精而间接传染。多流行于秋、冬寒冷季节。本病常发生于从外地引进青年牛之后10d至数周。若引进带毒牛的抗病力低，加上饲喂方式和运动方式的改变等应激因素均可导致发病。使用活毒苗，可导致病毒久留于畜群中。

[发病机理]　环境中高滴度病毒的存在与传播，可造成急性原发性感染及隐性感染。病毒潜伏在三叉神经节和/或腰荐神经节中。潜伏期之后，病毒可以再活化、排出，并在新的易感畜群中引起原发感染。无论是急性原发性感染病畜，还是受到其他因素作用后，体内病毒再活化的带毒动物，都可通过鼻黏膜、阴道黏膜或包皮排出病毒。BHV-Ⅰ病毒包括3个亚型，它们的流行病学和临诊表现有所不同。亚型1和亚型2a主要引起鼻气管炎；亚型2b可引起外阴阴道炎或龟头包皮炎；亚型3则与犊牛的脑炎和母牛流产有关。

[症状]　有5种临诊表现型，即呼吸道型、生殖器型、结膜型、流产型和脑炎型。

呼吸道型：经4～6d的潜伏期，病牛体温突然升至40.5～42℃，呼吸加快，强烈咳嗽，食欲不良，精神抑郁，鼻孔流出浆液性鼻液，随后流出黄白色脓性分泌物（图1-26-2），鼻黏膜上常形成白色膜，严重时，鼻镜明显充血，或鼻孔周围形成硬痂，揭去痂皮，其下高度充血，故称"红鼻子"（图1-26-3）。有些病牛大量流涎，但口部病变少见。急性病例经5～10d，多能很快恢复，牛群发病率为50%～100%，仅少数病畜死亡。

图1-26-2　呼吸道型：从鼻孔流出黏脓性分泌物。

（刘安典）

图1-26-3　鼻镜黏膜明显充血，呈"红鼻子"样。

（刘思当）

生殖器型：母牛感染后表现为传染性脓疱性外阴阴道炎（图1-26-4）或称交媾水疱疹。急性病例常发生于交配后1～3d。动物体温升高，食欲缺乏，尿频，尾高举并摇动，阴门水肿、充血，黏膜散在直径1～2mm的小脓疱。脓疱常合并成黄白色薄膜，薄膜脱落则形成溃疡。常继发细菌感染，故从阴门排出脓性分泌物。一般经10～14d痊愈，严重病例持续数周。公畜表现为传染性脓疱性龟头包皮炎，多数10～14d痊愈，如继发感染则病程延长。

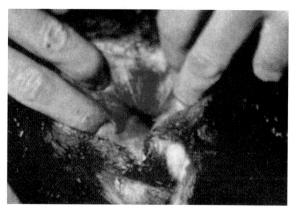

图1-26-4　生殖器型：外阴阴道炎，阴道黏膜充血、出血。

（李健强）

结膜型：患病动物表现畏光、流泪，眼下毛沾污泥土，结膜高度充血、水肿。严重病例，眼睑外翻，常继发细菌感染（图1-26-5）。眼分泌物中混有脓液，也可发生角膜炎和角膜溃疡。多数病例在5～10d内痊愈。

流产型：流产一般发生在母牛怀孕后第4个月左右。流产胎儿均为死胎，胎儿胸腔、腹腔有大量黄红色积液。少数母牛发生胎衣不下，但很少发生子宫炎。

脑炎型：常见于6月龄以下犊牛，其症状为共济失调、精神沉郁，随后出现狂暴、流出泡沫样唾液、痉挛、躺卧及磨牙等。病程短，最后死亡。

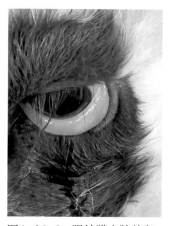

图1-26-5　眼结膜水肿外翻。

（刘思当）

[病理变化]　上述器官的黏膜呈急性炎症及坏死变化。鼻腔和气管呈急性出血性或纤维素坏死性炎症（图1-26-6）。肺脏一般无明显变化，有时可见肺水肿或继发性支气管炎。真胃黏膜发炎或有溃疡。流产胎儿有不同程度的自溶现象和皮肤水肿，肝脏和脾脏都有局灶性坏死。镜检，呼吸道上皮细胞除退行性变化外，还可见嗜伊红性核内包涵体。流产胎儿的肝脏、脾脏内形成明显的坏死灶（图1-26-7），脾脏组织中尚有巨核细胞和多核巨细胞出现（图1-26-8）；在肝坏死灶的边缘，有的细胞中可找到核内包涵体。脑炎型时，脑灰质与白质均有淋巴细胞性非化脓性脑炎变化。

[诊断]　根据病史和症状可做出初步判断。组织病变的检查对本病的诊断起重要作用。通过病毒的分离鉴定及特异抗原和抗体的血清学检查可做出确

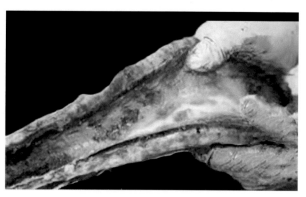

图1-26-6　出血性坏死性气管炎：黏膜潮红、坏死，有纤维素附着。

（刘思当）

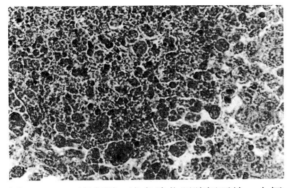

图1-26-7　流产型：流产胎儿肝脏坏死灶：由坏死、崩解的肝细胞、红细胞和白细胞核碎屑组成。(HE×400)

（刘宝岩）

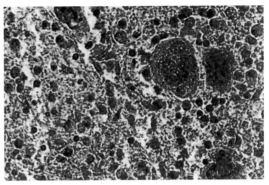

图1-26-8　流产型：流产胎儿脾脏淤血、出血、坏死，并有巨核细胞和多核巨细胞。(HE×400)

（刘宝岩）

诊。病毒分离时，应根据病畜临诊表现采样：患鼻气管炎时，采取病牛发热期鼻腔洗涤物，或用棉球取鼻腔分泌物；患结膜炎时，采取结膜囊分泌物；患阴道炎时，采取阴道阴门黏膜和阴道分泌物；流产时，采取胎儿胸腔液、心包液、心血及肺脏等；脑炎时，采取脑组织。可用牛肾组织培养分离，再用中和试验及荧光抗体技术来鉴定病毒。

[防治]　预防本病可用弱毒疫苗或多联苗，接种后10～14d产生免疫力，免疫期可达数年，但最好每年接种一次。疫苗接种偶尔可导致妊娠母牛流产。改良的温敏型牛疱疹病毒活疫苗，对预防怀孕青年母牛流产和死产，有明显效果。

二十七、牛病毒性腹泻 - 黏膜病

牛病毒性腹泻 - 黏膜病（bovine viral diarrhea-mucosal disease，BVD-MD）简称牛病毒性腹泻或牛黏膜病，是由牛病毒性腹泻病毒或黏膜病病毒引起牛的一种传染病。本病多呈亚临诊经过、温和经过或隐性感染；少数呈急性经过，症状明显，并以死亡告终。急性病例的特征病变为消化道黏膜和肠壁淋巴组织的出血坏死性炎症；主要症状为发热、腹泻和白细胞减少。

[病原]　本病病原是牛病毒性腹泻病毒（bovine viral diarrhea virus，BVDV），又名黏膜病病毒（mucosal disease virus，MDV），属黄病毒科（*Flaviviridae*）、瘟病毒属（*Pestivirus*）的成员。BVDV是有囊膜的正链RNA病毒，核衣壳为非螺旋的双面体对称结构，直径40nm。BVDV与猪瘟病毒（HCV）核苷酸序列约有66%的同源性，氨基酸序列约有85%的同源性。本病毒对乙醚、氯仿、胰蛋白酶等敏感，pH3以下易被破坏，56℃很快被灭活；但多数毒株对低温稳定，血液和组织中的病毒，在-70℃可存活多年。

[流行病学]　本病可感染牛、羊、猪等动物，家兔可实验感染。患病动物和带毒动物是主要传染源。病畜的分泌物和排泄物中含有病毒。绵羊多为隐性感染，但其流产胎儿也是传染源。猪也可感染，但一般不表现临诊症状，呈隐性经过。康复牛可带毒6个月。直接或间接接触均可传染本病，主要通过消化道和呼吸道而感染，也可通过胎盘感染。本病的

流行特点是，新疫区急性病例多，发病率约为5%，但病死率高达90%～100%，发病牛以6～18个月者居多；老疫区急性病例很少，发病率和病死率均很低，而隐性感染率在50%以上。本病以冬末和春季多发，特别是肉牛，封闭饲养的牛群发病往往呈暴发式。

[发病机理]　病毒先入侵牛的呼吸道及消化道黏膜上皮细胞进行复制，然后进入血液引起病毒血症，再经血液和淋巴进入淋巴组织。因此，淋巴细胞、上皮细胞变性、坏死及黏膜脱落而形成糜烂。本病毒还能通过胎盘屏障使胎儿感染，从而导致其后代出现病变。

[症状]　潜伏期为7～14d。临诊表现分急性和慢性。急性：病牛突然发病，体温升高至40～42℃，持续4～7d，有的还有第二次升高。随体温升高，白细胞减少；体温下降时，白细胞微增多。精神沉郁，厌食，鼻、眼有浆液性分泌物，鼻镜及口腔黏膜表面发生糜烂（图1-27-1），舌黏膜坏死，流涎，口臭。随后发生严重腹泻，开始水泻，以后带有黏液和血液。有些病牛发生蹄叶炎及趾间皮肤糜烂、坏死，从而导致跛行。急性病例难以恢复，常于发病后1～2周死亡，少数拖延月余。慢性：病牛体温升高不明显。鼻镜严重糜烂。眼常有浆液性分泌物。口腔很少糜烂，仅齿龈发红。蹄叶炎、趾间皮肤糜烂、坏死及跛行常很明显。鬐甲、颈部及耳后等部皮肤常呈皮屑状。一般无明显腹泻。患牛多于2～6个月死亡。妊娠期感染母牛常发生流产，或产下有先天性缺陷的犊牛，如小脑发育不全，表现共济失调或不能站立，有的则无视力。人工感染绵羊可能导致胎儿死亡、流产或早产。

[病理变化]　主要病变在消化道和淋巴组织。鼻镜、鼻孔黏膜，以及齿龈、唇内面、腭部、舌面两侧和颊部黏膜有糜烂及浅溃疡（图1-27-2、图1-27-3），严重病例咽喉部黏膜也有溃疡及坏死（图1-27-4）。特征病变为食道黏膜的糜烂，糜烂大小不等，小的常呈直线排列（图1-27-5）。瘤胃与皱胃也可见糜烂，其直径约1mm或稍大，边缘隆起，有的中心有一出血小孔。肠系膜淋巴结呈浆液出血性炎症变化。淋巴集结出血、糜烂、坏死。小肠呈出血坏死性炎症变化。盲肠、结肠、直肠也有不同程度的出血坏死性炎症（图1-27-6）。流产胎儿病变和母牛的相似。运动失调的新生犊牛则有严重的小脑发育不全及两侧脑室积水（图1-27-7）。蹄冠与趾间皮肤有明显的溃疡及坏死。组织学检查，可见皮肤与胃肠黏膜均呈坏死性或出血坏死性炎症变化，白细胞浸润明显（图1-27-8）。淋巴滤泡生发中心坏死，成熟的淋巴细胞消失并有出血。

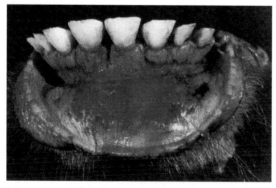

图1-27-1　齿龈与下唇内面黏膜糜烂。

（J. M. V. M. Mouwen等）

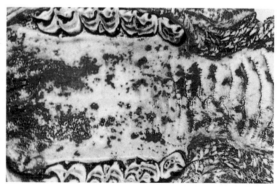

图1-27-2　硬腭与软腭均见许多出血点与糜烂。

（T. K. Stephens等）

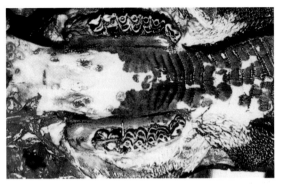

图1-27-3　腭部黏膜的圆形溃疡。

（R. W. Blowey 等）

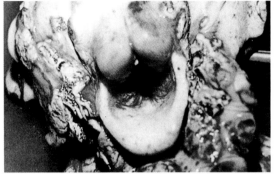

图1-27-4　喉头与声门部黏膜充血、出血、肿
胀，附近有不少化脓坏死灶。

（R. W. Blowey 等）

图1-27-5　咽喉部黏膜充血、水肿，食道黏膜有条
状出血和糜烂。

（R. W. Blowey 等）

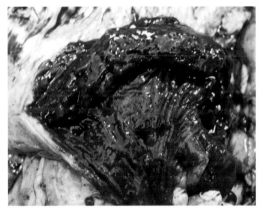

图1-27-6　大肠壁淤血、水肿；黏膜发生出血
坏死性炎症，肠腔有黑红色凝块。

（朴范泽、周玉龙）

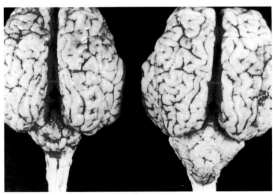

图1-27-7　左：新生犊牛小脑发育不全；右：
正常的小脑和大脑。

（R. W. Blowey 等）

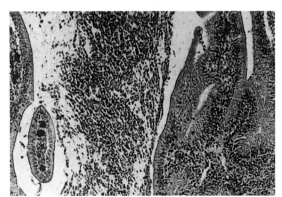

图1-27-8　小肠黏膜上皮坏死、脱落，固有层有
大量淋巴细胞浸润。（HE×200）

（刘宝岩）

[诊断] 根据发病史、症状及病变可做初步诊断，确诊须依赖病毒的分离鉴定及血清学检查。病毒分离：病牛急性发热期间，采取血液、尿、鼻液或眼分泌物；剖检时，采取脾、骨髓、肠系膜淋巴结等病料，人工感染易感犊牛或用乳兔来分离病毒，也可用牛胎肾、牛睾丸细胞分离病毒。血清学试验：可用血清中和试验，试验时采取双份血清（间隔3～4周），滴度升高4倍以上者为阳性，本法可用于定性，也可用于定量。此外，还可应用补体结合试验、免疫荧光抗体技术、琼脂扩散试验、ELISA、PCR等方法诊断。本病应与牛瘟、口蹄疫、牛传染性鼻气管炎、恶性卡他热、水疱性口炎及牛蓝舌病等相鉴别。

[防治] 对本病目前尚无有效疗法。应用收敛剂和补液疗法可缩短恢复期，减少损失。用抗生素和磺胺类药物，可减少继发性细菌感染。平时预防要加强口岸检疫，从国外引进种牛、种羊、种猪时必须进行血清学检查，防止引入带毒牛、羊和猪。国内在进行牛只调拨或交易时，要加强检疫，防止本病的扩散或蔓延。猪对牛病毒性腹泻病毒的感染率日趋上升，不但增加了猪作为本病传染来源的重要性，而且由于该病毒与猪瘟病毒在分类上同属于瘟病毒属，有共同的抗原关系，从而使猪瘟的防治工作变得复杂化，因此，在本病的防治计划中，对猪的检疫也不容忽视。一旦发生本病，对病牛要隔离治疗或急宰。目前可应用弱毒疫苗或灭活疫苗来预防和控制本病。

也可用白头翁汤加味治疗：白头翁60g，黄连60g，黄芩60g，黄柏60g，秦皮60g，茵陈60g，苦参60g，穿心莲60g，白扁豆60g，玄参50g，生地50g，泽泻50g，椿白皮50g，诃子50g，乌梅50g，木香50g，白术50g，陈皮50g。水煎，候温灌服，每天1剂，分3～4次服完。（提供者：伍永炎等）

二十八、牛白血病

牛白血病（bovine leukemia）又称牛淋巴肉瘤或淋巴瘤，是牛的一种以淋巴细胞异常增殖为特征的肿瘤性疾病，主要表现为全身淋巴组织呈慢性恶性增生，淋巴结肿大，外周血液中的淋巴细胞有质和量的变化及进行性恶病质。本病死亡率高，对养牛业的发展构成严重威胁。

[分类] 牛白血病的不同病因可引起不同类型的淋巴细胞增生，导致不同类型的白血病发生。1968年国际牛白血病委员会以临诊变化为基础，将本病分为地方流行性牛白血病和散发性牛白血病两大类。前者即为成牛型白血病，后者包括犊牛型、胸腺型和皮肤型白血病3种。

[病原] 地方流行性牛白血病的病原于1969年首先由美国J. M. Miller等确证为病毒，而散发性牛白血病的病原迄今不明。

据国际病毒分类委员会（ICTV）1999年公布的病毒分类报告，牛白血病病毒（bovine leukemia virus，BLV）属反录病毒科（*Retroviridae*）、丁型反录病毒属（*Delta retrovirus*）的成员。病毒基因组由单股RNA构成，能产生反转录酶。

[流行病学] 本病主要发生于奶牛和黄牛，也见于水牛。目前，在我国牛群中所见到的病例，多是地方流行性牛白血病，即是由病毒引起的。除牛外，人工接种绵羊、山羊、黑猩猩、猪、兔、蝙蝠及野鹿，均能感染。

病畜和带毒动物是本病的传染源。健康牛群发病，往往是由于引进了病牛的结果，但一般要经过数年（平均4年）才出现肿瘤。牛白血病病毒可通过垂直途径和水平途径传播。垂直传播主要是感染牛白血病病毒的母牛通过胎盘或经初乳传给犊牛。水平传播主要是同群牛间的接触感染及通过中间媒介在牛群之间传播。中间媒介主要为吸血昆虫以及输血、疫苗接种、外科手术时所用器械。本病的发生也可能与遗传因素有关。

本病病毒能否感染人的问题尚无定论，但有本病毒与人的T淋巴细胞性白血病病毒有同源性的证据。因此，本病在兽医卫生学方面具有重要的意义。

[发病机理]　一般认为牛白血病病毒仅感染B淋巴细胞。病毒侵入宿主细胞后，释放出病毒RNA，在其反转录酶的作用下，合成DNA，即前病毒DNA。前病毒DNA可整合到宿主细胞的DNA内。牛白血病病毒是一种外源性反录病毒，存在于感染动物的B淋巴细胞DNA中，故可导致受感染动物的B淋巴细胞转变为肿瘤细胞。

[症状]　本病的症状随病型不同而有一定差异。

胸腺型：常发生于1～2岁的犊牛。病牛的胸腺组织增生、肿大，耳下腺至胸腔入口处呈条索状，形状不规则（图1-28-1）。病牛呼吸困难（图1-28-2），食欲减损，消瘦。

犊牛型：多见于3～6个月的犊牛。病牛精神沉郁，体重下降，由于骨髓受害常发生贫血，体表两侧的淋巴结均明显肿大（图1-28-3）。

皮肤型：主要见于1～3岁的牛。常见的症状是全身皮肤发生大小不等的结节（图1-28-4）；继之，局部皮肤发生溃烂、渗出和脱毛，表面覆以痂皮，似急性皮炎。虽然此型白血病多呈良性经过，但容易复发。

成牛型：多发于2岁以上的成年牛。病牛生长缓慢，体重减轻，体温一般正常或略有升高。主要症状是淋巴结高度肿大，有时从体表即可看到或触摸到肿块状淋巴结。其他临诊症状则取决于肿瘤所累及的器官。例如，当肿瘤侵及腰荐神经丛和坐骨神经时，病牛呈现后躯运动障碍或后肢麻痹症状；当肿瘤细胞侵及心脏时，则出现心律不齐或导致心功能不全；当侵及眼球后脂肪并有瘤体形成时，则眼睑外翻，眼球突出（图1-28-5）；当胃肠受累时，常因胃肠黏膜溃疡出血而排出黑褐色粪便等。有时通过直肠检查，可触知盆腔、腹腔内肿大的淋巴结和其他内脏器官的肿瘤病变。病牛如出现临诊症状，则常以死亡告终。

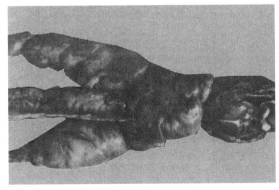

图1-28-1　胸腺增大，质软，表面高低不平。
（陈怀涛）

图1-28-2　胸腺部皮肤明显隆起，病牛呼吸困难。
（R. W. Blowey等）

　　病牛的血液学检查有两种情况：一种是有淋巴细胞增多的白血病，即血液中白细胞的总数显著增多，其中淋巴细胞可比正常的增多10倍至数十倍，且有明显的细胞形态学变化，以及出现异常的淋巴细胞等；另一种是无淋巴细胞增多的白血病，即病牛血液中的白细胞并无明显变化。一般认为，这种情况可能与病牛的免疫反应有关。

　　[病理变化]　牛白血病的特征病理变化是多中心性淋巴瘤的形成。淋巴瘤主要发生于全身各处的淋巴结和淋巴组织，并能转移到全身各个器官，特别是肝、肾、心、胃、肺、脾和膀胱等。出现病变的淋巴结主要有髂下淋巴结、颈浅淋巴结、肠系膜淋巴结、肺门淋巴结等。发生肿瘤的淋巴结多呈不规则的结节状或团块状，由鸡蛋大到小儿头大，甚至更大。有时肿大的淋巴结可达几千克重。肿大的淋巴结表面常有增生的结缔组织包膜，呈灰白色或乳白色，质地柔韧或实在，切面呈鱼肉样，常伴有出血或坏死（图1-28-6）。病变严重时，肿瘤包膜被破坏，互相融合成更大的肿块。实质器官受累时，肿瘤病变主要表现为结节型和浸润型。前者为受累器官内有大小不一的结节，切面呈灰白色或红褐色，与周围组织之间有较明确的界限（图1-28-7、图1-28-8）；后者仅见受侵器官肿大，肿瘤细胞弥漫性浸润于器官的组织之中（图1-28-9）。

图1-28-3　颈浅（肩前）淋巴结与髂下（股前）淋巴结肿大，明显突出于体表。

（潘耀谦）

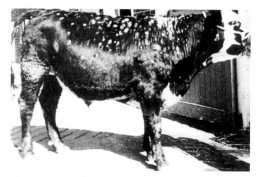

图1-28-4　皮肤形成大量灰白色肿瘤结节，体表淋巴结也肿大。

（R. W. Blowey 等）

图1-28-5　白血病病变所致的左眼突出。

（张旭静）

图1-28-6　颈浅淋巴结肿大、质软，切面色灰白并有出血，淋巴结的结构不能辨认。

（朴范泽、侯喜林、牛战波）

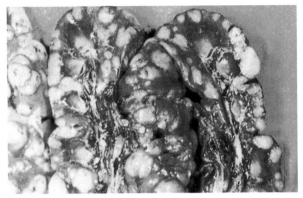

图1-28-7　肾脏表面和切面见许多大小不等的肿瘤结
　　　　　节，色黄白，均质，与周围组织界限明
　　　　　显，但无包膜。

（张旭静）

图1-28-8　脾脏切面可见灰白色肿瘤结节。

（刘思当）

　　镜检，牛白血病的肿瘤细胞主要有以下三种类型：一是分化较好的类型，即瘤细胞和成熟的淋巴细胞相似，大小比较一致，胞质少，呈弱嗜派洛宁性，核浓染，分裂象少；二是分化不良型，瘤细胞大小不等，呈圆形或椭圆形，胞质少，淡染或弱嗜碱性，核不规则，常有缺刻和分叶现象，核着色较深，可见核分裂象；三是淋巴母细胞型，瘤细胞呈不成熟的淋巴母细胞样，胞质丰富，呈强嗜派洛宁性，核呈多形状，大而深染，常有较大的核仁，核分裂象多。应该指出，不论何种类型的淋巴瘤，组织内的瘤细胞总是弥漫性分布，并常在肿瘤的包膜内外见到多量的瘤细胞浸润（图1-28-10、图1-28-11）。

　　对成牛型牛白血病，通过用抗膜表面免疫球蛋白（SmIg）单克隆抗体对肿瘤细胞检测表明，其肿瘤细胞为SmIg阳性（图1-28-12），因而认为地方流行性牛白血病的肿瘤细胞起源于B淋巴细胞。进一步对肿瘤细胞进行B细胞亚群分类，发现肿瘤细胞主要

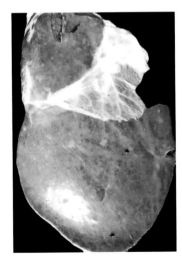

图1-28-9　肝脏肿大，呈土
　　　　　黄色。

（刘思当）

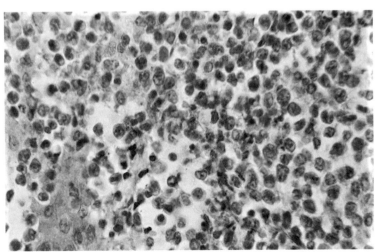

图1-28-10　肝组织有大量瘤细胞密布。（HE×400）

（刘思当）

来源于B1a细胞。

[诊断]　可通过临诊检查、实验室检测和病理检验等方法来确诊。

临诊上主要是检查体表肿大的淋巴结，其中下颌淋巴结、颈浅淋巴结和髂下淋巴结更为重要。骨盆腔和腹腔器官的病变可通过直肠检查来确定。

实验室检测主要包括血象分析、免疫学检查和生物学方法。由于淋巴细胞增多症常是发生肿瘤的先驱变化，而且它的发生率远远超过肿瘤形成，因此，血象分析是诊断本病的重要依据。其诊断要点是：白细胞总数明显增多，淋巴细胞比例达75%以上，异型淋巴细胞较多。免疫学检查包括琼脂扩散试验、补体结合试验、中和试验、间接免疫荧光技术及酶联免疫吸附试验等。其中较常用的方法是琼脂扩散试验。另据报道，应用PCR检测外周血液单核细胞中的病毒核酸，对本病的诊断具有特异性强、敏感性高的特点。

病理检验主要是对尸体进行剖检，通过眼观和镜检来发现本病的肿瘤性病变。

[防治]　对本病目前尚无特效疗法。防治措施：通常是采取定期检疫，坚决淘汰阳性牛和防止交互传染（环境定期消毒、驱除吸血昆虫，以及杜绝因手术和疫苗注射等引起的感染）等综合性措施。

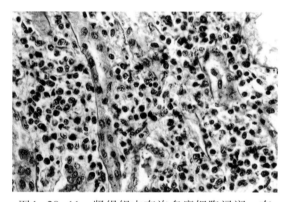

图1-28-11　肾组织中有许多瘤细胞浸润，有的肾小管已萎缩或坏死、消失。（HE×400）

（刘思当）

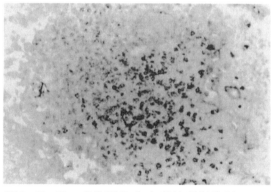

图1-28-12　成牛型牛白血病的瘤细胞呈SmIg阳性。

（潘耀谦）

二十九、轮状病毒病

轮状病毒病（rotavirus disease）主要是多种幼龄动物和婴幼儿的一种急性肠道传染病，临诊病理特征为腹泻和脱水。

[病原]　轮状病毒属呼肠孤病毒科（*Reoviridae*）、轮状病毒属（*Rotavirus*）。病毒粒子呈圆形，正二十面体对称，直径65～75nm，由内、外双层衣壳及芯髓组成。基因组由11个节段双股RNA组成。核心为一个电子致密的六角形芯髓，壳粒由此向外辐射状排列构成内衣壳，外围一层由光滑薄膜构成的外衣壳，构成特征的轮状结构（图1-29-1），故而得名。

轮状病毒依据其群特异抗原，分为A、B、C、D、E、F6个血清群。A群对人、牛及其他动物有致病性，B群仅对人致病，C群和E群仅对猪致病，D群和F群仅对禽类致病。

[流行病学] 轮状病毒除引起犊牛和羔羊腹泻外，还可感染猪、山羊、幼驹、鹿、羚羊、北美野牛、犬、猫、兔、小鼠、豚鼠、猴及禽等多种动物和人。各种动物轮状病毒病的症状与流行病学等均类似，动物发病年龄一般为1～8周，病愈后可再感染。

病畜和隐性感染畜是本病的传染源，病毒可从人或一种动物传给另一种动物。病毒主要存在于病畜肠道内，随粪便排出体外，

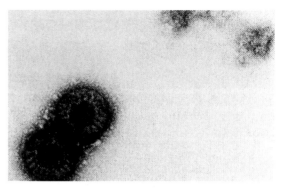

图1-29-1　轮状病毒粒子在电镜下的形态。

(James)

污染饲料、饮水、垫草和土壤等，经消化道途径传染。本病多发生在晚秋、冬季和早春。寒冷、潮湿、不良的卫生条件、饲喂不全价的饲料和其他疾病的侵害等可促进本病的发生和流行。

[发病机理] 病毒感染部位主要局限在小肠。病毒经口进入机体，由于能抵抗蛋白酶和胃酸的作用而顺利到达小肠，被胰蛋白酶激活，感染绒毛顶部上皮，在其中增殖，并使之变性、溶解或脱落，绒毛即缩短、变宽。隐窝细胞未分化成熟就移向裸露或病变的绒毛上皮，并取代其位置，故发生吸收不良。乳糖酶等分泌减少，影响糖的吸收。电解质随细胞外液转移至肠腔，从而导致腹泻。奶中未消化的乳糖又促进细菌的生长而加剧腹泻。

[症状和病理变化] 各种年龄的动物都可感染轮状病毒，感染率最高可达90%～100%，常呈隐性经过。发病多在幼龄动物，常表现为厌食、呕吐和腹泻（粪便呈黄白色，带有黏液和血液）。腹泻延长则会导致动物脱水死亡。

犊牛多在1周龄以内感染。潜伏期为15～96h，病犊精神委顿、厌食和腹泻，粪便水样，呈棕色、灰色或淡绿色，有时混有黏液和血液。腹泻延长，则导致病犊脱水、酸中毒、休克或继发大肠杆菌等感染而死亡。体温正常或略有升高。病程1～8d，一般能在3～4d内康复。严重者常死亡，病死率可达50%。寒冷等恶劣气候条件，常使许多病犊在腹泻后，暴发严重的肺炎而死亡。

羔羊的轮状病毒病，潜伏期短，主要症状也是腹泻、精神委顿、厌食、体重减轻和脱水等。一般经4～8d痊愈，也有少数死亡。

本病的病变基本相同。胃壁弛缓，胃内充满凝乳块和乳汁。小肠壁菲薄，半透明，内容物呈液状、灰黄或灰黑色。小肠出血，肠系膜淋巴结肿大。小肠黏膜上皮细胞脱落，绒毛缩短，隐窝细胞增生，故柱状上皮细胞常被扁平或立方形的细胞所取代（图1-29-2），固有层有淋巴细胞浸润。羔羊的病变也可扩延到大肠。

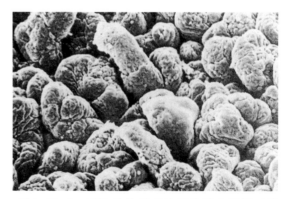

图1-29-2　感染轮状病毒的悉生犊牛回肠下部黏膜表面的扫描电镜景象：绒毛缩短，覆以形状不规则的上皮细胞，有几个绒毛的顶端已经裸露。

(Courtesy C.A.Mebus)

[诊断]　轮状病毒病诊断较难。一般可根据寒冷季节发病、侵害幼龄动物、突然发生水样腹泻、发病率高和病变集中在肠道等特点做出初步诊断。确诊须进行实验室检查。首选电镜检查，但每克粪便中的病毒颗粒含量应不少于10^5个，用免疫电镜可提高其灵敏度。其次为免疫荧光抗体技术。一般在腹泻开始24h内采集小肠及其内容物或粪便作为检查病料。现广泛采用聚丙烯酰胺凝胶电泳（PAGE）检查轮状病毒的RNA，根据电泳图谱将其分群，也可用RT-PCR法检测病毒RNA。

[防治]　发现病畜后，除采取一般防疫措施外，应停止哺乳，用葡萄糖盐水代替乳给病畜自由饮用。同时，进行对症治疗，收敛止泻，使用抗菌药物以防止继发性细菌感染，静脉注射葡萄糖盐水和碳酸氢钠溶液以防止脱水和酸中毒等，一般都可获得良好效果。

本病的预防主要依靠加强饲养管理，认真执行兽医防疫措施，以及增强母畜和仔畜的抵抗力。在疫区，要做到新生仔畜及早吃到初乳，接受母源抗体的保护，以减少和减轻发病。

用灭活苗或弱毒苗接种母畜，可使新生畜通过初乳及乳液获得有效保护。肠道局部免疫比全身免疫有更好的保护作用，因为初乳中的抗体至关重要。

三十、牛瘟

牛瘟（rinderpest, cattle plague）俗称"烂肠瘟""胆胀瘟"，是由牛瘟病毒引起牛的一种急性、热性、高度传染性疾病，其临诊病理特征是消化道黏膜的坏死性炎症，并伴以剧烈腹泻。

本病是养牛业的一种毁灭性疫病。至1956年，我国已消灭了长期流行的牛瘟，但在少数国家和地区仍有本病发生。

[病原]　本病病原是属于副黏病毒科（*Paramyxoviridae*）、麻疹病毒属（*Marbillivirus*）的牛瘟病毒（rinderpest virus，RPV）。病毒颗粒一般呈圆形，有囊膜，直径120～300nm，其内是由单股RNA组成的螺旋状结构。病毒在宿主细胞质内繁殖，可产生中和抗体、补体结合抗体和沉淀抗体。家兔是最常用于繁殖病毒的实验动物。牛瘟病毒对理化因素的抵抗力不强，但在低温下和甘油中相当稳定。腐败、强碱（如2%氢氧化钠或氢氧化钾）、普通消毒药（如石炭酸、石灰乳等）均易杀死病毒。

[流行病学]　牛瘟主要侵害牛（包括水牛），牦牛最易感，犏牛次之，之后是黄牛。本病的流行无明显季节性，通过直接和间接接触传播，发病率和病死率都很高。

[发病机理]　牛瘟病毒侵入机体后，主要在淋巴结、脊髓、肺脏以及呼吸道和消化道黏膜中繁殖。病毒血症出现后体温升高。血管的损害，造成黏膜上皮细胞溶解、坏死，形成糜烂和溃疡。消化道的坏死性炎症是本病的特征病变。血液中的牛瘟病毒是紧密附着于白细胞，特别是单核细胞上的，只有少部分游离于血浆中才可以滤过。由于黏膜病变而导致严重的腹泻，致使机体迅速脱水，多引起循环衰竭和死亡。

[症状]　潜伏期为3～9d，多为4～6d。

病牛体温突然升高，持续达41~42.2℃，精神委顿、厌食、便秘、呼吸和脉搏加快，母牛泌乳量减少，白细胞减少。随后，黏膜出现严重的炎性变化。眼结膜高度充血，眼睑高度肿胀，流出浆性、黏脓性分泌物，结膜表面形成假膜，但角膜仍保持透明。鼻镜干燥、皲裂、覆以黄棕色痂皮；鼻黏膜充血、出血，从鼻孔流出黏性或脓性分泌物。口黏膜的病变更具特征性，流涎，潮红，在口角、唇内、齿龈、颊内和硬腭黏膜表面出现黄白色粟粒大小的突起，之后形成麸皮样坏死物或灰黄色的浮膜。浮膜脱落或被撕离，则露出红色烂斑。烂斑边缘不整齐，如继发细菌感染，则出现溃疡（图1-30-1）。牛瘟病畜的唾液中常混有气泡，这和口蹄疫病畜那种丝缕状唾液不同。口角内面的乳头因其上皮坏死脱落而呈特征的短圆锥状。当第5～6天后高热下降时，病牛发生腹泻、腹痛，粪便稀薄如水，恶

图1-30-1　唇内和齿龈黏膜的烂斑。

（陈怀涛）

臭，间有血液、黏液或假膜。致死性病例，常为出血性、失禁性腹泻，呼吸困难，严重脱水、消瘦和虚脱，孕牛常流产，死亡见于发病后6～12d，病死率为50%～90%。顿挫型牛瘟只发生短时的温和腹泻，口腔不出现黏膜变化，偶见隐性经过。

[病理变化]　尸体呈恶病质状。病变主要见于消化道与呼吸道，以消化道的病变最为严重。唇内面、齿龈、颊内面、舌腹面，甚至硬腭和咽部黏膜，有红斑、结节、糜烂或溃疡，也可见纤维素性薄膜或固膜（图1-30-2）。口腔病变严重时，食道前部亦有损害。前胃偶见病变。真胃，尤其幽门和皱襞顶部，常有出血和糜烂，黏膜下层水肿，切面呈胶冻样外观。小肠的病变较真胃为轻，常见于十二指肠前段与回肠。淋巴集结

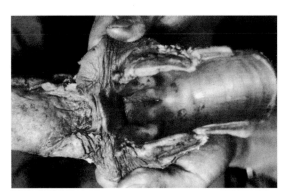

图1-30-2　咽和舌根背部黏膜充血、出血和糜烂。

（陈怀涛）

肿大。大肠，尤其回盲瓣、盲结肠接合部和直肠，常有明显充血、出血、水肿和糜烂或溃疡。淋巴滤泡肿大，或有溃疡（图1-30-3）。胆囊胀大，充满黄绿色带血的胆汁，其黏膜出血。上呼吸道的黏膜也有出血斑，喉部出现细小的糜烂，肺发生严重的肺泡性和间质性气肿，也可见出血性肺炎或支气管肺炎，支气管腔中常有纤维素性渗出物（图1-30-4至图1-30-6）。心内、外膜出血，心肌颗粒变性与脂肪变性。皮肤的损害多见于水牛，呈湿疹样。本病毒严重损害淋巴组织，但淋巴结并无明显出血或炎症，体表淋巴结、脾脏及肠道淋巴组织的病理变化为淋巴滤泡生发中心坏死，致使无成熟的淋巴细胞，有些淋巴滤泡只剩下网状支架。

[诊断]　在本病的流行地区，根据流行特点、症状和病理变化，一般可做初步诊断。必要时，可迅速将无菌采取的抗凝血、脾、淋巴结等病料，送往有关单位进行检验。常用的实验室检查方法有动物接种试验、兔体交叉免疫试验和痊愈血清中和牛瘟弱毒试验。常用的血清学诊断方法有补体结合试验、琼脂扩散试验、对流免疫试验、中和试验、间接血凝试验、荧光抗体技术及酶联免疫吸附试验等，其中以中和试验的准确性较高。本病应与口蹄疫、牛病毒性腹泻-黏膜病、牛蓝舌病、牛恶性卡他热及水疱性口炎等疾病鉴别。

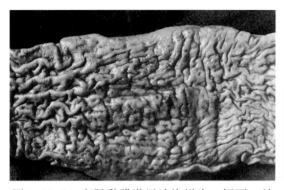

图1-30-3 盲肠黏膜淋巴滤泡增生、坏死，并
形成小凹陷状溃疡。

（陈怀涛）

图1-30-4 肺淤血、出血，间质水肿，切面尚
见小化脓灶。

（陈怀涛）

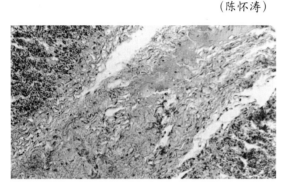

图1-30-5 出血性肺炎：肺小叶间水肿、增宽，
小叶内肺泡壁毛细血管充血，肺
泡内有出血和少量炎性细胞浸润。
（HE×200）

（陈怀涛）

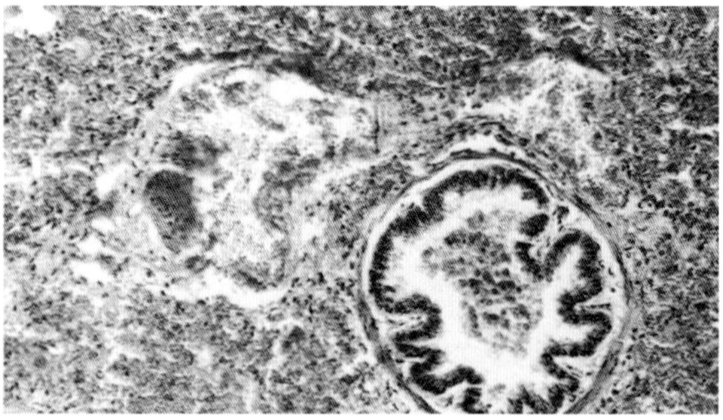

图1-30-6 出血性肺炎：血管充血，肺泡充满红
细胞，有炎性细胞浸润；细支气管黏
膜上皮坏死，有些脱落。（HE×200）

（陈怀涛）

[防治] 严格执行兽医检疫措施，不从有牛瘟的国家和地区引进反刍动物及其产品。当发现牛瘟病例时，应立即采取措施，执行封锁、隔离、消毒等规定，扑杀病畜，将尸体妥善处理，防止散毒；疫区附近的牛群，应及时注射牛瘟疫苗，做好免疫工作。预防接种可用弱毒苗。现用的弱毒苗有牛瘟山羊化弱毒苗、牛瘟绵羊化弱毒苗、牛瘟兔化弱毒苗、牛瘟鸡胚化弱毒苗和牛瘟细胞培养弱毒苗等数种。牛瘟兔化弱毒苗，注射后14d至1年内有坚强免疫力。牛瘟山羊化兔化弱毒苗适用于蒙古牛、黄牛，每1~2年免疫注射1次。牛瘟绵羊化兔化弱毒苗适用于牦牛、犏牛、朝鲜牛及黄牛，每1~2年免疫注射1次。据报道，犊牛若接种常用牛瘟疫苗无效，可使用麻疹疫苗。对成年牛，麻疹疫苗也是一种有效的疫苗。目前尚无治疗牛瘟的有效药物。贵重牛种在发热初期静脉注射大量（100~200mL）抗牛瘟高免血清，常可收到治疗效果。

三十一、牛海绵状脑病

牛海绵状脑病（bovine spongiform encephalopathy, BSE）又称疯牛病，是动物传染性海

绵状脑病（transmissible spongiform encephalopathy，TSE）之一，为慢性致死性传染病。病原主要侵害牛的中枢神经系统，病牛病理变化以脑干神经核中的神经元空泡变性及神经纤维网的海绵样变为特征。

1985年4月首次在英国发现BSE，1986年11月Wells等对一些始发病例进行了病理组织学检查后定名为牛海绵状脑病。目前，除疫源地英国外，法国、德国、西班牙、意大利、比利时、卢森堡、荷兰、葡萄牙、爱尔兰、瑞士、丹麦、加拿大、阿曼、福克兰群岛、列支敦士登、蒙古国和日本等国家或地区也有发生，但仍以英国最为严重，至1997年确诊的病例已累计达168 578例，涉及33 000多个牛群。疯牛病之所以引起世界恐慌，甚至在欧洲使人们达到谈牛色变的程度，致使欧盟国家以及美洲、亚洲、非洲等的30多个国家（包括我国在内）先后禁止从英国进口牛及其产品，原因是有近百人死于与BSE同一致病因子引起的人的新变异型克雅氏病（new variant Creutzfeldt-Jakob disease, nvCJD, vCJD）。

[病原]　目前认为，本病病原是属于亚病毒因子中的朊病毒（Prion），是一种不含核酸、有部分蛋白酶抗性和感染性的蛋白粒子。其大小为50～200nm，核心部分为4～6nm的细小纤维状物质。传染性颗粒为胶化纤维素样碎片联合纤维（即SAF）或称棒状蛋白性感染粒子。其本质是宿主细胞蛋白PrP^c发生构象改变的异构体，即PrP^{sc}。

PrP^c在动物大部分正常组织中都可检测到，但以神经细胞中含量最高。而PrP^{sc}在患病动物体内的分布也以中枢神经系统最高，其次是脾脏、淋巴结等淋巴网状内皮系统的脏器，肠管和唾液腺等也有分布，肌肉和血液中较少，粪便和尿中几乎没有。在BSE病例，既有PrP^c，又含有PrP^{sc}。

本病病原体虽然具有病毒的某些特性，但它们不形成包涵体，不含非宿主蛋白，不诱生干扰素，免疫抑制剂和增强剂均不能改变其致病过程，同时它们也不引起宿主免疫反应。此外，本病病原对理化因子的抵抗力比一般的细菌与病毒都强，许多能使病毒失活的方法、试剂均对其无效。它对福尔马林及紫外线不敏感，对加热、消毒有较强的耐性（在121℃中能耐热30min以上），对强酸、强碱也有很强的抵抗力（pH2.1～10.5时，使用2%～5%次氯酸钠或90%的石炭酸经2h以上处理，才可将病原灭活）。硫氰酸胍对BSE消毒有效。

[流行病学]　本病无论是自然感染，还是实验感染，其宿主范围均较广。目前已经发现BSE自然感染的宿主有牛科的家牛、羚羊，猫科的家猫、虎，灵长类的狐、猴和人等。

本病的发生与牛的品种、性别、季节、地域、繁殖周期、遗传因素及饲养管理等无关。主要发生于3～11岁的牛，以4～6岁牛多发，2岁以下及10岁以上的牛很少发生。由于奶牛使用肉骨粉的量大于肉牛，故奶牛群的发病率高于肉牛群。

本病的流行模式是典型的具有共同来源的流行病。被调查的所有BSE病例唯一的共同特征是，使用了商业生产的肉骨粉（meat and bone meal，MBM）复合饲料。因此，本病主要是因摄入混有痒病病羊或BSE病牛尸体加工成的肉骨粉，经消化道感染。本病能否经垂直传播，有待进一步证实。英国科学家证明，疯牛病可经输血途径从一头羊传播到另一头羊。还有人给实验鼠直接注射病牛排泄物，结果使许多实验鼠感染上疯牛病，并由此提出经疯牛病病牛粪便传播很可能是传播疯牛病的另一条途径。

虽然有试验证实疯牛病可突破种间屏障传染给人和其他动物的可能，但目前缺少直接或充分的证据。疯牛病是否存在水平传播，也需要更多试验验证。

[发病机理]　当动物感染PrP^{sc}后，PrP^{sc}由淋巴细胞带入中枢神经系统，或经神经轴

突转运到达脑内，或直接进入中枢神经系统（如脑内注射PrP^{sc}），作用于正常组织中的PrP^c。PrP^{sc}在体内的增殖是指数过程。在此过程中，PrP^{c}经翻译后修饰，经过一系列构象改变形成PrP^{sc}。当一个PrP^{sc}分子和PrP^{c}接触后，这个PrP^{c}会转变成致病性的PrP^{sc}，两个PrP^{sc}又可使另两个PrP^{c}变成PrP^{sc}，此过程周而复始，使得PrP^{sc}在体内大量增殖。有人将PrP^{sc}注入无PrP^{c}基因的小鼠体内，该小鼠不发病，从而证明PrP^{c}的存在是形成PrP^{sc}并引起动物发病的原因。

PrP^{c}是一种膜蛋白。当神经元膜上的PrP^{c}变成PrP^{sc}后，PrP^{sc}脱落并聚集在神经元的溶酶体中，达到一定数量后，可使神经元破裂，造成神经组织的空泡化、星形胶质细胞增生等。当病变发展到一定程度后，病牛则出现神经症状和一般临诊症状。

[症状]　BSE的潜伏期很长，平均约为5年，病程一般为14～180d。临诊症状包括神经和一般症状。神经症状有3种表现形式，最常见的是精神状态的改变，病牛因恐惧、狂躁而表现出攻击性；3%的病牛出现运动失调，通常为后肢共济失调，常表现步态不稳、颤抖、乱踢乱蹬以致摔倒（图1-31-1、图1-31-2）；90%的病牛感觉异常，其表现多样，最明显的是触觉和听觉减退，耳对称性活动困难，常一耳向前，另一耳向后或保持正常。常见的一般症状为病牛精神沉郁，食欲正常，体温偏高，呼吸频率增加；体质下降，体重减轻；产奶量减少；病牛无明显搔痒，但不断摩擦臀部，致使皮肤破损、脱毛。病牛最终极度消瘦而死亡。

如果将病牛置于安静和其所熟悉的环境中，有些症状可得到减轻，尤其是感觉衰退症状。

图1-31-1　病牛恐惧不安，狂奔，步态不灵活，后肢共济失调。

（R. W. Blowey等）

图1-31-2　病牛注视周围环境，惊恐不安，有攻击性。

（R. W. Blowey等）

[病理变化]　剖检，除可见体表外伤外，一般无明显病变。镜检，病变主要在中枢神经系统，可见脑干灰质发生两侧对称性变性。脑干的神经纤维网中散在卵圆形、圆形空泡或微小空腔。脑干迷走神经背核、三叉神经脊束核与孤束核、前庭核、红核及环状结构等的神经元核周体和轴突，含有大的单个或多个界限分明的胞质内空泡，有时整个胞质被空泡占据呈气球样（图1-31-3、图1-31-4）。神经纤维网和神经元中的空泡内含物，经糖原和脂肪染色均为阴性、并呈透明状。星形细胞肥大常伴随于空泡的形成。和本病一样，人的vCJD也可见到相似的脑病变（图1-31-5、图1-31-6）。

[诊断]　依据临诊表现和流行病学特征可对本病做初步诊断，确诊需要进行实验室检查。因本病无炎症反应，也不产生免疫应答，故难以进行血清学诊断。目前，对本病的

确诊主要依靠脑的病理组织学检查（准确率高达99.6%）。此外，还可利用免疫组织化学方法检查脑组织中的PrP^{sc}（图1-31-7），用电镜负染色技术检测脑组织抽提物中的SAF。

[防治]　因本病威胁到人类健康，在世界范围内又有加速发展的趋势，各国政府对于本病的防治均给予高度重视并采取严格措施。对已有疯牛病的国家和地区，严禁在饲料中添加反刍动物肉骨粉，对患牛及其所在牛群一律扑杀、销毁。对无疯牛病的国家或地区，严禁从有疯牛病国家或地区进口牛、牛胚胎、牛精液、牛肉制品、牛羊肉骨粉及含牛羊肉骨粉的饲料，同时也禁止本国用牛羊肉骨粉作饲料；对从有疯牛病国家或地区进口的牛或用进口牛胚胎等繁殖的牛，应实施隔离观察，并进行检疫。

虽然我国至今尚未发现疯牛病，但疯牛病已遍及欧洲、美洲和亚洲，尤其是与我国相邻的蒙古国、日本也有发生，表明疯牛病仍有从境外传入我国的可能。因此，我国应迅速建立严密的疯牛病监测系统，对疯牛病采取强制检疫和报告制度，一旦发现可疑病例，应依据有关条例严格处理。

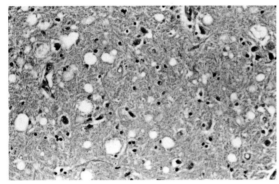

图1-31-3　脑干灰质的组织病变：神经纤维网与神经元中有许多大小不等的空泡。(HE×200)

（英国VLA，赵德明）

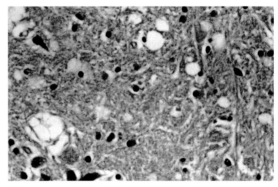

图1-31-4　图1-31-3局部放大。神经纤维网中有界限明显的空泡形成，甚至局部变为空腔；神经元也发生空泡变性，核浓缩或染色质溶解。(HE×400)

（英国VLA，赵德明）

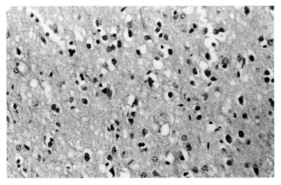

图1-31-5　人vCJD大脑的组织病变：脑组织呈密集的空泡状，其景象和牛海绵状脑病的相似。(HE×200)

（李现堂、赵德明）

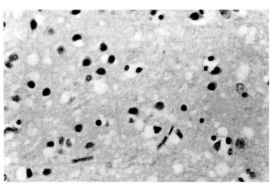

图1-31-6　图1-31-5局部放大。神经纤维网、神经元及胶质细胞中均可见到明显的空泡，核浓缩、并被空泡挤压于一侧。(HE×400)

（李现堂、赵德明）

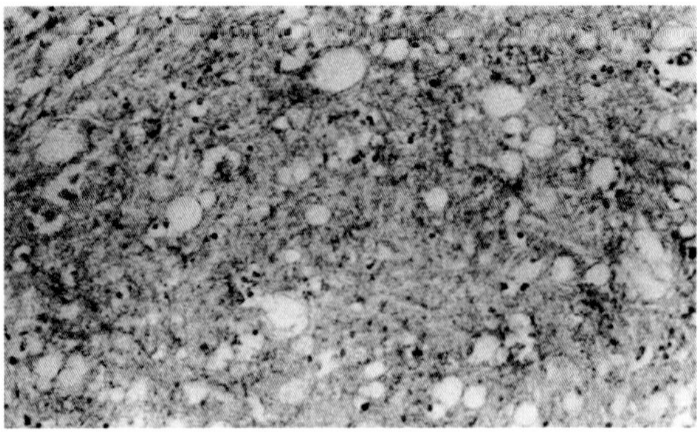

图1-31-7　免疫组织化学染色时，脑干灰质呈
　　　　　PrP^sc阳性反应。

（英国VLA，赵德明）

三十二、疙瘩皮肤病

疙瘩皮肤病（lumpy skin disease，LSD）主要是牛的一种急性、亚急性或慢性传染病，发病率5%～85%，病死率可达20%。本病的临诊特征为发热、消瘦，淋巴结肿大，皮肤形成坚硬的结节。本病在1929年首次发现于赞比亚和马达加斯加，目前主要在中东地区、亚洲和欧洲一些国家流行。1987年我国在河南发现本病，1989年分离到本病病毒。

[病原]　牛疙瘩皮肤病病毒（lumpy skin disease virus, LSDV）属痘病毒科（Poxviridae）、山羊痘病毒属（Capripoxvirus，CaPV），与山羊痘病毒和绵羊痘病毒同为一属，基因组相似性达97%以上。

LSDV颗粒的形态特征与痘病毒相似，呈砖块状或短管状，大小约为320 nm×260 nm，以胞内成熟病毒粒子和胞外囊膜化病毒粒子两种形式存在，但均具有感染性。LSDV理化性质较为稳定，在55℃ 2 h、60℃ 1 h或65℃ 30 min可被灭活，在干燥的皮肤结痂中存活35d，在4%甘油盐水和组织培养液中可存活4～6个月，-20℃以下保存，可保持活力数年。但对强酸、强碱、氯仿和乙醚敏感。本病毒可在鸡胚绒毛尿囊膜上增殖引起痘斑，但鸡胚不死亡。本病毒可在犊牛、羔羊肾、肾上腺、甲状腺等细胞培养物中生长，但细胞病变产生较慢，感染细胞内可出现胞质包涵体。

[流行病学]　LSDV的自然宿主是牛，任何品种品系的任何年龄阶段均可感染本病，泌乳牛发病最严重。本病的主要传染源是病牛，康复后以及无症状的隐性感染牛是最危险的潜在性传染源。感染和发病牛的血液、唾液和皮肤结节中均有病毒存在。本病主要通过与病牛直接接触而传播，吸血昆虫也可传播；多发生于小规模牛场，且以散发为主，主要发生于6～9月，但也见于冬季。

[发病机理]　牛被LSDV感染后，病毒可在血液和皮肤细胞中复制，并广泛散播到机体的易感组织。感染约7d出现病毒血症，随之体表皮肤出现结节，并在有上皮细胞的易感组织（如嘴唇内侧、牙龈、舌、咽部、瘤胃、网胃、瓣胃和皱胃黏膜）发生典型的痘样病变。鼻腔黏膜、气管和肺也是易发生病变的部位。

[症状]　自然条件下，本病潜伏期2～4周。病牛体温升高，可达41℃以上。病期表现鼻炎、结膜炎、角膜炎等症状。感染后第4～12天，皮肤出现硬实、圆形、隆起、直径2～3 cm的结节状疙瘩，触摸有痛感。结节少则1～2个，多则可达百余个。结节先出现于

头、颈、胸、背部，也可波及全身（图1-32-1）。严重病例，牙龈、颊内等部黏膜也见结节病变和溃疡（图1-32-2）。体表淋巴结肿大。胸下部、乳腺、四肢多有皮下水肿。孕牛常发生流产和产后瘫痪。病公牛可发生睾丸炎和睾丸萎缩，生育能力下降。此外，病牛也见呼吸、消化功能障碍等症状。

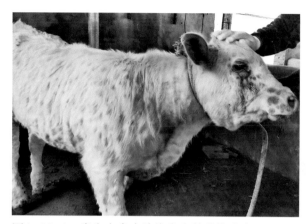

图1-32-1 病牛全身皮肤均发生结节状病变。
（尚佑军）

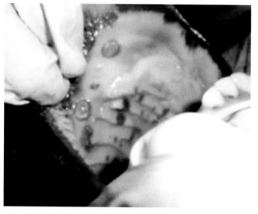

图1-32-2 病牛口腔黏膜发生的圆形突出性溃疡。

（尚佑军）

［病理变化］ 结节状病变除见于皮肤外，也见于消化道、呼吸道与胆囊黏膜，甚至肺、肾等实质器官。黏膜的结节病变可破溃进一步形成溃疡（图1-32-3、图1-32-4）。水肿部皮肤剖开时，可见淡红色浆液浸润。皮肤结节开始为硬实的皮肤组织增生，表皮细胞变性肿胀，胞质有嗜酸性包涵体形成（图1-32-5）。真皮充血、出血、炎性细胞浸润，血管壁坏死（图1-32-6）；组织细胞变性，可见胞质包涵体形成（图1-32-7）。随后结节中心部组织坏死，呈干酪样，甚至混有脓液和血液。结节可达皮下，甚至深层肌肉。

［诊断］ 根据流行特点、症状和典型病变可做初步诊断。确诊应做实验室检测，如病原检查、动物试验和血清学试验。病原检查除可通过病毒分离鉴定和核酸分子检测外还可用

图1-32-3 气管黏膜上形成的大小不等的溃疡。
（贾怀杰）

图1-32-4 胆囊黏膜中发生的结节状病变，突出于黏膜表面。

（尚佑军）

新鲜病变结节制作切片，染色，镜检胞质嗜酸性包涵体，用荧光抗体技术检查包涵体内的病毒抗原。动物试验可取病牛皮肤的新鲜结节制成乳剂，皮内或皮下接种易感牛，5～7d接种部位发生疼痛性肿胀，局部淋巴结也肿大，此时可从肿物、血液、唾液、脾脏中分离病毒。血清学试验可用病毒中和试验，这是LSDV血清抗体检测的"金标准"方法，现有商品化的双抗原夹心ELISA试剂盒，其特异性可达99.7%。

[防控]　本病应采取免疫接种为主、扑杀为辅的综合防控措施。目前还没有特异的抗病毒药物用于治疗。我国推荐采用山羊痘弱毒活疫苗（GTPV AV41）进行该病的免疫预防。

对发病牛舍应严格消毒，病牛立即隔离，皮肤破溃结节用外科方法清创、消毒处理，然后创面涂以碘甘油。也可应用抗生素以防并发症发生。

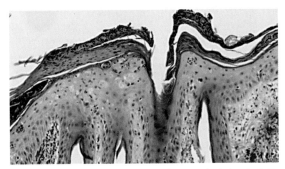

图1-32-5　皮肤结节的组织变化：表皮角质形成细胞增多，棘细胞发生空泡变性、肿大，胞质内见大小不等的嗜酸性包涵体，真皮明显出血和炎性细胞浸润。

（Beatriz Sanz-Bernardo）

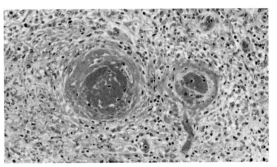

图1-32-6　皮肤结节的组织变化：真皮组织充血、出血、炎性细胞浸润，有两个血管壁发生纤维素样坏死，管腔中有血栓形成。

（John Flannery）

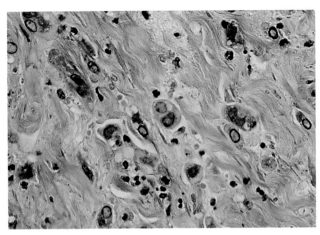

图1-32-7　皮肤结节的组织变化：真皮中组织细胞变性，其胞质中有包涵体形成。

（John Flannery）

三十三、牛乳头状瘤病

牛乳头状瘤病（bovine papillomatosis）是由牛乳头状瘤病毒引起的一种肿瘤性传染病，以皮肤、黏膜形成乳头状瘤为特征。

[病原]　牛乳头状瘤病病毒属乳头状瘤病毒科（*Papillomaviridae*）乳头状瘤病毒属（*Papillomavirus*）的成员。病毒粒子呈20面体对称，其内部存在属的共同抗原。基因组由单分子的环状双股DNA组成，病毒粒子大小为8kb。

[流行病学]　不同年龄、性别和品种的牛均可发病。但3个月到2岁的牛易发，肉牛比乳牛发病率高，圈养牛比放牧牛发病率高。本病无明显季节性，多为散发。病牛是主要传染源，可通过直接接触传染，如乳腺患有肿瘤的母牛可通过哺乳途径感染犊牛（肿瘤多分布在面部、唇部与鼻镜）；生殖器患有肿瘤的公牛，可经交配传染母牛，并引发阴道炎。也可经污染的缰绳、鼻捻子等用具间接传播。

[症状和病理变化]　潜伏期1～4个月。本病为自限性疾病，经过1～12个月，通常自行消退。康复牛对同种病毒的再感染具有免疫力。症状与肿瘤发生部位有关，当发生在食管时，可引起食欲减退；发生在膀胱的乳头状瘤容易癌变，可导致慢性地方性血尿症；发生在体表的乳头状瘤可因摩擦而破溃、出血。

不同型的病毒可在不同部位引发不同类型的乳头状瘤，但都是良性肿瘤，常见于颈、颌、肩、四肢下腹、背、耳、眼睑、唇部、包皮、乳腺等部位的皮肤，以及食管、膀胱、阴道等部黏膜。肿瘤眼观呈球形、椭圆形、结节状、分叶状、绒毛状或花椰菜状（图1-33-1、图1-33-2、图1-33-3、图1-33-4），大小、数量不等，呈灰白色、黑色、灰棕色，触之坚实。在发病初期，肿瘤为分布不均匀的圆形、光滑、突起的灰色小结节，由高粱米粒大至豌豆大；以后逐渐增大，颜色加深为褐色或暗褐色，表面粗糙、角质化，形成大小不等、形状不规则的乳头状或花椰菜头状肿块，大者可达$4 \times 10cm^2$。

图1-33-1　母牛食管黏膜全被多发性乳头状瘤所覆盖，故其表面粗糙，管腔狭窄。

（J. M. V. M. Mouwen等）

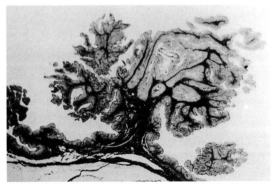

图1-33-2　图1-33-1肿瘤的组织切片。可见乳头状瘤的上皮由正常上皮延续生长而成，瘤组织中树枝状的红色结缔组织索来自黏膜基质。（van Gieson）

（J. M. V. M. Mouwen等）

图1-33-3　牛皮肤见丛状生长的乳头状瘤。

（张旭静）

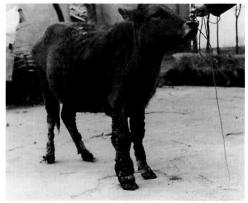

图1-33-4　牛四肢皮肤的传染性乳头状瘤，
呈多发性结节状和花椰菜状。

（周诗其）

根据组织学特点，可将乳头状瘤分为皮肤乳头状瘤和生殖器纤维乳头状瘤两种类型。

皮肤乳头状瘤：常发生在皮肤及皮肤型黏膜（如食道黏膜）。上皮与上皮下结缔组织同时增生，呈乳头状突起，但上皮增生占优势。增生的上皮表面过度角化或角化不全。棘细胞层增厚，棘细胞失去张力原纤维，并发生空泡化。颗粒细胞层可见嗜碱性核内包涵体（自然病例不常见）。乳头状瘤常由许多绒毛状突起构成，每个突起都有一个由结缔组织构成的轴心，内含血管、淋巴管和神经（图1-33-5）。

生殖器纤维乳头状瘤：常发于阴茎或母牛阴道黏膜。其特点是结缔组织明显增

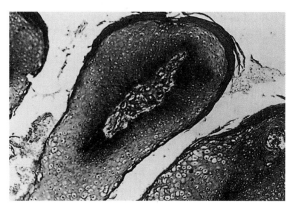

图1-33-5　本图仅显示乳头状瘤一个突起的组织结构，突起中心为血管和结缔组织，其外围的瘤细胞和正常皮肤的鳞状上皮相似，上皮角化明显。（HE×100）

（王雯慧）

生，而覆盖其上的表皮仅轻度增生。因此，瘤组织以成纤维细胞为主，它们相互交错或呈旋涡状，排列不规则。有时瘤细胞核内可见嗜酸性包涵体样结构。肿瘤前期，可看到许多核分裂象，易误诊为纤维肉瘤。肿瘤表面局部有溃疡，其下中性粒细胞明显增多。增生的上皮细胞形成指状钉突伸入瘤组织，上皮细胞不角化。

[诊断]　本病确诊主要依据病理组织学特点、病原鉴定和血清学试验。在电镜下检查病毒颗粒；或从病料中分离病毒，进行动物接种试验（形成特征性乳头状瘤）或接种鸡胚绒毛尿囊膜（可引起膜增厚），以做病原诊断；用免疫荧光抗体技术、琼脂免疫扩散试验、酶联免疫吸附试验检查抗体。

[防治]　加强饲养管理，防止外伤。如有发病，应及时隔离，彻底消毒。本病无特效的治疗方法，发生于体表的乳头状瘤，一般采取手术切除，术后用碘酊涂抹创部。

Chapter 2 第二章
寄生虫病

一、阔盘吸虫病

阔盘吸虫病（eurytremiasis）是由歧腔科、阔盘属（*Eurytrema*）的阔盘吸虫寄生于牛、羊等反刍动物的胰管内所引起的疾病。在我国发现有多种阔盘吸虫，其中以胰阔盘吸虫（*E.pancreaticum*）分布最广。

[病原体及其生活史] 胰阔盘吸虫新鲜时为棕红色，固定后为灰白色。虫体扁平，较厚，长卵圆形。大小为（8～16）mm×（5～5.8）mm。口吸盘比腹吸盘大。睾丸两个，圆形或稍分叶，左右排列于腹吸盘之后。卵巢分叶，位于睾丸后方。子宫弯曲，在虫体后半部，其内充满虫卵。卵黄腺呈颗粒状，在虫体中间两侧分布（图2-1-1）。

虫卵呈黄棕色或深褐色，椭圆形，有卵盖。大小为（42～50）μm×（26～32）μm，内含毛蚴。

胰阔盘吸虫在发育过程中需要两个中间宿主：第一中间宿主为陆地螺，第二中间宿主为草螽。虫卵随粪便排出体外，被第一中间宿主吞食后，在其体内孵出毛蚴，并逐渐发育为母胞蚴、子胞蚴和尾蚴。第二中间宿主吞食了含有大量尾蚴的子胞蚴黏团后，尾蚴在其体内经23～30d的发育，钻出子胞蚴，发育为囊蚴。终末宿主因吞食含有囊蚴的第二中间宿主——草螽而感染。囊蚴在十二指肠内脱囊，从胰管口经胰管进入胰脏。从含毛蚴的虫卵被陆地螺吞食到成熟的子胞蚴排出螺体，需5～6个月。从尾蚴进入终末宿主胰管中至发育为成虫，约需3个月。胰阔盘吸虫完成整个生活史需要10～16个月。

[症状和病理变化] 由于虫体的机械性刺激和毒性物质作用，使胰管发生慢性增生性炎，胰管上皮细胞增生，管壁增厚，管腔狭窄；严重感染时，管腔完全闭塞，黏膜表面粗糙不平。严重者胰腺出血、坏死及有炎性细胞浸润。病牛临

图2-1-1　胰阔盘吸虫的大体形态，上列为腹面，下列为背面。

（孙晓林）

诊表现为消化障碍，腹泻，消瘦，毛干、易脱落，颌下、胸前水肿。严重时可致死亡。病畜剖检时，可见胰表面散在界限不明显的褐色或暗褐色区域，质地较实在；切面胰管增厚，管腔里充满胰阔盘吸虫和黏稠物质（图2-1-2）。镜检时，胰管内有阔盘吸虫、黏液和坏死的细胞等；黏膜上皮高度增生形成许多腺管、腺泡结构；管泡间散在大量淋巴细胞和浆细胞；胰管周围结缔组织增生；胰腺程度不等的变性，胰管周围的胰腺腺泡萎缩（图2-1-3、图2-1-4）。

[诊断和治疗]　粪便检查，发现虫卵；或剖检时，在胰管中找到虫体，即可做出诊断。

常用药物如下：①吡喹酮（体重计）：牛35～45mg/kg，用液体石蜡或植物油配成灭菌油剂，腹腔注射。②六氯对二甲苯（体重计）：牛300mg/kg，口服。

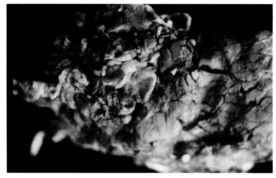

图2-1-2　胰腺表面见不明显的褐色病灶，胰管内含有胰阔盘吸虫。

（贾宁）

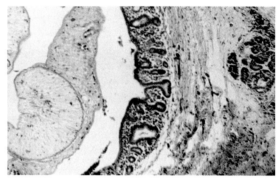

图2-1-3　牛慢性胰管炎：胰管壁组织增生，管腔内（左侧）有胰阔盘吸虫。（HE×100）

（贾宁）

图2-1-4　牛慢性胰管炎：胰管上皮增生与变性、坏死，管壁腺体增多，淋巴细胞、浆细胞大量浸润，结缔组织增生。（HE×400）

（贾宁）

二、前后盘吸虫病

[病原体及其生活史]　前后盘吸虫的种类很多，虫体的大小、色泽及形态结构因其种类不同而异。较常见寄生于牛、羊等反刍动物的是鹿前后盘吸虫（*Paramphistomum cervi*）。成虫寄生于牛、水牛、绵羊、山羊等反刍动物的前胃（主要是瘤胃和网胃），偶尔也见于胆

管。成虫虫体呈圆锥状，背面稍弓起，腹面略凹陷，粉红色，雌雄同体，大小为 (8.8～9.6) mm×(4.0～4.4) mm。口吸盘位于虫体前端，腹吸盘又称后吸盘，位于后端，比口吸盘大，虫体靠吸盘吸附于胃壁上（图2-2-1）。

前后盘吸虫的发育史与肝片吸虫相似。成虫在终末宿主的瘤胃内产卵，卵进入肠道随粪便排出体外。卵在外界适宜的温度（26～30℃）下，发育成为毛蚴，毛蚴孵出后进入水中，遇到中间宿主——淡水螺而钻入其体内，发育成为胞蚴、雷

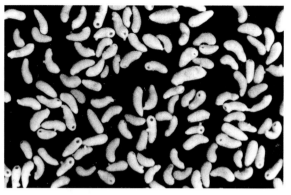

图2-2-1　前后盘吸虫的大体形态。

（陈怀涛）

蚴、尾蚴。尾蚴具有前、后吸盘和一对眼点。尾蚴离开螺体后附着在水草上形成囊蚴。牛、羊吞食含有囊蚴的水草而受感染。囊蚴到达肠道后，童虫从囊内游出，在小肠、胆管、胆囊和真胃内寄生并移行，经过数十天，最后到达瘤胃，逐渐发育为成虫。

[症状]　前后盘吸虫的成虫主要吸附在牛、羊的瘤胃与网胃，此时临诊症状及对动物的危害不甚明显。但在感染初期大量幼虫进入体内，在肠、胃及胆管内寄生、发育、移行，刺激、损伤胃肠黏膜，夺取营养，则对动物造成极大危害。本病的发生多集中在夏、秋两季，主要症状是顽固性腹泻，粪便呈糊状或水样，常有腥臭，有时体温升高。病牛逐渐消瘦，精神委顿，体弱无力，高度贫血，黏膜苍白，血液稀薄，颌下或全身水肿。病程较长者呈现恶病质状态。病牛白细胞总数稍高，嗜酸性粒细胞比例明显增加，占10%～30%，中性粒细胞增多，并有核左移现象，淋巴细胞减少。到后期，病牛极度瘦弱，卧地不起，终因衰竭而死亡。

[病理变化]　成虫感染的牛、羊，多在屠宰或尸体剖检时发现。虫体主要吸附于瘤胃与网胃及其交接处的黏膜，数量不等，呈深红、粉红或乳白色，如将其强行剥离，可见附着处黏膜充血、出血或留有溃疡（图2-2-2、图2-2-3）。因感染童虫而衰竭死亡的牛、羊，除呈现恶病质变化外，胃、肠道及胆管黏膜有明显的充血、水肿及脱落，其内容物中可检查出童虫或虫卵。

[诊断]

（1）成虫寄生的诊断，可通过水洗沉淀法在粪便中检查虫卵进行诊断。虫卵的形态与肝片吸虫很相似，但颜色不同。

（2）童虫，其生前诊断主要结合临诊症状和流行病学资料进行推断；或用驱虫药物试治，如果症状好转或在粪便中找到相当数量的童虫，即可做出判断。

（3）死后诊断，可根据病变及大量童虫或成虫的存在进行诊断。

[防治]　本病的预防可参照羊片形吸虫病。治疗可选用以下药物：

（1）硫双二氯酚（体重计），牛40～60mg/kg、羊80～100mg/kg，将药物用适量酒精溶解后加水制成悬液灌服；或与精饲料混合制成药丸，或用菜叶包裹投服；也可直接拌于精饲料内喂服。

（2）氯硝柳胺（体重计），牛60～70mg/kg、羊75～80mg/kg，将药物置于舌根，让其吞服。

（3）溴羟替苯胺（体重计），牛、羊的剂量均为65mg/kg，制成悬浮液灌服。

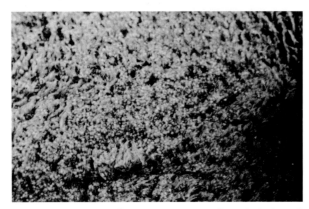

图2-2-2　瘤胃黏膜上吸附大量前后盘吸虫成虫，黏　　图2-2-3　网胃吸附数个前后盘吸虫成虫，
膜坏死、并形成溃疡。　　　　　　　　　　　　　　　局部黏膜受损。

（张旭静）　　　　　　　　　　　　　　　　　　　　　　　　（刘安典）

三、日本分体吸虫病

日本分体吸虫病（schistosomiasis）是由分体科（Schistosomatidae）、分体属（*Schistosoma*）的日本分体吸虫（*S. japonicum*）寄生于人、牛、羊等哺乳动物的门静脉系统小血管内，所引起的一种严重的人畜共患寄生虫病。

[病原体及其生活史]　成虫雌雄异体，线形。口、腹吸盘很接近。口吸盘在虫体前端，腹吸盘在口吸盘后方不远处，具有粗短的柄。肠在腹吸盘后分为两支，至虫体后部1/3处合并为一单管，伸达体末端。雄虫大小为（10～20）mm×（0.5～0.55）mm，乳白色。口、腹吸盘均较雌虫发达，自腹吸盘后体两侧向腹面蜷起，形成一抱雌沟，雌虫常居沟中，呈合抱状态，交配产卵。睾丸7个，在腹吸盘后背部排成一直行。贮精囊位于睾丸前，开口在腹吸盘后抱雌沟内，为雄性生殖孔。雌虫较雄虫细长，大小为（15～26）mm×0.3mm，呈暗褐色。卵巢呈椭圆形，位于虫体中部偏后方两侧肠管之间，其后端发出一输卵管，并折向前方伸延，在卵巢前方与卵黄管合并，形成卵模。卵模前为管状的子宫，无明显弯曲，其中含卵50～300个，开口于腹吸盘后方，为雌性生殖孔。

虫卵椭圆形，大小为（70～100）μm×（50～65）μm，淡黄色，卵壳较薄，无卵盖，在其侧上方有一小刺。卵内含一毛蚴。

雌雄虫交配后，雌虫在门静脉和肠系膜静脉的血管内产卵。产出的虫卵一部分顺血流至肝脏，一部分逆血流沉积在肠壁形成结节。虫卵内含有毛蚴，毛蚴分泌的溶细胞物质，透过卵壳破坏血管壁，导致肠黏膜局部发炎、坏死；加之肠壁肌肉的收缩作用，使肠黏膜局部破溃，虫卵进入肠腔，随粪便排出体外。在适宜条件下，虫卵孵出毛蚴。当毛蚴遇到其中间宿主——钉螺时，即以头腺分泌物的溶蛋白酶的作用，脱去纤毛和皮层钻入螺体内，进行无性繁殖，逐渐形成母胞蚴。子胞蚴从母胞蚴体中破裂而出。子胞蚴体内的胚细胞发

育为尾蚴，尾蚴成熟后离开子胞蚴，自螺体中逸出。尾蚴侵入宿主体内后，发育为成虫。成虫在宿主体内成熟、产卵所需的时间，因宿主种类不同而异，一般乳牛为36～38d，黄牛为39～42d，水牛为46～50d。

[流行病学]　日本分体吸虫广泛分布于我国长江流域及其以南的13个省（市、自治区）（贵州省除外）。已查明，有31种野生哺乳动物、8种家畜可感染本病，尤以耕牛、沟鼠的感染率为最高。黄牛感染率和感染强度均高于水牛。

日本分体吸虫的中间宿主为钉螺。我国的钉螺为湖北钉螺。日本分体吸虫的分布与钉螺的分布是相一致的，具有地方性。本病的感染具有明显的季节性，一般5～11月为感染期，冬季一般不发生自然感染。人和动物感染主要与接触含有尾蚴的"疫水"有关，往往经皮肤感染，还可通过黏膜、胎盘感染。

[症状]　犊牛症状较大牛明显，黄牛症状常比水牛明显。犊牛大量感染时，呈急性经过，食欲不振，体温上升，达40～41℃，行动缓慢，逐渐出现严重贫血，最后衰竭死亡。慢性病例表现为消化不良，发育迟缓，常常成为"侏儒牛"。母牛不孕或流产。少量感染时，症状不明显。

[病理变化]　各期寄生虫所引起的病理变化如下：

（1）尾蚴与童虫　尾蚴侵入皮肤后，常引起局部过敏性皮炎，呈红色丘疹状。镜下观察，真皮毛细血管充血、出血、水肿，周围有中性粒细胞、嗜酸性粒细胞和单核细胞浸润。童虫到达肺脏后，造成出血性肺炎。

（2）成虫　寄生处的死亡虫体可引起静脉炎、血栓形成和静脉周围炎，贫血，嗜酸性粒细胞增多，肝、脾网状内皮细胞内有褐色血吸虫色素沉着等（图2-3-1至图2-3-4）。

（3）虫卵　虫卵在肝脏可引起小静脉栓塞（图2-3-5）。未成熟虫卵不形成典型的虫卵结节。成熟虫卵引起的基本病变为虫卵结节。

根据发展时期的不同，虫卵结节可分为坏死-渗出性结节、增生性结节和纤维性结节。

1）初期　表现为坏死-渗出性结节。眼观，结节色灰黄，粟粒至黄豆大，不坚硬。镜下，由内向外依次包括以下几部分：①中心部：为数量不等的成熟虫卵。②虫卵外围部：

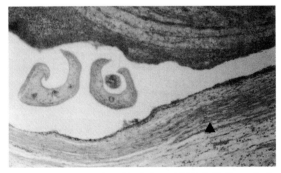

图2-3-1　牛肝脏的静脉内见雌雄合抱的日本分体吸虫，同时还有血栓形成（图上部的红色物即为血栓），静脉周围结缔组织增生（▲）。（HE×100）

（陈怀涛）

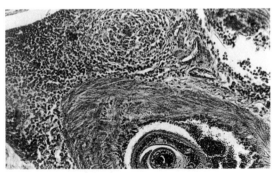

图2-3-2　羊肠壁黏膜下层的血管中见雌雄合抱的日本分体吸虫，血管内皮细胞增生，血管外有嗜酸性粒细胞浸润。（HE×200）

（陈怀涛）

为嗜酸性放射状物质（抗原抗体复合物）。③中间部：为坏死的组织和崩解的嗜酸性粒细胞，后者的嗜酸性颗粒互相融合，可形成菱形或多面形、有屈光性的蛋白质晶体，即夏-来氏晶体（Charcot-Leyden crystals）。④外围部：为新生的肉芽组织，其中有许多嗜酸性粒细胞，以及数量不等的浆细胞、淋巴细胞、单核细胞和中性粒细胞。

2）中期　表现为增生性结节，即特殊肉芽肿。这种结节是由上述坏死-渗出性结节经过10d左右而开始形成的。此时虫卵内毛蚴死亡，其毒性作用逐渐消失，坏死物质被吸收，虫卵发生破裂或钙化，其周围的组织细胞向上皮样细胞转变，最后形成由两部分组成的结节。①中心部：为变性、坏死、破碎的虫卵或钙盐。②外围部：为上皮样细胞、异物巨细胞和淋巴细胞（图2-3-6、图2-3-7）。眼观，这种结节色灰白，坚实，中心可见钙化灶。

3）后期　表现为纤维性结节。即上皮样细胞变为成纤维细胞，产生胶原纤维，结节发生纤维化，其中心部的虫卵碎片和钙化的死亡虫卵可长期存在。眼观，结节色灰白、坚硬，中心部有沙砾感。在肝脏，吸虫严重寄生时，小叶间结缔组织大量增生，嗜酸性粒细胞明显浸润，肝小叶被分隔成大小不等的细胞团，肝正常结构被破坏（图2-3-8）。

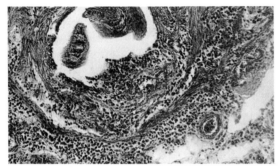

图2-3-3　羊肠壁血管内有日本分体吸虫寄生，血管壁组织增生，血管壁及其周围有大量嗜酸性粒细胞浸润。（HE×200）

（陈怀涛）

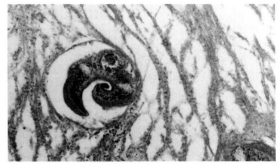

图2-3-4　羊肠壁黏膜层的血管中有血吸虫寄生，其周围黏膜组织坏死。（HE×200）

（陈怀涛）

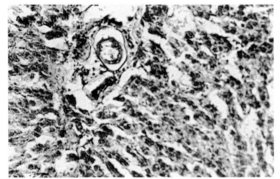

图2-3-5　牛肝脏的小静脉中有不少虫卵性栓子，虫卵着染蓝色。（HE×200）

（陈怀涛）

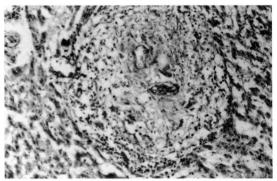

图2-3-6　牛肝脏的一个增生性结节：在两个死亡的成熟虫卵的外围有一些上皮样细胞和巨细胞，其间有不少嗜酸性粒细胞和淋巴细胞。（HE×200）

（陈怀涛）

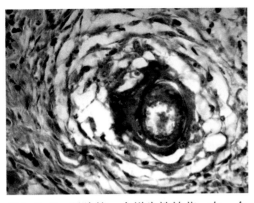

图2-3-7　肝脏的一个增生性结节：在一个死亡的成熟虫卵的外围是巨细胞和上皮样细胞，外层则由成纤维细胞包围，也见少量嗜酸性粒细胞；肝组织中有褐色血吸虫色素沉着。（HE×400）

（祁保民）

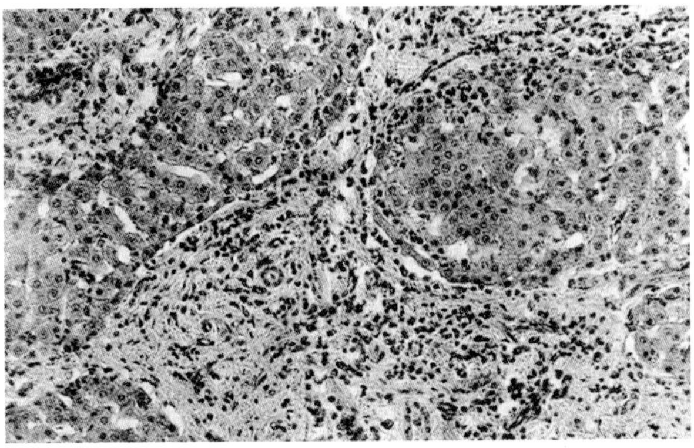

图2-3-8　牛慢性间质性肝炎：肝小叶间结缔组织明显增生，胆管也增生，大量嗜酸性粒细胞浸润。（HE×200）

（陈怀涛）

[诊断]　根据症状可怀疑为本病，确诊应根据病原检查和血清学试验。病原检查常用毛蚴孵化法。血清学试验一般用间接血细胞凝集试验（IHA）和酶联免疫吸附试验（ELISA）。死后剖检病畜，发现虫体和虫卵结节也可确诊。

[防治]　此病的防治要做到：

（1）消灭中间宿主——钉螺。应结合钉螺的生物学特点，采用土埋、水淹等办法灭螺，还可用生石灰等化学方法灭螺。

（2）积极治疗病畜。常用药物有：①吡喹酮（体重计）：黄牛或水牛的剂量均为30mg/kg，小牛为25mg/kg，1次口服。牛体重以400 kg为界，最大剂量为10 g。②硝硫氰胺（体重计）：黄牛和水牛的剂量均为60 mg/kg，1次口服。

（3）应在无钉螺地区放牧。

四、牛囊尾蚴病

牛囊尾蚴（*Cysticercus bovis*）又称牛囊虫。牛囊尾蚴病（cysticercosis bovis）是由带科带吻属的肥胖带吻绦虫（牛带吻绦虫，*Taeniarhynchus saginatus*）的中绦期——牛囊尾蚴，寄生于牛的肌肉内所引起的疾病。牛带吻绦虫只寄生于人的小肠，故本病是一种重要的人畜共患寄生虫病。

[病原体及其生活史]　牛囊尾蚴呈灰白色、半透明的囊泡状，囊内充满液体。囊壁一端有一内陷的粟粒大的头节，直径1.5～2.0 mm，其上有4个吸盘，无顶突和小钩。

牛带吻绦虫呈乳白色、带状，长5～10 m，最长可达25 m以上。头节上有4个吸盘，无顶突和小钩，故又称无钩绦虫。颈节短细。链体由1 000～2 000个节片组成。成节近似方形，每节内有一套生殖系统，雌雄同体，睾丸800～1 200个，卵巢分两叶。孕节内有发达的子宫，其侧支为15～30对，每个孕节内约有10万个虫卵。虫卵呈球形，黄褐色，内含六钩蚴。

成虫寄生于人的小肠。孕节随粪便排出体外，污染牧地和饮水。当中间宿主——牛吞食虫卵后，六钩蚴在牛小肠中逸出，钻入肠黏膜血管，随血液循环到达全身肌肉，逐渐发育为牛囊尾蚴。人误食了含牛囊尾蚴的牛肉而感染。牛囊尾蚴在人的小肠中经2～3个月的发育，成为牛带吻绦虫，并开始排出孕节。成虫每天能生长8～9个节片，成虫在人体内的寿命一般为3～35年。

[流行病学]　此病的流行具有明显的地方性特点，这与人的粪便管理方式和某些地方的人喜吃生牛肉有关。牛带吻绦虫病严重流行区，牛囊尾蚴病感染率也相当严重。虫卵对外界环境的抵抗力较强，在干草堆可存活22d，在牧地可存活159d，-30℃可存活16～19d，-5～4℃可存活168d。人是牛带吻绦虫唯一的终末宿主。

[症状]　牛感染囊尾蚴后一般不显临诊症状。人体感染牛带吻绦虫，可出现消化机能障碍。若虫体长期寄生，会导致贫血及维生素缺乏症。

[病理变化]　牛囊尾蚴寄生于咬肌、舌肌、颈部肌、肋间肌、肩胛肌、臀部肌、心肌与膈肌等部位。严重感染时，全身肌肉均可寄生，偶见于肝、肺及淋巴结等器官。牛囊尾蚴约黄豆大，呈乳白色、囊泡状，囊内充满液体，囊壁上有一个乳白色小结（图2-4-1、图2-4-2）。将此小结制成压片，再用低倍显微镜观察，可见到头节上的4个吸盘。

[诊断]　牛囊尾蚴病的生前诊断较困难。肉检时发现牛囊尾蚴即可确诊。牛囊尾蚴常在咬肌、舌肌、心肌及肩胛肌等处寄生。

人的牛带吻绦虫，可根据以下几个方面诊断：棉签肛拭子涂片检查；粪便检查；采集从肛门自动排出的虫体孕节，制片检查。

[防治]

（1）加强宣传教育，改变吃生牛肉的习惯。

（2）对牛带吻绦虫病患者及时治疗。可用吡喹酮、丙硫咪唑等药物驱虫。

（3）加强肉品检验工作。

（4）管理好人的粪便，防止污染环境。

图2-4-1　牛骨骼肌中寄生的牛囊尾蚴，灰白色，
　　　　　呈小泡状，内含液体和一个头节。

（贾宁）

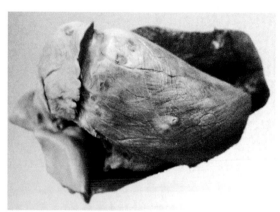

图2-4-2　牛心脏寄生的牛囊尾蚴，在心室壁切
　　　　　面和心外膜均可见到，心外膜下的囊
　　　　　尾蚴常向外突出，呈小泡状。

（贾宁）

五、螨病

螨病（acariasis）是由螨虫寄生于牛、羊皮肤而引起的一种慢性寄生虫性皮肤病。牛、羊螨病，又称牛、羊疥癣病。本病分布广泛，我国东北、西北、内蒙古地区比较严重。

[**病原体**]　螨虫包括疥螨属（*Sarcoptes*）和痒螨属（*Psoroptes*）的各种螨。

(1) 疥螨　形体很小，肉眼难以看到。雌螨大小为 (0.25 ~ 0.51) mm×(0.24 ~ 0.39) mm，雄螨大小为 (0.19 ~ 0.25) mm×(0.14 ~ 0.29) mm。背面隆起，腹面扁平，浅黄色，半透明，呈龟形。虫体前端有一咀嚼式口器，无眼。其背面有细横突、锥突、圆锥形鳞片和刚毛，腹面具4对粗短的足。雌螨第1、2对足，雄螨第1、2、4对足的跗节末端各有一带长柄的膜质的钟形吸盘（图2-5-1）。

(2) 痒螨　大小为0.5 ~ 0.9mm，呈长圆形，灰白色，肉眼可见。虫体前端有长圆锥形刺吸式口器，背面有细的线纹，无鳞片和棘。腹面有4对长足，前2对比后2对长。雌螨第1、2和4对足，雄螨第1、2、3对足有跗节吸盘（图2-5-2）。

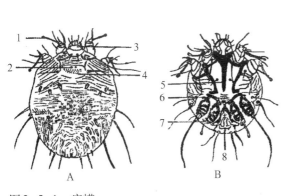

图2-5-1　疥螨。

A.雌虫背面　B.雄虫腹面

1.吸盘　2.气孔原基　3.假头　4.胸甲

5.支条　6.第三和第四对足的支条

7.生殖围条　8.生殖围膜

（孔繁瑶）

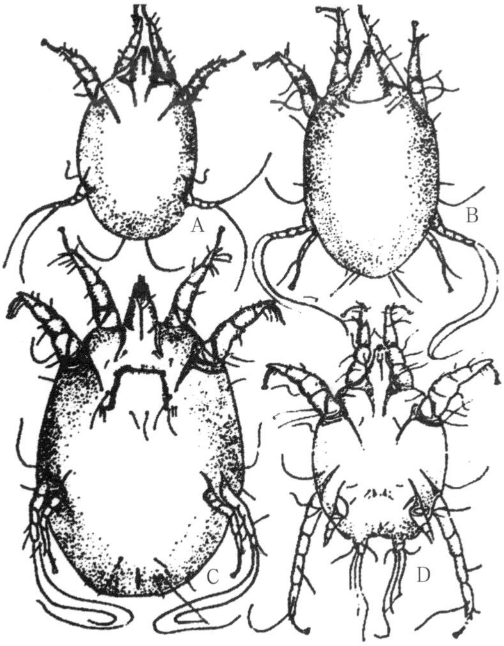

图2-5-2　绵羊痒螨。

A.幼虫腹面　B.若虫背面

C.雌虫腹面　D.雄虫腹面

（Mönnig）

[**生活史**]　疥螨的发育属不全变态，包括卵、幼虫、若虫和成虫4个阶段，全部发育过程都是在牛、羊皮肤内完成的。成螨以其咀嚼式口器，钻入寄主表皮内挖凿隧道，以角质层组织和渗出的淋巴液为食，在隧道内进行发育、繁殖，雌螨每2 ~ 3d产卵一次，一生可产40 ~ 50枚卵。卵经3 ~ 8d孵出幼虫，活跃的幼虫爬离隧道到达皮肤表面，再钻入皮内造成小穴，生活于其中并蜕皮变为若虫。若虫分大小2型，小型的蜕皮变成雄螨，大型的蜕皮

变成雌螨。雄螨交配后即死亡，雌螨能存活4～5周。疥螨整个发育过程平均约15d。

痒螨的发育阶段与疥螨相似，但雄螨为一个若虫期，而雌螨为两个若虫期。痒螨以其刺吸式口器寄生在牛、羊皮肤表面，以吸食淋巴液、渗出液为食。雌螨在皮肤上产卵，卵约经3d孵出幼虫。幼虫采食24～36h，进入静止期蜕皮成为第一若虫，再采食24h经静止期蜕皮变为雄螨或第二若虫，雄螨通常以其肛吸盘与第二若虫躯体后部的一对瘤状突起相接触，约需48h，第二若虫蜕皮变为雌螨。雌螨、雄螨交配之后，雌螨开始产卵，一生可产40多枚。卵的钝端有黏性物质，可牢固地黏在皮屑上。雌螨寿命为30～40d。痒螨整个发育过程为10～12d。

[流行病学] 牛、羊螨病主要是通过病畜与健康畜直接接触传播的，也可通过被螨及其卵污染的圈舍、用具造成间接接触感染。此外，饲养员、兽医等的衣服和手也可能引起病原的扩散。

本病主要发生于秋末、冬季和初春。因为这些季节日照不足，牛、羊毛长而密，尤其是阴雨天气，圈舍潮湿，体表湿度较大，最适宜于螨的发育和繁殖。

痒螨具有坚韧的角质表皮，对环境中不利因素的抵抗力大于疥螨。

[症状] 牛、羊螨病的特征症状为剧痒，脱毛，皮肤发炎、形成痂皮或脱屑。

疥螨病多发生于毛少而柔软的部位，如山羊主要发生在唇周围、眼圈、鼻背和耳根部，可蔓延至腋下、腹下和四肢曲面少毛部位。绵羊主要发生于头部，包括唇周围、口角两侧、鼻边缘和耳根下部。牛多局限于头部和颈部，严重感染时也可波及其他部位。皮肤发红、肥厚，继而出现丘疹、水疱，继发细菌感染时可形成脓疱。严重感染时动物消瘦，病部皮肤形成皱褶或龟裂、干燥、脱屑，牧民称为"干疥"（图2-5-3、图2-5-4）。少数患病的羊和犊牛可因食欲废绝、高度衰竭而死亡。

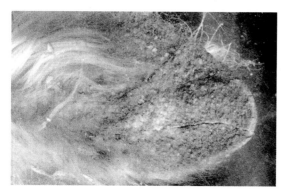

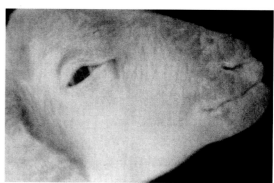

图2-5-3　牦牛耳部的疥螨病：皮肤粗糙、脱
　　　　　屑、脱毛。

（陈怀涛）

图2-5-4　绵羊头部的疥螨病：鼻、唇和耳根部
　　　　　皮肤粗糙、增厚、发红。

（陈怀涛）

痒螨病多发生于毛密而长的部位，如绵羊多见于背部、臀部，然后波及体侧。牛多发生于颈部、角基底、尾根，可蔓延至肉垂和肩胛两侧，严重时波及全身。山羊常发生于耳壳内面、耳根、唇周围、眼圈、鼻背，也可蔓延至腋下、腹下。患病部位大片脱毛，皮肤形成水疱、脓疱，结痂、肥厚。由于淋巴液、组织液的渗出及动物互相啃咬，患部潮湿，牧民称为"湿疥"（图2-5-5、图2-5-6）。在冬季早晨，可看到患部结有一层白霜，非常醒

目。水牛痒螨的寄生部位和症状基本同牛痒螨病，但局部皮肤发生泡样病变，表皮角质层成片脱落。严重感染时，牛、羊精神委顿，食欲大减，发生死亡。

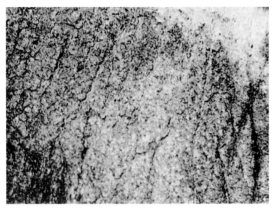

图2-5-5 牛肩部的痒螨病：皮肤形成厚痂，有渗出液。

(J. M. V. M. Mouwen等)

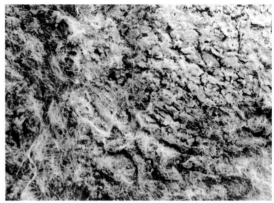

图2-5-6 绵羊背部的痒螨病：皮肤上形成潮湿的厚痂，病部脱毛。

(陈怀涛)

[病理变化] 疥螨病以疹性皮炎、脱毛、皮屑与干痂形成为特征。痒螨病以皮肤脱毛，发生结节、水疱、脓疱后形成柔软厚痂为特征。

病理组织学检查，疥螨病见表皮组织坏死并形成大片碎屑，疥螨隧道有炎性细胞浸润和虫体。痒螨病见棘细胞层和角化层过度增生，细胞坏死形成大量碎屑，浆液及炎性细胞渗出，汗腺、皮脂腺与毛囊破坏，表层偶见螨虫。

[诊断] 根据发病季节、症状、病理变化和虫体检查即可确诊。虫体检查时，从皮肤患部与健部交界处刮取皮屑置载玻片上，滴加50%甘油水溶液，镜下检查。须注意与皮肤霉菌病、湿疹、虱性皮炎进行鉴别。

皮肤霉菌病：俗称钱癣、秃毛癣，系由霉（真）菌感染所致。头、颈、肩等部位出现圆形、椭圆形、边界明显的病变部，附有疏松干燥的浅灰色痂皮、且易于剥离。取病料用10% NaOH溶液处理后镜检，可见癣菌的孢子和菌丝。

湿疹：无传染性，无痒感，冬季少发。坏死皮屑检查无虫体。

虱性皮炎：脱屑、脱毛程度都不如螨病严重，易检出虱和虱卵。

[防治]

(1) 治疗 涂药疗法：适用于病畜数量少、患部面积小和寒冷季节。患部剪毛、去痂，彻底洗净，再涂擦药物。可用敌百虫溶液（来苏儿5份，溶于温水100份中，再加入敌百虫5份；或用敌百虫1份加液体石蜡4份，加热溶解），或敌百虫软膏（取强发泡膏100g加热溶解，加入菜籽油700mL及克辽林100mL，再加入敌百虫100g，混合均匀后，凉至40℃左右使用）涂擦患部。此外，也可用蜂毒灵乳剂（0.05%水溶液）、溴氰菊酯（0.005%~0.008%水溶液）、杀虫脒（0.1%~0.2%水溶液）涂擦或喷洒。

药浴疗法：适用于病羊群的治疗和预防，一般在温暖季节，山羊抓绒和绵羊剪毛后5~7d进行。可用0.15%杀虫脒、0.05%辛硫磷乳剂水溶液进行药浴。药液温度应保持在36~38℃，要随时添加药液，以确保疗效。在药浴前，应先做小群安全试验。药浴时间为

1min左右。如一次药浴不彻底，过7～8d后可进行第二次药浴。

（2）预防　圈舍要宽敞、干燥、透光、通风良好，并要定期消毒。要随时注意观察畜群，发现有发痒、掉毛现象，要及时挑出进行检查和治疗，治愈的病畜应隔离观察20d，如无复发，再次用药涂擦后方准归群。对引入种畜，要隔离观察，确定无本病后再入大群。夏季绵羊剪毛后应进行药浴。

六、牛皮蝇蛆病

牛皮蝇蛆病（bovine hypodermatid myiasis）是由皮蝇科（Hypodermatidae）皮蝇属（*Hypoderma*）的牛皮蝇（*H. bovis*）、纹皮蝇（*H. lineatum*）和中华皮蝇（*H. sinense*）等的幼虫，寄生于牛（包括牦牛）的皮下组织中而引起的一种慢性寄生虫病。本病广泛发生于许多养牛业发达的国家，也在我国西北、东北地区以及内蒙古和西藏等地严重流行，我国其他地区由流行地区引进的牛只也有发生。

[病原体]　本病的病原体是寄生、并移行于皮下的各种皮蝇的不同发育阶段的幼虫。

牛皮蝇第一期幼虫呈半透明黄白色，大小约0.6mm×0.2mm，体分12节，各节密生小刺。第1节上有口孔，虫体后端有2个黑色圆点状的后气孔。第二期幼虫长3～13mm，气孔板颜色较浅。第三期幼虫即成熟幼虫，体形粗壮，长达28mm，呈棕褐色，体分11节，背面较平，腹面稍隆起，有许多结节和小刺，但最后2节背、腹面无刺，气孔板呈漏斗状（图2-6-1、图2-6-2）。

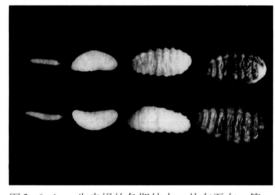

图2-6-1　牛皮蝇的各期幼虫：从左至右，第一
　　　　　期幼虫、第二期幼虫、第三期幼虫和
　　　　　落地的第三期幼虫。

（马学恩）

图2-6-2　牛皮蝇第三期幼虫。

（马学恩）

纹皮蝇第一期幼虫呈半透明暗白色，大小约0.5mm×0.2mm。基本与牛皮蝇第一期幼虫相似。第二期幼虫气孔板小且颜色较浅。第三期幼虫长约26mm，体分11节，最后1节的腹面无刺，倒数第2节（第7腹节）腹面仅后缘有刺，气孔板浅而平。

中华皮蝇第一期幼虫呈乳白色，大小为（3.5～12）mm×（0.75～2）mm。第二期幼虫浅黄白色，大小为（10～12）mm×（3～5）mm，气孔板呈葡萄状。第三期幼虫呈黄褐色，大小为（19～25）mm×（8～11）mm，体分11节，倒数第2节（第7腹节）腹面前、后缘均有刺。气孔板肾形，较平，钮孔位于中部，稍突出。

[生活史]　牛皮蝇、纹皮蝇（分布在我国东北、华北、西北地区）和中华皮蝇（分布在我国青藏高原和邻近地区）都属于全变态发育，均需经过卵、幼虫、蛹、成虫4个阶段。它们的雌蝇、雄蝇皆为非吸血蝇类，营自由生活。一般多在夏季出现，阴雨天隐蔽，晴朗、炎热、无风天飞翔交配或侵袭牛只产卵。成蝇在外界只生活几天。雌蝇、雄蝇交配后，雄蝇即死去，雌蝇在牛体上产卵后也死去。纹皮绳多产卵于牛四肢球关节部和前胸部。牛皮蝇多产卵于牛四肢上部、腹部、乳腺及体侧的被毛上。中华皮蝇多产卵于牛体肩关节水平线以下，以及下颌、尾部内侧和四肢下部。蝇卵经4～7d孵化出第一期幼虫，第一期幼虫沿毛孔钻入皮内。幼虫在皮下移行的途径因皮蝇种类不同而异。

牛皮蝇第一期幼虫沿外周神经的外膜组织移行到腰荐部椎管硬膜外脂肪组织中，约经5个月后，发育为第二期幼虫，从椎间孔离开硬膜外脂肪组织到达腰部、背部和荐部的皮下，而成为第三期幼虫。纹皮蝇第一期幼虫钻入皮下，沿疏松结缔组织移行到咽和食道部发育为第二期幼虫。此期幼虫在食道壁停留约5个月，再移向背部皮下发育成第三期幼虫。而中华皮蝇的幼虫先移行到牛喉头、气管、食道及胸、腹腔内脏器官，然后随着幼虫的不断发育，最终移行至牛背部皮下。幼虫移至牛背部皮下后，借助其后端的小尖刺，以及分泌的能溶解皮肤的皮蝇毒素（hypoderma toxin）的作用，迅即在皮肤上穿钻一个小孔，以保证空气的供应和新陈代谢产物的排出。小孔钻透以后，虫体将其身体倒转过来，以司呼吸的气孔朝向开口。在此发育约2.5个月，经两次蜕皮变为第三期幼虫。其发育成熟后，即从皮孔逸出落地成蛹。蛹期1～2个月，至翌年春、夏季节羽化为成蝇。整个发育周期约为1年。

[发病机理、症状和病理变化]　皮蝇的成蝇在飞翔季节，虽然不叮咬牛只，但可引起牛惊恐不安、踢蹴和狂奔。严重影响牛采食、休息，造成消瘦、外伤、流产及产奶量减少。

幼虫钻入皮下时引起疼痛、局部炎症、并刺激神经末梢，导致皮肤瘙痒。幼虫在深部组织移行可造成组织损伤，如在食道的浆膜和肌层之间、内脏表面和脊椎管内可引起浆液渗出，中性粒细胞和嗜酸性粒细胞浸润，甚至出血。第三期幼虫寄生在皮下时，引起结缔组织增生，局部皮肤突起、形成隆包，少则几个、十几个，多则上百个。幼虫钻出后，皮肤隆包部出现孔洞（图2-6-3、图2-6-4）。穿孔如继发化脓菌感染，则形成脓肿，并常经瘘管排出脓液；化脓菌也可在皮下引起蜂窝织炎。幼虫钻出皮肤落地后，皮肤损伤局部可

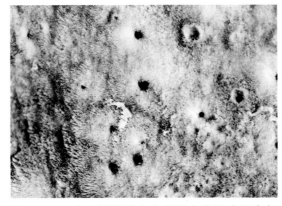

图2-6-3　牛皮蝇的幼虫在背部皮肤形成的隆包和钻出的孔洞。

（马学恩）

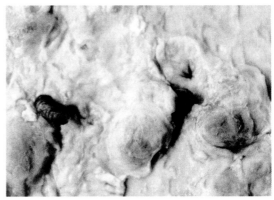

图2-6-4　牛皮蝇第三期幼虫正从隆包中钻出。

（马学恩）

形成瘢痕，故使皮革质量大为降低。幼虫的皮蝇毒素，对牛的血液和血管有损害作用，因此，动物出现贫血和消瘦。幼虫也可钻入延脑和大脑脚，引起神经症状。牛死后剖检时，可见皮肤水肿、增厚，皮下有出血和浆液性炎，也可见到隆包、脓肿或蜂窝织炎。

[**诊断**]　牛皮蝇蛆病只发生于从春季起就在牧场上放牧的牛只，舍饲牛一般不受害。结合病史调查、流行病学资料分析，以及检查病牛背部皮肤与皮下的典型病变、并发现虫体，即可做出明确的诊断。

[**防治**]　防治关键是选用药物杀灭第三期幼虫或移行中的幼虫。

用2%敌百虫水溶液1次300mL涂擦病牛背部，用药后24h，大部分虫体软化、死亡。在第三期幼虫成熟、并落地期间（3月初至6月底），每隔30d涂药1次，可收到良好效果。

倍硫磷是杀灭皮蝇幼虫的特效药，与敌百虫不同，倍硫磷对牛体内移行的第一期、第二期幼虫也有良效。在幼虫使皮肤穿孔之前，即可将其杀死。倍硫磷肌内注射量为每千克体重7mg，于每年11月用药。在夏季可用0.25%的药液对牛体进行喷雾，还可用2%的溶液（混于液体石蜡内）在牛背部浇泼。对第一期、第二期幼虫的杀死率可达95%以上。

此外，各种剂型的伊维菌素对牛皮蝇幼虫的杀灭效果可达99.9%。溴氰菊酯、氯氰菊酯、百树菊酯、氰戊菊酯的油乳剂加水稀释后喷洒牛体和畜舍，有驱除成蝇的作用。

七、肉孢子虫病

肉孢子虫病（sarcocystiasis）是由肉孢子虫寄生于肌肉中引起的一种人畜共患病。一般无临诊表现或仅有轻微症状，如食欲减退、逐渐消瘦、贫血等。

[**病原体**]　肉孢子虫属肉孢子虫科（Sarcocystidae）、肉孢子虫属（*Sarcocystis*）。根据其寄生的宿主不同，将其命名为不同的种，如牛肉孢子虫（*S. fusiformis*）、羊肉孢子虫（*S. tenella*）、猪肉孢子虫（*S. miescheriana*）及马肉孢子虫（*S. bertrami*）等。各种肉孢子虫的形态结构基本相同。寄生于肌肉组织中的虫体呈包囊状物（肉孢子虫包囊），与肌纤维平行，多呈纺锤形、卵圆形、圆柱形等，灰白或乳白色，小的肉眼无法看到，大的可长达一到数厘米。肉孢子虫包囊又称米氏囊（Miescher's tube），囊壁由两层构成，外层较薄，为海绵状结构，其上有许多伸入肌肉组织中的花椰菜样突起；内层较厚，并向囊内延伸，将囊腔分隔成若干小室。发育成熟的肉孢子虫包囊，小室中有许多个香蕉形的缓殖子，即滋养体。滋养体又称雷氏小体（Rainey's corpuscle），长10～12μm，宽4～9μm，一端微尖，一端钝圆，核偏于钝端，胞质中有许多异染颗粒。肉孢子虫包囊的中心部分无中隔和滋养体，被肉孢子虫毒素所充满。

[**生活史**]　肉孢子虫是一种严格意义上的二宿主寄生虫，草食动物或杂食动物为中间宿主，而犬、猫等肉食动物为终末宿主。肉食动物食入含有肉孢子虫包囊的肌肉后，包囊在体内被消化，囊内的缓殖子或裂殖子被释放进入肠腔。后经吸收作用又进入肠上皮细胞中，形成大小不等的雌、雄配子，雌、雄配子经一段时间后，相互靠近而发生受精作用，此时就形成了合子。合子再继续发育，其表面会形成一层壁，此时的合子称为卵囊。卵囊继续发育而进入肠固有层，形成2个孢子囊，每个孢子囊内有4个子孢子。卵囊因壁薄而容易破裂，因此，孢子囊被释放进入肠腔，随粪便排出体外。带有成熟孢子囊的粪便如未能及时清除，会

污染中间宿主的饮水和饲料，牛、羊等草食动物食入被带有孢子囊的粪便污染的饲料和饮水后，孢子囊经消化释放出子孢子，子孢子在中间宿主的血管内皮细胞中进行增殖，形成裂殖子，裂殖子在肌肉处形成肉孢子虫包囊。

[流行病学] 肉孢子虫病流行很广，我国广州、湖南、湖北、西安、甘肃、新疆、青海等地有水牛、牦牛、绵羊和猪感染的报道。被带虫粪便污染的饲草（料）和饮水等都是本病的传染源。饮食是主要传播方式。该病的感染率较高，世界各地屠宰的家畜中，牛的总感染率为29%～100%，绵羊为28%～100%，猪为11%～70%。

[发病机理] 肉孢子虫的致病性很低，但严重感染时可导致出现肌肉运动功能障碍等症状。如肉孢子虫包囊破裂，其释放的内毒素（肉孢子虫毒素）会随血液循环进入组织细胞，引起毒性反应和病变。

[症状和病理变化] 一般无临诊症状，严重感染时可出现消瘦、贫血、营养不良等非特异症状。

宰后检验时，呈包囊状的肉孢子虫主要寄生于肌肉组织，如心肌、舌肌、咬肌、膈肌等，也可寄生于食管外膜、甚至脑组织中（图2-7-1、图2-7-2）。如虫体死亡、钙化，则呈灰白色斑点硬结，或为不明显的斑纹。组织中肉孢子虫多寄生于肌肉纤维中，也可见于浦金野氏纤维中（图2-7-3至图2-7-5），包囊一般完整，周围肌纤维除受压萎缩外，无其他变化。但包囊破裂、崩解，虫体死亡，则会引起局部单核细胞、嗜酸性粒细胞等炎症细胞反应和结缔组织增生，肌纤维也可发生变性、坏死，并进一步发生钙化（图2-7-6、图2-7-7）。此外，血管内皮细胞内有不同发育阶段的裂殖体，少数裂殖体游离于血管内皮表面或镶嵌于内皮细胞间。

[诊断] 生前难以确诊，主要借助于免疫学诊断，如琼脂扩散试验、间接血凝试验和ELISA等。这些虽是检验该病的最有效和简单易行的诊断方法，但目前还不大成熟。死后可用病理学诊断法，可靠而准确。

[防治] 目前尚无特效药物，莫能菌素、氨丙啉、氯苯胍等抗球虫药可用于本病的治疗，但效果并不理想。预防的原则是切断传播途径。因此，隔离中间宿主和终末宿主，防

图2-7-1 水牛膈肌中可见两个棒状灰白色的肉孢子虫包囊寄生，虫囊大而长。

（许益民）

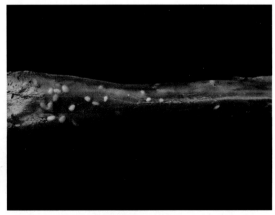

图2-7-2 羊食管外膜寄生的卵圆形白色肉孢子虫包囊。

（王金玲、丁玉林）

止动物粪便污染饲料和饮水，尽可能地避免给犬等肉食类动物喂食被肉孢子虫感染的牛羊肉，以及坚持对屠宰时发现的被肉孢子虫感染的肉、脏器和其他组织进行剔除和焚烧等，是有效的预防措施。同时，应加强卫生管理及检疫工作，严防传染源进入牛、羊的活动区。

图2-7-3　寄生于牛心肌纤维中的肉孢子虫（注意虫囊周围尚有少量红染的肌细胞质），虫囊中隐约可见粗棒状蓝色滋养体。（HE×400）

（陈怀涛）

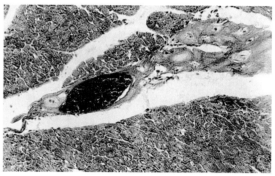

图2-7-4　寄生于绵羊心脏浦金野氏纤维中的肉孢子虫。（HE×200）

（陈怀涛）

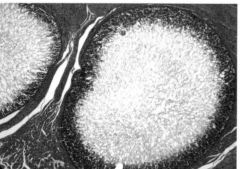

图2-7-5　羊食管肌层中的肉孢子虫包囊。（HE×40）

（王金玲、丁玉林）

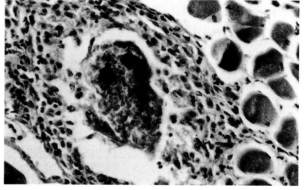

图2-7-6　肉孢子虫结节：结节中心为死亡、崩解的肉孢子虫，周围是上皮样细胞、巨细胞、淋巴细胞和嗜酸性粒细胞等。（HEA×400）

（陈怀涛）

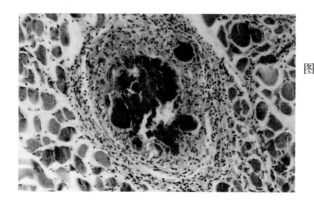

图2-7-7　肉孢子虫结节：结节中心为死亡、崩解的肉孢子虫和红染的团块状心肌纤维，周围是上皮样细胞和结缔组织构成的包囊，其中有很多嗜酸性粒细胞和淋巴细胞浸润。（HEA×200）

（陈怀涛）

八、贝诺孢子虫病

贝诺孢子虫病（besnoitiosis）又称厚皮病，是牛、马、羚羊、鹿和骆驼的一种慢性寄生性原虫病。对牛的危害性最大，其临诊特征是皮肤脱毛和增厚。本病主要见于东北、河北和内蒙古地区。

[病原体]　贝诺孢子虫属肉孢子虫科、贝诺属（*Besnoitia*），在牛寄生的为贝氏贝诺孢子虫（*B.besnoiti*）。孢子虫的包囊寄生于病畜的皮肤、皮下结缔组织、筋膜、浆膜、呼吸道黏膜和巩膜等许多部位。包囊色灰白，形圆，呈细砂粒样，肉眼刚能辨认，一般散在、成团，或呈串珠状排列。包囊直径为 100 ~ 500μm，囊壁由宿主组织所形成，分两层：外层厚，均质，呈嗜伊红性；内层较薄，内含许多扁平的巨核，囊内无中隔。包囊内含有大量缓殖子（囊殖子），其大小平均为 8.4μm×1.9μm，呈香蕉形、新月形或梨形，一端尖，一端圆，核靠近中央（图2-8-1）。在急性病牛的血涂片中，有时可见速殖子（内殖子），其形态、结构与缓殖子相似，大小平均为 5.9μm×2.3μm。

[流行病学]　贝氏贝诺孢子虫的终末宿主为猫，天然中间宿主为牛、羚羊、兔、小鼠等。本病的特征病变主要发生于天然中间宿主。发病有一定季节性，吸血昆虫可能是传播者。主要传播途径是经消化道。

[虫体生活史和致病作用]　牛吞食了由猫排至外界环境中并已发育成具有感染性的卵囊后，其中的子孢子便被释出，经胃肠道黏膜进入血液循环，在真皮、皮下组织、筋膜和上呼吸道黏膜等部位的血管内皮细胞中进行内双芽增殖，产生大量速殖子。速殖子随细胞破坏而被释出，再侵入其他细胞继续产生速殖子。这一过程反复、持续进行，逐渐刺激机体产生相应的抗体，使机体抵抗力增强，从而引起机体反应，将速殖子包裹而形成包囊，此时速殖子便从组织中消失，变为发育较缓慢的缓殖子。当猫采食了牛体内的包囊后，其中的缓殖子在猫小肠黏膜上皮细胞和固有层中变为裂殖体，进行裂体增殖和配子生殖，形成卵囊随粪便排出。卵囊在外界进行孢子化，形成孢子化卵囊，含有2个孢子囊，每个孢子囊又有4个子孢子。这种卵囊即变为感染性卵囊。

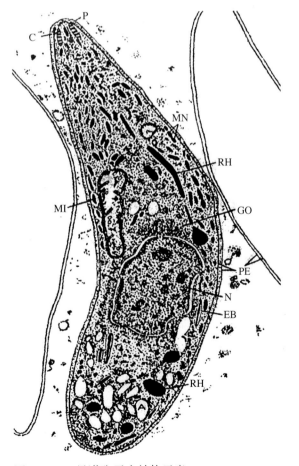

图2-8-1　贝诺孢子虫结构示意。

（E.Scholtyseck）

［症状］ 病牛首先出现体温升高，1～4周皮肤可见包囊。牛群发病率为1%～20%，病死率约为10%。临诊上可分为三期：

（1）发热期 病初体温升高至39℃以上，持续2～5 d。病畜畏光，喜阴暗；被毛无光，腹下、四肢，有时全身发生水肿，步伐僵硬；呼吸、脉搏增数；反刍减少或停止，偶见腹泻；孕牛可发生流产；颈浅、髂下淋巴结肿大；眼睛流泪，角膜混浊，巩膜充血，其上可见针尖大、灰白色虫体包囊；鼻黏膜潮红，也有许多包囊，鼻腔流浆液性、化脓性或血脓性鼻液。如咽喉受害则有咳嗽。此期经5～10 d。

（2）脱毛期 被毛脱落，皮肤增厚、龟裂，流出混血的浆液。病畜长期卧地，发生褥疮。后期水肿消退，肘、颈、肩部形成硬痂。此期经0.5～1个月，病畜若不死亡，则转为下一期。

（3）干性皮脂溢出期 发生过水肿的皮肤，其被毛大都脱落，形成一层厚痂，似患螨病的皮肤或象皮（图2-8-2）。淋巴结仍肿大。病畜沉郁，无力。公牛睾丸初期肿大，后期萎缩。

［病理变化］ 尸体剖检时，可见病部皮下因组织增生而肥厚。常在头部、四肢、背部、腰部、臀部、股部等皮下组织、筋膜及肌间结缔组织中，见大量灰白色、圆形的贝诺孢子虫包囊。轻症时，包囊仅见于四肢、尤其下部的皮下；重症时，全身皮下及后肢的跟腱、韧带、趾深与趾浅屈腱、腓肠肌腱、外侧伸肌腱及与腱膜相连的肌组织都有包囊形成。此外，包囊也可寄生于舌、软腭、咽喉、气管、肺实质、胃肠道黏膜及大网膜等处。

主要组织学变化如下：①皮肤与皮下组织：包囊主要寄生于真皮乳头层和皮下结缔组织中（图2-8-3），偶见于表皮。病初表皮过度角化，并因细胞明显增生而肥厚。真皮下的结缔组织因孢子虫寄生而明显增生，其间有较多淋巴细胞和嗜酸性粒细胞浸润，皮脂腺、汗腺和毛囊萎缩、甚至消失。②肌肉：包囊多散在于骨骼肌纤维间，偶寄生于纤维内。若包囊变性、坏死，其中的囊殖子死亡、崩解，则其周围会发生明显的嗜酸性粒细胞和淋巴细胞反应（图2-8-4）。③贝诺孢子虫包囊还可寄生于下列器官的组织中：肺泡间隔（图2-8-5）、淋巴结被膜和小梁、表皮下血管的中膜和内膜（图2-8-6）、舌尖横纹肌或舌下结缔组织、喉会厌部黏膜下结缔组织、气管黏膜固有层、睾丸与附睾间质及胃肠道黏膜等。

图2-8-2 牛病部皮肤增厚、粗糙。
（R. W. Blowey 等）

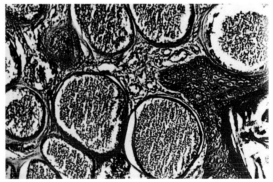

图2-8-3 皮肤真皮与皮下结缔组织中寄生的贝诺孢子虫包囊，囊壁厚，呈透明变性，囊内允满缓殖子。（HE×330）

（刘宝岩等）

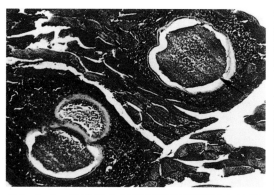

图2-8-4　骨骼肌中已坏死的贝诺孢子虫包囊，其中的缓殖子也已死亡、崩解（↑），包囊周围有大量淋巴细胞和嗜酸性粒细胞浸润。（HE×330）

（刘宝岩等）

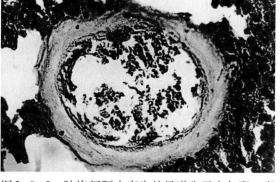

图2-8-5　肺泡间隔内寄生的贝诺孢子虫包囊，囊壁厚，呈透明变性，囊内充满缓殖子。（HE×390）

（刘宝岩等）

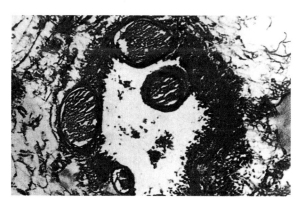

图2-8-6　在皮肤真皮小动脉内皮下与肌层内寄生的贝诺孢子虫包囊，有的明显突出于血管腔。（HE×390）

（刘宝岩等）

［诊断］

（1）采取病部皮肤深层刮取物或眼巩膜的针尖大白色结节，压片检查贝诺孢子虫包囊及囊殖子。

（2）用病牛血液接种家兔，取发热期血液制作涂片，镜检虫体。

（3）死后剖检时，在皮肤、皮下等部位检查0.5mm大的白色包囊结节。

［防治］　预防：加强卫生防疫措施，消灭吸血昆虫。

治疗：目前尚无有效治疗药物。有人报道，用1%的锑制剂有一定疗效，氢化可的松对急性病例有缓解作用，还可使用磺胺类药物进行治疗。

九、隐孢子虫病

隐孢子虫病（cryptosporidiasis）是由隐孢子虫寄生于消化道上皮而引起的一种人畜（尤其牛、羊和人）共患病。其主要症状为腹泻、脱水。本病在艾滋病病人中的感染率很高，腹泻症状也很严重，是其重要致死因素之一。

[病原体]　隐孢子虫属隐孢科（Cryptosporididae）、隐孢属（*Cryptosporidium*），已命名的有20多种，其中小隐孢子虫（*C. parvum*）和小鼠隐孢子虫（*C. muris*）为人畜共患的两个虫种。前者寄生于小肠黏膜上皮细胞，后者寄生于胃黏膜上皮细胞。小隐孢子虫的卵囊呈卵圆或椭圆形，平均大小为5.2μm×4.6μm，无卵膜孔和极体，孢子化卵囊内有4个裸露的香蕉状子孢子和1个颗粒状残体；细胞核靠近钝端。小鼠隐孢子虫的卵囊呈卵圆形，平均大小为8.4μm×6.2μm，也无卵膜孔和极体，孢子化卵囊内有4个裸露的子孢子和1个颗粒状残体；细胞核靠近后端。

[生活史]　隐孢子虫的发育分三阶段：裂殖生殖、配子生殖和孢子生殖。①裂殖生殖：孢子化卵囊进入宿主体内后，子孢子发生运动和重排，卵囊的一端出现裂口，子孢子游出囊体而附着于宿主黏膜上皮，发育成球形滋养体，滋养体核发生2～3次分裂后，产生三代裂殖子。②配子生殖：裂殖子进一步发育为雌性配子、雄性配子，进而发育成为大、小配子。它们在黏膜上皮表面形成合子，合子会很快形成薄壁型和厚壁型的两种卵囊。③孢子生殖：孢子生殖在宿主上皮细胞表面的带虫空泡中进行，卵囊可自行脱囊而致自体感染，但大部分通过粪便排出体外，再感染其他动物。

[流行病学]　病牛和感染牛，以及其他与牛经常接触的感染本病的动物均为传染源。隐孢子虫除感染牛以外，亦感染鸟类、鱼类、爬行类、羔羊、仔猪、啮齿类动物和人。5～15日龄的犊牛最易感染，1月龄的牛发病率亦较高。通风不良、环境卫生较差的牛场容易发生本病。其传播途径为卵囊随被污染的饮水或饲料进入消化道，然后在宿主体内繁殖和发育，引起动物发病。

[发病机理]　隐孢子虫常寄生于宿主胃肠道上皮细胞内、外，小肠上皮最易附着虫体。另外，胃、结肠、直肠、胰管、肺和气管也是很好的寄生部位。虫体在上皮细胞表面发生裂殖而产生子孢子，子孢子可在肠上皮细胞表面形成带虫空泡，在泡内发生裂殖而放出裂殖体。在虫体发育过程中，大量肠黏膜上皮细胞因此而受损，小肠绒毛因虫体损伤而萎缩，因此，在临诊上表现为消化不良、腹泻等症状。由于寄生虫对肠黏膜的损伤，导致肠吸收功能减弱，机体的抗病力下降，这就为其他病原微生物（如大肠杆菌、沙门氏菌或病毒）的入侵打开了门户，从而易继发其他疾病，使病情恶化，腹泻加剧。

[症状]　典型的症状为脱水和腹泻，有些病例会发生痉挛性腹痛、呕吐等症状。病牛精神沉郁、食欲减退，有时体温略有升高，粪便呈灰白色或黄色，混有大量纤维素、血液、黏液，体弱无力，被毛粗乱，身体逐渐消瘦（图2-9-1），运步失调。犊牛发病率一般在50%以上，病死率可达16%以上。小鼠隐孢子虫较小隐孢子虫引起的症状轻。

[病理变化]　剖检可见，结肠内有带血和黏液的淡黄色水样粪便，大肠、小肠臌气，黏膜充血，绒毛

图2-9-1　病死犊牛脱水、消瘦，肛门周围和股部被毛污染粪便。

（李晓明）

萎缩、变短、融合，有明显的小肠炎和结肠炎病变。组织学检查可见，肠上皮层变薄，上皮细胞变为矮圆柱形、扁平状，部分可见局灶性坏死；固有层细胞增生、血管充血、有大量单核细胞和中性粒细胞浸润，肠绒毛萎缩、脱落，绒毛刷状缘或绒毛组织中有虫体（图2-9-2、图2-9-3）。有的犊牛肠系膜淋巴结水肿，网状内皮细胞增生。

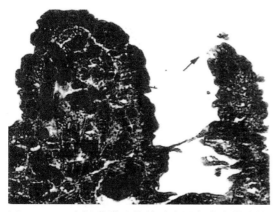

图2-9-2　小肠黏膜及其绒毛表层有许多微小的圆形隐孢子虫（↑），绒毛内血管高度充血。（HE×200）

（刘宝岩等）

图2-9-3　小肠绒毛内有一些圆形隐孢子虫（↑）。（HE×400）

（刘宝岩等）

[诊断]　隐孢子虫感染多呈隐性经过，虽可向外排出卵囊，但无任何症状。即使有腹泻症状也很难做出诊断，确诊需检查粪便或肠黏膜刮取物中的卵囊或隐孢子虫虫体，并进行动物试验。另外，也可用免疫学方法进行诊断。

（1）虫体检查法　有组织切片检查法、黏膜及粪便涂片检查法、粪便集卵法。

1）组织切片检查法　取消化道黏膜等组织块，用10%福尔马林固定，制作石蜡切片，HE染色，光镜下观察。

2）黏膜及粪便涂片检查法　取死亡动物肠黏膜或新鲜粪便涂片，甲醇或乙醇固定10min，然后用改良姜-尼氏染色法染色，镜检。还可在黏膜涂片标本上加生理盐水或HBSS（缓冲液），于室温下用显微镜检查，以发现香蕉状裂殖子或子孢子。

3）粪便集卵法　可用饱和蔗糖溶液（蔗糖454g、石炭酸6.5mL、蒸馏水355mL）或饱和盐水漂浮法，采取卵囊检查。也可用粪便标本染色计数法检查等。卵囊检查方法较多，现将石炭酸品红液背景染色法介绍如下：①取新鲜粪便或用福尔马林固定过的粪便，与等量石炭酸品红液在载玻片上混匀；②涂片，室温凉干；③滴加显微镜用油于涂片上，加盖玻片；④用明视野显微镜观察，虫卵呈亮色，其他背景呈暗色。如果用姬姆萨染色液染色，则染片中胞质呈蓝色，内有2～5个致密的红色颗粒。

（2）动物试验　将可凝病料经口接种1～5日龄易感动物，3d后检查试验动物粪便中有无卵囊，或6d后检查肠黏膜中有无虫体，以进行确诊。

（3）免疫学方法　主要有凝胶试验法、单克隆抗体或多克隆抗体直接免疫荧光试验法和ELISA法。

另外，PCR技术现已用于隐孢子虫病的诊断，具有高度敏感性和特异性。

[防治]

（1）预防　加强卫生管理，及时清除粪便，勤打扫畜舍、运动场，以防带虫的粪便污染饲料和饮水。同时，要做好防寒保暖工作，以增强牛只抵抗力。

（2）治疗　目前尚无特效药物。可加强补液，防止脱水。一般用5%葡萄糖生理盐水1 000～1 500mL、25%葡萄糖液250～300mL、5%碳酸氢钠液250～300mL，一次性静脉注射，每天2～3次，并给患畜口服补液盐。有人建议，可用抗球虫药、螺旋霉素等进行治疗。

十、牛泰勒虫病

牛泰勒虫病（bovine theileriasis）是由泰勒虫科（Theileriidae）、泰勒虫属（*Theileria*）的多种原虫引起的一种寄生虫病。在我国，本病主要是由环形泰勒虫（*T. annulata*），其次由瑟氏泰勒虫（*T. sergenti*）所致。本病的主要临诊病理特征为贫血、出血，体表淋巴结肿大，稽留高热，病牛衰竭，病死率为40%（本地牛）～60%（引进牛）。

[病原体及其生活史]　牛是泰勒虫的中间宿主，虫体在牛体内进行无性繁殖；蜱是终末宿主，虫体在蜱体内进行有性繁殖。

感染泰勒虫的蜱在牛体表吸血时，将唾液腺中的子孢子注入牛体内。子孢子先在局部淋巴结的网状内皮细胞和淋巴细胞内进行裂体增殖，形成大裂殖体。大裂殖体发育成熟，破裂成许多大裂殖子，大裂殖子又侵入其他网状内皮细胞和淋巴细胞内，重复上述裂体增殖过程，并可随血液循环，转移到机体的其他组织和器官内（图2-10-1）。

无性繁殖经过数代后，有些大裂殖子在网状内皮细胞和淋巴细胞内发育为小裂殖体（有性生殖体），其成熟破裂后，形成许多小裂殖子，后者侵入红细胞内变成雄性或雌性配子体。此时，血涂片检查时可见红细胞内有环形、椭圆形、杆状、逗点形或十字形的虫体（图2-10-2、图2-10-3）。

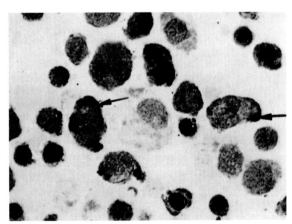

图2-10-1　淋巴结穿刺液涂片中淋巴细胞质内见泰勒虫裂殖体（↑），又称石榴体或柯赫氏蓝体。（Giemsa×1 000）

（刘宝岩等）

当蜱幼虫或若虫吸食牛血时，配子体即侵入蜱体内。在蜱胃肠内，雌性配子体从红细胞逸出发育为大配子，雄性配子体发育为小配子，二者接合形成合子，进一步发育成动合子。当蜱完成蜕化变为成蜱时，动合子进入唾液腺的腺细胞内发育为孢子体，并分裂产生许多子孢子，进入唾液腺腺管。当蜱吸食牛血时，子孢子即侵入牛体。

[流行病学]　病牛和带虫牛是传染源，而蜱是传播媒介，在内蒙古和东北地区能传播本病的主要是残缘璃眼蜱。由于这种蜱生活在牛舍内，故本病主要流行于舍饲的牛群。本病发生于蜱活动的季节，即6月下旬到8月中旬，而以7月为发病高

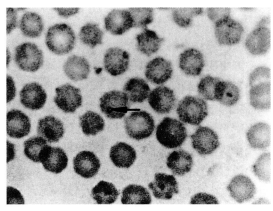

图2-10-2　寄生于红细胞内的环形泰勒虫（↑），
　　　　　其形态多样。

（刘宝岩等）

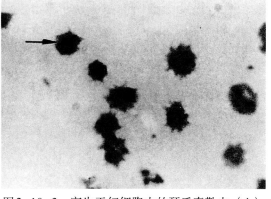

图2-10-3　寄生于红细胞内的瑟氏泰勒虫（↑），
　　　　　主要呈杆形，也有圆形、椭圆形。
（Giemsa×1 000）

（刘宝岩等）

峰，8月中旬以后逐渐平息。不同年龄和品种的牛均可发病，但以1～3岁的牛发病较多。土种牛感染时，发病症状轻微或不发病，多为带虫牛；而从外地新引进的牛和纯种牛发病率高，病情严重，死亡率也高。

[症状]　本病的潜伏期为14～20d。

病初，病牛体温升高，达39.5～41.8℃，体表淋巴结肿大、疼痛，呼吸、心跳加快，眼结膜潮红。不久可在颈浅、髂下淋巴结等的穿刺液涂片中发现大裂殖体，但在血液涂片中较难见到。

随疾病发展，当虫体大量侵入红细胞时，病情加剧。病牛精神委顿，食欲减退，反刍减少或停止；体温升高，可达40～42℃，呈稽留热型，鼻镜干燥，可视黏膜呈苍白或黄红色；红细胞数减至（2～3）×10^{12}个/L，且大小不匀，出现异常红细胞，血红蛋白含量也随之降低，为30～45g/L。病牛初便秘，后腹泻，或两者交替发生，粪便中混有黏液或血液，弓腰缩腹，显著消瘦，甚至卧地不起，反应迟钝，并在尾根、眼睑及其他皮肤柔嫩部位出现出血斑点。常在病后1～2周发生死亡。

[病理变化]　病牛尸体消瘦，结膜苍白或黄染，血液凝固不良，下颌、颈浅、髂下等体表淋巴结肿大、出血。胸、腹两侧皮下有出血斑和黄色胶样浸润。脾脏较正常时肿大2～3倍，被膜下有出血点或出血性结节（图2-10-4），脾髓软化、呈酱红紫色。肝脏肿大、质脆、色棕黄，有灰白色结节和暗红色病灶。肾脏在疾病前期有针尖大到粟粒大的灰白色结节（图2-10-5），以后主要为粟粒大的暗红色病灶，肾上腺肿大出血。食道和瘤胃黏膜有出血点，瓣胃内容物干涸，黏膜易脱落，真胃黏膜肿胀，有出血斑点和大小不等的圆形溃疡，其中央凹陷色红，边缘隆起（图2-10-6）。淋巴结明显肿大，切面色灰红，有出血（图2-10-7）。肠系膜有出血和胶样浸润。心内外膜、肺胸膜、气管和咽喉部黏膜均有出血斑点或出血性结节（图2-10-8）。此外，泰勒虫性结节还可见于皮肤、肌肉、脑皮质、卵巢、睾丸等组织器官（图2-10-9）。

病理组织学检查，在淋巴结、脾、肝、肾、真胃等器官，可见泰勒虫性结节。初期，

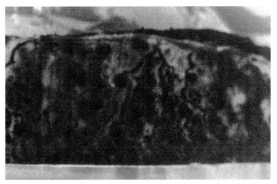

图2-10-4　脾被膜血管怒张，可见许多大小不等的圆形、出血性结节。

（甘肃农业大学兽医病理室）

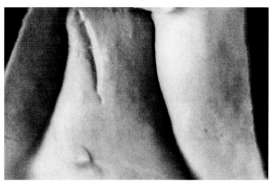

图2-10-5　肾脏表面见散在的灰白色结节。

（甘肃农业大学兽医病理室）

图2-10-6　真胃黏膜见许多大小不等的圆形溃疡，其中心凹陷，外围隆起。

（甘肃农业大学兽医病理室）

图2-10-7　淋巴结肿大，切面呈红褐色。

（甘肃农业大学兽医病理室）

图2-10-8　气管黏膜的出血性结节。

（甘肃农业大学兽医病理室）

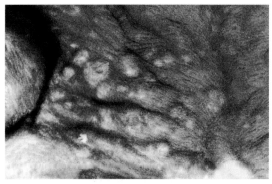

图2-10-9　皮肤的增生性结节。

（甘肃农业大学兽医病理室）

结节主要由增生的网状细胞和淋巴细胞组成，有的细胞质内可见大裂殖体［即石榴体，又称柯赫氏蓝体（Koch's blue bodies）］，是泰勒虫的无性型多核虫体。大裂殖体呈不规则的圆形，平均直径为8～15μm，使受侵细胞肿大，随虫体的发育增大，胞核被挤向一侧、甚至消失。这个过程反复进行使大量网状细胞和淋巴细胞坏死、崩解，局部发生充血、出血，浆液和中性粒细胞渗出。此时，细胞性结节即转变为增生-坏死性或坏死-出血性结节，表现为结节局部发生出血，组织细胞变性、坏死（图2-10-10、图2-10-11）。后期，上述结节可发生纤维化，从而变成纤维性结节。

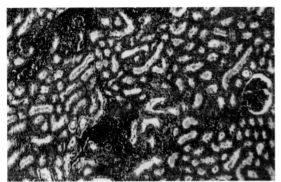

图2-10-10　肾增生性结节在低倍镜下的景象：在肾小管间、肾小球附近或周围，有许多大小不等的细胞灶，肾小管上皮变性，管腔中有蛋白性物质。（HE×100）

（陈怀涛）

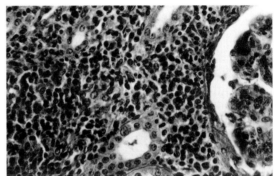

图2-10-11　肾增生性结节在高倍镜下的景象：间质淋巴细胞、网状细胞大量增生，局部肾小管坏死消失。（HE×400）

（陈怀涛）

　　［诊断］　根据流行病学、症状、病理变化，结合淋巴结穿刺液涂片和血涂片检查发现泰勒虫，即可确诊。另据报道，人工感染牛的淋巴结或脾脏内发现大量石榴体时，可将其获取接种细胞培养，在体外培养数代，制备含有裂殖体的淋巴细胞冻干抗原做补体结合反应，特异性良好。

　　［防治］

　　（1）治疗　坚持早确诊、早治疗的原则。常用药物有：磷酸伯氨喹啉，每千克体重0.75～1.0mg，口服，每天1次，连用3d；三氮脒（贝尼尔），每千克体重7～10mg，用灭菌蒸馏水配成7%溶液，臀部分点做深层肌内注射，每天1次，3～4次为一疗程，效果较好；阿卡普林（盐酸喹啉脲），每千克体重1mg，用灭菌蒸馏水或生理盐水配成1%～2%溶液，皮下注射；新鲜黄花青蒿，每天每头牛用2～3kg，分2次口服。用法：将青蒿切碎，用冷水浸泡1～2h，然后连渣灌服。2～3d后，染虫率可明显下降。

　　（2）预防　预防本病的关键是灭蜱。每年9～11月，用0.2%～0.5%敌百虫或0.33%敌敌畏水溶液喷洒牛舍的墙缝和地缝，消灭越冬的幼蜱。在2～3月用敌百虫溶液喷洒牛体，以消灭体表的幼蜱和稚蜱；在5～7月向牛体喷药，以消灭成蜱。另外，放牧可避开蜱的活动季节，即4月下旬远离牛舍放牧，10月末返回。在此期间要封闭牛舍，做好灭蜱工作，并防止其他动物进入。

十一、巴贝斯虫病

巴贝斯虫病（babesiosis）是由巴贝斯科（Babesiidae）、巴贝斯属（*Babesia*）的多种虫体引起的较为重要的血液原虫病，自然病例常为混合感染，极少为单一病例。各种巴贝斯虫病的症状、病变与诊治相似。现主要介绍牛的巴贝斯虫病。

[病原体]　在我国，已知牛的巴贝斯虫有3种：牛巴贝斯虫（*B. bovis*）、双芽巴贝斯虫（*B. bigemina*）和卵形巴贝斯虫（*B. ovata*），分别见图2-11-1、图2-11-2、图2-11-3。前两者流行广，危害大；后者发现于河南，为大型虫体，传播媒介为长角血蜱，危害较小。牛巴贝斯虫寄生于牛的红细胞内，是一种小型虫体，有较强的致病性，其长度小于红细胞半径，形态有梨籽形、圆环形、椭圆形、边虫形和不规则形等。典型形态为双梨籽形，其尖端以钝角相连，多位于红细胞的边缘，虫体大小为（1.5～2.3）μm×（1.0～1.5）μm（平均大小为1.8μm×1.2μm）。

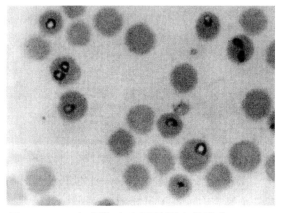

图2-11-1　红细胞中牛巴贝斯虫的形态。
（Giemsa×1 000）　　　（白启）

每个虫体内含有一团染色质，每个红细胞内含有1～3个虫体。红细胞染虫率很低，一般不超过1%。病初虫体多为环形和边虫形，以后出现梨籽形（图2-11-1）。

[生活史]　尚不完全清楚。一般认为，牛巴贝斯虫进入牛体后，有一个红细胞外裂体增殖阶段，即首先进入血管内皮细胞发育为裂殖体。裂殖体崩解后，虫体从内皮细胞释出，有的进入红细胞以出芽的形式繁殖（这些新生个体相当于裂殖子），有的再进入内皮细胞继续繁殖，有的则被白细胞吞噬而死亡。

[流行病学]　本病在我国主要流行于河北、河南、湖南、湖北、福建、云南、江苏、安

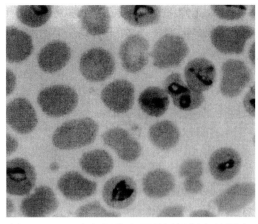

图2-11-2　牛红细胞中双芽巴贝斯虫的形态。
（Giemsa×1 000）　　　（白启）

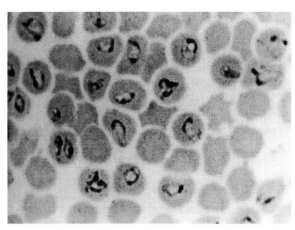

图2-11-3　牛红细胞中卵形巴贝斯虫的形态。
（Giemsa×1 000）　　　（白启）

徽、贵州、陕西、四川、浙江、辽宁、西藏等地。寄生宿主为黄牛和水牛。在我国已确定的传播媒介为微小牛蜱（*Boophilus microplus*），病原体在其内经卵传递，由次代幼虫传播。有人认为在蜱内有有性繁殖（配子生殖）阶段，在牛的红细胞内进行无性繁殖。本病的发生呈季节性，4～5月开始流行，9～10月逐渐减少。本病多发于1～7月龄的犊牛，8月龄以上的犊牛发病较少，病牛可持续带虫2～3年。

[症状] 潜伏期为9～12d。病牛在虫体出现后3d左右，体温迅速升高，最高达41℃以上，稽留3～8d；随之出现精神沉郁，被毛粗乱，食欲减退，消瘦，结膜苍白，腹泻，便秘，呼吸粗厉，心率不齐，黄疸及血红蛋白尿（图2-11-4）。重症时，可引起死亡。

[病理变化] 眼观，尸体消瘦，血液稀薄，凝固不良。皮下结缔组织与脂肪呈黄色胶冻样。内脏被膜黄染。心肌柔软，心内外膜有出血斑点。肝肿大，切面呈槟榔切面花纹。肾肿大，有出血点。膀胱积淡红色尿液，黏膜有出血点。真胃与小肠黏膜潮红并有出血点。肺淤血、水肿。淋巴结肿大，切面多汁。脾肿大、质软，脾髓色暗红，白髓不明显，有时发生脾破裂。镜检，肝、肾与心脏颗粒变性，脾红髓有大量含铁血黄素沉着，白髓缩小或消失，有的周围有较多中性粒细胞浸润。

[诊断] 根据流行特点、症状和病理变化可做出初步诊断，确诊必须在血液涂片中查到典型的牛巴贝斯虫的虫体。

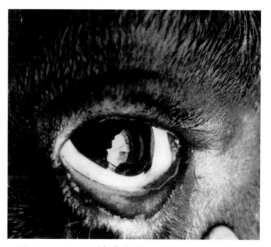

图2-11-4 眼结膜贫血、黄染。

（孙晓林）

[防治]

（1）治疗 应以早确诊、早治疗为原则。治疗可采取特效药治疗和对症治疗（如健胃、强心、补液等）相结合的方法。常用的特效药有：

①咪唑苯脲 每千克体重1～3mg，配成10%溶液肌内注射。该药有显效和安全性好的优点，如剂量增大至3倍仅出现一过性呼吸困难、流延、肌肉震颤、腹痛和排出稀便等副作用，约30min后消失。

②三氮脒（贝尼尔） 每千克体重3.5～3.8mg，用注射用水配成5%～7%溶液，深部肌内注射。黄牛偶尔发生起卧不安、肌肉震颤等副作用，但可很快消失。

③锥黄素（丫啶黄） 每千克体重3～4mg，配成0.5%～1%溶液静脉注射。若症状未减轻，24h后再注射一次。病牛治疗后数日内，注意避免烈日照射。

（2）预防 主要在于灭蜱。每年春、秋两季用杀蜱药物消灭牛体及牛舍内的蜱；牛只的调动，应选择在无蜱活动的季节进行，牛只调入、调出前，应先进行药物灭蜱处理，也可用咪唑苯脲进行药物预防。

十二、牛球虫病

牛球虫病（bovine coccidiosis）是由艾美耳科（Eimeriidae）、艾美耳属（*Eimeria*）的几

种球虫寄生在牛肠道黏膜上皮细胞内而引起的一种原虫性疾病。其临诊病理特征为急性出血性肠炎。

[病原体]　寄生在牛体内的球虫有10余种，但在我国引起牛球虫病的病原主要是致病力最强的邱氏艾美耳球虫（*E. zurnii*）和牛艾美耳球虫（*E. bovis*）。

邱氏艾美耳球虫主要寄生在直肠黏膜上皮细胞内，也可寄生在盲肠、结肠黏膜上皮细胞内。卵囊为圆形或椭圆形，大小为（14～17）μm×（17～20）μm，呈淡黄色。原生质团几乎充满卵囊腔。卵囊壁为双层，光滑，厚0.8～1.6μm。无卵膜孔，卵囊和胞子囊内无残体。

牛艾美耳球虫寄生在牛小肠、盲肠和结肠黏膜上皮细胞内。卵囊呈椭圆形，大小为（20～21）μm×（27～29）μm，呈褐色。卵囊壁亦为双层，光滑，内层厚约0.4μm，外层厚约1.3μm。卵膜孔不明显，卵囊内无残体，胞子囊内有残体。

[生活史]　艾美耳球虫的发育属于直接发育，不需要中间宿主，整个发育过程分为3个阶段。第1阶段是无性生殖阶段，即裂殖生殖（schizogony）阶段，虫体在寄生部位的上皮细胞内以裂殖生殖的方式产生大量裂殖子（merozoite）。无性生殖进行若干世代之后，则进入第2阶段，即有性生殖阶段，又称配子生殖（gametogony）阶段。此时，裂殖子在寄生的上皮细胞内分裂、形成配子，先形成雌性配子（大配子，macrogamete）和雄性配子（小配子，microgamete），两性细胞成熟之后，小配子钻进大配子内发生接合过程，最后融合、形成合子（zygote）。第3阶段是孢子生殖（sporogony）阶段，此时，合子外迅速形成一层包膜，即形成卵囊（oocyst）。卵囊随粪便排出体外，在外界适宜的温度、湿度条件下，卵囊内发育形成孢子囊（4个）和子孢子（8个），含有成熟子孢子的卵囊为感染性卵囊。健康牛食入被这种卵囊污染的饲草、饲料、饮水后即被感染，子孢子侵入牛体内重复以上的发育过程。

[流行病学]　病牛和带虫牛是本病的传染源。各种品种的牛对本病都具有易感性，但以2岁以下的犊牛发病率与死亡率都比较高。成年牛大多带虫而不表现症状。本病多发生在4～9月，此时，外界条件有利于球虫卵囊的发育。低洼潮湿的草场易使牛群感染。牛只冬季舍饲期间偶尔亦可发病，主要是由于饲料、垫草、饮水、母牛乳腺被卵囊污染所致。饲料突然更换、舍饲与放牧相互转变或牛患其他疾病等都易诱发本病。

[症状]　本病的潜伏期为2～3周，多为急性经过。发病初期，病牛精神沉郁，被毛蓬乱，体温正常或略升高，粪便稀薄，并混有血液。个别犊牛于发病后1～2d死亡。约1周后，症状逐渐加剧，病牛表现精神委顿，食欲废绝，消瘦，喜躺卧，体温上升到40～41℃，瘤胃蠕动和反刍完全停止，肠蠕动增强，呈进行性腹泻，稀便中混有血液、黏液和纤维素性伪膜，有恶臭。母牛泌乳减少或停止。疾病末期，粪便中含大量血液，病牛极度消瘦和衰竭，体温下降至35～36℃，终因恶病质而死亡，病死率为2%～40%。

慢性病例可见长期腹泻，便血，消瘦，终致死亡。

[病理变化]　病牛尸体消瘦，可视黏膜苍白，肛门外翻，肛门周围和后肢被含血稀便污染。盲肠、结肠、直肠发生出血坏死性炎症，内容物稀薄，混有血液、黏液和纤维素（图2-12-1）。肠壁淋巴滤泡肿大，呈灰白色，黏膜常发生溃疡。肠系膜淋巴结肿大。病理组织学变化的特点是，球虫侵袭部位的肠黏膜上皮细胞发生变性、坏死和脱落，在肠腔内形成许多细胞碎屑。尚存的上皮细胞内，可发现处于不同发育时期的球虫（图2-12-2），黏膜固有层有大量嗜酸性粒细胞浸润。

图2-12-1　犊牛结肠黏膜水肿、出血、坏死，有许多黏稠的红色内容物。

（陈怀涛）

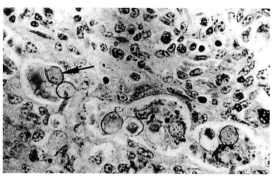

图2-12-2　犊牛大肠肠腺上皮细胞内见不同发育阶段的球虫（↑）寄生。（HE×400）

（刘宝岩等）

[诊断]　根据流行病学、症状和病理变化可做出初步诊断。检查粪便和直肠刮取物，发现大量球虫卵囊即可确诊。犊牛大肠杆菌病和牛副结核病也有腹泻症状，应注意鉴别。此3种病除病原不同外，犊牛大肠杆菌病多发生于吃过初乳的1～2周龄的犊牛，小肠后段绒毛表面常可发现大量病原菌。而球虫病多发生于1个月以上的犊牛。牛副结核病主要发生于3～5岁的成年母牛，以顽固性腹泻、渐进性消瘦为特征，空肠后段和回肠发生特异性慢性增生性肠炎。

[防治]

（1）治疗　选用下列药物进行治疗，可获良效。

①呋喃西林，每千克体重7～10mg，与饲料混合服用，连用7d。

②鱼石脂，0.2～1.0g混于500mL水中口服，每天2次。另外，用1∶500的热溶液灌肠，每天2～3次，直至症状减退。

③土霉素，犊牛每千克体重20mg，溶于150～200mL凉开水中灌服，每天2～3次，连用3～4d。

④氨丙啉，犊牛每千克体重20～25mg，口服，连用4～5d。

⑤磺胺二甲基嘧啶，犊牛每千克体重25mg，口服，连用2d。

（2）预防　本病流行地区，应采取隔离、治疗、消毒等综合性预防措施。因成年牛多为带虫者，所以应把犊牛和成年牛分群饲养，分草场放牧。发现病牛要进行隔离、治疗。牛舍和运动场要经常打扫，保持清洁卫生、干燥，粪便、垫草要进行生物发酵以杀死卵囊。用热水或3%～5%热碱水消毒地面、饲槽、水槽，并保持饲草、饲料、饮水清洁卫生。更换饲料或变换饲养方式时，应逐渐进行，以防诱发本病。

十三、牛锥虫病

牛锥虫病（bovine trypanosomiasis）又称苏拉病，是由伊氏锥虫寄生于牛体内引起的血液原虫病。本病由吸血昆虫传播，主要取慢性经过，有的呈带虫现象，但也有取急性经过而致死的病例。

[病原]　病原体为锥虫属（*Trypanosoma*）的伊氏锥虫（*T. evansi*）。伊氏锥虫为单型锥虫，

呈柳叶状，长18～34μm，宽1～2μm，前端较尖。虫体中部有一呈圆形的主核。靠近后端有一动基体，其稍前方有一生毛体，鞭毛由此长出，并沿虫体边缘向前延伸。鞭毛和虫体之间有波动膜相连。

[生活史]　伊氏锥虫寄生在血液、淋巴液及造血器官中，以纵分裂方式进行繁殖。主要经吸血昆虫传播，但在吸血昆虫体内不经过任何发育。虻等吸食病畜或带虫动物的血液后，再叮咬其他牛，可造成传播。注射或采血时消毒不严造成传播，以及带虫的怀孕动物经胎盘传播均有可能。

[流行病学]　本病主要流行于热带和亚热带地区。发病季节与吸血昆虫的活动季节一致。伊氏锥虫的宿主范围很广，能自然感染的动物有马、驴、骡、水牛、黄牛、猪、鹿、骆驼、犬、虎等。牛对伊氏锥虫的易感性没有马类动物高。自然情况下，传染源主要是带虫动物，尤其是带虫的黄牛、骆驼和水牛。水牛锥虫病的发生有一定的周期性，一次大流行后，往往会有数年不等的间歇期。

[症状]　本病的潜伏期为4～14d。最急性病例多发生于春耕和夏收期间的壮年牛。病牛体温突然升高到40℃以上，呼吸困难，眼球突出，口吐白沫，心律不齐，外周血液内出现大量虫体，可在数小时内死亡。急性经过时，体温升高到39℃以上，持续1～2d或不到24h，间歇期一般很不规则。大多数病牛取慢性经过，病牛精神沉郁，嗜睡，食欲减少，瘤胃蠕动减弱，粪便秘结，贫血，间歇热，结膜稍黄染，呈进行性消瘦，皮肤干裂、最后坏死，四肢下部、前胸及腹下水肿，起卧困难、甚至卧地不起。少数有神经症状（图2-13-1）。

[病理变化]　尸体消瘦，胸前、腹下及四肢下部水肿，呈胶冻样；血液稀薄、凝固不良。胸腔、腹腔及心包腔积液，心肌变性，胸膜、腹膜有出血点；肝、淋巴结、脾脏明显肿大（图2-13-2），肾脏肿胀、被膜易剥离；胃、肠呈卡他性或出血性炎症变化。

图2-13-1　病牛消瘦，精神沉郁，卧地。
（R. W. Blowey 等）

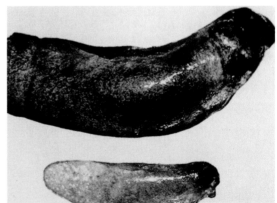

图2-13-2　脾脏高度肿大、质地柔软，下为正常脾脏。

（R. W. Blowey 等）

[诊断]　应根据临诊症状、流行特点与病理变化，结合病原检查及血清学检查进行综合诊断。牛锥虫病的主要症状类似于衰竭症，即消瘦、贫血、水肿、皮肤皲裂、行走困难等。流行病学应注意锥虫病的流行与吸血昆虫的活动密切相关。在病理学方面，病牛主要表现

恶病质变化，如进行性消瘦，皮下胶冻样浸润，以及急性病例可见肝、脾肿大。病原学诊断是确诊的可靠依据，常用的方法有：①鲜血压滴法检查：取一滴耳静脉血，置于清洁的载玻片上，加等量生理盐水与之混匀，覆以盖玻片，制成压滴标本，立即于低倍镜下检查。②血涂片染色检查：采一小滴血，置于载玻片上，推成血片，干燥后加姬姆萨染液，1min后，加5倍的蒸馏水混匀，染色15min，水洗后镜检（图2-13-3）。血清学诊断法有补体结合反应、间接红细胞凝集试验及酶联免疫吸附试验等。

[防治]　本病的预防措施是：①在流行季节，对疫区的易感动物应进行药物预防，可选用苏拉明，每月1次，直至吸血昆虫停息期。②定期检疫，查出病畜，尤其是带虫动物，对阳性者及时给予药物治疗。③对患病动物或带虫动物，应限制其进入疫区。④经常抓好消灭吸血昆虫的工作。

用于治疗锥虫病的药物很多，目前常用的有下列几种：①萘磺苯酰脲（苏拉明），按每千克体重12mg，用生理盐水配成10%溶液，一次静脉注射。对心、肝及肾功能异常者，应慎用或不用。②喹嘧胺（安锥赛）有两种，一种是氯化安锥赛，另一种是硫酸甲基安锥赛。前者有预防作用，后者主要用于治疗。按每千克体重3～5mg，配成10%水溶液，一次皮下或肌内注射。③三氮脒（贝尼尔），又名血虫净，吸收后作用于锥虫的DNA，阻断虫体代谢，使其生长繁殖受阻。剂量为每千克体重3～5mg，用注射用水配成5%～7%溶液，深部肌内注射，每天1次，连用1～2次。

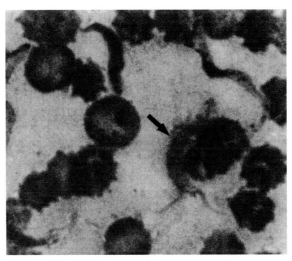

图2-13-3　血液涂片中伊氏锥虫（↑）的形态。
（Giemsa×1 000）

（李晓明）

Chapter 3　第三章

普通病

一、乳腺炎

乳腺炎（mastitis）是母畜常见的一类疾病，临诊上以奶山羊和奶牛较为多见。其特征是乳腺组织发生各种类型的炎症反应，乳汁的理化性质发生改变。

[病因]　引起乳腺炎的主要原因是病原微生物感染，常见的有葡萄球菌、链球菌、大肠杆菌、沙门氏菌、坏死杆菌、铜绿假单胞菌、布鲁氏菌、巴氏杆菌、支原体、变形杆菌、结核分枝杆菌和放线菌等。此外，真菌中的念珠菌属弗状菌等也可引起乳腺炎。但以金黄色葡萄球菌、乳腺炎链球菌、无乳链球菌和停乳链球菌等最重要。在许多情况下，乳腺炎由多种病原混合感染所致。除了结核杆菌和布鲁氏菌性乳腺炎为血源性感染外，其他细菌主要经过乳头管和乳头孔感染，也可经消化道、生殖道或乳腺外伤感染。除了病原微生物外，理化因素、中毒和乳汁积滞也是引起本病的常见原因。

[症状]　乳腺炎的症状因其病变类型不同而有差异。乳腺炎的共有症状是患区红、肿、热、痛，乳量减少、并变质。浆液性乳腺炎时，乳腺红肿、热、痛，乳腺淋巴结肿大，乳汁稀薄、含絮片；卡他性炎时，患区红、肿、痛，乳量减少，乳汁呈水样、含絮片，也可出现全身症状；纤维素性炎时，乳腺淋巴结肿大，无乳或只有少量稀薄的乳汁，本型乳腺炎多由卡他性炎发展而来；化脓性乳腺炎时，乳量剧减或完全无乳，乳汁水样、含絮片，有较重的全身症状，数日后转为慢性，最后乳区萎缩、硬化，乳液稀薄或呈黏液样，乳量渐减、直至无乳（图3-1-1）；乳腺脓肿是化脓性乳腺炎常见的形式，乳腺中有多数大小不等的化脓灶，有时向皮肤外破溃，乳腺淋巴结肿大，乳汁黏稠，含脓性凝块；出血性炎时，乳腺皮肤有红色斑点，乳腺淋巴结肿大，乳量剧减，乳汁稀薄、含血样絮状物。慢性乳腺炎时，乳腺质硬，常缩小，大多不能泌乳。

[病理变化]　根据病因和发病机理，可将乳腺炎分为非特异性乳腺炎和特异性乳腺炎两类。

（1）非特异性乳腺炎　可分为四种：

①急性弥漫性乳腺炎　病区肿大、变硬，各乳区不对称（图3-1-2），因炎症性质不同，在切面上可见不同的渗出性变化。镜检，小叶和腺泡间结缔组组充血、水肿，腺泡腔内有多少不等的渗出物，其中混有脱落的上皮细胞和少数中性粒细胞（图3-1-3、图3-1-4）。

图3-1-1　化脓性乳腺炎：乳汁稀薄，其中混有灰白色脓性凝块。

（陈怀涛）

图3-1-2　急性乳腺炎：牛左侧乳腺肿大、潮红，有痛感。

（陈怀涛）

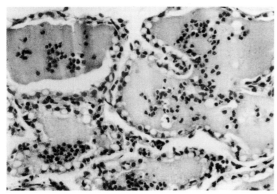

图3-1-3　急性乳腺炎：乳腺腺泡中充满淡红色浆液，其中有不少中性粒细胞。（HE×400）

（陈怀涛）

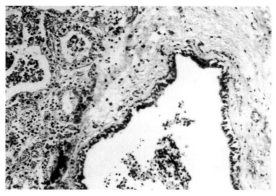

图3-1-4　急性乳腺炎：血管充血，乳腺腺管和腺泡中有许多中性粒细胞，腺管和腺泡上皮细胞变性，有些坏死、脱落。（HEA×200）

（陈怀涛）

　　②慢性弥漫性乳腺炎　多由无乳链球菌和乳腺炎链球菌引起，常发生在泌乳期之后。初期的变化同急性弥漫性乳腺炎。以后，乳池和输乳管扩张，充满绿色黏稠的渗出物，黏膜肥厚，周围的腺实质萎缩，间质增生，乳腺硬化（图3-1-5）。

　　③化脓性乳腺炎　病变可侵害一个或几个乳区，局部肿胀，常呈结节状，表面有时破溃、并形成瘘管。切面上可见大小不等的脓肿，充满黄白色或黄绿色、有恶臭味的脓液，输乳管和乳池也常遭到破坏（图3-1-6、图3-1-7）。

　　④坏死性乳腺炎　常由坏死杆菌和大肠杆菌引起，局部肿胀、暗红色，晦暗，无光泽（图3-1-8）。镜检，乳腺组织呈局灶性或弥漫性坏死，并伴有较严重的淤血和出血。

　　（2）特异性乳腺炎　是由特定病原引起的具有特征病变的一类乳腺炎。病理变化因病原不同而有所差异，但都可以形成肉芽肿结节（图3-1-9、图3-1-10）。

　　[诊断]　可根据乳腺的病理变化、产乳量和乳汁的性质，结合微生物检查做出诊断。

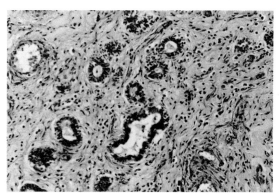

图3-1-5 慢性乳腺炎：间质增生，淋巴细胞浸润，腺泡萎缩。（HE×200）

（陈怀涛）

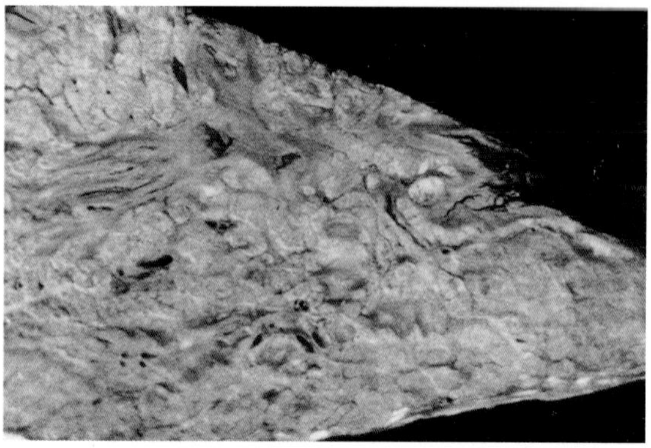

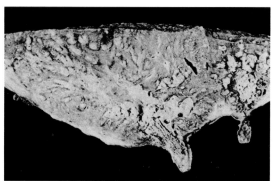

图3-1-7 慢性化脓性乳管炎和乳腺炎：乳管与乳腺区多处有化脓灶或脓肿，其周围已发生纤维化。此种炎症主要见于链球菌与葡萄球菌感染时。

（J. M. V. M. Mouwen等）

图3-1-6 化脓性乳腺炎：在病变乳腺的切面，可见许多灰白色、化脓性病灶。

（甘肃农业大学兽医病理室）

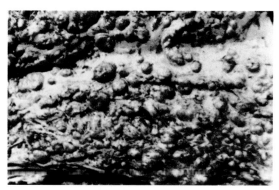

图3-1-8 坏死性乳腺炎：乳腺肿大，病变部位的坏死皮肤呈黑色，其周围是淡红色的分界限。

（J. M. V. M. Mouwen等）

图3-1-9 特异性乳腺炎：乳腺组织中形成许多肉芽肿结节。

（张旭静）

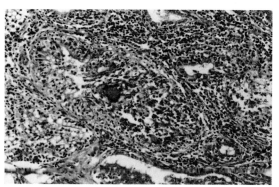

图3-1-10 特异性乳腺炎：乳腺组织中见有一个椭圆形结核性肉芽肿，主要由上皮样细胞组成，中心有一个朗罕氏巨细胞。（HE×200）

（陈怀涛）

[防治]

（1）预防

①加强饲养管理，保持厩舍清洁，并注意牛只乳腺外部的卫生。对已发病的牛，应该隔离、治疗；对治疗无效、反复发病的，建议及早淘汰。

②每次挤奶前，可用干净的温水洗净乳房及乳头，并进行适当按摩。再用0.1%高锰酸钾液揩净乳房及乳头。人工挤奶应尽量采用拳握式，避免用两三个手指捋奶头，以防损伤乳头皮肤及乳池黏膜。挤完奶后，用0.5%碘溶液或3%次氯酸钠溶液浸泡乳头。机器挤奶时，要注意挤奶杯的清洁，每周需消毒1次，用0.25%的苛性钠溶液煮沸15min后，再浸泡一夜；同时，应防止负压过大引起乳头管黏膜外翻及皮肤破裂。

③干乳期的防治是控制乳腺炎的有效措施，能明显降低乳腺炎的发病率。方法是：将60万IU青霉素、0.5g链霉素及1.5～2g硬脂酸铝，用医用花生油制成油剂，注入乳头管内。

④定期普查，检出隐性感染的动物，及时治疗或淘汰。

（2）治疗　对尚未查明病原微生物的乳腺炎，可先用广谱抗生素；或青链霉素并用；或磺胺类药注入乳池进行治疗。查明病原后，改用针对性强的抗生素治疗。

二、卵巢囊肿

在卵泡或黄体内有多量液体性分泌物积聚称为卵巢囊肿（ovarian cyst）。按囊肿的发生部位和性质，可将其分为三种类型，即卵泡性囊肿、黄体化卵泡囊肿和黄体性囊肿。本病可发生于各种动物，尤其以牛、猪多见。奶牛的卵巢囊肿主要发生在第4～6胎产奶量高峰期，并以卵泡性囊肿为主。

[病因和发病机理]　本病发生的原因较多，但主要为内分泌失调所致。正常牛在发情期间，卵巢中发育的卵泡仅有一个成熟，其余的相继萎缩、甚至闭锁。当垂体分泌的LH（黄体生成素）不足或FSH（卵泡刺激素）过多时，可导致成熟的卵泡不排卵或闭锁，粒层细胞仍分泌液体而形成囊肿。饲料中缺乏维生素A或含有多量雌激素、卵泡发育过程中气温骤变、动物虚弱和营养不良以及过度劳役等均易引起卵巢囊肿。子宫内膜炎、胎衣不下、输卵管炎及其他卵巢疾病在引起卵巢炎症的同时，也易伴发本病。此外，本病的发生还可能与遗传有关。黄体性囊肿的发生除与上述因素有关外，有人认为，当动物排卵时，若血压增高，或血液凝固性降低，则易导致破裂的卵泡腔出血过多，不能形成完全的黄体而发展成黄体囊肿。

[症状]　患卵泡囊肿的母牛，因雌激素分泌过多，常表现为无规律的反复发情或持续发情，发情周期变短，发情期延长。同时出现慕雄狂症状，表现为兴奋、性情凶暴、颈部粗壮、大声哞叫、食欲减退、频繁排便，并经常追逐或跨爬公牛和同群的其他母牛。病重而持久者，外貌常有雄性化现象，如头毛粗糙、颈粗壮、叫声洪大、臀部肌肉塌陷、尾根高抬等。此外，可见病牛阴唇肿胀，阴门处常有黏液覆盖，阴蒂增大。直肠检查时，可发现卵巢上有一个大的或数个大小不等的球形囊肿，囊壁紧张，压之有波动感。

患黄体化卵泡囊肿的牛，主要表现为长期不发情。直肠检查时，可发现囊肿通常只有一个，大小与卵泡囊肿相似，但囊壁紧张度较低。

[病理变化]　卵泡性囊肿一般比正常卵泡大，一个或数个，大小不等，囊壁较薄且紧张

度较高。囊内充满清亮的液体（图3-2-1）。卵巢外的相关部位也会出现异常变化，如阴蒂增大，阴唇水肿，卵巢冠纵管和前庭大腺也可能有囊肿，子宫颈变大、开放、分泌灰白色黏液，子宫壁水肿，子宫黏膜囊肿性增生，肾上腺、垂体和甲状腺也可能增生、变大。镜检，囊肿内不见卵子，颗粒层萎缩，内壁仅为一层扁平细胞，有时此层扁平细胞也可能消失。

黄体化卵泡囊肿常为单个的圆形囊肿。镜检，表现为内膜黄体化，在衬有纤维组织的中央腔体周围，常见一个完整的黄体组织环。

黄体性囊肿指黄体的中心部呈囊泡状扩张所形成的囊肿，大小不一，部分突出于卵巢表面，形状不规则。囊肿呈黄色，囊内含透明的液体。

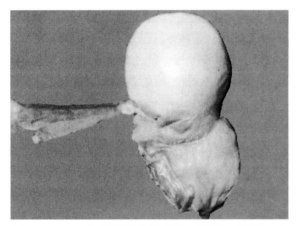

图3-2-1　一个高度肿大的卵泡，形圆，壁薄，内含清亮的液体。

（李晓明）

[诊断]　本病可根据临诊症状，结合直肠检查做出诊断。

[防治]　对舍饲高产奶牛，在加强饲养管理、适当增加运动、减少挤奶量的同时，主要采用激素疗法。如促黄体素，一次肌内注射100～200IU，对卵泡囊肿和黄体化卵泡囊肿均适用。一般在注射后3～6d，囊肿即可形成黄体，同时症状消失；15～30d恢复正常发情周期。促黄体素释放激素，一次静脉注射0.5～1.2mg。绒毛膜促性腺激素，一次肌内注射1 000～2 000IU。

三、真胃阻塞

真胃阻塞（abomasal obstruction）亦称饮食性真胃阻塞，是由于摄入劣质纤维性饲料过多或排空不畅造成的真胃内容物积滞、胃壁扩张和体积增大。本病主要发生于黄牛、水牛和奶牛，其中以体质强壮的成年牛较为多见。

[病因]

1.原发性真胃阻塞　长期采食粗硬、难消化的粉碎饲料，如谷草、麦秸、麦糠、豆秸及饲草中泥砂过多等，加上饮水不足、劳役过度、精神紧张和气候变化等，易导致发生原发性真胃阻塞。此种阻塞，真胃内积滞的是黏硬的食物或坚硬的异物，而且瓣胃和瘤胃内也常有不同程度的积食。

2.继发性真胃阻塞　常见于腹部迷走神经损伤时，如腹内粘连、幽门肿块和淋巴瘤等，易导致血管或神经损伤，引起真胃神经性或机械性排空障碍。继发性真胃阻塞多不伴有瓣胃积食，而且真胃内积滞的多为稀软的食糜。

[发病机理]　与粗长的饲草相比，切得过细的粗饲料和细碎的谷物饲料，能更快地通过反刍兽的前胃，大量未经充分消化的纤维素和粗纤维提前进入真胃，逐渐积滞而导致阻塞。食入并积聚于真胃内的泥沙，也可直接引起真胃壁弛缓和慢性扩张。而继发性真胃阻塞是

在致病因素作用下，真胃平滑肌弛缓而幽门括约肌紧缩，导致真胃排空缓慢或中断，造成真胃内容物积滞，产生气体，液体回渗，体积增大。

真胃阻塞一旦发生，致使大量回渗的真胃液不能进入小肠，而发生不同程度的代谢性碱中毒和脱水。真胃阻塞后，使前胃机能反射性受到抑制，导致食欲废绝，反刍停止，瘤胃内微生态和菌群发生紊乱，内容物腐败分解过程加剧，产生大量有毒物质，引起自体中毒。

[症状]　病初前胃弛缓，随后食欲废绝，反刍停上，瘤胃蠕动极弱，粪便量少，呈糊状、棕褐色，有恶臭，混有少量黏液、血丝和血块，身体迅速消瘦，而肚腹显著增大，尤其是右侧（图3-3-1）。

在右中腹部直至肋弓后下方触诊，可感到黏硬或坚实的真胃。直肠检查时，可在右腹腔的肋弓部下后方摸到真胃，呈捏粉样硬度，轻压留痕，质地黏硬。

[诊断]　根据长期饲喂粗硬、细碎饲草的病史，右肋弓下方膨隆等临诊症状，以及直肠检查可摸到黏硬的真胃等，不难做出诊断。

图3-3-1　病牛右侧下腹部明显增大、膨隆。

（曹光荣）

[防治]

（1）治疗　病初，可投服盐类泻剂（如硫酸镁），或油类泻剂（如液体石蜡），经胃管投服，每天1次，连服3～5次。也可用加味榆白皮散：榆白皮150g，大黄120g，枳实60g，油当归100g，桃仁30g，三棱40g，莪术40g，神曲150g，莱菔子150g，元参30g，麦冬40g，火麻仁50g。水煎服，每天1剂。（提供者：王存军）

对于重病牛，应及时施行瘤胃切开术，取出瘤胃内容物，然后将胃管插入网-瓣胃孔，用温盐水冲洗瓣胃和真胃。同时，应输液纠正脱水和缓解自体中毒。继发性真胃阻塞往往治疗效果不佳，预后不良。

（2）预防　加强饲养管理，避免长期饲喂粗硬饲草，避免饲草切得过碎。此外，还应注意清除草料中的砂土和异物。

四、皱胃变位

皱胃变位（abomasal displacement）是指皱胃的正常解剖学位置的改变。临诊上皱胃变位分为两种类型：①左方变位，皱胃通过瘤胃下方移到左侧腹腔，置于瘤胃与左侧腹壁之间；②后方变位或右方变位，皱胃向后方扭转（顺时针），置于肝脏与右侧腹壁之间。习惯把左方变位称之为皱胃变位，把右方变位称之为皱胃扭转。

（一）皱胃左方变位

皱胃左方变位（left-side displacement of abomasum）是皱胃变位最常见的一种形式，主要发生于奶牛，特别是高产奶牛，尤其多发于4～6岁的中年奶牛和冬季舍饲期间。常见于泌乳早期，约80%病例发生在分娩后泌乳的第1个月，分娩后8d内是发病的高峰期。临诊上以消化机能障碍，右肷窝下陷，左侧腹下部局限性膨大，以及叩诊结合听诊检查有钢管音或金属音为特征。

［病因］ 皱胃弛缓是皱胃发生膨胀和变位的病理学基础，而分娩则是促进因素。

［症状］ 本病多见于高产母牛，常在分娩后发生，少数发生在产前3个月至分娩。病初食欲减少，拒食精料，对粗饲料尚有一定食欲。产奶量逐渐下降，但个别可维持正常水平。由于能量代谢负平衡，造成体重减轻，机体消瘦，出现继发性酮病（皮肤、乳汁或呼出的气体带有烂水果味，尿样检查有酮体）。常有腹泻，粪便呈油泥状、浆糊样，潜血检查多为阳性。腹围缩小，两侧肷窝下陷，右侧腹壁较平坦，但左侧腹壁最后3个肋弓区后下方、左肷窝前下方局部明显膨大（图3-4-1），触诊该处，有气囊样感觉，叩诊有鼓音。左侧第9～12肋骨弓下缘、肩关节水平线上下听诊，可听到与瘤胃蠕动时间不一致的皱胃音。在左侧倒数1～3肋骨或肋间叩诊，同时在附近听诊，可听到钢管音。钢管音区的大小和形状随皱胃含气、液量的多少，以及漂移的位置而发生改变。在钢管音区的下部（左侧倒数1～3肋间的下1/3处）穿刺检查，发现穿刺液带酸臭味、混浊，pH为1～4。直肠检查，可发现瘤胃向正中移位，并能在瘤胃左方摸到皱胃，而右侧腹部空虚。

本病病程长，如不治疗，最终多死于恶病质或皱胃穿孔。有的可自行复位，但容易复发。少数急性病例的症状表现剧烈，如不及时施行手术整复，常于1周内死亡。

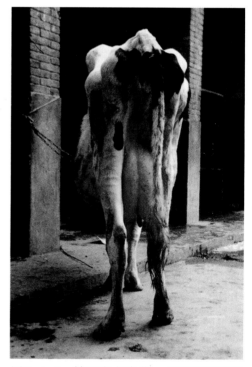

图3-4-1 皱胃左方变位，左侧下腹部明显膨大，排出糊状粪便。

（赵宝玉）

［诊断］ 早期诊断比较困难。但主要症状是，常在分娩后发病，皮肤及呼出气体有酮体气味，腹泻且粪便稀薄，两侧肷窝均不饱满；左肋骨弓部后上方局限性凸起，触之如气囊，叩之有鼓音；肋骨弓部后下方冲击性触诊有击水音；在左侧倒数1～3肋骨或肋间叩诊结合听诊，有钢管音。必要时可做钢管音区穿刺检查，也可进行直肠检查和酮体检查。

［防治］

（1）治疗 有3种方法，即保守疗法、滚转复位法和手术疗法，可根据具体情况应用。

1）保守疗法　对轻度变位的病牛，每天驱赶运动1～2h或跑动10min。当皱胃弛缓有所改善时，可自行恢复。同时，应静脉注射钙制剂、皮下注射新斯的明等拟副交感神经药和盐类泻剂，以增强胃肠的运动力，消除皱胃弛缓，促进皱胃内气体与液体的排空，以及皱胃的复位。

2）滚转复位法　先使母牛呈左侧横卧姿势，再转成仰卧式（即背部着地，四蹄朝天），随后以背部为轴心，先向左滚转45°，回到正中，再向右滚转45°，再回到正中，如此以90°的摆幅左右摇晃3～5min，突然停止，使病牛仍呈左侧横卧姿势，再转成俯卧式（胸部着地），最后使之站立，检查复位情况。如尚未复位，可重复进行。应用此法时，事先应使病牛饥饿数天，并限制饮水，尽量使瘤胃容积变小。瘤胃变得越小，其成功率就越高。此法成功率约为70%。

3）手术疗法　当变位已久，特别是皱胃和腹壁或瘤胃发生粘连时，必须采取手术疗法。手术疗法：有4个切口部位，即左侧肷部、右侧肷部、两侧肷部及腹正中旁线切口，4个部位各有利弊。①左侧肷部切口，临诊较常用，可充分暴露皱胃，但复位和固定困难；②右侧肷部切口，皱胃固定方便，但皱胃复位较难，变位部粘连时复位更不可能；③两侧肷部切口，可以兼顾之，其缺点是手术损伤大，时间长；④腹正中旁线切口，需要全身麻醉和仰卧保定，术后易感染，容易形成疝（图3-4-2、图3-4-3）。

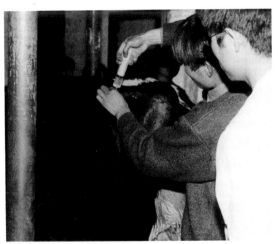

图3-4-2　皱胃左方变位手术，术前进行腰旁麻醉。

（赵宝玉）

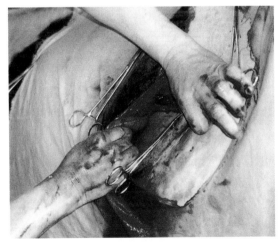

图3-4-3　皱胃左方变位手术，切开腹壁，发现变位的皱胃（右手固定的部分）。

（赵宝玉）

（2）预防　应加强饲养管理，合理配合日粮。对于高产奶牛，在增加精料时，绝不能减少粗饲料，特别是优质干草的供给量；精料酸度过高时，可适量添加碳酸氢钠；妊娠后期，要少喂精料，多喂优质干草，并适当增加运动。

（二）皱胃右方变位

皱胃右方变位（right-side displacement of abomasum）又称皱胃扭转，是指皱胃顺时针扭转到瓣胃的后上方，置于肝脏和右腹壁之间。其特征为皱胃呈亚急性扩张、积液、膨胀，腹痛，碱中毒和机体脱水。多发生于成年奶牛，常见于产后3～6周。

[病因]　其原因与皱胃左方变位基本相同。

[症状]　发病急，突然腹痛，后肢踢腹，两后肢频频交替踏步，呻吟，不安，拱背缩腹，背下沉，呈蹲伏姿势。体温正常或偏低，心动过速，达100～120次/min。食欲废绝，瘤胃蠕动减弱，排粪量中等或减少，粪便呈黑糊状，带血，有时腹泻。通常在发病后3～4d，右腹部明显膨大，右肋弓部后侧尤为明显。冲击性触诊，可听到液体震荡音或击水音。在右侧倒数第1～2肋骨叩诊，同时在右肷部听诊，可听到较大范围的钢管音。直肠检查，由于皱胃扩张至最后肋弓之外，故能在右腹部摸到膨胀而紧张的皱胃，触之有弹性，充满气体和液体，指压不留痕，几乎充满腹腔右下半部，肝脏被皱胃推移到腹中线。

轻度扭转，病程可达10～14d，施以及时而正确的治疗，可能痊愈，预后慎重。严重扭转时，病情发展快，病程短，如不及时手术整复，3～5d后，牛只常因循环衰竭或皱胃破裂而死亡。

[诊断]　皱胃扭转较皱胃左方变位容易诊断，主要依据是：腹痛，脱水，低氯、低钾血症及碱中毒等明显的全身表现；右侧最后肋弓及肋弓后方显著膨胀，叩诊结合听诊有钢管音，以及冲击性触诊有击水音；钢管音区下方穿刺检查，穿刺液pH2.0～4.0；直肠检查可摸到皱胃，手感有弹性和波动感。本病应与皱胃积食相鉴别。但皱胃积食时，皱胃扩张程度不超过腹侧中线，震摇时不会发出液体震荡音，触诊有压痕。

[治疗]　一经确诊，应立即施行开腹整复手术，整复手术的成功率与病程长短有关。早期施行手术，治愈率可达75%。具体手术操作见有关教材。术后注意补液，以纠正脱水和碱中毒。也可采用保守疗法或睡眠疗法，如用缓泻剂、镇静剂，使其自行复位。

五、瘤胃酸中毒

瘤胃酸中毒（rumen acidosis）又称乳酸酸中毒，是因采食了过多的富含碳水化合物的谷物饲料，而引起以瘤胃内容物异常发酵，产生大量乳酸，使瘤胃内正常微生物区系平衡受到破坏，导致瘤胃生物学消化功能降低的一种消化不良性疾病。临诊特征为精神兴奋或沉郁，食欲减少或废绝，反刍减少或停止，瘤胃膨胀、积滞较多酸臭稀软的内容物，触诊瘤胃有击水音，瘤胃蠕动减弱或停止，以及脱水。

[病因]　主要原因是突然食入过多富含碳水化合物的精料，如大麦、小麦、玉米、大米、燕麦、高粱或其糟粕，以及块茎根类饲料等。若精料的增加是逐渐的，则未必发生瘤胃酸中毒。

[发病机理]　突然过食富含碳水化合物的精料后，瘤胃微生物区系发生改变，pH下降，乳酸大量形成。乳酸可使瘤胃蠕动力降低，食物积滞，同时使瘤胃微生物群落遭到破坏。乳酸又能提高瘤胃内容物的渗透压，使大量体液反渗进入瘤胃，导致机体脱水，少尿，血液浓缩，全身总血量降低30%，血压下降。由于瘤胃液酸度增高，使微生物死亡，产生大量有毒的胺类物质（如组胺、酪胺、色胺等），导致末梢微循环障碍，使毛细血管通透性增高、小动脉扩张，引起蹄叶炎和中毒性瘤胃炎。

瘤胃内生成的大量乳酸，被胃肠吸收可导致乳酸（D-乳酸）血症，结果血液碱储下降，血浆二氧化碳结合力极度降低，引起酸中毒。动物出现精神沉郁，食欲废绝，心跳加快和体温升高等症状，严重时出现神经症状。

[症状]　最急性病例：常在过食或偷食精料后4～8h突然发病，病畜高度沉郁，极度虚弱，侧卧不能站立，瞳孔散大，视力障碍。体温降至36.5～38℃，重度脱水。腹部显著膨大，瘤胃蠕动停止，内容物稀软或呈水样，瘤胃液pH低于5.0，甚至达4.0。心跳达110～130次/min，终因中毒性休克而死亡（图3-5-1）。

轻症：病畜精神萎靡，食欲减退，反刍减少。瘤胃中度充满，收缩无力，触诊瘤胃内容物呈捏粉样质感，瘤胃液pH为5.5～6.5。全身症状较明显，体温正常或偏低，脉搏增数，一般可达80次/min，结膜潮红。眼球下陷，尿量减少，机体轻度脱水。若治疗不及时，病情持续发展，常继发或伴发蹄叶炎和瘤胃炎，致使病情恶化。

重症：病畜精神沉郁，反应迟钝，瞳孔轻度散大，食欲减退或废绝，反刍停止，瘤胃胀满，冲击式触诊有击水音或震荡音，瘤胃液pH为5.0～6.0。粪便稀软或水样，有酸臭味，有时排粪停止。全身症状明显加重，体温正常或微高；多数病例脉搏和呼吸增数，心跳可达100次/min；严重脱水，眼球下陷，血液浓缩，尿量减少、色浓或无尿。后期出现神经症状，步态蹒跚，卧地不起，头颈侧弯或后仰呈角弓反张，昏睡乃至昏迷（图3-5-2）。若治疗不及时，多在24h内死亡。

图3-5-1　犊牛过食牛奶引起的瘤胃酸中毒，病　　图3-5-2　过食玉米引起的瘤胃酸中毒，病牛卧
牛卧地不起，循环衰竭，因缺氧而张　　　　　　　地不起，回头顾腹，眼球下陷。
口呼吸，舌黏膜发绀。

（赵宝玉）　（赵宝玉）

实验室检查，瘤胃液pH和总酸度降低，渗透压升高。血液黏稠，血细胞比容升高达50%～60%，血浆二氧化碳结合力下降到20%以下，血液pH降到7.0，血液乳酸升高到4.44～8.88mmol/L，其中D-乳酸1.11～3.33mmol/L。尿液pH降低至5左右。

[诊断]　本病不难诊断，主要依据有过食或偷食富含碳水化合物饲料的病史，结合前胃消化机能障碍、瘤胃充满稀软内容物、脱水等临诊症状，以及瘤胃液pH降低，血浆二氧化碳结合力降低和血液乳酸升高等特征，即可确诊。

［防治］

（1）治疗　按下列原则治疗。

①排除瘤胃内容物　急性病例，可行瘤胃切开术，彻底清除瘤胃内容物，再接种健康动物瘤胃内容物1～20L。一般病例，可采取瘤胃冲洗法，较为方便、易行，疗效也好，常被采用。即用胃管排出瘤胃内容物，再用石灰水（生石灰1kg，加水5kg，充分搅拌，取其上清液）反复冲洗，直至瘤胃液无酸臭味，pH检查呈中性或弱碱性为止。也可用1%碳酸氢钠溶液或1%食盐水洗胃。但瘤胃内容物很多，导胃无效时，则须采用瘤胃切开术。

②纠正酸中毒　为中和瘤胃内酸度，可用石灰水、氢氧化镁或氧化镁、碳酸氢钠或碳酸盐缓冲合剂（碳酸钠150g、碳酸氢钠250g、氯化钠100g、氯化钾40g，加常水5～10L），牛一次灌服。为中和血液酸度，缓解机体酸中毒，可静脉注射5%碳酸氢钠溶液，牛1 000mL，羊200mL。也可用曲麦散加减：厚朴35g，枳壳35g，苍术35g，神曲60g，麦芽60g，山楂60g，玉片45g，三棱40g，莪术40g，莱菔子60g，陈皮30g，大黄50g，甘草30g，硫酸镁250g。一次研磨灌服，每天1剂，连用3d。（提供者：邓军佐）

③补充体液，防止脱水　可补充5%葡萄糖生理盐水或复方氯化钠溶液，牛每次4 000～8 000mL，羊500～1 000mL，静脉注射，补液中加入强心剂效果更好。

对症疗法：如伴发蹄叶炎时，可注射抗组胺药物；为防止休克，宜选用肾上腺皮质激素类药物；欲恢复胃肠消化机能，可给予健胃药和前胃兴奋剂。

（2）预防　合理搭配日粮，注意精饲料与粗饲料的比例。奶牛的精粗比例（以干物质计）为：泌乳前期50∶50，泌乳中后期35∶65，干乳期15∶85。在泌乳早期，加喂精料，要缓慢增加，一般适应期为7～10d；精料内可添加缓冲剂和制酸剂，如碳酸氢钠、氢氧化镁或氧化镁等，使瘤胃内pH保持在5.5以上，也可在精料内添加抑制乳酸生成的抗生素，如拉沙洛菌素、莫能菌素、硫肽菌素等。加强饲养管理，严格控制精料饲喂量，防止过食、偷食。

六、酮病

酮病（ketosis）又称醋酮血病、酮血病或酮尿病，是蛋白质、脂肪和糖的代谢发生紊乱，使酮的化合物在血液、乳、尿及组织内蓄积所致的疾病。本病通常发生在母牛产犊20d内，最迟不超过6周；也见于舍饲、营养良好的高产母羊及妊娠母羊。

［病因］　酮病主要是由于饲喂高蛋白、高脂肪、低糖饲料或其他原因，使酮体在体内蓄积而导致出现消化功能障碍和神经症状的疾病。

此病多发生在产奶最高峰之前。在产奶量急剧增加，能量需要也不断增加的情况下，有的由于饲料配给不能满足需要，有的因机体条件不适应当时情况，而引起血糖降低，导致此病的发生。因此，多发生于能量要求高的第3～6胎的高产奶牛。各种环境刺激因素引起激素代谢失调或给予丁酸发酵青贮，致使酮体产生过剩也是常见的原因。此外，消化器官、子宫和肝脏疾病，饲料维生素A、B族维生素缺乏及矿物质不足等，均可引起继发性酮病。

［发病机理］　反刍动物的血糖主要靠瘤胃微生物分解所产生的丙酸再通过肝脏的糖异生途径转化为葡萄糖。微生物分解所产生的乙酸、丙酸和丁酸，统称为挥发性脂肪酸。动物

产后，若采食碳水化合物不足，或精料太多，粗纤维不足，则易导致丙酸生成不足。丙酸减少，使糖异生过程中草酰乙酸不足。草酰乙酸能使乙酸和丁酸转化为乙酰辅酶A，进入三羧酸循环。草酰乙酸不足时，乙酸和丁酸则转变为乙酰乙酸及β-羟丁酸而成为酮体。加之，泌乳又消耗体内的糖和脂肪而加速糖原异生，则进一步加速酮体生成，同时使牛处于低血糖状态。高浓度的酮体对中枢神经系统有抑制作用，加上脑组织缺糖，使病牛呈现嗜眠。酮体还有利尿作用，故病牛粪便干燥，机体脱水，迅速消瘦。

[症状]　主要症状是精神沉郁，食欲减退，产奶量急剧下降，尿和奶呈现酮体阳性反应。临诊上可分为4种类型：

（1）消化道型　此型最为常见，多发生于分娩后的2周内。病畜厌食精料和青贮，喜吃干草，腹围收缩、明显消瘦。在左肷部听诊，多可听到与心音音调一致的血管音。

（2）神经型　突然出现咬牙、狂躁、兴奋、步态蹒跚、眼球震动、转圈运动等神经症状，甚至有时啃咬自己的皮肤。此型症状较重，但治疗恰当，神经症状可很快消失。

（3）产后瘫痪型　多发生在分娩后数天内，主要表现为瘫痪。虽然产后瘫痪症状明显，但以钙剂治疗并不见效（图3-6-1）。

（4）继发型　此型继发于真胃、子宫、肝脏疾病或乳腺炎等，症状和转归因原发病不同而异。

[病理变化]　主要表现为肝脏脂肪变性（图3-6-2、图3-6-3），严重病例，肝脏比正常大2～3倍。这种变化在其他实质器官也不同程度的存在。

[诊断]　根据饲料营养状况、瘫痪出现时间（多在产后4～6周）、减食、产奶量下降、神经症状和呼出气体有丙酮味等，可做出初步诊断。结合生化试验结果，特别血酮、尿酮、血糖等化验结果进行综合判断，便可确诊。

[防治]　本病多因饲养管理不当引起，所以预防应以改进饲养管理方法为主。由于产奶盛期容易引起体内糖分不足，故在按照产奶量给予精料的同时，应避免给予质量低劣的青贮，特别是丁酸发酵的青贮。

图3-6-1　病牛卧地、瘫痪，头偏向一侧。
（刘安典）

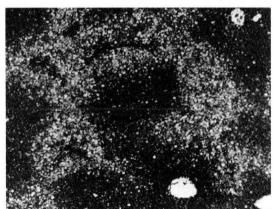

图3-6-2　肝脏脂肪变性：脂肪主要位于汇管区周围的肝细胞，呈带状分布，故小叶轮廓明显。（HE）

（J. M. V. M. Mouwen等）

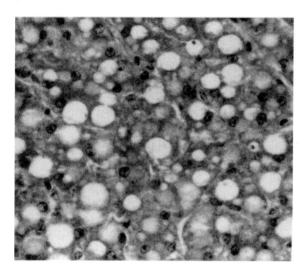

图3-6-3　肝脏脂肪变性：肝细胞质中有大小不等的空泡，空泡界限明显，有的肝细胞已变为一个大空泡。（HE×400）

（陈怀涛）

[治疗]　主要用25％或50％的葡萄糖（牛：500～1000mL，羊：50～100mL），同时注射保肝制剂和维生素制剂，如配合应用肾上腺皮质激素（强地松龙、氟美松）或有机酸盐类等，则效果更好。对神经型酮病，可静脉注射25％硫酸镁（牛：200～500mL，羊：20～50mL），或20％葡萄糖酸钙注射液（牛：250mL，羊：25mL）。对继发型酮病，应着重治疗其原发病。

七、创伤性网胃腹膜炎

创伤性网胃腹膜炎（traumatic reticuloperitonitis）是由于金属异物（如铁钉、金属丝等）混杂在饲草料中，被误食后进入网胃，导致网胃穿孔和腹膜损伤并发生炎症的一种疾病。本病主要发生于舍饲的奶牛、肉牛和耕牛，偶尔发生于羊。

[病因]　本病的发生主要是由于饲草料加工粗放，饲养管理不当，对饲草料中的金属异物检查和处理不细心所致。牛对饲草料中的硬物缺乏识别能力，而且采食时咀嚼不全。因此，牛胃中常有异物，常见的金属异物有铁丝、钢丝、铁钉、大头针、回形针、缝针、碎铁片等。被吞咽的金属异物直接进入网胃或落入瘤胃，再随瘤胃的蠕动进入网胃的前下部。网胃的蜂窝状黏膜使尖锐的异物陷于其中。网胃的收缩可使异物穿过胃壁。异物穿过胃壁后，带菌的异物和胃内容物使腹膜腔污染，从而继发局限性的腹膜炎和粘连。严重时，异物可穿透膈膜进入胸腔和心包，引起胸膜炎、心包炎、心肌炎、心内膜炎、肺炎和败血症等。

[症状]　疾病初期，突然出现前胃弛缓，奶牛产奶量急剧下降，排粪量减少，体温升高，心率正常或稍有增加，呼吸浅而快。动物运步小心或不愿运动，弓背，特别是走下坡路或坚硬的路面时小心、谨慎（图3-7-1）。也可出现胸前、颌下部水肿的症状（图3-7-2）。触诊，压迫剑状软骨区，动物疼痛不安。在慢性病例，采食量、排粪量和产奶量均下降，但胸部疼痛不明显，体温正常。在有些病畜，异物刺进网胃皱襞上或造成网胃穿孔（图3-7-3），引起腹膜炎，进一步可造成脏器腹膜粘连，影响消化，出现食欲减退等症状。

如异物引起胸膜炎或心包炎，则表现精神沉郁，心率过速（90次/min以上），体温升

高（40℃）。血液检查，白细胞数和中性粒细胞比例显著升高，出现核左移现象。发生胸膜炎的动物呼吸迫促，出现胸膜摩擦音，胸腔内有大量渗出液。创伤性心包炎的病畜，心包内有大量纤维蛋白性渗出液，心音模糊，有时出现拍水音；纤维蛋白常沉积在心包和心外膜（图3-7-4），导致出现心包摩擦音；后期由于心外膜肉芽组织增生，将渗出物机化，出现厚层结缔组织（图3-7-5）。颈静脉怒张，并伴有明显的搏动。若异物穿透心肌（图3-7-6），则心包内大量出血（图3-7-7）。由于本病常发生充血性心力衰竭，故牛只颌下及胸前常出现水肿。

　　[诊断]　本病应根据病史、症状、实验室检查和X线检查等进行综合诊断。X线透视或拍片检查能发现金属异物及心包异常。金属探测器和超声波检查也有助于本病的诊断。

　　[治疗]　早期发现的典型病例，可用抗生素进行治疗。常用土霉素（每千克体重6.6～11mg），静脉注射或腹腔注射；也可用青霉素和链霉素，肌内注射，均有一定效果。

图3-7-1　病牛不愿行走，下坡缓慢，前肢分开。
　　　　　　　　　　　　　　　　　（陈怀涛）

图3-7-2　病牛胸前、颌下部水肿。
　　　　　　　　　　　　　（张国仕）

图3-7-3　网胃黏膜皱襞被异物穿透。
　　　　　　　　　　　　　　（陈怀涛）

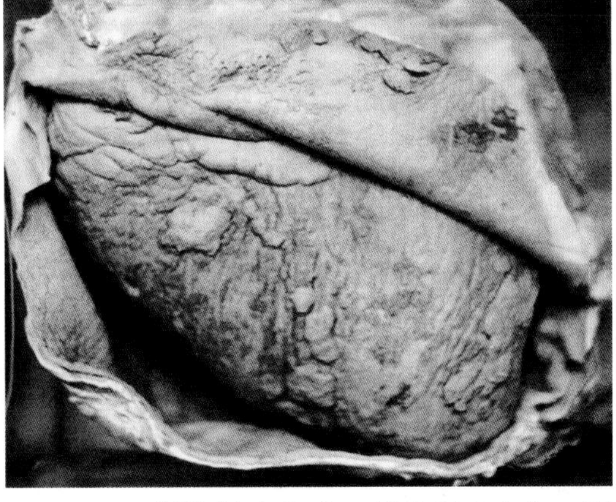

图3-7-4　创伤性心包炎：异物刺入心包，引起心包积液，心外膜与心包壁层表面有大量纤维素沉着。

　　　　　　　　　　（甘肃农业大学兽医病理室）

在未造成创伤性心包炎或胸膜炎之前，可用手术疗法，一般是切开瘤胃，从网胃壁上摘除异物。比较严重或治疗效果较差的病例，应尽早淘汰。

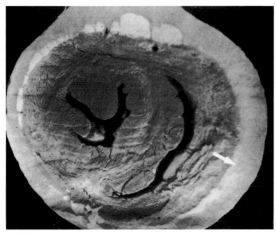

图3-7-5　在心脏横切面上，可见心肌外有厚层环形的灰白色组织，这是心包渗出物被机化后形成的结缔组织（↑）。

（甘肃农业大学兽医病理室）

图3-7-6　异物（↑）穿通心壁，刺入心室。

（甘肃农业大学兽医病理室）

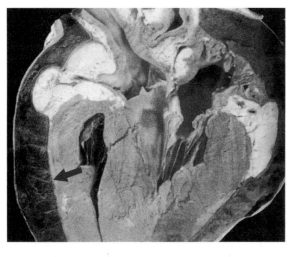

图3-7-7　异物穿通心壁后，心室血液流入心包，引起心包腔积血（↑）。

（甘肃农业大学兽医病理室）

八、牛蕨中毒

　　牛蕨中毒（bovine bracken poisoning）是指牛在短期内采食大量蕨（Bracken fern）所致的一种以骨髓损害和再生障碍性贫血为特征的急性致死性综合征。

　　[病因]　蕨属植物中的欧洲蕨 [*Pteridium aquilinum*（L.）Kuhn]，可引起牛的蕨中毒。此外，毛叶蕨 [*Pteridium revolutum*（BL.）Nakai] 及尾叶蕨 [*Pteridium caudatum*（L.）Banap] 也有类似的毒性（图3-8-1、图3-8-2）。

图3-8-1　毛叶蕨的枝叶形态。

（许乐仁）

图3-8-2　欧洲蕨和毛叶蕨的比较：左为欧洲蕨，
右为毛叶蕨。

（许乐仁）

［流行病学］　本病广泛发生于养牛国家，且与蕨属植物的地理分布密切相关。放牧牛在春季大量采食蕨后，常在春夏之交发病。不同年龄及品种的奶牛、肉牛、黄牛和水牛均可发病，以犊牛及育成牛更为敏感。

［发病机理］　蕨能导致骨髓的类放射损害。蕨的毒性因子可用热乙醇及热水提取。1983年，日本及丹麦学者从欧洲蕨中分离到一种正倍半萜糖苷（norsesquiterpene glucoside），被认为是蕨的重要致癌因子和毒性因子。蕨毒素可使骨髓及肝脏机能障碍，出现凝血不全、红细胞、粒细胞、血小板减少及出血性变化。病牛的高热，则可能是由损伤细胞产生的内生性致热原刺激下丘脑体温调节中枢而引起的。严重的骨髓损害、出血及心、肝等实质器官病变，可导致病情恶化及死亡。

［症状］　潜伏期约数周。早期症状为病牛精神沉郁，食欲减损；然后，茫然呆立，步态跟跄，直至卧地难起。病情恶化时，体温升高达42℃左右，食欲废绝，瘤胃蠕动减弱或消失，流涎，腹痛。常有心动过速及呼吸加快，常因咽喉麻痹伴发呼吸困难而窒息死亡。

可视黏膜和皮肤有斑点状出血，并有明显贫血及黄染。昆虫叮咬部、皮肤穿刺孔或注射针孔见长时间出血不止。

［病理变化］　可见再生障碍性贫血的血液和骨髓变化。血液白细胞减少，中性粒细胞极度减少，淋巴细胞相对增多；血小板减少；红细胞减少，大小不均，脆性增加，血红蛋白也随之降低；血凝时间延长，血块收缩不良。骨髓增生受损，红系、粒系、巨核细胞系的细胞均减少，特别是病牛发热时。

剖检时，浆膜、黏膜、皮下、肌肉、脂肪及实质器官均见明显的出血性变化，以左心内膜及膀胱黏膜的出血更为严重，肌间出血可形成大血肿。疏松结缔组织及脂肪组织胶样水肿。四肢长骨的黄骨髓呈出血性胶样水肿，红骨髓部分或全部被黄骨髓取代。镜下，见骨髓造血组织萎缩，呈岛屿状分布，粒细胞系及巨核细胞系的细胞减少或消失，仅有少数幼红细胞集聚。

［诊断和防治］　根据有接触蕨属植物的病史等流行病学资料，结合典型的症状及病理变化，基本可做诊断。在蕨中毒牛出现发热及其他临诊症状之前，血液学改变已相当

显著。因此，在本病流行区的流行季节，对高危牛群定期进行血液学检查，及时检出那些虽未充分表现临诊症状，但已中毒的病牛，可进行早期治疗，常能收到良好效果。本病目前尚无特效解毒药，多采用输血或输液，应用骨髓刺激剂、肝素颉颃剂，以及对症治疗等综合疗法。

九、牛地方性血尿症

牛地方性血尿症（bovine enzootic haematuria）是因长期食入蕨类植物而发生的以间歇性血尿及膀胱内肿瘤形成为特征的地方流行性疾病。

[病因] 蕨属植物中的欧洲蕨和毛叶蕨不但可引起牛的急性蕨中毒，长期少量采食也可引起血尿症，因而本病可被视为牛的慢性蕨中毒。

[流行病学] 本病广泛见于世界各主要养牛国家，其分布与蕨属植物的地理分布密切相关。在我国，本病主要分布在黄河以南的山地区域，以贵州、四川、云南、广西、陕西及台湾的某些地区最为多见。贵州省各地1 392头屠宰黄牛的膀胱肿瘤检出率高达18.74%。本病多见于2岁以上的成年牛，平均发病年龄7岁左右，发病无性别及品种差异。水牛、绵羊也可患病。

[发病机理] 蕨中的致癌原可被乙醇及水提取。从欧洲蕨中分离到的正倍半萜糖苷，在碱性环境中可转变为二烯酮，因而被普遍认为是蕨的重要致癌因子和毒性因子。膀胱内的碱性环境似乎有助于肿瘤的形成。

[症状] 临诊上最突出的症状为长期间歇性血尿。尿液淡红或鲜红，严重时尿液中可见絮片状血凝块。偶尔血尿眼观不明显，但在重役、妊娠及分娩时，血尿重新出现或加重。长期的血尿可导致病牛贫血、虚弱、消瘦、泌乳减少，后期常呈恶病质状态。尿液检查，除可见大量红细胞外，有时可查出脱落的肿瘤细胞。同时尿中β-葡萄糖醛酸酶水平升高，纤溶酶激活物的活性增强。膀胱内肿瘤的存在可增加尿路的感染，肿瘤的转移则可造成相应器官的损伤，从而病牛出现相应的临诊症状。

[病理变化] 最重要的是膀胱的肿瘤、炎症及出血变化。牛膀胱肿瘤的大小、形态、色彩、质地及数量各异，主要取决于它们的组织学类型、恶性程度及生长的时间。膀胱肿瘤可向腔内或在壁中生长。向腔内生长时，肿瘤呈乳头状、息肉状、花椰菜状、珊瑚状或结节状等（图3-9-1）；如在壁中生长，可使膀胱壁弥漫性增厚，有的还有溃疡。肿瘤大小甚为不同，由粟粒大到充满膀胱腔。膀胱壁的弥漫增生性肿瘤，可使其壁厚达2cm或以上。肿瘤颜色不尽相同：肌肉肿瘤，色淡红，似息肉，较坚实；乳头状瘤色灰白，柔软易断；血管肿瘤，色鲜红或暗红，柔软或较坚实；纤维瘤，色灰白，致密坚硬；变移细胞癌和腺癌，色灰白，坚实。有的肿瘤有出血或小囊肿。膀胱肿瘤可单发或多发，一般位于膀胱体部，也可位于其他部位，或遍布于膀胱内壁。纤维瘤和平滑肌瘤常在膀胱壁内呈膨胀性生长，故形成结节或硬肿块（图3-9-2、图3-9-3）。肿瘤的组织学类型极为多样：在牛的膀胱肿瘤中，上皮性肿瘤占82%，其余为间叶性肿瘤。在上皮性肿瘤中最常见的是变移细胞癌，其次是乳头状瘤及腺癌（图3-9-4至图3-9-6）；而间叶性肿瘤则以血管瘤为主。但贵州省大量牛膀胱肿瘤中，间叶性肿瘤较多，其中多为纤维组织源性、血管源性及肌源性肿瘤（图3-9-7）。膀胱肿瘤中，混合性肿瘤较为多见，即在一个膀胱内有两种或两种以上组

织学来源的肿瘤并存。混合性肿瘤，绝大部分为上皮性肿瘤与间叶性肿瘤并存。

　　在牛膀胱肿瘤中，绝大多数为恶性肿瘤（图3-9-8）。恶性生物学行为表现为出血与坏死，浸润性生长，直接蔓延及转移。不过恶性肿瘤的转移相对较少，如发生转移，多经淋巴道。常可见髂下淋巴结肿大，结构破坏或完全被肿瘤组织取代。有些病例可见远方淋巴结转移。少数病例也可出现血道转移，在肺脏出现大量肿瘤结节，并进而发生癌瘤的全身化。偶见膀胱肿瘤在腹腔脏器表面和腹壁浆膜上的种植性转移。除肿瘤性变化外，膀胱还常见非肿瘤性改变，如冯·布龙氏上皮细胞巢（von Brunn's epithelial nests）的出现及增生、变移上皮的腺样化生和鳞状化生，以及各种慢性膀胱炎。

　　[诊断和防治]　间歇性血尿是本病重要的临诊症状，凡在富蕨牧地上放牧两年以上而出现不明原因血尿者，首先应考虑本病的可能性。尿液中脱落细胞的检查及膀胱内窥镜检查，有一定诊断意义。膀胱肿瘤的组织学类型及良恶性判断，须经病理组织学诊断。当肿瘤的体积较大或发生髂下淋巴结转移时，直肠检查有一定诊断意义。本病尚无有效的根治疗法，

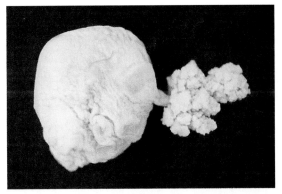

图3-9-1　牛地方性血尿症，膀胱（黏膜已被翻
　　　　　出）乳头状瘤，呈花椰菜头状。
　　　　　（中国农业科学院兰州兽医研究所）

图3-9-2　牛地方性血尿症，膀胱壁内生长呈多
　　　　　发性指状、息肉状和绒毛状的瘤体，
　　　　　有些瘤体内有出血斑。

（陈可毅）

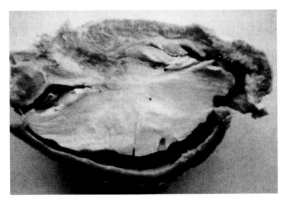

图3-9-3　膀胱与肿瘤剖面：膀胱体部的巨大瘤
　　　　　体长入并几乎填塞整个膀胱腔，瘤体
　　　　　为灰白色、致密的鱼肉状结构。

（陈可毅）

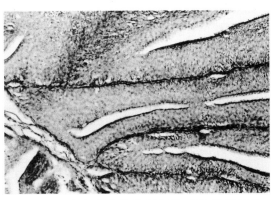

图3-9-4　膀胱乳头状移行细胞癌的组织结构。
　　　　　（HE×200）

（许乐仁）

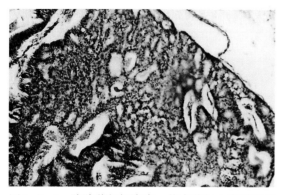

图3-9-5　膀胱移行细胞癌，伴有移行上皮的腺样化生。（HE×200）

（许乐仁）

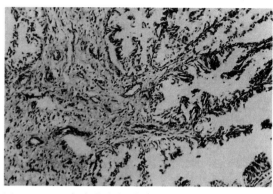

图3-9-6　膀胱乳头状腺癌的癌组织呈腺样结构，形成许多分支的乳头状突起伸入腺泡腔。（HE×200）

（许乐仁）

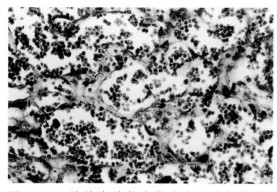

图3-9-7　膀胱海绵状血管瘤主要由扩张的血管组成，血管中含有红细胞。（HE×400）

（许乐仁）

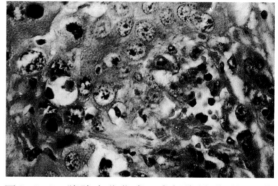

图3-9-8　膀胱未分化癌：癌细胞异型明显，其大小、形态极不相同，分裂象多。（HE×400）

（许乐仁）

对症治疗只能缓解病情。病牛多无治疗价值及治疗希望。多数病牛被淘汰屠宰或死亡。

本病的预防主要是清除放牧地生长的蕨，避开在蕨丛生的草场放牧。对常年放牧饲养的牛，要选择在无蕨或蕨少的草场上放养，以免长期食入大量蕨类植物。

十、黑斑病甘薯毒素中毒

黑斑病甘薯毒素中毒（moldy sweet-potato poisoning）又称黑斑病甘薯中毒或霉烂甘薯中毒，俗称"喘气病"或"喷气病"。它是牛、羊等动物采食一定量黑斑病甘薯后发生的，以急性肺水肿与间质性肺气肿、严重呼吸困难以及皮下气肿为特征的中毒性疾病。本病主要发生于种植甘薯的地区，且具有明显的季节性，即多发于每年10月到翌年4～5月间，春耕前后为本病发生的高峰期，似与降雨量、气候变化有一定关系。

　　[病因]　该病病原是甘薯长喙壳菌、茄病镰刀菌和爪哇镰刀菌等真菌。当甘薯遇到虫害

或表皮破裂时，易被以上真菌感染引起甘薯黑斑病，这时甘薯在应激因子作用下产生植物保护素，即构成了黑斑病甘薯毒素。现已研究清楚的毒素为甘薯酮、甘薯宁、4-甘薯醇和1-甘薯醇。其中，甘薯酮为肝脏毒，可引起肝脏坏死；甘薯宁、4-甘薯醇和1-甘薯醇则对肺脏具有毒性，可引起严重的肺水肿和肺气肿。黑斑病甘薯毒素可耐高温，因此，无论生喂、煮熟或用加工后粉渣饲喂，均可引起动物发病。

[发病机理]　本病的发生机理尚不很清楚。该毒素可经消化道吸收进入血液，作用于呼吸中枢。毒素的强刺激性可引起胃、肠黏膜出血或炎症。毒素吸收进入血液，经门静脉到达肝脏损害肝实质，又经血液循环引起心内膜出血等病变。毒素到达延脑后，可刺激呼吸中枢，使支气管和肺泡壁长期松弛扩张，严重者引起肺泡破裂。此外，毒素还可作用于丘脑、纹状体，使物质代谢中枢的调节机能发生紊乱，从而影响糖、脂肪和蛋白质的中间代谢过程。

[症状]　通常于采食24～48h内发病。①急性中毒时动物食欲和反刍停止，肌肉震颤，流涎，但体温不升高；随后，牛、羊常出现呼吸困难、气喘、头颈伸直、鼻孔开张等症状，多在1～2d内因窒息而死亡。②慢性中毒时，除精神沉郁、食欲减退、体温仍正常之外，动物表现为呼吸困难（80～100次/min），气管呼吸音似拉风箱音，肺部听诊为湿啰音。初期粪干而黑、呈球状；后期腹泻，粪便带黏液，尿少、色深。若不及时治疗，病畜往往在3～7d内死亡。

此外，奶牛发病后常出现产乳量下降，妊娠母牛则早产、流产；羊中毒时，还会出现结膜发绀、心衰、血便等症状。

[病理变化]　剖检：肺脏较正常大3倍以上。轻症时，见肺水肿、间质性肺气肿，小叶间显著增宽，组织疏松。重症时，肺膜薄而透明，肺膜下和肺间质形成串珠状气泡或气球样囊泡（图3-10-1），肺淤血、水肿，气管、支气管内有大量泡沫。肝脏肿大、变性，胃肠黏膜、膀胱黏膜与脾脏均见出血点。镜检：肺小叶间有许多大小不等的气泡。肺泡隔充血、出血、水肿，隔细胞肿胀，因此，肺泡界限不清，大多难以辨认；有些肺泡缩小，其上皮肿胀或脱落，肺泡腔中可见数个巨噬细胞、脱落的上皮细胞；有些肺泡扩张，多空虚，或有几个巨噬细胞和红细胞。细支气管充血、出血、水肿，管腔扩张，其中可见巨噬细胞、脱落的上皮细胞、红细胞和浆细胞（图3-10-2、图3-10-3）。肺胸膜下与肺小叶间淋巴管，以及支气管与纵隔淋巴结的淋巴窦中，均有气泡充塞（图3-10-4、图3-10-5）。肝细胞肿大，呈颗粒变性变化，或胞质溶解淡染，核溶解消失，有的细胞中尚见嗜酸性均质滴状物；肝窦充血，有单核细胞散在；汇管区常有单核细胞浸润和水肿（图3-10-6）。心肌纤维也有颗粒变性和溶解、坏死变化（图3-10-7）。

[诊断]　本病可根据病史、发病季节，并结合呼吸困难、肺气肿与水肿等特征病变做出诊断。

[防治]

（1）治疗　目前本病尚无特效解毒药。可根据排除毒素、缓解呼吸困难及提高肝脏解毒和肾脏排毒机能的原则进行治疗。对病畜，可一次灌服0.1%高锰酸钾液或1%双氧水2 000～3 000mL以氧化毒素，并静脉注射5%葡萄糖溶液和维生素C以促进排毒。还可缓慢静注20%葡萄糖酸钙，同时给予利尿剂以提高肾脏的排毒机能。为缓解呼吸困难，可静注10%硫代硫酸钠100～150mL及1%硫酸阿托品2～3mL。

（2）预防　主要是防止甘薯感染病原真菌，为此可用杀菌剂浸泡，收获时，力求甘薯表皮完整；保存时，要注意干燥和清洁，温度控制在 11 ～ 15℃。对已发生霉变的黑斑病甘薯应集中烧毁或深埋，禁止用其饲喂动物。

图 3-10-1　肺间质明显气肿、增宽，呈串珠状。

（祁保民）

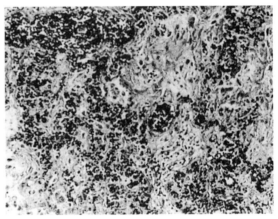

图 3-10-2　肺淤血、水肿。（HE×200）

（杨鸣琦）

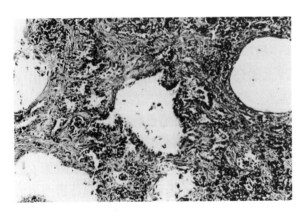

图 3-10-3　肺淤血、出血、水肿，有的肺泡高度气肿，或破裂、融合成大气泡，有的肺泡上皮增生。（HE×200）

（杨鸣琦）

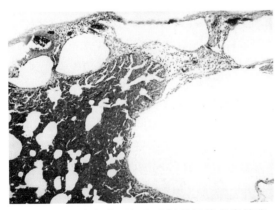

图 3-10-4　肺胸膜下与小叶间淋巴管高度扩张，充满气体。（HE×100）

（杨鸣琦）

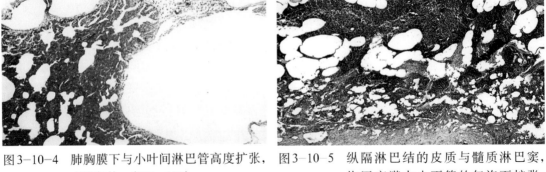

图 3-10-5　纵隔淋巴结的皮质与髓质淋巴窦，均因充满大小不等的气泡而扩张。（HE×100）

（杨鸣琦）

20mL，一次静脉注射。

②腹腔封闭：青霉素320万IU，普鲁卡因1g，生理盐水500mL，腹腔注入。

③瓣胃注射：为促进胃肠道内容物的排泄，可用1%～3%食盐水1 000～2 000mL，进行瓣胃注射。

2．预防

（1）"三不"措施　贮足冬春饲草。在发病季节，不在栎树林放牧，不采集栎树叶喂牛，不用栎树叶作垫草。

（2）日粮控制法　据报道，牛采食栎树叶占日粮的50%以上即发生中毒，75%以上即发生死亡。为此，可采取控制栎树叶在日粮中比例的方法预防本病。

①在发病季节，对耕牛采取上半天舍饲，下半天放牧的办法，以控制当天采食栎树叶的量在日粮中不超过50%。

②在发病季节，对牛采取每天缩短放牧时间的方法，归牧后进行补饲或加喂夜草。补饲或加喂夜草的量应占日粮的50%以上。

（3）高锰酸钾水解毒预防　根据高锰酸钾能对丹宁及其降解的低分子酚类化合物进行氧化解毒的原理，在发病季节，每天下午归牧后给牛灌服一次高锰酸钾水。方法是称取高锰酸钾粉2～3g于容器中，加清洁凉水4 000mL溶解后，一次胃管灌服或饮用，坚持到发病季节结束。

十二、无机氟中毒

无机氟中毒（inorganic fluoride poisoning）或氟病（fluorosis）是指无机氟随饲料或饮水长期摄入，在体内蓄积所引起的全身器官和组织的毒性损害。其特征是发育的牙齿出现斑点、过度磨损及骨质疏松和骨疣形成。氟中毒为人畜共患病。

[病因]　慢性氟中毒的主要原因：

（1）高氟区水草　我国的自然高氟区主要集中在荒漠草原、盐碱盆地和内陆盐池周围，当地植物的氟含量达40～100μg/g，有些牧草甚至高达500μg/g以上，超过动物的安全范围。我国规定饮水含氟卫生标准为0.5～1.0μg/mL。一般认为，动物长期饮用氟含量超过2μg/mL的水即可能发生氟中毒。

（2）工业环境污染　某些工矿企业（如铝厂、氟化盐厂、磷肥厂、炼钢厂、氟利昂厂、水泥厂等）排放的工业"三废"中含有大量的氟，污染邻近地区的土壤、水源和植物，造成放牧动物氟中毒。一般认为，饲喂家畜的牧草氟含量达40μg/g时，即可作为诊断氟中毒的指标。

（3）长期饲喂未脱氟的矿物质添加剂，如过磷酸钙、天然磷灰石等，亦可致病。

[发病机理]　氟是一种对细胞有毒害作用的原生质毒物。过量进入体内，除引起骨骼和牙齿的严重损伤外，还可导致各组织器官结构和功能的改变。

摄入的氟被吸收进入血液，可立即与钙形成氟化钙。氟正是以氟化钙的形式进入硬组织中，并取代表面阴离子，使骨盐的羟基磷灰石结晶，变成更加坚硬且不易溶解的氟磷灰石结晶。氟能激活某些酶使造骨活跃，导致血清中离子钙降低，进而刺激甲状旁腺，致其机能亢进，使甲状旁腺激素和降钙素分泌增多。这不仅加速骨的吸收，而且还抑制肾小管对磷的再吸收，使尿磷增高，影响钙、磷代谢，从而迫使骨骼不断释放钙。氟也可使骨基质胶原的性质发生改变，影响骨盐沉积，引起骨质疏松，易于骨折。因此，氟对骨有双向作用，即使骨质硬化，又致骨质疏松。氟也影响软骨的成骨过程，严重时使动物生长发育受阻。氟可刺激骨膜、骨内膜增生和新骨形成，使骨骼形态和功能发生改变。

氟还可使牙釉质发育和矿化发生障碍，导致牙釉质形成不良。牙表面釉质失去光泽，出现白垩状斑点。由于牙釉质的完整性被破坏，色素性物质趁机渗入局部和沉积，造成牙齿着色。病变严重时，牙釉质脱落和缺损。

［症状］　幼畜在哺乳期内一般不表现症状，断奶后放牧3～6个月，即可出现生长发育缓慢或停止，被毛粗乱，以及牙齿和骨骼的损伤。随年龄的增长日趋严重，呈现未老先衰。

牙齿的损伤是本病的早期特征之一，动物在恒牙长出之前如大量摄入氟化物，随着血浆氟水平的升高，牙齿在形态、大小、颜色和结构方面都发生改变。切齿磨损不齐，高低不平（图3-12-1）；釉质失去正常的光泽，出现黄褐色的条纹和斑点，并形成凹痕（图3-12-2），甚至牙与牙龈磨平。臼齿普遍有牙垢，并且过度磨损、破裂，可能导致髓腔的暴露，有些动物的齿冠被破坏，形成两侧对称的波状齿和阶状齿，甚至排列散乱，左右偏斜（图3-12-3）。下前臼齿往往异常突起，甚至刺破口腔黏膜造成溃烂，咀嚼困难，不愿采食。有的动物因饲草料塞入齿缝中而继发齿槽炎或齿槽脓肿，严重者可发展为骨脓肿。当恒齿完全形成和长出时，高氟对其结构的影响较小。

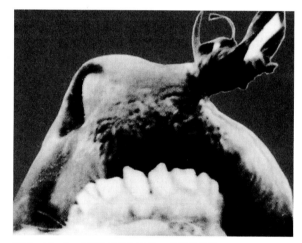

图3-12-1　切齿磨损不齐，高低不平。

（刘宗平）

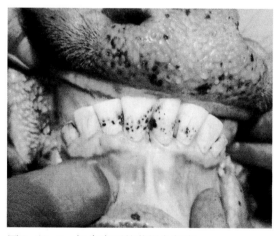

图3-12-2　切齿表面的黄褐色氟斑。

（刘宗平）

图3-12-3　上臼齿排列散乱，左右偏斜。

（刘宗平）

骨骼的变化随着动物体内氟的不断蓄积而逐渐明显，颌骨、掌骨、跖骨和肋骨呈对称性的肥厚，形成骨疣，发生可见的骨变形（图3-12-4、图3-12-5）。关节周围软组织发生钙化，导致关节强直，动物行走困难，特别是体重较大的动物出现明显的跛行。严重病例，脊柱和四肢僵硬，腰椎及骨盆变形。

X线检查表明，骨质密度增大或异常多孔，骨髓腔变窄，骨外膜呈羽状增厚，骨小梁形成增多。有的病例有外生骨疣，长骨端骨质疏松。

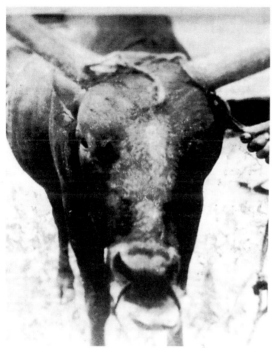

图3-12-4 颌骨肿大，头面部变形。

（刘宗平）

图3-12-5 病牛右侧肋骨形成骨疣，向外突出。

（刘宗平）

[临诊病理] 骨骼氟含量是诊断动物氟中毒最准确的指标之一。体内总氟的绝大部分存在于骨骼中，摄入量愈高，骨骼中氟的存留及比例愈高。但需注意，动物的骨骼氟含量随年龄的增长而累积。一般认为，正常成年家畜脱脂骨中氟含量为300～600μg/g，老龄家畜不超过1600μg/g，另外，密质骨氟含量高于松质骨，牙齿中氟浓度略低于长骨。长期摄入高氟在未出现中毒之前，骨骼和牙齿中氟含量已超出正常值许多倍。奶牛密质骨含氟超过5500μg/g，松质骨含氟超过7000μg/g为氟中毒。恒牙生长期的动物，骨骼氟含量超过1200μg/g可作为氟中毒的指标，3000μg/g以上为严重氟中毒；对老龄动物应具体分析。

动物氟中毒时，肝脏、肾脏碱性磷酸酶和酸性磷酸酶活性降低，三磷酸腺苷酶活性升高，血清中钙水平降低，血清碱性磷酸酶活性升高，骨骼中碱性磷酸酶活性升高更加明显。

[病理变化] 氟中毒动物表现消瘦。骨骼和牙齿的变化是本病的特征。受损骨呈白垩状、粗糙、多孔。肋骨易骨折，常有数量不等的膨大，形成骨疣（图3-12-6）。腕关节骨质增生。母畜骨盆及腰椎变形。骨磨片可见骨质增生，成骨细胞集聚，哈氏系统大小不一，

形状不规则，甚至模糊不成形，哈氏管扩张，骨细胞分布紊乱（图3-12-7），骨膜增厚。牙齿磨损不齐，有氟斑。心脏、肝脏、肾脏、肾上腺等有变性变化。

[诊断]　慢性氟中毒，依据牙齿的损害、骨骼变形等特征症状和病变，结合牧草、骨骼、尿液等氟含量的分析，即可确诊。本病应与能引起骨骼损害的铜缺乏、铅中毒及钙磷代谢紊乱疾病相鉴别。

[防治]

（1）治疗　对慢性氟中毒，目前尚无完全有效的疗法，应尽快使病畜脱离病区，供给低氟饲草料和饮水，并每天供给硫酸铝、氯化铝、硫酸钙等，也可静脉注射葡萄糖酸钙或口服乳酸钙以减轻症状，但牙齿和骨骼的损伤极难恢复。

（2）预防　主要采取以下措施：

①对补饲的磷酸盐，应尽可能脱氟，不脱氟的磷酸盐的氟含量不应超过1 000μg/g，且在日粮中的比例应低于2%。

②应避免在高氟区放牧。

③低氟牧场与高氟牧场轮换放牧。

④饲草料中供给充足的钙、磷。

⑤在工业污染区，最根本的措施是治理污染源。在短时间内不能完全消除污染的地区，可采取综合预防措施，如从健康区引进成年动物进行繁殖，在青草期收割氟含量低的牧草供冬、春季补饲，有条件的建立棚圈进行饲养等。

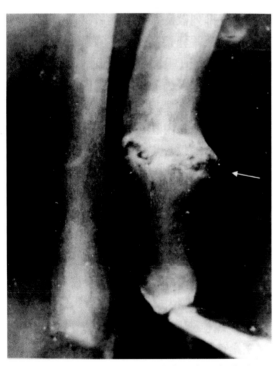

图3-12-6　肋骨自发性骨折，并有骨疣形成（↑）。

（刘宗平）

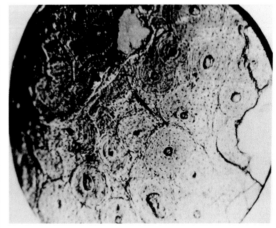

图3-12-7　病骨磨片上可见哈氏系统大小不一，形状不规则，甚至模糊不成形，哈氏管扩张，骨细胞分布紊乱。

（刘宗平）

十三、磷化锌中毒

　　磷化锌是一种毒鼠剂，常用2%～5%浓度与适当诱饵混合成毒饵，用于灭鼠。牛和其他动物误食该种毒鼠剂而发生的中毒，称为磷化锌中毒。

　　[病因]　磷化锌为一种带闪光的暗色结晶，不溶于水，能溶解在酸、碱和油中，在空气中容易吸收水分，释放出蒜臭味的磷化氢气体。每千克体重40mg的剂量可使大多数动物及家禽中毒，中毒剂量直接取决于胃内容物的pH。

　　磷化锌中毒（zinc phosphide poisoning）主要是由于误食灭鼠毒饵或食入磷化锌污染的饲料所致；偶尔也见于人为性投毒引起的动物中毒。

　　[发病机理]　磷化锌进入胃内，在胃液盐酸的作用下，迅速分解产生氯化锌和磷化氢气体。磷化氢被机体吸收后，分布于肝、心、肾和骨骼肌等组织器官，抑制组织的细胞色素氧化酶，影响细胞内代谢过程，造成窒息，并使组织细胞发生变性、坏死。氯化锌具有强烈的腐蚀性，能刺激胃肠黏膜，引起充血、出血和溃疡。

　　[症状]　摄入毒饵15min到数小时可出现症状，表现食欲废绝，腹痛，腹胀，流涎呕吐，呕吐物有蒜臭味，在暗处发出磷光。有的发生腹泻，粪便混有血液。呼吸困难，心律缓慢，节律不齐，黏膜黄染，尿色发黄或红黄，并可出现蛋白尿。尿中有红细胞和管型。有的出现兴奋、痉挛、惊厥等症状。

　　[病理变化]　消化道黏膜充血、出血，有些内容物呈红糊状（图3-13-1、图3-13-2）；肝肿大、变性、质地变脆（图3-13-3）；肺水肿，气管内充满泡沫状液体；肾变性、肿大，色红黄，质脆（图3-13-4）；心内外膜，尤其乳头肌有明显的出血斑点（图3-13-5、图3-13-6）。

　　[诊断]　根据有与磷化锌接触史，结合流涎、呕吐（呕吐物带有大蒜臭味，在暗处呈现磷光）、腹痛、腹泻等症状，以及肺充血、水肿，心脏、肾脏出血、变性等病理变化，可以初步诊断。呕吐物、胃内容物或残剩饲料中检出磷化锌，即可确诊。

　　[防治]　本病目前尚无特效解毒药。发现中毒病畜，立即灌服0.5%～1%硫酸铜溶液，硫酸铜既有催吐作用，又能与磷化锌生成不溶性磷化铜沉淀，从而阻止吸收而降低毒

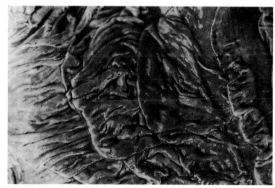

图3-13-1　瘤胃食道沟部黏膜肿胀、出血，附近内容物被红染。　　图3-13-2　皱胃黏膜充血、出血。

（陈怀涛）　　　　　　　　　　　　　　　　　　　　　　（陈怀涛）

性；也可投服0.1%～0.5%高锰酸钾溶液，使磷化锌氧化为磷酸酐而失去毒性；如果发现中毒较早，可用5%碳酸氢钠溶液洗胃（牛用2～4L），以延阻磷化锌转化为磷化氢。葡萄糖酸钙和乳酸钠注射液可用于对抗酸中毒。10%硫代硫酸钠溶液、抗脂肪肝药及葡萄糖等，可用于肝损害的治疗。

预防主要是加强磷化锌的保管，严防被家畜误食。装过磷化锌毒饵的器物禁止装饲料、饲草。

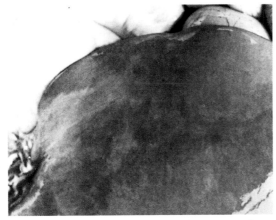

图3-13-3　肝脏肿大，变性，色带黄。

（陈怀涛）

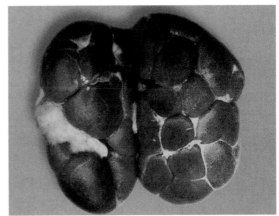

图3-13-4　肾脏肿大、变性，呈红黄色。

（陈怀涛）

图3-13-5　心外膜密布出血点。

（陈怀涛）

图3-13-6　心内膜和心肌见明显出血。

（陈怀涛）

Chapter 4 第四章
肿瘤和其他病症

一、鳞状细胞癌

鳞状细胞癌（squamous cell carcinoma）简称鳞癌，是由皮肤或皮肤型黏膜上皮发源的一种恶性肿瘤。

[病理变化]　鳞癌主要发生于皮肤（包括乳腺的皮肤），此外也发生于口腔、喉头、食管、阴道和子宫颈等被覆鳞状上皮的黏膜。非鳞状上皮的黏膜当其发生鳞状化生时，也可进一步发展为鳞癌。

眼观，鳞癌常表现为局部组织弥漫性肿厚，和周围组织分界不清，表面形成难以愈合的溃疡；也可呈花椰菜头状或结节状，表面组织常有出血和坏死（图4-1-1）。鳞癌质硬，无包膜。由于癌组织是向周围深入生长的，所以在切面上可见灰白色颗粒状结构。

镜检，癌组织的实质为许多大小不等的癌细胞团块或条索，即癌巢，其间为致密结缔组织。癌巢细胞的异型性和分化程度在不同的鳞癌不尽相同。分化较好的，其癌巢中常有明显的角化珠（癌珠）；分化不好的，则偶见个别角化细胞。癌细胞间有间桥，癌细胞多见核分裂象（图4-1-2）。

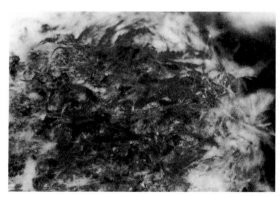

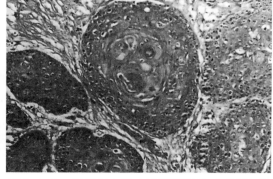

图4-1-1　局部皮肤粗糙不平，常有破损，破损难以愈合，有坏死、化脓和出血。

（陈怀涛）

图4-1-2　癌组织主要由癌细胞团块（癌巢）构成，有的癌巢中心部发生角化（癌珠），癌巢间为结缔组织。（HE×200）

（陈怀涛）

二、牛瞬膜癌

牛瞬膜癌（third eyelid carcinoma of cattle）是一种眼鳞状细胞癌。眼鳞癌是牛较常见的肿瘤，在美国多见于海福德牛。在我国西北地区奶牛场的黑白花牛中，瞬膜癌比较常见。其发生原因还不太清楚，很可能同缺乏角膜巩膜色素有关。角膜巩膜色素缺乏时组织容易受到强烈紫外线辐射的损害。

眼鳞癌可发生于眼和眼周围许多部位，如眼睑、结膜、角膜和瞬膜（即第三眼睑）。鳞癌发生于瞬膜时，病初有流泪、结膜黏液分泌增多和羞明等症状。此时由于癌灶初起，眼观难以发现，或在瞬膜上，尤其游离缘只有数个细粒状病灶（图4-2-1），故临诊上易被忽视。随后这种病灶逐渐增大，相互融合，而呈不整齐的小结节状，突出于眼内角。瘤组织会继续生长，形成花椰菜状新生物（图4-2-2）。在个别严重病例，肿瘤可向附近组织和淋巴结转移。

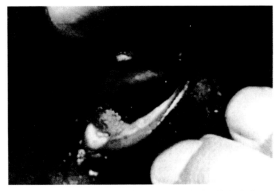

图4-2-1　瞬膜上生长有淡黄色细粒状肿瘤病变。
（陈怀涛）

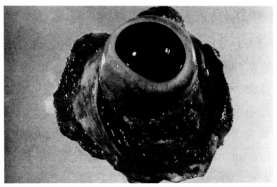

图4-2-2　已摘出的眼。在瞬膜上有一些发生溃疡的肿瘤性增生物，呈花椰菜状。
（J. M. V. M. Mouwen 等）

镜检，瞬膜上皮呈异型性生长，以"网钉"伸入深层，癌巢可相互连接成网状；癌组织也可向外恶性生长。因此，瞬膜原结构改变。癌细胞分化程度不一，也可见到核分裂象。间质常有炎症反应，有时局部还有很多淋巴细胞、浆细胞和巨噬细胞（图4-2-3）。瞬膜癌虽属恶性，但早期实行冷冻切除术并结合消炎，一般可获得良好疗效。

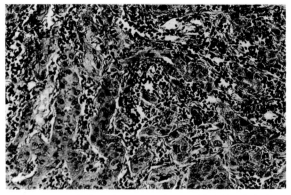

图4-2-3　瞬膜上皮呈恶性生长，肿瘤间质有大量炎性细胞浸润。（HE×200）

（陈怀涛）

三、纤维瘤与纤维肉瘤

纤维瘤来源于纤维结缔组织，由瘤变的成纤维细胞和胶原纤维组成，是牛及其他家畜常见的良性肿瘤之一。甘肃省动物肿瘤生态学调查研究结果表明，在牛的肿瘤中发生率最高的是纤维瘤，占牛全部检出肿瘤的33.8%（44例/130例）。纤维瘤常见于牛的头、颈、腹下、胸壁、四肢、阴茎等的皮下，也可见于内脏；多单发，少数多发。公牛比母牛多见。眼观多呈结节状，切面为灰白色，与周围组织界限清楚，也可见到包膜（图4-3-1、图4-3-2、图4-3-3）。如瘤组织中含胶原纤维多，则肿瘤

图4-3-1　皮下纤维瘤，单发，个体较大，突出于皮肤，突出部因摩擦而无毛。

（陈怀涛）

质地很硬，切面可见不规则的纤维束纹理，此种肿瘤称硬纤维瘤（fibroma durum）；如果由较疏松的结缔组织构成，瘤细胞稀疏，常呈星状胶原纤维少，同时含有脂肪组织，则肿瘤质地柔软，状如息肉，则称软纤维瘤（fibroma molle）。镜检，纤维瘤的结构和染色与正常的纤维结缔组织相似，但纤维与细胞的数量比例、结构排列不相同。纤维瘤的瘤细胞和胶原纤维排列紊乱，常呈束状相互交错或呈漩涡状排列（图4-3-4）。纤维瘤一般生长缓慢，切除后不复发。

纤维肉瘤是来源于纤维结缔组织的一种恶性肿瘤，但与其他肉瘤相比，恶性程度低，对机体危害较小。

纤维肉瘤的形态特点、发生部位和纤维瘤相似。但一般生长较快，或其表面常有炎症、坏死、出血等病变。镜检，瘤组织结构和纤维瘤相似，但瘤细胞分化程度低，异型性较大，还可见到较多核分裂象（图4-3-5）。

纤维瘤和纤维肉瘤一般用外科手术切除治疗。

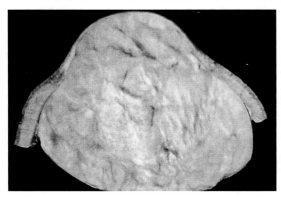

图4-3-2　上图肿瘤的切面，色灰白，质地硬实，突出部皮肤受压变薄。

（陈怀涛）

图4-3-3　在瘤胃食道沟部有一团多发性纤维瘤，其大小不等，色淡黄，表面光滑。动物生前进食和嗳气困难。

（J. M. V. M. Mouwen等）

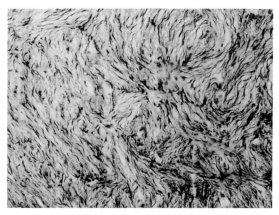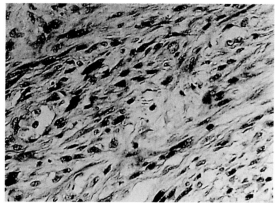

图4-3-4　纤维瘤的组织结构：瘤细胞似成纤维细胞，瘤细胞和胶原纤维成束状相互交错，或呈漩涡状。（HE×200）

（陈怀涛）

图4-3-5　纤维肉瘤的组织结构：和纤维瘤相似，但细胞异型性较大，分裂象较多。（HE×400）

（陈怀涛）

四、皮肤类肉瘤病

本病是皮肤的一种局部侵犯的成纤维细胞肿瘤（称为类肉瘤）性疾病，最常见于马属动物，也见于黄牛和水牛。

[病因]　类肉瘤病是肿瘤性疾病，其病因迄今还无定论，有可能由病毒引起。考虑到肿瘤可生长在昆虫伤害和机械性损伤的局部，推测它是异常生长的肉芽组织的恶变，而外科损伤是其诱发因素。

在牛乳头状瘤病时，有些瘤体表现局部侵犯，引起真皮成纤维细胞异常增生，随后演变为类肉瘤。

[病理变化]　肿瘤主要生长在头部，也见于体躯和四肢；多数病例为单发，较少是多发；通常无转移。

类肉瘤按其外观和组织学特征，分为下列4型。

（1）疣状型　肿瘤外观酷似传染性疣/乳头状瘤，呈成丛的乳头状、分支乳头状、尖锐疣状或结节状向体外生长，瘤体大小不一，颜色多为灰白色、淡红色，表面有角化皮屑、皮痂。角化的疣状生长物质地坚硬，摩擦时可碎裂、脱落。瘤体有蒂，但许多是无蒂的。镜检，突出于皮肤的疣状生长物为乳头状瘤结构。每个向外生长的疣状、乳头状肿瘤生长物，其表面被覆角化鳞状上皮组织，恰如套罩，而中央部分（即"芯"）为成纤维组织和血管，成纤维组织生长活跃，但异型不明显。

（2）成纤维细胞型（肉芽肿型）　瘤体从皮肤向外隆突，大小不等，指头大到人头大，花椰菜状或蘑菇状，灰红到鲜红色，表面有不完整的灰褐色角质硬壳或痂块。肿块可分叶为成丛的大小不一的结节，分叶的大肿瘤酷似牛的肾脏。瘤块基底宽广，无蒂，仅少数有蒂，质地坚实（图4-4-1、图4-4-2）。剖面为灰白色致密组织，许多部位有灰白色蚕茧状纹理。镜检，呈结节状分叶的瘤体深层，由丰富的梭形、多角形细胞及少许胶原纤维组成，有较多的血管。瘤细胞胞核为椭圆形和长椭圆形，近似幼稚成纤维细胞核，有较多的异形

的大细胞核，偶见细胞分裂象。瘤细胞和胶原纤维束多呈不规则的漩涡状、指纹状排列。肿块表层为角化表皮，组织排列尚规整；基底层多处向深部呈条索状伸入生长，形成"网钉"，其下一般为向外生长的肉瘤细胞，有炎症细胞浸润。此型是皮肤类肉瘤中具有代表性的（图4-4-3、图4-4-4）。

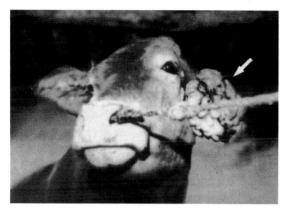

图4-4-1　黄牛两侧耳腹面均有皮肤类肉瘤生长，左耳的巨大瘤体呈成丛的结节状（↑）。

（陈可毅）

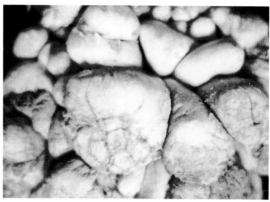

图4-4-2　黄牛皮肤有一巨大的瘤体生长，重达1 325g，表面为灰褐色、厚层、角质"硬壳"。

（陈可毅）

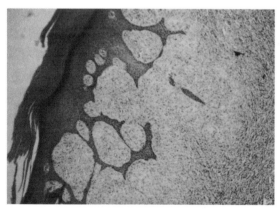

图4-4-3　皮肤类肉瘤在光镜下的景象：表面基底层向深部呈条索状伸入生长，形成"网钉"，其下是大量生长的肉瘤细胞。(HE×80)

（陈可毅）

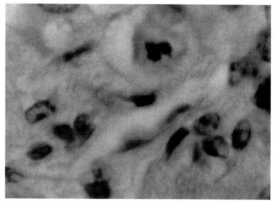

图4-4-4　肉瘤细胞类似幼稚的成纤维细胞，有异形的巨大细胞核和异常分裂象。(HE×400)

（陈可毅）

（3）疣状和成纤维细胞复合型　此型好像是疣状型到成纤维细胞型的过渡型。外观，呈疣状型，瘤蒂不明显，通常基底部宽、并向深部浸润生长而致局部皮肤不均匀增厚。镜检，从皮肤向外生长的瘤体为乳头状瘤，由完整的角化鳞状上皮组织覆盖，其基底层向深部伸入形成"网钉"。真皮成纤维细胞生长活跃，且有一定程度的异型。

（4）皮下结节型　此型是指皮下生长的纤维肉瘤，可单发或多发。外观，肿块大小不一，使局部向外隆突。触诊可感知肿块在皮下，硬实，表面平滑。肿瘤有完整包膜，常有瘤蒂与深部组织相连。剖面为灰白到淡红色致密组织，呈交错排列的纤维束纹埋。大的肿块因摩擦受损，有溃烂、感染和化脓；随之创面生长肉芽组织，明显者，创面有甚多鲜红至灰红色、颗粒或结节状的肉芽组织，而致表面呈花椰菜状。镜检，肿瘤大部分为高分化纤维肉瘤，肉瘤细胞异型性较小，胶原纤维较多且常纵横交错或漩涡状排列；但有些部位的肿瘤细胞异型性较明显，核分裂象较多。

[防治]

（1）预防　一是避免皮肤外伤并及时处理创伤以防止过度生长的肉芽组织恶变为类肉瘤；二是当发现慢性溃疡处的肉芽组织迅速生长时，应视为已发展为类肉瘤而及时施以手术治疗；三是对患乳头状瘤病的牛，要注意检查生长肿瘤的局部，对皮肤出现明显增厚和起皱者应及时外科治疗。

（2）治疗　以手术切除最为有效。冷冻疗法需要一定设备，而且难获确实效果。早期较小的皮下纤维肉瘤，手术切除治疗的效果良好。其他类型的类肉瘤，通常仅有局部侵犯，无转移，手术切除后复发率很低。

五、平滑肌瘤

平滑肌瘤（leiomyoma）是由平滑肌演变而来的一种良性肿瘤，发生于多种内脏器官，常见于各种牛的消化道和母牛的生殖道，以子宫平滑肌瘤最为多发。

平滑肌瘤外观和牛纤维瘤相似，常单发，呈结节状，有包膜，质地较硬，切面淡灰红色，有纵横交错呈编织状或漩涡状纹理。有蒂的平滑肌瘤还可引发母牛子宫扭转。镜检，瘤细胞为长梭形，较正常平滑肌细胞密集，并呈束状纵横交错排列。瘤细胞核呈棒状或杆状，分裂象少见，细胞质丰富（图4-5-1）。在瘤组织中可看到较多小血管，这些血管本身可成为平滑肌瘤的起源，并直接构成肿瘤的组成部分。此外，瘤细胞间还有多少不等的纤维结缔组织，有时瘤组织几乎被纤维结缔组织取代，此时称其为纤维平滑肌瘤（fibroleiomyoma）。这是平滑肌瘤的一种特殊类型，认为是机体对激素功能紊乱的一种组织应答反应，常发生于母牛阴道。

用 van Gieson、Masson 或 Mallory 氏磷钨酸苏木素染色，可显示瘤细胞胞质中的纵行肌丝，以此作为平滑肌瘤的诊断依据。

平滑肌瘤可以手术切除，一般术后不复发、不转移。

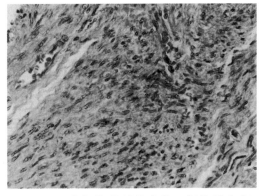

图4-5-1　瘤细胞核呈长条状，细胞质丰富，染色较红。（HE×400）

（陈怀涛）

六、脂肪瘤

脂肪瘤（lipoma）常见于肠系膜、骨盆腔、肉垂等处，是来源于脂肪组织的良性肿瘤。瘤体多为单发，呈结节状，切面常有大小不等的分叶，有包膜，与周围组织界限明显，质

地柔软，颜色淡黄或灰黄，似正常脂肪组织（图4-6-1）。如脂肪瘤发生在浆膜面，常呈息肉状，以蒂与原发组织相连。镜检，瘤组织分化非常成熟，和正常脂肪组织十分相似，难以区分，但总有多少不等的结缔组织条索将瘤组织分隔成不规则的小叶（图4-6-2）。

图4-6-1　脂肪瘤的切面色淡黄，分叶。

（陈怀涛）

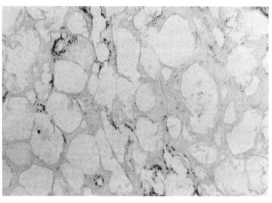

图4-6-2　脂肪瘤的组织结构和正常脂肪组织相似，但局部有结缔组织条索。
（HE×100）

（陈怀涛）

七、黏液瘤

　　黏液瘤（myxoma）可发生于各种动物的任何部位，来自呈退行性变化的成纤维细胞。其特征为肿瘤间质有大量以透明质酸为主的黏液样物质。瘤组织外观呈结节状，有或无包膜，与周围组织界限明显，质地柔软，切面湿润并呈半透明状（图4-7-1）。镜检，瘤细胞多呈星形或梭形，散在于阿尔辛蓝染色呈阳性的酸性黏液样基质中，其间还含有纤细的网状纤维和少量的胶原纤维、血管，核分裂象少见（图4-7-2）。

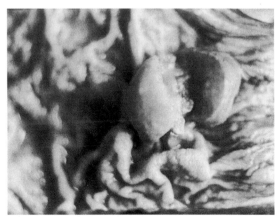

图4-7-1　直肠黏液瘤：质软，界限明显，切面湿润，半透亮，色淡黄。

（陈怀涛）

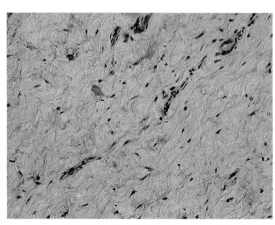

图4-7-2　瘤细胞稀疏分布，呈星状或梭形，其间为淡蓝色黏液样物质。
（HEA×400）

（陈怀涛）

八、海绵状血管瘤

海绵状血管瘤（cavernous hemangioma）常见于犬，奶牛、猫、马、绵羊及猪也可发生。由血管内皮衍生而来，可发生在许多部位，单发或多发，卵圆形，界限明显，中等硬度。由于此瘤由扩张的血窦构成，故切面不仅有血液渗出，而且还可见大小不等的血腔，其间有薄的间隔，酷似海绵。镜检，可见肿瘤血管密集、管腔大小不等、扩张，内有血液，管壁很薄、并衬以分化良好的单层扁平内皮细胞（图4-8-1）。有时血管瘤被发生玻璃样变的结缔组织所分隔。

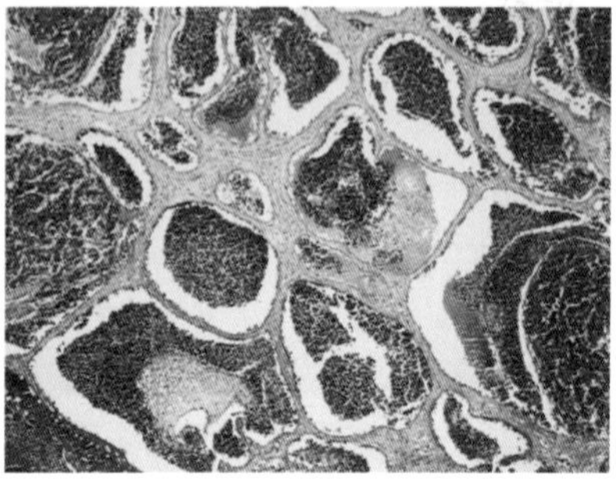

图4-8-1 血管大小不等，形状不规则，管壁薄，其间以薄层结缔组织相隔。（HE×100）

（陈怀涛）

九、恶性血管内皮细胞瘤

恶性血管内皮细胞瘤（malignant vascular endothelioma）即血管内皮细胞肉瘤（vascular endotheliosarcoma），是由血管内皮细胞发源的一种恶性肿瘤。该种肿瘤的恶性程度差异颇大，但不少是极恶性的。肿瘤可发生于多种组织器官，而以血管分布较丰富的器官（如肝脏）似乎较为多见。组织上，血管内皮细胞呈明显的肿瘤性增生，瘤细胞呈圆形或椭圆形，突向血管腔，甚至呈长圆形、长条状的成纤维细胞样组织堆集于血管中，因此，血管腔常显得狭小或不规则，甚至难以辨认。有时血管壁因内皮增生而变厚。瘤细胞具有恶性肿瘤细胞的特征，大小不一，分化程度低，可见到核分裂象（图4-9-1、图4-9-2）。

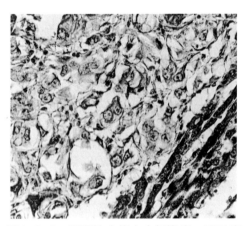

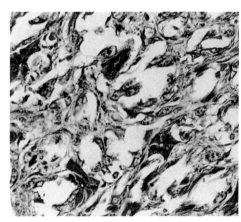

图4-9-1 肝恶性血管内皮细胞瘤，图示瘤组织与正常肝组织（右侧部）交界处。肝窦内皮细胞恶性增生，瘤细胞明显不同于肝细胞，肝细胞受压萎缩。（HEA×200）

（陈怀涛）

图4-9-2 血管大小不一，瘤细胞异型性颇大，有些已浸入管腔。（HEA×400）

（陈怀涛）

十、乳腺癌

乳腺癌（breast carcinoma）的发生可能与卵巢机能异常有关。根据肿瘤的形态结构和分化程度可分为2型，即分化较好的、具有腺体结构的乳腺癌和低分化的、具有实心结构的实性癌。分泌物较多的腺癌称胶样癌。实性癌较为多见，是由柱状上皮或腺上皮发生的未分化的腺癌，恶性程度高，癌细胞异型性大、分裂象明显，呈巢状分布，癌巢常呈实体性，无腺体样结构（图4-10-1）。分化较好的腺癌多呈分叶状、结节状或花椰菜状，瘤体大小不一，质地较硬，表面常发生坏死、溃疡。镜检，癌细胞形成大小不等、排列不规则的腺样结构，癌细胞多呈不规则的复层排列，异型性较大（图4-10-2）。

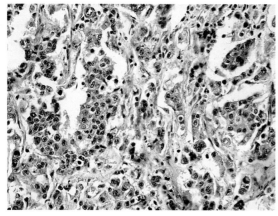

图4-10-1　癌细胞呈鳞状或实性团块，分裂象多见。（HE×400）

（陈怀涛）

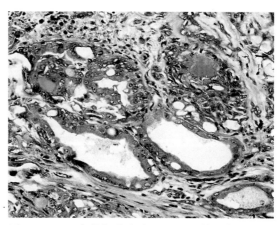

图4-10-2　癌组织由大小不一、形状不规则的腺泡组成。（HEA×400）

（陈怀涛）

十一、子宫腺瘤与腺癌

牛子宫肿瘤除主要有子宫腺瘤与腺癌外，平滑肌瘤也较多见。

子宫腺瘤：是来源于子宫腺体的良性肿瘤，单发或多发，瘤体呈结节状。如其主要成分为纤维结缔组织和腺体，则称纤维腺瘤，质地较硬，有包膜。镜检，瘤组织的实质为腺泡、腺管结构，而纤维腺瘤中，纤维组织和腺体都很明显（图4-11-1）。

子宫腺癌：为子宫内膜最常见的恶性肿瘤。病因不明，可能与雌激素长期刺激有关。眼观上可分为3型：①弥漫型：肿瘤组织波及范围广泛，严重时可侵害整个子宫内膜。子宫内膜层明显增厚，常有不规则的乳头状突起。瘤体松脆，表面常有坏死、脱落变化；②息肉型：侵害范围较小，常向子宫腔内呈息肉状增生，局部黏膜增厚；③局限型：病变仅累及子宫内膜的部分区域，形态特征与弥漫型相似。镜检，腺体极度增生，形状不规则，排列散乱，同一腺体不同部位的上皮薄厚不一，并向腺腔内呈乳头状生长；癌细胞异型性大，分裂象明显（图4-11-2）。

平滑肌瘤：在母牛多见。瘤体位于子宫壁肌层、黏膜或浆膜下，其眼观与组织变化见平滑肌瘤。

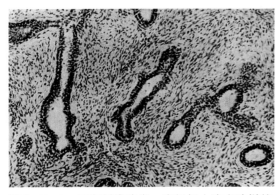 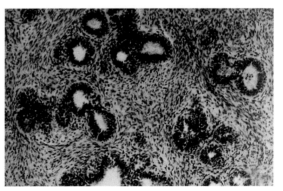

图4-11-1　子宫纤维腺瘤：瘤组织由许多腺样管腔和多量结缔组织构成，管腔被覆单层或复层柱状上皮。（HE×200）
（刘宝岩等）

图4-11-2　子宫腺癌：癌组织由腺管和腺泡样结构及间质组成，腺体上皮为复层柱状上皮，核密集、深染。（HE×200）
（刘宝岩等）

十二、卵巢腺瘤与腺癌

卵巢腺瘤：以卵巢囊腺瘤较常见，主要来源于卵巢表面的生长上皮。可分为浆液性囊腺瘤和黏液性囊腺瘤2种。前者发生较多，为双侧性和单房性，体积较小，囊腔内的浆液稀薄、清亮、透明，囊内壁常有疣状突起。后者发生较少，囊腔内可见黏液样分泌物。镜检，囊腺瘤的囊壁为单层立方上皮或矮柱状上皮，上皮细胞分化较好，排列较规则（图4-12-1）。

卵巢腺癌：是成年母牛常见的原发性恶性肿瘤。病因不明，可能与内分泌机能失调有关。瘤体呈结节状或花椰菜状，表面粗糙，质地较硬，切面灰白色，无包膜。镜检，癌细胞呈柱状或立方状，胞核呈圆形或卵圆形、且多偏于一侧，核仁明显。癌细胞排列方式有3种：腺样结构、索状或弥漫性分布。

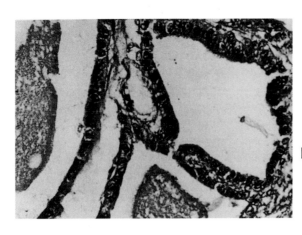

图4-12-1　肿瘤为囊腔状结构，囊腔衬以单层柱状上皮，并有黏液样分泌物。（HE×400）

（刘宝岩等）

十三、精原细胞瘤

　　精原细胞瘤（seminoma）亦称生殖细胞瘤，是由睾丸生殖细胞转化而来的恶性肿瘤。可发生于多种雄性动物。眼观，两侧睾丸很大，相当正常睾丸的2～3倍，肿瘤几乎完全替代睾丸组织。肿瘤呈圆球形或椭圆形，外有包膜和鞘膜，表面光滑，质地坚实，切面呈实性，色黄白，有出血灶、坏死灶及纤维小梁（图4-13-1）。镜检，瘤细胞较大，圆形或多边形，大小和形态基本一致，胞质中等量、淡染，核位于中央，呈圆形，染色质颗粒较粗，核膜清楚，核仁常见，瘤细胞排列成大小不等的团块。在瘤细胞团之间有多少不一的间质和淋巴细胞（图4-13-2）。有的区域淋巴细胞聚积成结节状。此外，也可见呈红染的坏死灶。

图4-13-1　左：患精原细胞瘤动物的睾丸高度
　　　　　　增大，质地坚实，色黄白，切面有
　　　　　　出血点和坏死灶；右：正常大小的
　　　　　　睾丸。

（薛登民）

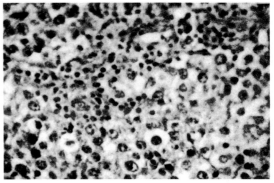

图4-13-2　瘤细胞大，呈多角形，胞质淡染，
　　　　　　核膜厚，核仁明显，可见分裂象，
　　　　　　间质中有较多淋巴细胞浸润，睾丸
　　　　　　结构已消失。（HE×400）

（陈怀涛）

十四、肺癌

　　牛肺癌多发生于老龄牛。肺内转移瘤比原发瘤更多见。牛原发性肺癌的原因不明，可能与长期吸入工业污染的废气、烟尘及石棉等有关。转移性肺癌大多经血液循环到达肺部，肿瘤生长时，间质也增生并形成包囊。常见的牛肺癌主要为腺癌和鳞癌2类。腺癌多发生于肺脏边缘，外观呈结节状，大小不一，形状不规则，切面呈灰红色或灰白色，界限较清晰（图4-14-1、图4-14-2）。镜检，癌组织由单层立方状或柱状细胞，有时为复层细胞构成，这些细胞形成腺管、腺泡，或呈突起伸向肺泡腔，突起中轴有少量结缔组织，癌细胞较大，胞核形状不规则。这种癌瘤来自肺泡上皮或支气管上皮（图4-14-3）。鳞癌多为巨块型，与周围组织界限清晰，切面灰白色，质地实在，瘤体较大时中心常发生坏死、并形成空洞；鳞癌大多数为低分化或中等分化者，分化好的较少见。分化好者，癌巢内角化明显，并有癌珠，可见细胞间桥；分化差者，癌组织为实心结构，呈浸润性生长（图4-14-4、图

4-14-5）。牛的肺癌有时还见小细胞癌，常以支气管为中心，并形成巨块状瘤体，呈灰白色，常伴有黏液样变性和出血，坏死明显，瘤体质地较软。镜检，癌细胞体积较小，呈圆形、卵圆形或短梭形，胞质少且嗜碱性、深染，分裂象不多，但生长快；常呈实性片块、带状或弥漫性分布（图4-14-6）。

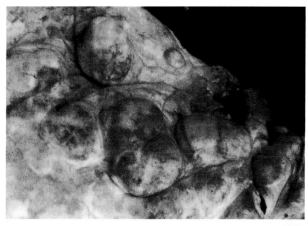

图4-14-1 一头乳牛肺中发生的大小不等的圆形癌瘤，瘤体质地坚实；胸膜壁层和颈浅淋巴结有转移瘤。

（张旭静）

图4-14-2 上图肺脏的切面：瘤体结节切面形圆，界限明显，色灰白，均匀一致，伴有出血。

（张旭静）

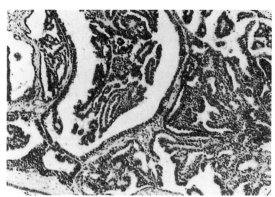

图4-14-3 支气管上皮源性肺癌：上皮恶性增生，瘤组织呈腺癌结构。（HE×100）

（刘宝岩）

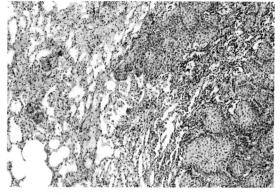

图4-14-4 肺泡上皮源性肺癌：肺泡上皮恶性增生，形成鳞状上皮团块，间质中有一些淋巴细胞浸润。（HEA×100）

（布加勒斯特农学院兽医病理室）

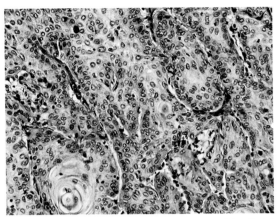

图4-14-5　肺泡上皮源性肺癌：肺泡已被恶性增生的鳞状上皮癌巢所充满，有的癌巢中尚有癌珠样结构，癌细胞核分裂象较多。（HEA×400）

（布加勒斯特农学院兽医病理室）

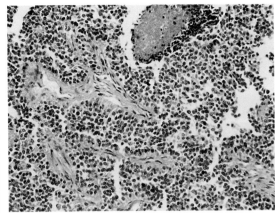

图4-14-6　小细胞癌：癌细胞小而多，似淋巴细胞，呈实性块状、片状集聚，局部瘤细胞发生坏死。（HE×200）

（甘肃农业大学兽医病理室）

十五、肝癌

原发性肝癌常见于5岁以上的黄牛和水牛。主要是由于长期摄入霉变饲料（尤其是黄曲霉毒素污染的饲料）所致。牛原发性肝癌的大体类型可分为结节型、弥漫型和巨块型。结节型最常见，眼观上，在肝脏各叶可见许多大小不等的肿瘤结节，直径0.2～2cm；巨块型瘤体直径可达10cm以上；弥漫型肝癌表现为在肝组织中散布大量细小的颗粒状病灶，常伴发肝组织硬化。无论是哪一型，肝癌结节常呈灰白色或灰黄色，质地实在，与周围组织界限清晰（图4-15-1、图4-15-2）。肝癌包括肝细胞癌和胆管细胞癌。镜检，肝细胞癌的癌

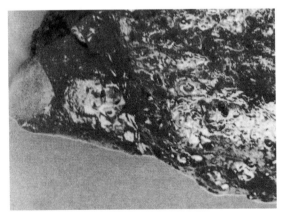

图4-15-1　肝左叶外侧至方叶有一个篮球大小的巨大肿瘤，呈淡黄褐色，质脆，切面中心部出血、软化，未见肝外转移灶。

（张旭静）

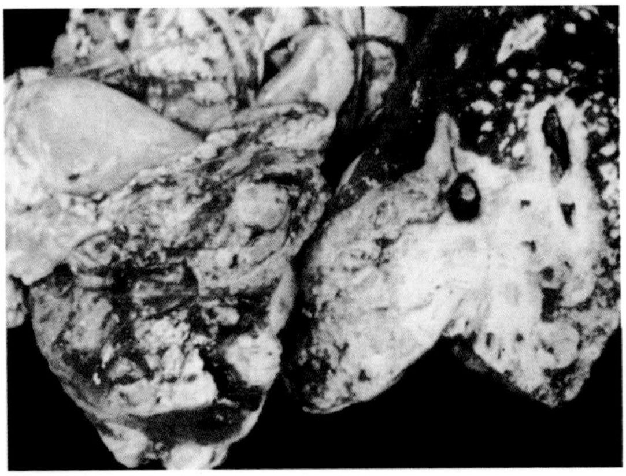

图4-15-2　胆管性肝癌：肝脏有许多癌结节或癌灶形成。肝切面胆管明显，有许多散在的灰黄色癌灶，有的区域已变为一片灰黄色实变区。

（张旭静）

细胞呈多角形，核大，核仁明显，分裂象清晰可见，癌细胞常排列成条索状、团块状或腺团状（图4-15-3）。胆管细胞癌的癌细胞为立方状或柱状，胞质少、弱嗜碱性，核呈圆形、深染，癌细胞常排列成不规则的腺管、腺泡状。间质增生明显（图4-15-4）。

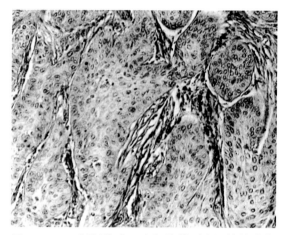

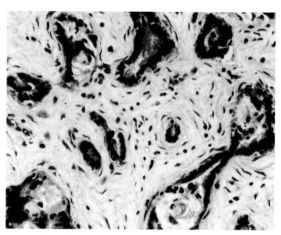

图4-15-3 肝细胞癌：癌细胞排列成团块状或条索状，癌细胞外形似肝细胞，但异型性大，分裂象明显。(HEA×200)

（陈怀涛）

图4-15-4 胆管细胞癌：癌细胞排列成大小不等、形状不规则的腺管、腺泡，癌细胞异型性大，间质明显。(HEA×400)

（陈怀涛）

十六、胰癌

胰癌（carcinoma of pancreas）在黄牛较为多见。牛胰癌的病因尚不明了，可能与长期接触环境致癌物或患有慢性胰腺疾病（如胰阔盘吸虫病）有关。胰癌可发生在胰的任何部位，严重时侵害整个胰组织。肿瘤发生部位不同，临诊表现也有差异。眼观，胰弥漫性肿大或有大小不等的结节，切面灰白，有一定界限；瘤体较大时常突出于表面，较小的瘤体可能完全埋于胰内部；瘤体周围组织常发生硬化，因此，可导致胰腺变形。也可见胰腺导管增生，管腔内有寄生虫或其他异物。镜检，胰癌包括胰腺癌和胰岛细胞癌。胰腺癌有3种不同的形态学类型：小管状型、大管状型和腺细胞型。小管状型的分化程度差异颇大，大管状型通常分化良好，而腺细胞型十分罕见。胰岛细胞癌的形态和胰岛细胞瘤相似，但癌细胞致密，异型性较大。南宁肉类联合加工厂发现，寄生有胰阔盘吸虫的黄牛中，存在类似大管状型和小管状型的胰腺癌，此外，还发现胰腺鳞癌。鳞癌由大小不等的癌巢构成，癌细胞有角化现象，癌组织可发生坏死、钙化，癌巢间结缔组织有些增生。这些癌瘤都可在淋巴结或肝、脾等脏器转移（图4-16-1至图4-16-5）。

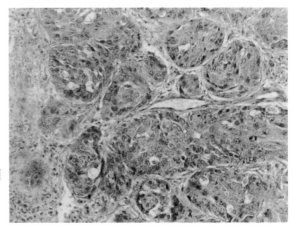

图4-16-1 胰腺癌癌细胞呈大小不等的细胞团
块，无腺样结构。（HE×200）

（南宁肉类联合加工厂）

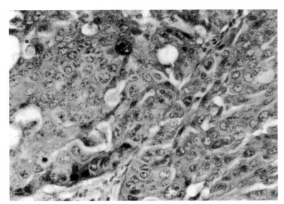

图4-16-2 癌细胞异型性大，分裂象多。
（HE×400）

（南宁肉类联合加工厂）

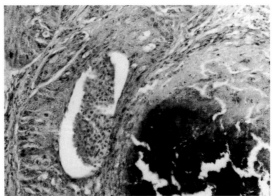

图4-16-3 有的癌巢中心发生角化，有的区域发
生坏死、钙化。（HE×200）

（南宁肉类联合加工厂）

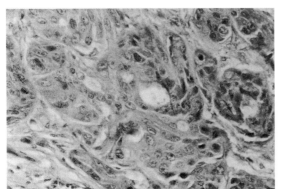

图4-16-4 癌细胞组成不规则的小管，管腔较
小，有的不明显，癌细胞分化程度较
低，可见核分裂象。（HE×400）

（南宁肉类联合加工厂）

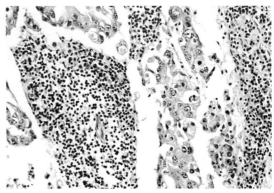

图4-16-5 在肠系膜淋巴结的皮质窦中，可见转
移的胰癌细胞。（HE×400）

（南宁肉类联合加工厂）

十七、间皮细胞瘤

间皮细胞瘤（mesothelioma）是由间皮细胞转化来的良性肿瘤。这种肿瘤在牛和羊都有发生。

眼观，腹膜或胸膜的间皮和间皮下纤维组织呈突起性生长，形成大量大小不等的结节或皱襞。肿瘤结节小如黄豆粒，大如核桃，密布，质地柔软，颜色粉红或黄白，外层比较致密，内部组织松软，并含有黏液样物质。如呈皱襞状，形状不规则，大小不一，质软（图4-17-1、图4-17-2）。常有多少不等的腹水。镜检，间皮细胞增生，形成大量梭形细胞，在梭形细胞之间夹杂少量上皮形细胞和多角形黏液样细胞，上皮形细胞有时排列成腺泡状，间质内有淡蓝色均质或细丝样黏液，一般无核分裂象。

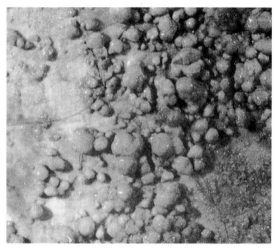

图4-17-1 壁层腹膜上有许多大小不等的肿瘤结节，形圆，表面光滑，与"珍珠病"肉芽肿结节相似，但无结核性肉芽肿组织结构。

（J. M. V. M. Mouwen等）

图4-17-2 肿瘤呈皱襞状生长，质软，形状不规则。

（薛登民）

十八、甲状腺腺瘤

牛、羊的甲状腺腺瘤（thyroid adenoma）较为多见，是发生于甲状腺上皮的良性肿瘤。瘤体常呈球状或结节状，外有包膜，与周围组织界限清晰。大的瘤体可能出现囊肿、出血区和坏死区（图4-18-1）。镜检，可见瘤体由大量的腺泡和腺管组成，腺泡大小不一，有的无腺腔。腺泡壁为生长旺盛的立方或柱状上皮细胞，细胞排列比较规则，胞质内含有分泌物，常没有明显的核分裂象，异型性较小（图4-18-2）。

腺瘤还可表现为两种形态。一是囊腺瘤，瘤体中常形成大小不等的囊腔，囊内还有液体；二是纤维腺瘤，除有大量腺泡和腺管增生外，间质的结缔组织增生也比较明显。

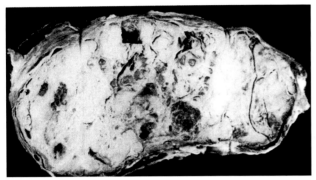

图4-18-1　肿瘤界限明显，有包膜，切面有出血和坏死区。

（薛登民）

图4-18-2　瘤组织主要由大小不等的腺泡组成，腺泡上皮多呈立方状，形态比较一致，常无核分裂象，许多腺泡腔含分泌物，但也见实心体结构。（HE×200）

（薛登民）

十九、甲状腺癌

甲状腺癌（thyroid carcinoma）是指由甲状腺上皮细胞发生的恶性肿瘤。在临诊上，牛、羊甲状腺癌较为多见。眼观，甲状腺增大，表面形成许多大小不等的结节，质地实在，呈黄褐色（图4-19-1）。镜检，根据癌组织的结构、分化程度和是否分泌黏液，可将其分为：①分化较好的腺癌：癌细胞呈立方状，排列成腺泡样结构，同正常的腺体构造相似，腺腔内常有分泌物，但癌细胞排列不整齐，异型性较大（图4-19-2）。②分化不好的腺癌（实性癌或单纯癌）：癌细胞聚集成实心体，没有腺腔，癌细胞异型性大，分裂象明显。如果癌巢小而少，间质较多，质地较硬，称为硬性单纯癌或硬癌；癌巢多且排列紧密，间质少，质地较软，则称软性单纯癌。③黏液样癌（胶样癌）：癌细胞中有黏液积聚，以后癌细胞崩解，癌组织变成一片黏液样物质，湿润、灰白色、半透明。

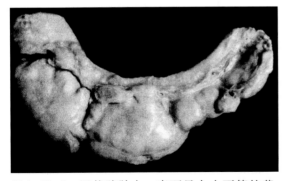

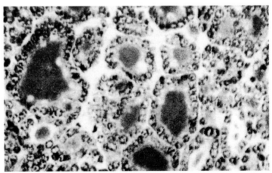

图4-19-1　甲状腺肿大，表面呈大小不等的黄褐色结节，质地硬实。

（薛登民）

图4-19-2　癌组织主要由大小不等的腺泡组成，它们和正常甲状腺的腺泡有一定相似，但腺泡上皮细胞分裂活跃，核分裂象明显。（HE×200）

（薛登民）

二十、成釉细胞瘤

成釉细胞瘤（ameloblastoma）是来源于牙源性上皮（如残余的牙板及成釉器等）的良性肿瘤，较少见。肿瘤多位于下颌磨牙区。眼观，病变区颌骨肿胀，灰红色，界限清晰（图4-20-1），骨皮质变薄；瘤体可呈侵袭性生长，破坏骨皮质后还可扩展到周围软组织。瘤体大小不一，切面灰白色或灰黄色，呈囊性、实体性或混合性，囊内多有淡黄色液体或呈胶冻样。镜检，瘤细胞呈大小不一、形状不规则的岛屿状或条团状，瘤细胞岛的边缘为立方状或柱状细胞，中心为梭形或星状细胞（图4-20-2）。

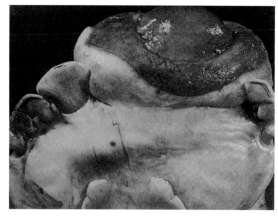

图4-20-1　第一右门齿位有一个呈膨胀生长的软组织肿瘤结节，质地硬实，局部下颌骨被破坏。

（J. M. V. M. Mouwen等）

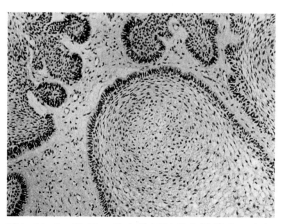

图4-20-2　这是一种有破坏性的良性肿瘤，瘤细胞形成大小不等、形状不规则的细胞岛，岛的中心区为连接疏松的多角形细胞，外围是与正常成釉细胞相似的柱状或立方状细胞；瘤细胞岛之间为结缔组织。

（J. M. V. M. Mouwen等）

二十一、囊肾

囊肾（cystic kidneys）可分为单囊肾和多囊肾，是一类以肾脏中形成囊肿为特征的疾病。本病多为先天性畸形。各种家畜都能发生，但主要见于犊牛、仔猪和犬。

[原因和发病机理]　囊肾多属于先天性肾发育不良。在器官发生终期，囊肿可发生在肾单位的任何部位，包括肾球囊腔和集合管系统。而肾小球的囊性疾病，只发生在肾小球囊腔。多囊肾的形成主要是在胚胎发育过程中，多数肾单位与集合管未接通所致。此外，间质性肾炎也可引起囊肾。

[症状]　常无明显症状，多在尸体剖检时发现。多囊肾如果只发生于一侧肾脏，肾功能多半能够代偿；但如果两肾同时发病，则病畜在短期内常因尿毒症致死。

[病理变化]　囊肿大小不等，呈圆形或椭圆形，且多位于皮质部。单囊肾，在剖检时常

为单侧性大囊肿，囊内充满清亮液体，内壁光滑。多囊肾，剖检见肾脏体积变大，切面常有多个大小不等的囊肿，其形态结构与单囊肾相似（图4-21-1）。囊壁衬以扁平上皮或立方上皮，有时衬以角化上皮或无被覆上皮，囊壁外面有致密结缔组织包围（图4-21-2）。

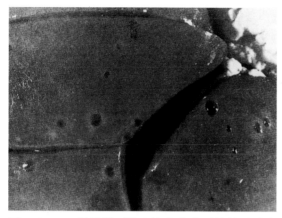

图4-21-1　肾被膜下散在许多大小不等的圆形或卵圆形、暗红色囊肿，其中含有半透明的液体。

（J. M. V. M. Mouwen等）

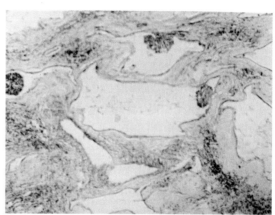

图4-21-2　肾小球囊腔与肾小管高度扩张，间质增生，淋巴细胞浸润。（HE×100）

（陈怀涛）

[诊断]　本病由于症状不明显，给临诊造成一定困难。但若两肾同时患病，病畜常在短时间内发生尿毒症死亡。剖检时，见肾脏囊肿病变可确诊。

二十二、畸形

畸形（anomaly）一般指动物出生时就有形态结构异常，近年来习惯称之为出生缺陷（birth defect）。生殖细胞在受精前发生基因突变，所造成的畸形可能遗传给下一代，而在胚胎发育阶段受到致畸因素作用后引起的损害，则只能引起个体畸形。

[病因]　引起畸形的原因主要有两方面：①遗传因素：近亲交配或亲代遗传病。②环境因素：包括物理因素（如电离辐射、X射线、超声波等）、化学因素（如汞、砷及许多化学药物）、病毒、中毒及某些微量元素和维生素缺乏。

[发病机理]　致畸机理不够清楚，可能因致畸因素不同而异。但基因突变和染色体畸变是致畸的重要引发机制。此外，有些致畸因素可通过干扰核酸复制、干扰细胞有丝分裂及物质代谢而导致畸形。

[症状和病理变化]　畸形表现多种多样，如：

（1）间性羊　为染色体畸变引起的遗传病。雌雄间性多见于山羊（图4-22-1）。临诊特征主要为乳腺发育不全，阴蒂肥大。剖检见有一侧性睾丸样卵巢，其内生殖器发育不全。细胞遗传学特征是母羔的两条X染色体在端着丝点的顶部带有短臂，而公羔染色体则成一小的X状的中着丝点染色体。

（2）犊牛小脑发育不全　可能是一种常染色体隐性遗传病。临诊表现为腿肌松弛，站立困难，辅助站立时四肢叉开，震颤和侧向运动。严重时，瞳孔扩大，对光无反射，甚至失明。剖检显示小脑缺失，橄榄核、脑桥和视神经发育不全，枕部皮质缺失。

（3）遗传性唇裂　牛、羊唇裂带有明显的家族倾向。牛唇裂（图4-22-2）的遗传方式尚未确定，而特赛尔绵羊的唇裂及颌骨裂，似乎是常染色体隐性遗传病。颌骨裂的羊（图4-22-3）主要影响咀嚼，故生长迟缓。

（4）无肢（趾）畸形　牛、羊均可发生。是一种致死性突变基因控制的遗传病，多属于常染色体隐性遗传。

（5）牛遗传性蜘蛛肢　主要见于西门塔尔牛。属于常染色体隐性遗传病。表现为四肢下部过度细长，呈蜘蛛状外观。此外，患畜骨骼脆弱，脊柱弯曲，下颌骨短缩，还可能伴发心血管缺损。

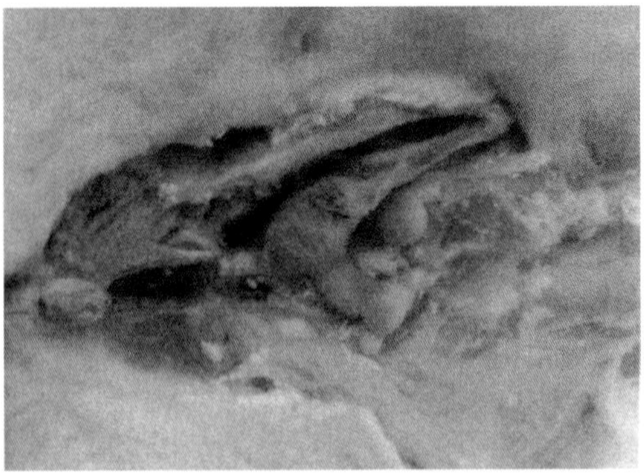

此外，临诊上还可见牛双头畸形（图4-22-4）、无脑畸形（图4-22-5）、寡指（趾）畸形（图4-22-6）和连体畸形（图4-22-7）等。

图4-22-1　雌雄间性山羊，有阴蒂和睾丸样卵巢。

（甘肃农业大学兽医病理室）

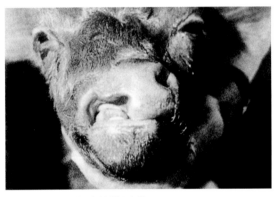

图4-22-2　牛遗传性唇裂。

（R. W. Blowey）

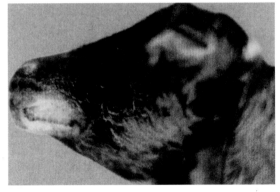

图4-22-3　羊下颌骨裂，外观似无下颌。

（甘肃农业大学兽医病理室）

图4-22-4　牛双头畸形。

（甘肃农业大学兽医病理室）

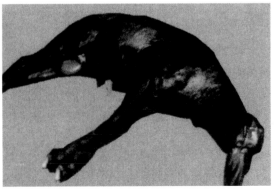

图4-22-5　牛无脑畸形：一头死胎儿缺少颅顶及脑，颈部前端仅有两耳。

（张旭静）

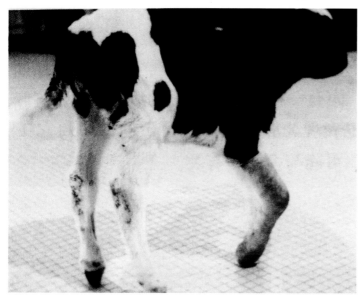

图4-22-6　牛寡指（趾）畸形：牛为偶蹄动物，但该犊四肢均为单蹄，属先天性肢体发育畸形。

（张旭静）

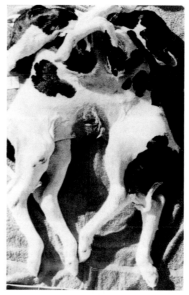

图4-22-7　牛连体畸形：发育成熟的新生犊整个胸部连在一起，多伴有内脏畸形。

（张旭静）

二十三、肝灶状坏死与毛细血管扩张

此病也称"锯屑肝"或富脉肝，是由于局灶性肝细胞坏死和肝窦隙异常扩张而引起的一种肝脏病理性损害。本病多发生于肥育牛和经产的乳牛，也见于年老体弱的其他动物。常在宰后检验时发现。

[病因和发病机理]　肝窦隙扩张的原因和发病机理尚不十分清楚。可能与日粮中缺乏硒和维生素E及其他组织抗氧化物有关。有人认为，在肝窦隙扩张的早期，其中常有较多的糖原沉积，待糖原被透析、并被血液取代之后，肝细胞随之被腐蚀。此外，从肠道吸收的硫化氢对病变的形成也有明显的影响。

[病理变化]　眼观，在肝脏表面和切面上有散的、大小不等且形状不规则的斑点，呈灰黄或黑红色，直径1mm至数毫米或更大，略凹陷于肝表面，切面呈海绵状（图4-23-1、图4-23-2、图4-23-3）。镜检，局部肝细胞变性、坏死或肝窦隙明显扩张、充满血液，并形成大小不等的"血湖"（图4-23-4、图4-23-5）。

[症状]　生前常无明显表现，严重时出现肝功能衰竭体征。

[诊断]　本病多在屠宰时被发现，常见于肥育牛和经产的乳牛。根据肝脏的病理变化可做出初步诊断。此外，尚有一种与本病类似的病症，称紫斑肝，虽然也表现为肝窦隙扩张，但其性质与富脉肝不同，可能与多血症有关。

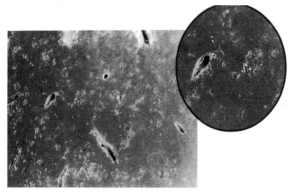

图4-23-1 肝表面散在许多锯屑样灰黄色坏死灶。
（张旭静）

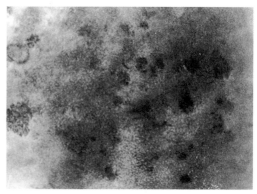

图4-23-2 肝表面见大小不等的暗红色病灶。
（J. M. V. M. Mouwen等）

图4-23-3 肝切面见大小不等的暗红色病灶。
（陈怀涛）

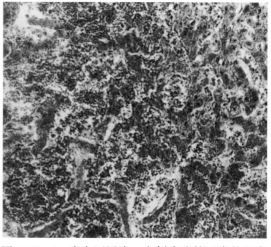

图4-23-4 病变区周边：右侧为比较正常的肝索
和肝窦；左侧肝窦扩张，充满血液，
肝索萎缩。（HE×200）
（陈怀涛）

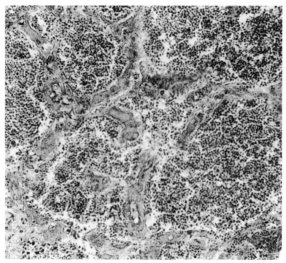

图4-23-5 病变区肝窦高度扩张，充满血液，
似"血湖"，其间以萎缩的长条状
肝细胞相隔。（HE×200）
（陈怀涛）

二十四、转移性钙化

主动脉壁钙化是由于钙盐沉着在主动脉壁而引起的以血管壁变厚、弹性降低为主要特征的病理损害。一般可分为营养不良性钙化和转移性钙化，前者多发生于动脉炎症、坏死和血栓形成的部位；后者常由全身钙、磷代谢紊乱所致。这里指的主要是后者。

[病因]　主动脉壁转移性钙化是全身性钙、磷代谢障碍的表现。主要见于甲状旁腺机能亢进、骨质大量被破坏、维生素D摄入过多、肾功能衰竭、慢性消耗性疾病等。在犬和兔，大剂量使用肾上腺素可诱发本病，尼古丁也有类似作用。

[发病机理]　甲状旁腺机能亢进能促使磷酸盐随尿排出和骨质脱钙，引起高钙低磷血症。由于钙和磷酸盐从肾脏大量排泄，常导致肾脏受损，反而使磷酸盐排出障碍，血磷也升高，进一步导致磷酸钙在主动脉壁沉着。另外，维生素D摄入过多，可促进钙从肠道吸收和磷酸盐从肾排出，也可导致主动脉壁转移性钙化。

[症状]　生前常无明显临诊症状，偶尔在尸体剖检时发现。

[病理变化]　主动脉壁转移性钙化根据病变部位可分为中膜钙化和内膜钙化。前者较多见。有时二者可以同时发生。中膜钙化多发生于牛、羊和犬。病变早期，局部常无明显改变，以后血管壁逐渐变硬、弹性下降。剖开血管后，可见病变部位的血管内膜粗糙，有不规则的突起，中膜内有黄白色的钙化颗粒或斑块，形状不规则（图4-24-1）。这种病变有时也可波及其他动脉血管。镜检，早期，在中膜的细胞间可见微细的钙盐颗粒沉着，继而波及弹性纤维外面，中膜平滑肌萎缩、坏死和均质化（图4-24-2）。内膜钙化常见于牛的胸主动脉，表现为内膜不平，有细小的灰白色条纹；严重时内膜呈锉面状。在胸主动脉内膜钙化的同时，常伴发心内膜钙化。

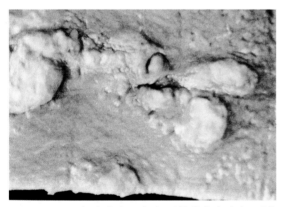

图4-24-1　主动脉壁见大小不等的黄白色坚硬结节，突出于动脉内表面。

（甘肃农业大学兽医病理室）

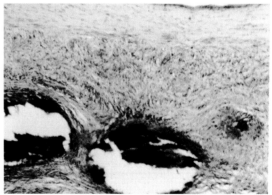

图4-24-2　主动脉壁中膜有大块蓝色钙盐沉着，局部组织坏死。（HEA×100）

（陈怀涛）

二十五、嗜酸性粒细胞性肌炎

嗜酸性粒细胞性肌炎（eosinophilic myositis）是一种多发于牛和猪的慢性进行性肌炎。

其特征是单个肌束或整个肌群发生以嗜酸性粒细胞浸润为主的慢性肌肉组织炎症。曾有人把具有类似变化的肌肉组织炎症分成两种，一种是慢性、非肉芽肿性嗜酸性粒细胞性肌炎，另一种是由肉孢子虫引起的肉芽肿性嗜酸性粒细胞性肌炎。这里主要指的是前者。

[病因和发病机理]　本病的原因和发病机理尚不清楚。但普遍认为，本病是一种变态反应性疾病。

[症状]　患嗜酸性粒细胞性肌炎的牛，如果病变仅侵害骨骼肌，则生前常无明显症状；但当病变波及心肌时，可引起心力衰竭，导致病牛突然死亡。

[病理变化]　眼观，本病常侵害单个肌束，也可波及某一肌群。主要发生于心肌、膈肌、食管、舌肌和咬肌。病变呈多发性灶状或弥漫性，局部肿胀，质地较坚实。新鲜病灶一般呈绿色，有时呈灰色或黄色；若伴发出血，则呈暗红色（图4-25-1）。镜检，肌纤维萎缩或消失，局部被增生的肉芽组织替代，其中有大量嗜酸性粒细胞（图4-25-2），也有多量淋巴细胞、浆细胞和单核细胞。病变严重时，局部肌纤维坏死，形成中空的肌纤维膜小管，其中含有嗜酸性粒细胞和坏死的肌浆。病变呈慢性经过时，增生反应更为明显，增生的成纤维细胞常波及局部小动脉外膜，引起动脉管壁变厚，此时嗜酸性粒细胞数量减少，局部以淋巴细胞、浆细胞浸润为主。

[诊断]　本病应注意与肉孢子虫及旋毛虫引起的肉芽肿性嗜酸性粒细胞性肌炎相区别。确诊应依赖于病理组织学检查。

肉孢子虫引起的肌炎与本病的区别为：肉孢子虫病时，炎症反应较轻微，局部可见虫体，但不侵害平滑肌；而嗜酸性粒细胞性肌炎时，局部病灶中找不到虫体，炎症有时可波及平滑肌。

旋毛虫引起的嗜酸性粒细胞性肌炎，在病灶中可见虫体和特征的橄榄状包囊。

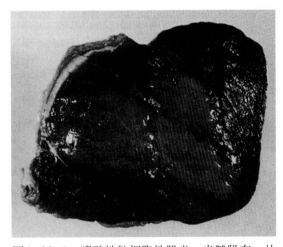

图4-25-1　嗜酸性粒细胞性肌炎：半腱肌有一片淡绿黄色病变区。

（J. M. V. M. Mouwen等）

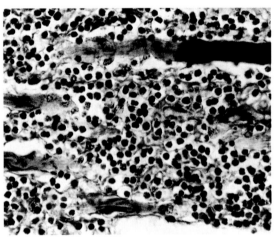

图4-25-2　肌肉组织中密布嗜酸性粒细胞，肌纤维坏死或完全消失。（HEA×400）

（陈怀涛）

二十六、脂褐素沉着

本病是由于脂褐素沉积在某些器官的实质细胞所致。在老龄动物和患有慢性消耗性疾病时较为常见。

[病因]　脂褐素（lipofuscin）是一种不溶性的脂类色素，是不饱和脂肪酸由于过氧化作用而衍生出的脂肪色素复合物。在某些异常情况下可沉积在有些细胞内引起本病。

[发病机理]　通常认为属于一种细胞内贮存病。由于脂褐素不能被正常的溶酶体所消化分解，而大多数细胞又没有排除能力，因而脂褐素易在细胞内蓄积。

[病理变化]　主要侵害心脏、肝脏、肾脏、肾上腺及神经组织。眼观，病变呈灶状或弥漫性分布，棕褐色，严重时脏器发生不同程度的萎缩（图4-26-1、图4-26-2）。镜检，在心肌细胞、肝细胞、神经细胞及肾上腺细胞核两端的胞质中有褐色颗粒，紫外线照射下可产生褐色荧光。电镜下，脂褐素为致密颗粒、空泡和脂肪小滴的凝聚物。

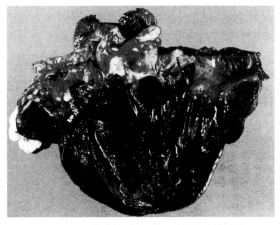

图4-26-1　心脏脂褐素沉着，心肌呈暗褐色。
（J. M. V. M. Mouwen等）

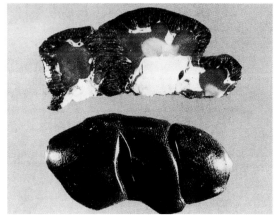

图4-26-2　肾脏脂褐素沉着，肾脏皮质呈暗褐色（脂褐素存在于近曲小管上皮细胞的溶酶体中）。
（J. M. V. M. Mouwen等）

二十七、黑变病

黑变病（melanosis）又称色素沉着过多（hyperpigmentation），是由于黑色素异常沉着在器官和组织中引起的一种疾病。可分为先天性黑变病和后天性黑变病两种。

[病因和发病机理]　先天性黑变病的发生与遗传密切相关。Breathnach（1969）指出，黑色素细胞的发育及功能都受单个或联合的特异性基因调节；酪氨酸酶的合成及其活性，黑色素小体的大小、形状、数量及蛋白质结构也受基因调节。动物在胚胎发育期间，如果成黑色素细胞异常地分布于各器官中，出生后就会在相应器官中出现黑色素沉着区。后天性黑变病主要是由于轻度或慢性刺激所致。黑色素细胞位于表皮与真皮交界处，嵌入基底

细胞之间，并与胶质形成细胞组成表皮黑色素细胞单位（epidermal melanocytic unit）。在色素沉着过多时，黑色素细胞数量增多，其胞质的树枝状突起伸长，并与邻近的突起吻合，黑色素颗粒可沿着树枝状突起转运到基底细胞。在黑色素细胞过多或基底细胞损伤时，真皮的巨噬细胞内常见黑色素颗粒。

[症状]　先天性黑变病在各种动物均有发生，但最常见于幼畜，特别是羔羊和犊牛。常表现为在皮肤或其他组织器官中有黑色素异常沉着区，多呈褐色或黑色，大小、形状不定。后天性黑变病也较常见，且常伴发轻度的角化。

[病理变化]　眼观，病变组织呈褐色或黑色，灶状分布，外观如黑玉样斑块（图4-27-1）。镜检，黑色素颗粒主要存在于成黑色素细胞或黑色素细胞中，细胞体积变大，固有结构模糊，充满色素颗粒；严重时整个细胞呈棕色的球形团块。单个黑色素颗粒为很细小的棕色小体，呈球形，大小较均匀（图4-27-2）。

[诊断]　依据临诊症状和病理变化可以确诊。

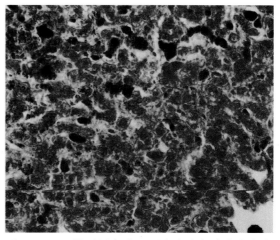

图4-27-1　肺表面和实质有许多以小叶为单位的黑色斑块病灶，因为肺组织中存在大量黑色素细胞和吞噬了黑色素的巨噬细胞。

（张旭静）

图4-27-2　羊肝黑变病：肝窦内皮细胞中含有大量黑色素颗粒。（HE×400）

（陈怀涛）

Part 2

第二部分

羊 病

Chapter 5 第五章
传染病

一、巴氏杆菌病

巴氏杆菌病（pasteurellosis）也称出血性败血病，主要是由多杀性巴氏杆菌引起的一种传染病，有时也可由溶血性曼氏杆菌引起。主要发生于断奶羔羊，也发生于1岁左右的绵羊，山羊较少见。本病在冬末春初呈散发或地方性流行，应激因素对其发生影响很大。

[症状和病理变化]

（1）最急性　常见于哺乳羔羊，多无明显症状而突然死亡，或发病急，仅有寒战、呼吸困难等症状，于数分钟至数小时内死亡。剖检无特征病变，全身淋巴结肿大，浆膜、黏膜有出血点。

（2）急性　体温升高至41～42℃，精神沉郁，食欲废绝，呼吸急促，咳嗽，鼻液混血，颈部、胸前部肿胀。先便秘后腹泻，或呈血便。常于重度腹泻后死亡，病期2～5d。

剖检可见，颈部、胸部皮下胶样水肿和出血，全身淋巴结（尤其咽背、肺和肠系膜淋巴结）水肿、出血。上呼吸道黏膜充血、出血，其中有淡红色泡沫状液体。肺明显淤血、水肿、出血（图5-1-1），也可见直径0.2～10mm的多发性暗红色病灶，外观似小梗死灶，其中心呈灰白、灰黄色。肝也常散在类似的灰黄色病灶，有些周围尚有红晕。皱胃和盲肠水肿、出血和溃疡。

镜检，肺呈浆液出血性肺炎变化。肺泡隔高度充血，肺泡腔和支气管腔多有大量浆液、红细胞、白细胞、脱落的上皮细胞和纤维素（图5-1-2），小叶间增宽、充血、出血与水肿。也可见肺泡隔毛细血管的细菌性栓塞，开始栓塞附近明显出血，以后则发生坏死，并有大量炎性细胞浸润。在肝脏小叶外周区附近的血管中可见到菌丛，其周围是狭窄的无血区，相邻的门静脉分支有血栓形成。肝实质有小坏死灶，但因病程短常无白细胞反应。

（3）慢性　即胸型，病程可达2～3周或更长。病羊流黏脓性鼻液，咳嗽，呼吸困难，消瘦，无饮食欲，腹泻。也可见角膜炎、颈与胸下部水肿等症状。病变主要位于胸腔，呈纤维素性肺炎变化。常有胸膜炎和心包炎。肺炎区主要发生于一侧或两侧尖叶、心叶和膈叶前缘，也有主要发生在膈叶的。肺炎区大小不一，色灰红或灰白，其中散布一些边缘不整齐的坏死灶或坏死化脓灶（图5-1-3）。镜检，肺组织中有大量纤维素和炎症细胞浸润，其中单核细胞占相当大的比例。同时，肺组织和炎症细胞都有明显的坏死现象（图5-1-4）。

[诊断]　发现浆液出血性肺炎，肝、肺毛细血管的巴氏杆菌性栓塞或纤维素性胸膜肺炎时，可怀疑本病；从血液和脏器分离鉴定巴氏杆菌以做出确诊。

[防治]　可参考牛巴氏杆菌病。

图5-1-1　肺淤血、水肿、出血，间质有些增宽。
（陈怀涛）

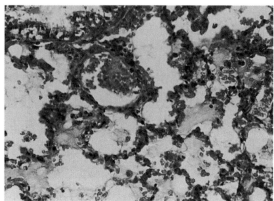

图5-1-2　浆液出血性肺炎：血管充血，肺泡内有浆液、纤维素、红细胞和白细胞。（HE×200）
（陈怀涛）

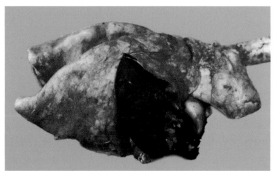

图5-1-3　右肺心叶颜色暗红，质地实在，肺膜有少量纤维素附着。
（陈怀涛）

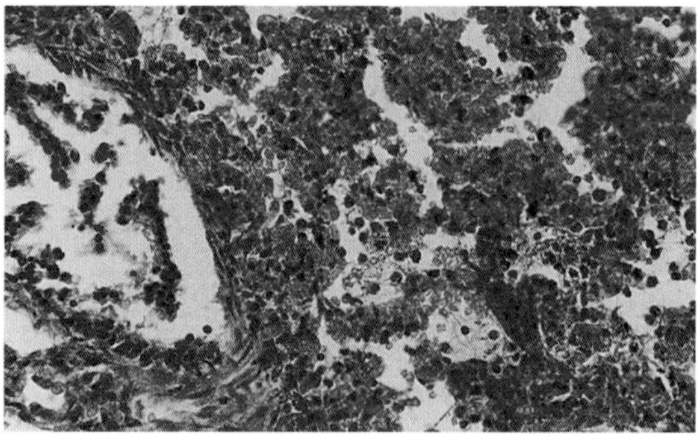

图5-1-4　纤维素性肺炎：血管充血，肺泡内有大量炎症细胞和纤维素。（HE×400）
（陈怀涛）

二、羊腐蹄病

羊腐蹄病（footrot in sheep and goats）是由坏死梭杆菌引起的一种接触性传染病，其特征为病羊趾间皮肤和邻近的软组织的坏死性炎症。恶性腐蹄病影响羊毛产量、体重和母羊受精。

[病原]　为坏死梭杆菌（*Fusobacterium necrophorum*）。其形态、特性见牛坏死杆菌病病原的相关内容。节瘤拟杆菌也参与本病的发生。

[流行病学和发病机理]　本病的流行病学有两个特点：①本杆菌是羊体的自然栖居者，可经常从消化道排出；②湿暖季节有利于本病的发生。我国青海、西藏、内蒙古、新疆、甘肃等省、自治区的牧业和半牧业区较多发生；英国、澳大利亚、新西兰等国家也常见本病。蹄部皮肤过湿、角质软化、创伤、擦伤为本病诱因。本病常因损伤的皮肤、黏膜而感染。

[症状和病理变化]　由于本菌毒力的差异，疾病可分为3型：

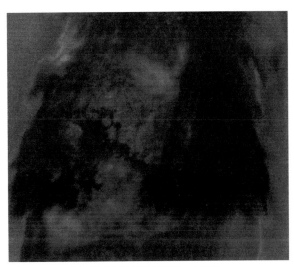

图5-2-1　蹄冠部皮肤明显坏死、腐烂。
（甘肃农业大学兽医病理室）

（1）恶性型　强毒株引起，多个蹄壳的上皮组织发生严重的坏死性损害（图5-2-1），以致与蹄角质大面积分离。病羊厌食、跛行，体重减轻，羊毛质量下降，常因瘦弱致死，或成为带菌羊。

（2）良性型　趾间皮炎，轻度跛行，常可自愈。

（3）中间型　介于以上两型之间。疾病暴发的早期，难以区别以上各型。

此外，也可见坏死性口膜炎病变。

[诊断]　流行病学资料和临诊症状是诊断本病的基础。依据病变部位、坏死组织的特殊变化、臭味和机能障碍，结合疾病的流行情况，一般可以诊断。有条件时，可做细菌学检查。

[防治]

（1）预防

①消除诱因，不在低湿牧地放牧。

②免疫：国外用不同血清型的本菌灭活培养物，加入佐剂（油或胶）制成菌苗，最少注射2次（间隔1.5～12个月），能保护羊群，防止本菌侵入蹄部。近来正在试验多价柔毛苗和以重组绿脓杆菌产生多价柔毛苗，免疫期可达13个月。

（2）治疗

①足浴：用10%～20%硫酸锌或5%福尔马林足浴6～12s。对软组织可用磺胺软膏、鱼石脂软膏等药物涂擦。

②全身疗法：用壮观霉素（100mg/mL）和林可霉素（50mg/mL）等量混合物，按每10kg体重1mL的剂量肌内注射1次，对恶性型病例的疗效可达95%；也可用青霉素（每10kg体重20万～40万IU，每天2次）和链霉素（每10kg体重100～200mg，每天2次）。

③口膜炎的治疗方法见牛坏死杆菌病。

三、李氏杆菌病

李氏杆菌病（listeriosis）是由产单核细胞李氏杆菌引起的一种急性或慢性传染病。本病可分为子宫炎型、败血型和脑炎型。在家畜中，绵羊的李氏杆菌病最为常见，并几乎全为脑炎型，各种年龄和性别的绵羊都可患病；败血型间或发生于10日龄以下的羔羊；子宫炎型多发生于怀孕最后两个月的头胎绵羊。山羊的病型与绵羊的相同。除羊外，本病也发生于猪和家兔，其次为牛、家禽、犬和猫，马极为少见。人可感染发病。本病多呈散发性，偶呈地方性流行。许多野兽、野禽和啮齿动物（尤其是鼠类），都易感染，且常为本菌的贮存宿主。有报道，饲喂青贮饲料偶可引起本病。

[病原] 产单核细胞李氏杆菌（*Listeria monocytogenes*）是一种革兰氏阳性小杆菌，长 $1 \sim 3\mu m$，宽约$0.5\mu m$，在抹片中单个散在、两个并列或排列成V形（图5-3-1）。本菌对pH 5.0以下缺乏耐受性，对食盐和热耐受性强，巴氏消毒法不能杀灭本菌，但一般消毒药易使其灭活。

[发病机理] 脑炎型的发病机理与本菌对脑干（尤其是延脑与脑桥）有亲和力有关。这种特异性定位可能是病原菌从口黏膜和头部的伤口入侵，上行性引起三叉神经和面神经分支的炎症，最后神经炎蔓延至脑部，导致中枢神经系统的损害，并使其功能紊乱。在败血型和子宫炎型，病原主要经消化道入侵，也可经鼻黏膜、眼结膜和受损伤的皮肤入侵，再经淋巴管和血管扩散。胎儿则是经脐静脉通过胎盘而感染的。

[症状和病理变化] 子宫炎型：常伴有流产和胎盘滞留，但子宫内的微生物和炎症很快消失。胎儿死亡和流产是因为微生物侵入胎盘，进而侵入胎儿引起败血症所致。胎盘病变显著，绒毛上皮坏死，顶端附有内含细菌的脓性渗出物。在子宫内早期死亡的胎儿，自溶常可掩盖轻微的败血性病变，如胃肠黏膜充血，气管黏膜、心外膜和淋巴结出血，卡他性肺炎及肝和脾的变性、坏死等。在子宫内后期死亡和流产的胎儿，由于病变已充分发展，不易被自溶所掩盖，故常在肝脏，有时在脾脏和肺脏可见到粟粒性坏死灶。

脑炎型：发生于较大的羊只，主要症状为头颈一侧性麻痹，故弯向对侧；转圈运动（图5-3-2），不能强使其改变；有的角弓反张，卧地，昏迷等。剖检时，一般无眼观病变。组织学检查时，在脑桥、中脑和延脑可见典型的微脓肿与淋巴细胞性管套。微脓肿起始于小胶质细胞结节和少量中性粒细胞聚集，继而结节中心液化和中性粒细胞明显浸润（图5-3-3）。这种化脓灶很局限，扩展不大，但却散布于整个白质。胶质结节和局部化脓灶周围的实质可能没有变化，但白质常有较大范围的水肿，其间散在多少不一的中性粒细胞和

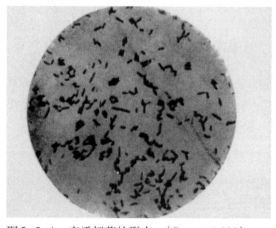

图5-3-1 李氏杆菌的形态。（Gram×1 000）

（Hutyra等著，盛彤笙等译.家畜传染病学.）

图5-3-2 病羊向左转圈运动。

（张贤）

小胶质细胞。常见到局部软化灶，后者也可能融合。软化灶与血管炎、血栓性栓塞及血管周管套形成所致的血管闭塞有关。血管周围管套明显，主要由淋巴细胞和单核细胞组成，也杂有少量中性粒细胞和嗜酸性粒细胞（图5-3-4）。

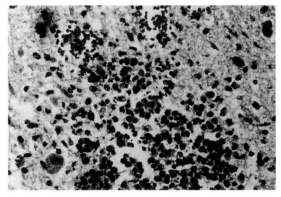

图5-3-3　脑组织中有一个由中性粒细胞和胶质
　　　　　细胞组成的微脓肿，附近组织出血。
　　　　　（HEA×400）

（陈怀涛）

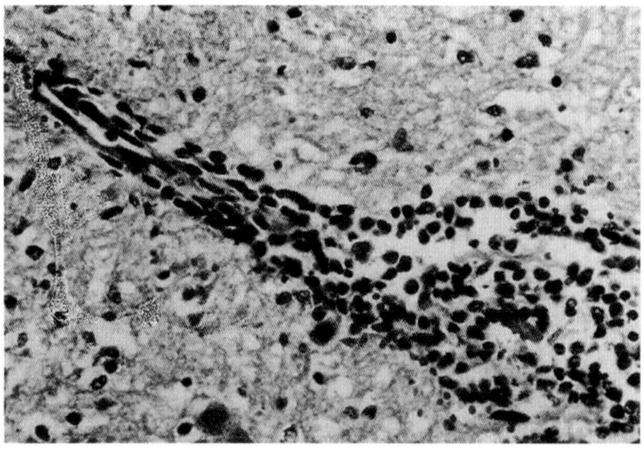

图5-3-4　脑血管周围有管套形成，管套主要为
　　　　　单核细胞。（HEA×400）

（陈怀涛）

败血型：精神沉郁，体温轻度升高，流涎、流泪、流鼻液，不听驱使，吃食、吞咽缓慢。病程短，死亡快。剖检，见脾脏肿大，肝粟粒状坏死灶，心外膜出血，脑膜充血，出血性结膜炎和黏脓性鼻炎。

[诊断]　脑炎型李氏杆菌病，可根据典型的病理组织变化做出诊断。败血型的诊断，必须从病变脏器取材，培养、检查细菌。子宫炎型的诊断，只有在胎儿和胎膜中找到细菌，才能确诊。另外，李氏杆菌病时，脑脊液中的淋巴细胞明显增多，据此，可与其他中枢神经系统疾病相鉴别。

[防治]　严格防疫制度。不从有病地区引入羊、牛或其他家畜。驱除鼠类和其他啮齿动物。由于本病可感染人，故畜牧兽医人员应注意自身防护。本病的治疗可用链霉素，病初也可大剂量应用广谱抗生素。

四、羔羊大肠杆菌病

羔羊大肠杆菌病（colibacillosis in lambs）又称羔羊大肠杆菌性腹泻或羔羊白痢，是由致病性大肠杆菌所致羔羊的一种急性传染病，其临诊病理特征为胃肠炎或败血症。

[病原]　大肠杆菌为中等大小的革兰氏阴性杆菌，广泛存在于自然界，仅少数血清型具有致病性，对外界不利因素的抵抗力不强，常用消毒药可将其杀死。

[流行病学]　本病多发于数日至6周龄的羔羊，但那波里大肠杆菌也可致3～8月龄的绵羊羔与山羊羔发病，并呈急性经过。本病多发于冬、春季舍饲期间，主要经消化道感染。气候多变、初乳不足、圈舍潮湿等均可诱发本病。

[发病机理]　当羔羊吮吸被致病性大肠杆菌污染的母羊乳头、咬舔污染的垫草等物时

被感染。由于初生羔胃酸酸度较低，故病菌易通过皱胃到达肠道。当机体抵抗力降低和肠道功能减退时，病菌则在肠内大量繁殖，产生耐热和不耐热两种肠毒素，致使肠黏膜绒毛的柱状上皮变为立方上皮，其微绒毛消失。此时肠内容物的渗透压升高，肠腔液体大量积聚，使肠腔扩张，刺激肠蠕动，引起腹泻。机体因腹泻而丧失大量水分、Na^+、K^+、HCO_3^-等，导致脱水、酸中毒和电解质平衡紊乱，终因毒血症而死亡。此为肠型大肠杆菌病。如病菌侵入肠壁进入血液循环，则干扰白细胞的吞噬作用，可发展为败血型大肠杆菌病。

［症状］ 潜伏期数小时至2d。

败血型：多发生于2～6周龄的羔羊。病初体温升高，临诊常有精神委顿、四肢僵硬、运步失调、视力障碍、卧地磨牙、一肢或数肢做划水动作等症状，有的关节肿胀、疼痛。多于24h内死亡。

肠型：多见于2～8d的幼羔，主要表现病初体温升高，随之出现腹泻，体温下降。病羔腹痛、拱背、委顿。粪便先呈半液状，色黄灰，以后呈液状，含气泡，有时混有血液。如治疗不及时，可于24～36h死亡，病死率15%～75%。偶见关节肿胀。

［病理变化］ 败血型：胸腔、腹腔和心包腔积液，混有纤维素。肘关节、腕关节等关节肿大，滑液混浊，关节囊内有纤维素性脓性渗出物。脑膜充血、点状出血，大脑沟常有脓性渗出物。

肠型：尸体脱水，肛门附近及后肢内侧被粪便染污。肠浆膜淤血，色暗红（图5-4-1），胃肠呈卡他性或出血性炎症变化，皱胃、小肠与大肠黏膜充血、出血、水肿，皱胃有半凝固的乳汁，小肠与大肠内容物呈灰黄色半液状（图5-4-2、图5-4-3、图5-4-4）。肠系膜淋巴结肿大，切面多汁（图5-4-5）。有时见纤维素化脓性关节炎。肺淤血或有轻度炎症。

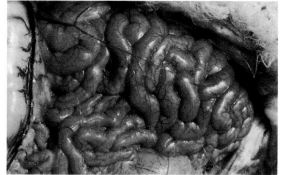

图5-4-1 小肠浆膜淤血，肠壁暗红，肠腔有大量稀薄的内容物和气体。

（陈怀涛）

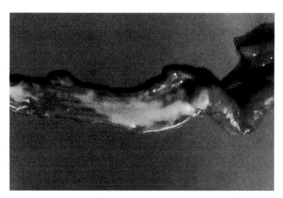

图5-4-2 小肠黏膜色红，附以灰黄色稀薄的内容物。

（陈怀涛）

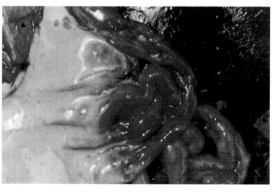

图5-4-3 剖检盲肠（▲）流出大量灰黄色内容物，内含气泡。

（陈怀涛）

图5-4-4　直肠也有灰黄色内容物。

(陈怀涛)

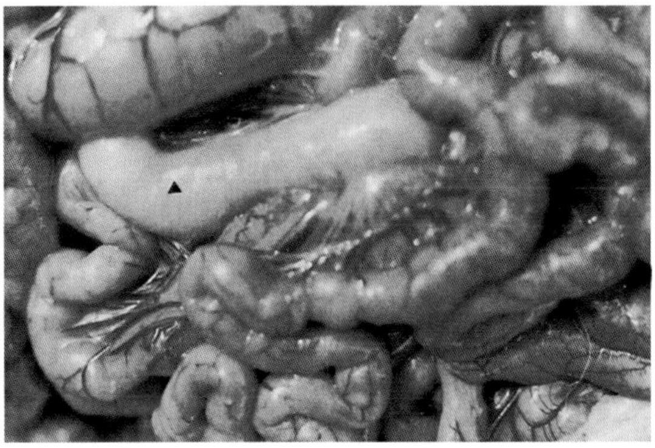

图5-4-5　肠系膜淋巴结（▲）肿大，色灰红，肠系膜血管充血。

(陈怀涛)

[诊断]　根据流行病学、症状和主要病理变化，可做出初步诊断；确诊须从血液、内脏、肠壁黏膜取材进行细菌学检查。

[防治]

(1) 预防　加强饲养管理，改善羊舍环境卫生，保持母羊乳头清洁，及时使羔羊吮吸初乳等。也可用本地流行的大肠杆菌血清型制备的活苗或灭活苗接种妊娠母羊，以使羔羊获得被动免疫。

(2) 治疗　可用土霉素、新霉素、磺胺类和呋喃类药物进行治疗，并配合护理和对症疗法。

①土霉素粉：每天每千克体重30～50mg，分2～3次口服。

②磺胺脒：第1次1g，以后每隔6h内服0.5g。

五、传染性角膜结膜炎

传染性结膜角膜炎（infectious keratoconjunctivitis）又称红眼病（pink eye），是由多种病原引起牛、羊眼结膜角膜发炎的一种传染病。其特征是传染快，眼发炎明显，大量流泪，严重时发生角膜混浊、甚至溃疡。

本病广泛分布于世界各地，属常见、多发病，虽不会致死，但造成大量牛、羊视觉障碍，带来一定经济损失。

[病原]　对于本病而言，牛的病原已报道的有牛嗜血杆菌、立克次氏体、支原体、衣原体和某些病毒。羊的病原有鹦鹉热衣原体、结膜支原体、立克次氏体、奈氏球菌和李氏杆菌等。

牛嗜血杆菌为一种革兰氏阴性菌，大小为（1.5～2.0）μm×（0.5～1.0）μm，成双或成短链排列，有荚膜，无芽孢，不能运动。在pH 7.2～7.5的血液琼脂上形成圆而透明的灰色菌落，呈β型溶血或不溶血，溶血者对牛眼有致病性，不溶血者则无。本菌抵抗力弱，一般浓度的消毒液或加热59℃ 5min，均有杀菌作用。病菌离开病畜在外界环境中的存活期不超过24h。研究证明，牛嗜血杆菌感染需要在强烈的紫外线照射或牛传染性鼻气管炎病毒等诱因的作用下，才能引起典型结膜角膜炎症状。

[流行病学] 牛、羊、骆驼等均能感染发病。不同年龄和性别的山羊易感性均较强，甚至出生数天的羔羊也能出现典型症状。因为本病的病原可能有宿主专一性，因此，牛和羊之间一般不能交互感染。

病畜和带菌动物是主要传染源，病原存在于眼结膜及其分泌物中。病牛康复后数月在眼和鼻液中还存在牛嗜血杆菌。因此，引进病牛、带菌牛是牛群暴发本病的常见原因之一。

本病的传播途径还不十分清楚。主要是直接或密切接触传染，蝇类和一些飞蛾也能机械地传播本病。

本病的季节性不强，一年四季都有流行，但以春、秋季发病较多。一旦发病，1周之内可迅速波及全群，甚至呈流行性或地方流行性。山羊的发病率可达40%～100%，青年牛群发病率可达60%～90%。刮风、尘土、厩舍狭小和空气污浊等因素，有利于本病的发生和传播。

[症状和病理变化] 本病潜伏期一般为2～7d，病畜主要表现为结膜角膜炎。多数先是一只眼患病，然后波及另一只，有时一侧眼炎较轻，另一侧较重。病初呈结膜炎症状，流泪、羞明、疼痛、眼睑半闭，眼内角流出多量浆液性或黏液性分泌物，以后可转变成脓性分泌物。上、下眼睑肿胀，结膜和瞬膜潮红，甚至有出血斑点。随着病情发展，炎症可蔓延到角膜和虹膜，在角膜边缘形成红色充血带，角膜上出现白色或灰色斑点或浅蓝色云翳（图5-5-1、图5-5-2）。严重者形成溃疡或角膜瘢痕。有时全眼球组织受到侵害，眼前房积脓或角膜破裂，晶状体可能脱落，造成永久性失明。镜检，结膜固有层纤维组织明显充血、水肿和炎症细胞浸润，纤维组织疏松，呈海绵状；上皮变性、坏死或程度不等地脱落（图5-5-3、图5-5-4）。角膜的变化与结膜的基本相同，有明显炎症细胞浸润和组织变质过程，但无血管反应。

病畜全身症状一般不明显。

病程一般为20d左右，长者可达40d。绝大多数病例能自愈，即使角膜混浊者也多能逐渐复明。本病很少引起死亡，少数病畜多因双目失明而被淘汰。

[诊断] 根据本病结膜角膜炎特征性症状及流行特点，即可做出诊断。但本病具有多病原性，有的病原除引起传染性结膜角膜炎外，还可导致其他症状，如有必要，可用微生物学检验或荧光抗体技术确诊。

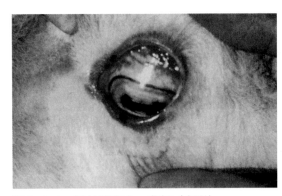

图5-5-1 眼结膜充血、潮红（左眼）。

（陈怀涛）

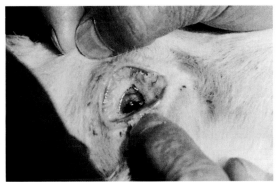

图5-5-2 结膜囊中有黏脓性分泌物，角膜有些混浊。

（陈怀涛）

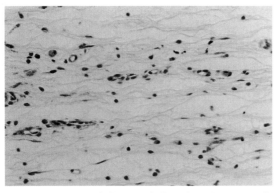

图5-5-3　眼球结膜炎：结膜固有层充血、水肿与炎性细胞浸润，纤维组织松散，呈海绵状。（HEA×400）

（陈怀涛）

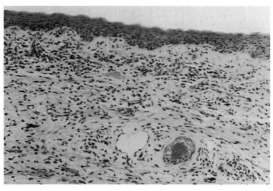

图5-5-4　眼球结膜炎：固有层充血、水肿，有大量炎性细胞浸润。（HEA×200）

（陈怀涛）

［防治］　目前，尚无理想疫苗进行免疫性预防。发生本病后，首先应隔离病畜，对厩舍彻底消毒，以防止扩大传染。然后，对病畜可选用下列方法治疗：

（1）用2%～4%硼酸水或1%盐水冲洗眼睛，拭干后选用红霉素、四环素或2%氢化可的松眼药膏，涂于眼结膜囊内，每天1～2次。如发生角膜混浊，可改涂2%黄降汞软膏。

（2）用竹筒或纸筒将土霉素或三砂粉（朱砂、硼砂、硇砂各等份，混合研为粉末)0.1 g，吹入眼内，每天1～2次。

（3）用青霉素10万～20万IU加入5～10 mL自家血立即注入眼睑皮下，对羊传染性角膜结膜炎引起的角膜混浊或角膜翳疗效良好。

（4）熊胆3 g、硇砂3 g、冰片10 g、硼砂15 g、铜绿15 g、辛红6 g、琥珀2 g、炉甘石25 g，研为细末，眼内喷撒，每天1次，连用5d即可。

六、布鲁氏菌病

布鲁氏菌病（brucellosis）是由布鲁氏菌属的细菌引起人、畜共患的一种慢性传染病，牛、羊、猪最易发生，且可由其传染给人和其他动物。本病的临诊病理特征是生殖器官与胎膜发炎所致的流产、不育，以及一些器官的局部增生性病变。

［病原］　布鲁氏菌属（*Brucella*）有6个种20个生物型。引起羊、牛布鲁氏菌病的病原是马耳他布鲁氏菌、绵羊布鲁氏菌、流产布鲁氏菌。各个种和生物型菌株之间的特征有些差异，但形态和染色特性无明显不同。

本菌呈球形，尤其新分离者，大小为（0.5～0.7）μm×（0.6～1.5）μm，多单在，很少成双、短链或小堆状。无芽孢和荚膜，偶见荚膜样结构，无鞭毛，不运动。革兰氏染色阴性，姬姆萨染色呈紫色。改良Ziehl-Neelsen氏染色呈红色，故可与其他细菌鉴别。

在固体培养基上，可见光滑（S）型菌落、粗糙（R）型菌落和黏液（M）型菌落，也可出现过渡类型菌落。在液体培养基中呈微混浊生长，无菌膜，但培养日久，可形成厚菌膜。

本菌经巴氏灭菌法10～15min，0.1%升汞数分钟，10%来苏儿15min，2%福尔马林15min，5%生石灰液15min，直射日光0.5～4h，均可被杀死。但本菌对自然环境的抵抗力较强，如在粪水中可存活数月以上。

[流行病学]　多种动物均可感染本病，但主要是羊、牛、猪。马耳他布鲁氏菌的主要宿主是山羊和绵羊，也可由羊传染给牛和其他动物。流产布鲁氏菌的主要宿主是牛，其次是羊和其他动物。绵羊布鲁氏菌主要引起公绵羊附睾炎，也可引起怀孕母绵羊胎盘坏死，但对未怀孕母羊常呈一过性。

羊布鲁氏菌病的传染源主要是病羊或带菌羊，病原菌随其精液、乳汁、脓液，特别是流产胎儿、胎衣、羊水及子宫渗出物等排出体外，通过污染饮水、饲料、用具和草场等引起其他羊只感染。羊布鲁氏菌病的主要感染途径是消化道，其次是生殖道、皮肤和黏膜。而绵羊布鲁氏菌所致的附睾炎多为病公羊与健康公羊同性爬跨肛门内射精而感染所致。

[发病机理]　细菌首先经淋巴侵入局部淋巴结，在巨噬细胞内大量繁殖，引起以增生为主的淋巴结炎。增殖的病原菌可以由此侵入血液，引起暂时的菌血症，接着迅速在血液中消失而定位于网状内皮组织丰富的器官（如淋巴结、脾、肝、骨髓）以及子宫、胎膜、乳腺、睾丸与关节囊等处。其中，妊娠子宫特别适宜于布鲁氏菌的生长繁殖，故常发生化脓坏死性子宫内膜炎和胎盘炎，导致胎儿死亡和母羊流产或不孕。但是，如果机体的防御免疫机能良好，本病也可能自愈。

[症状]　除流产外，绵羊与山羊常无其他症状。流产前阴道流出黄色黏液，流产常发生于妊娠后第3或第4个月。有的山羊流产2～3次，有的则不发生流产。此外，也可能有公羊睾丸炎、奶山羊乳腺炎、关节炎和气管炎，表现为睾丸肿大、乳量减少、乳中有凝块、乳腺硬肿和跛行等症状。绵羊布鲁氏菌可引起绵羊附睾炎。

[病理变化]　布鲁氏菌病的特征变化在生殖器官和流产胎儿。在实验性病例，网状内皮组织丰富的器官有弥散性或局灶性肉芽组织增生，形成肉芽肿结节。

淋巴结：仅在重症病例，可见淋巴结肿大、质硬，有时切面可见坏死灶。镜检，初期淋巴细胞增生，淋巴小结数量增多，生发中心明显；网状细胞和上皮样细胞也增生。上皮样细胞可形成上皮样细胞结节，有的结节中还出现多核巨细胞。当病情恶化时，上皮样细胞结节中心的细胞发生坏死，其周围被上皮样细胞和多核巨细胞包围，再外则由浸润有淋巴细胞的新生肉芽组织环绕，形成坏死增生性结节。

脾脏：眼观仅见轻微肿大。镜检，白髓淋巴组织增生，淋巴滤泡增大，偶见上皮样细胞结节。

肝脏：常有细小的坏死灶和上皮样细胞结节。

肺脏：主要病变为上皮样细胞、淋巴细胞结节（图5-6-1）。也常有坏死增生性结节，即结节中心为坏死区，内有大量崩解的中性粒细胞，其外围为特殊肉芽组织和普通肉芽组织，有时在普通肉芽组织中还可见淋巴小结形成。在急性病例，肺内可见渗出性结节，即中性粒细胞渗出，并和坏死、崩解的局部组织形成坏死灶，其周围组织发生充血、出血、浆液渗出和中性粒细胞浸润。

肾脏：常表现为慢性间质性肾炎。肾曲小管间有多量淋巴细胞和上皮样细胞增生，有时也出现上皮样细胞结节（图5-6-2）。

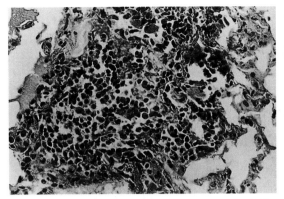

图5-6-1　肺组织中有一个布鲁氏菌病结节，
其中可见上皮样细胞和淋巴细胞。
（HE×400）

（刘宝岩等）

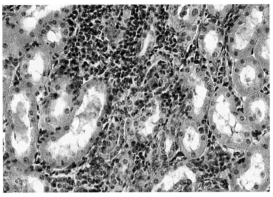

图5-6-2　肾间质淋巴细胞与上皮样细胞增生，
形成结节。（HE×200）

（王凤龙）

胎儿：流产胎儿呈败血症变化，表现为浆膜和黏膜出现淤点和淤斑，皮下组织出血和水肿；也可发生胎儿木乃伊化，全身急性淋巴结炎，实质器官变性和肝脏多发性小坏死灶等。

子宫与胎膜：妊娠子宫呈化脓、坏死性炎症变化，病变多局限于子叶胎盘部。眼观，子宫内膜与绒毛膜之间有污灰色或黄色胶状渗出物；绒毛叶充血、出血、肿胀及坏死，呈紫红色或污红色，表面附有一层黄色坏死物和污灰色脓液，胎膜水肿、增厚、有出血。镜检，渗出物中含中性粒细胞、脱落的上皮细胞与组织坏死崩解产物等；绒毛叶充血、出血、水肿和中性白细胞浸润，局部组织脓性溶解，形成深浅不一的糜烂。有时可见肉芽组织增生。

附睾：病变常定位于附睾以及睾丸、精索与精囊腺。病羊精索静脉曲张淤血呈串珠状肿胀；鞘膜腔积液、阴囊皮肤水肿，故使阴囊下垂呈桶状，病羊举步艰难，严重时阴囊拖地而行（图5-6-3）。后期，血管壁增厚，精索高度增粗，呈结节状（图5-6-4）。附睾病变主要发生于附睾尾。急性期，附睾尾较正常大1～2倍，切面常见大小不等的囊腔，内有乳白色絮状或干酪样物。有时附睾头、体有绿豆大至黄豆大的结节。睾丸肿大0.5～1倍，多为一侧肿大。慢性期，附睾尾较正常肿大3～4倍，表面呈结节状，质地较硬并与睾丸粘连，切面呈黄白色斑纹状结构，并可见黄白色干酪样物。睾丸缩小1/2，质地较硬。镜检，急性期，附睾管周围水肿，附睾管上皮增生、化生，形成上皮内囊，并可变性、坏死、脱落，管腔内还可见上皮样细胞等炎性细胞。慢性期，附睾管周围结缔组织增生，附睾管上皮增生、化生，向管腔内伸延形成上皮内囊，使管腔变窄或阻塞；有的管腔则扩张，其内积有死亡或存活的精子和上皮样细胞等，也可见巨噬细胞噬精子现象。有时附睾管破裂，精液外溢后形成由上皮样细胞、巨噬细胞和淋巴细胞构成的精子肉芽肿。

除此之外，常见的病变还有局灶性间质性乳腺炎、关节炎、间质性心肌炎、角膜炎、睾丸炎等。

［诊断］　依据临诊症状、流行病学特点和血清学检查进行综合诊断。绵羊和山羊布鲁氏菌病的大群检疫，多用布鲁氏菌水解素皮内注射法进行变态反应诊断，若变态反应与凝集

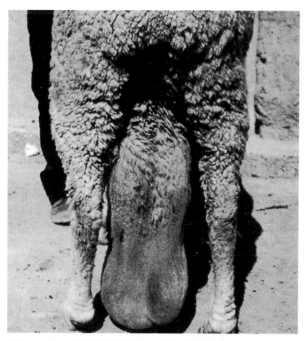

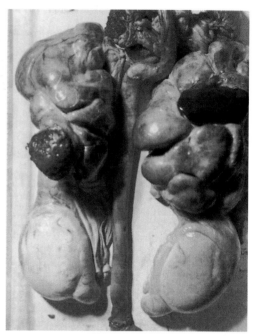

图5-6-3　阴囊肿胀拖地，病羊行走困难。

（张高轩）

图5-6-4　离体的精索和睾丸，精索呈结节
状或串珠状。

（张高轩）

反应结合应用，可大大提高检出率。

　　[防治]　只有贯彻"预防为主"的方针，才能达到控制、消灭和净化的目的。首先，在未感染羊群中，严格控制布鲁氏菌病的传入，严格检疫，坚决淘汰阳性羊。其次，采用当地分离确认的布鲁氏菌制成的死菌佐剂苗，定期接种。目前，国际上多采用活疫苗，如牛流产布鲁氏菌19号苗、马耳他布鲁氏菌RevⅠ苗。也有使用灭活苗的，如牛流产布鲁氏菌45/20苗和马耳他布鲁氏菌53H38苗等。我国主要使用猪布鲁氏菌2号弱毒活苗（简称S_2苗）和马耳他布鲁氏菌5号弱毒活苗。

七、羊假结核病

　　羊假结核病（pseudotuberculosis in sheep and goats）是由假结核棒状杆菌感染而引起羊的一种化脓性淋巴结炎，由于其脓肿的脓汁病变在眼观上与结核病的干酪样坏死相似，故称假（伪）结核病，又称干酪样淋巴结炎。除淋巴结外，本病的脓肿病变也见于肺、肝、脾和子宫角等部位。

　　[病原]　假结核棒状杆菌（*Corynebacterium pseudotuberculosis*），是一种多形性的杆菌，由球状至杆状，单在或呈栅状或呈丛状排列。革兰氏染色阳性，不能运动，不产生芽孢，无荚膜，大小为（0.5～0.6）μm×（1.0～3.0）μm。

　　本菌对干燥有抵抗力，在自然环境中能够存活较长时间，对热敏感（60℃ 10min即死亡），普通消毒药能将其迅速杀死。

　　[流行病学]　假结核棒状杆菌存在于土壤、肥料、肠道内和皮肤上。病畜和带菌动

物体内的病菌可随粪便排出，并污染环境。羊主要经皮肤创伤而感染，也可通过消化道、呼吸道及吸血昆虫感染。病羊体表脓肿破溃后，脓汁可污染羊舍、运动场、环境和健康羊被毛。本病常为散发或地方性流行，有的羊群发病率高，可达15%左右。

山羊最易感，以舍饲群养的羊多发，主要发病年龄为2～4岁。绵羊也可发病。此外，本菌可引起马溃疡性淋巴管炎、牛化脓性淋巴管炎和骆驼脓肿。

[发病机理]　假结核棒状杆菌首先感染皮肤伤口，随之扩散到局部淋巴结，并引起化脓。以后可通过淋巴或血液散播到各脏器，引起转移性脓肿。感染的皮肤伤口常无明显变化，即使化脓一般都会自然恢复。

细菌到达淋巴结后，在局部引起多量中性粒细胞集聚，随即淋巴结的固有组织和白细胞都发生坏死、崩解，变为无结构的干酪样物质，内含崩解的细胞核碎片及细菌凝块，若时间较久，则会有钙盐沉积。在坏死灶的外围，有一层由巨噬细胞、上皮样细胞形成的带状区，其外还有一层含有较多淋巴细胞的结缔组织包囊。以后包囊的新生肉芽组织又发生干酪样坏死，并被巨噬细胞、上皮样细胞和结缔组织构成的包囊所环绕，如此反复进行，便形成同心层的结构。特别是钙盐在不断扩大的病灶边缘层沉积时，这种结构会更为明显。

淋巴结脓肿的直径一般为3～5cm，有时达10cm以上。体表淋巴结脓肿可压迫局部皮肤，使其萎缩变薄和脱毛，脓肿也可破溃或形成瘘管向外排脓。

[症状]　本病的潜伏期长短不一。按病变部位，本病可分为体表型、内脏型和混合型。

（1）体表型　此型较多见。体表淋巴结肿大、化脓，但全身症状一般不明显，病变多发生于颈浅（肩前）和髂下（股前）淋巴结（图5-7-1），但也见于下颌、乳腺等淋巴结。淋巴结逐渐肿大，形圆或椭圆，达乒乓球大甚至拳头大，最后可破溃、流脓（图5-7-2），最初脓汁较稀，以后变得黏稠，呈淡黄绿色。破溃处可结痂自愈或形成瘘管。有时可见几个体表淋巴结同时发生脓肿。

（2）内脏型　体内淋巴结或内脏形成脓肿，脓汁如豆腐渣或干酪样。病羊常有体温升高、消瘦、食欲减退、咳嗽等症状，最后可因恶病质而死亡。死后剖检，可发现内脏等处的脓肿病变。

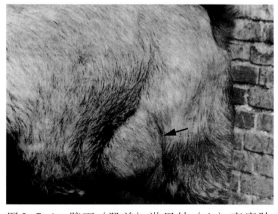

图5-7-1　髂下（股前）淋巴结（↑）高度肿大，并下垂。

（刘安典）

图5-7-2　右后肢腘淋巴结化脓，并向外破溃。

（刘安典）

（3）混合型　兼有体表型和内脏型的症状。病羊体表多处出现脓肿，全身症状较重，体弱无力，食欲减退，咳嗽，腹泻，最后虚弱而死，病程较长。

［病理变化］尸体消瘦，体表淋巴结肿大，内含化脓性干酪样坏死物，脓肿切面可见钙化灶、结缔组织条索，有时切面呈同心层结构，脓肿外围有明显的厚包囊（图5-7-3）。上述脓肿也见于肺、肝、脾、肾网膜等处（图5-7-4、图5-7-5）。镜检，脓肿中的脓汁主要为坏死物，有密集的核碎片，外围是肉芽组织和厚层纤维结缔组织构成的包囊（图5-7-6、图5-7-7）。

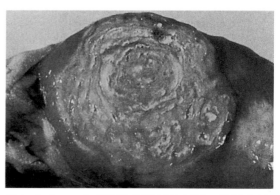

图5-7-3　一个有脓肿的淋巴结切面，脓肿有厚层包囊，内含同心层结构的干涸的脓汁，呈淡黄绿色。

（J. M. V. M. Mouwen等）

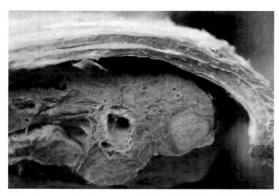

图5-7-4　肺中有一个脓肿，其包囊明显；肺胸膜与肋胸膜粘连。

（陈怀涛）

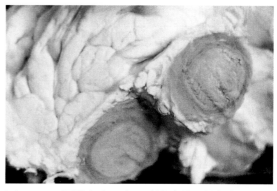

图5-7-5　网膜上有两个干酪性脓肿，其包囊很厚。

（陈怀涛）

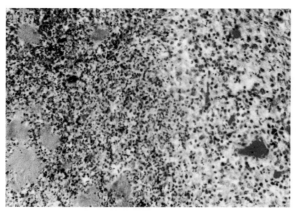

图5-7-6　肺脓肿的组织切片：脓汁由坏死物组成，右侧为包囊的肉芽组织。

（陈怀涛）

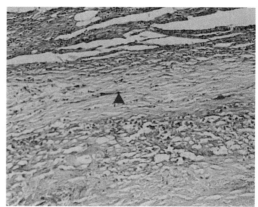

图5-7-7　肺脓肿包囊的组织切片：包囊由厚层结缔组织（▲）构成，其周围肺泡受压萎陷。（HE×200）

（陈怀涛）

[诊断]　生前根据临诊症状和脓肿破溃后排出的淡黄绿色脓汁，死后根据脓肿的病理特征可做出初步诊断。取脓汁涂片、染色、镜检，如革兰氏染色呈阳性，抗酸染色为阴性，菌体呈多形性，可初步怀疑为假结核棒状杆菌，必要时再进一步做细菌分离培养和鉴定，即可确诊。本病须与放线菌病和结核病相鉴别，放线菌病的脓汁中含有"硫黄颗粒"，而结核病病灶内可发现抗酸菌。也应注意与其他棒状杆菌（如化脓棒状杆菌等）相鉴别。

[防治]　预防本病的主要措施是对环境、用具进行定期消毒。病羊要隔离治疗，最好不要让脓肿自行破溃，以防脓汁污染环境。目前尚无有效疫苗进行预防接种。

对没有全身症状的体表型病羊，最好的治疗办法是促使体表淋巴结脓肿成熟，及时切开排脓，再用双氧水和生理盐水先后冲净脓腔，最后涂擦碘酊，间隔3～5d处理1次，一般2～3次即可治愈。

对有全身症状的病羊，可用0.5%黄色素10mL静脉注射，同时肌内注射青霉素，可提高疗效。

八、羊梭菌性疾病

羊梭菌性疾病（clostridiosis of sheep）是由梭菌属（*Clostridium*）的病原菌引起羊的一类传染性疾病的总称。包括羔羊痢疾、羊猝狙、羊肠毒血症、羊快疫、羊黑疫等疾病。这些疾病以发病急促、病程短暂、死亡率高为特点，而且它们在病原学、流行病学、临诊表现等方面颇易混淆。羊梭菌性疾病广泛存在于世界各养羊业发达的国家，包括我国。

[病原和发病机理]　羔羊痢疾（lamb dysentery）的病原是B型产气荚膜梭菌（*Cl. perfringens* type B）；羊猝狙（struck）的病原是C型产气荚膜梭菌（*Cl. perfringens* type C）；羊肠毒血症（enterotoxaemia）的病原是D型产气荚膜梭菌（*Cl. perfringens* type D）；羊快疫（braxy）的病原是腐败梭菌（*Cl. septicum*），羊黑疫（black disease）的致病菌是B型诺维梭菌（*Cl. novyi* type B）。

产气荚膜梭菌：厌氧性粗大杆菌，培养时对厌氧条件的要求不太严格。其大小为（1.0～1.5）μm×（4.0～8.0）μm。革兰氏染色阳性。菌端钝圆，单个、成双排列，很少成短链状。无鞭毛，不能运动。在人工培养基中较难形成芽孢，如在培养基中加入甲基黄嘌呤，可促使芽孢形成。在动物体内能形成卵圆形芽孢，位于菌体中央或一端。一般消毒药可杀死本菌的繁殖体，但芽孢抵抗力较强，90℃ 30min、100℃ 5min才可将其杀死。本菌在肝片肉汤培养基中生长迅速，37℃培养3～4h，即可使培养基混浊，并产生大量气体。产气荚膜梭菌在羊体内能产生12种外毒素，其中α、β、ε和ι是主要致死毒素。本菌分为A、B、C、D、E和F 6个型。B型菌产生α、β、ε 3种毒素，C型菌产生α和β 2种毒素，D型菌产生α毒素和大量ε毒素，E型菌产生α和ι 2种毒素，F型菌产生β毒素。

腐败梭菌：严格厌氧性粗大杆菌，大小为（0.6～0.8）μm×（2.0～4.0）μm，革兰氏染色阳性。菌体呈杆状，两端钝圆，在培养基中呈单个或2、3个相连成短链状。但在病变渗出液中，如肝被膜触片中，常呈长链状或长丝状（图5-8-1），这是本菌具有重要诊断意义的一个形态学特征。本菌无荚膜，有鞭毛，能运动，易于形成芽孢。在肝片肉汤培养基中，经37℃培养6h，培养基呈一致混浊，产气，48h菌体下沉于管底。本菌能产生α、β、 γ、δ4种外毒素，其中α毒素是一种卵磷脂酶，有坏死、溶血和致死作用；β毒素是一种脱氧核糖核酸酶，有杀白细胞的作用；γ毒素是一种透明质酸酶，δ毒素是一种溶血素。

诺维氏梭菌：也是一种严格厌氧的粗大杆菌，大小为（1.2～2.0）μm×（4.0～20.0）μm，革兰氏染色阳性。无荚膜，能形成芽孢，有鞭毛，能运动。在厌氧肉肝汤中培养时产生腐葱味臭气。B型诺维氏梭菌可产生α、β、η、ζ和θ5种外毒素。

图5-8-1　病变渗出液中腐败梭菌的形态：呈长链状或长丝状。

（陈怀涛）

[流行病学]　产气荚膜梭菌是土壤中的常在菌，也可存在于羊的肠道内。病羊和带菌羊是主要传染源。健康羊采食了被病原菌污染的饲草、饲料、饮水后，病菌即进入胃肠道。饲料突然变换（如突然喂饲大量青嫩多汁或蛋白质含量丰富的饲料），引起肠道正常消化机能紊乱或破坏时，细菌大量繁殖、产生毒素，并经机体吸收引起发病。

羊肠毒血症多发生于成年绵羊或羔羊，山羊较少发生，一般以2岁以下的幼龄羊较为多见。常在春末夏初或秋末冬初饲料改变时诱发本病，多呈散发，在发病羊群中可流行1～2个月。开始来势凶猛，但反复几次后，病情趋于缓和，直至平息。

羊猝狙主要侵害6个月至2岁的绵羊，但以成年羊发生较多。山羊亦可感染。本病呈散发或地方性流行，多见于低洼的湿地牧场。本病多发生在早春和秋、冬季节。食入带雪水的牧草或寄生虫感染等均可诱发本病。

羔羊痢疾主要危害1周龄内的绵羊羔，其中又以2～5日龄的发病最多。本病的传染途径主要是消化道，也可通过断脐或外伤而感染。母羊营养不良、产羔季节严寒或气候炎热等，均有利于本病的发生。纯种细毛羊和改良羊的适应性比本地土种羊差，其羔羊的发病率和死亡率都较高。

羊快疫和羊黑疫的病原菌——腐败梭菌和诺维氏梭菌，常以芽孢的形式污染土壤、饲草、饲料和饮水，当芽孢经口进入消化道后，在气候骤变、饲养管理不合理、动物机体抵抗力降低等不良诱因的作用下，即可致病。绵羊对羊快疫最敏感，山羊和鹿也可感染发病。发病年龄多在6个月至2岁。如果腐败梭菌经外伤感染，则引起多种动物发生恶性水肿。

绵羊和山羊都可感染羊黑疫，其中以2～4岁的绵羊最多发。在春、夏季节，本病主要发生于肝片吸虫流行的低洼、潮湿牧场。诺维氏梭菌可以芽孢形式潜伏在羊的肝、脾等器官内，肝片吸虫或其他原因引起肝脏损伤后，滞留于此的芽孢获得适宜条件即大量繁殖，产生毒素而引起疾病。

[症状]　羔羊痢疾：自然病例潜伏期为1～2d，人工感染病例为5～10h。多为急性或亚急性经过。最初发病羔羊精神沉郁，低头弓背；进而拒食，喜卧，发生持续性腹泻，排黄色稀便或带血色。后期病羔肛门失禁，脱水、虚弱、卧地不起。病死率可达100%。

羊猝狙：突然发病，常在3～6h内死亡。早期症状不明显。有时可见突然沉郁，剧烈痉挛，倒地咬牙，眼球突出，惊厥死亡。

羊肠毒血症：突然发生，很快死亡。很难看到症状，或刚发现症状后便死亡，一般在2～4h内死亡。病羊死前步态不稳，呼吸急促，心跳加快，全身肌肉震颤，磨牙甩头，倒地抽搐，左右翻滚，角弓反张，鼻流白沫，眼结膜和口黏膜苍白，四肢和耳尖发冷，发出哀鸣，进入昏迷状态而死亡。体温一般不升高，病死率很高。据报道，动物临死前都出现明显的高血糖和糖尿。

羊快疫：发病突然，常无症状便死亡。多死于牧场上或清晨发现死于圈内。有的病羊死前发生疝痛、臌气、眼结膜发红、磨牙呻吟、痉挛，有的则虚弱、拒食、离群、不愿行走，口内流出带有血色的泡沫。排便困难，粪便中混有黏液、脱落的黏膜，有时排黑色稀粪，间带血液。通常在出现症状后数分钟至几小时死亡。

羊黑疫：与羊快疫、羊肠毒血症极相似，病程极短，多数未见症状突然死亡，少数可延长1～2d。病羊精神沉郁，食欲废绝，反刍停止，离群或呆立不动，呼吸急促，体温可升至41～42℃，卧地昏迷死亡。

[病理变化]　羔羊痢疾：肛门周围被稀便污染，尸体脱水严重。真胃内有未消化的凝乳块，小肠（尤其回肠）呈出血性肠炎变化，有的肠内充满血样物。病程稍长时，见小肠或结肠黏膜出现直径多在1～2mm的溃疡灶，溃疡灶周围有出血带。镜检，呈出血性或坏死性肠炎变化（图5-8-2、图5-8-3），肠系膜淋巴结充血、肿大或有出血，实质器官发生变性。

图5-8-2　肠壁紫红、并有出血，肠内容物色红。
（陈怀涛）

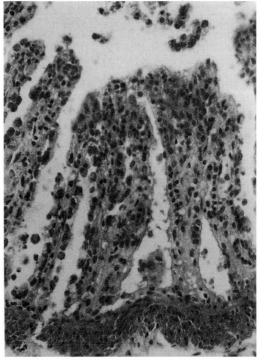

图5-8-3　羔羊痢疾：出血性肠炎。固有层充血、出血、炎性细胞浸润，肠腔中有一些红细胞、中性粒细胞和脱落的黏膜上皮细胞。（HE×400）

（陈怀涛）

羊猝狙：病变主要见于消化道和循环系统。小肠一段或全部呈出血性肠炎变化（图5-8-4），有的病例见糜烂、溃疡。由于细菌及其毒素经肠壁进入血液，损伤胸、腹腔脏器的微血管，使其怒张、通透性增加，故胸腔、腹腔与心包腔中有大量渗出液，浆膜有出血点。肾不软，但肿大。死后8h内，病菌在肌肉和其他器官继续繁殖、并引起变化，故尸体剖检延迟的动物，骨骼肌中可见气肿样病变。

羊肠毒血症：肾脏软化，甚至质软如泥，故俗称"软肾病"（图5-8-5）；镜检，见肾脏皮质部的肾小管上皮变性、坏死（图5-8-6）。心包腔、腹腔、胸腔见有积水，心脏扩张，心内、外膜有出血点。小肠呈轻度卡他性炎症。胸腺出血。脑膜血管怒张，镜检，见脑膜与脑实质血管充血、出血，血管周围水肿。眼观与镜检，脑组织中可见液化性坏死灶（图5-8-7）。

图5-8-4　羊猝狙：小肠黏膜明显充血、出血。
（陈怀涛）

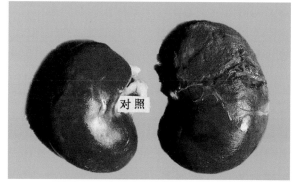

图5-8-5　羊肠毒血症：肾脏明显软化，被膜不易剥离（右），而对照肾脏的大小、颜色均正常（左）。

（陈怀涛）

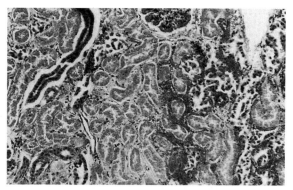

图5-8-6　羊肠毒血症：肾皮质充血，肾小管上皮坏死。（HE×200）

（陈怀涛）

图5-8-7　羊肠毒血症：小脑横切面的小脑髓质HE切片上，可见对称性灰黄色液化性坏死灶。

（J. M. V. M. Mouwen等）

羊快疫：真胃出血性炎症变化明显，黏膜肿胀、充血，黏膜下层水肿；幽门及胃底部见大小不等的出血斑点，有时见溃疡和坏死（图5-8-8、图5-8-9）。肠内充满气体，黏膜也见充血、出血。腹腔、胸腔、心包腔见积水。胆囊多肿胀。如病尸未及时剖检，则尸体迅速腐败；镜检时，在真胃和肠黏膜中可见大量气泡（图5-8-10）。

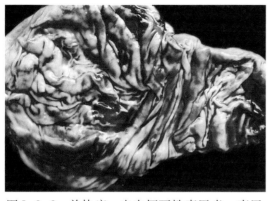

图5-8-8　羊快疫：出血坏死性真胃炎：真胃和幽门部黏膜出血、潮红，被覆较多淡红色黏液。

（陈怀涛）

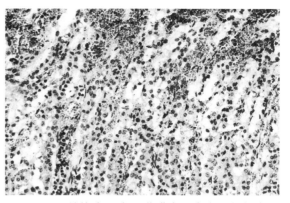

图5-8-9　羊快疫：真胃黏膜表面有大量红细胞和炎性细胞，有些上皮坏死、脱落，固有膜充血、出血、水肿，炎性细胞明显浸润。胃腺上皮细胞变性、坏死。（HE×400）

（陈怀涛）

羊黑疫：皮下淤血显著，使皮肤呈黑色外观，故名"黑疫"。肝脏肿大，在其表面和深层有数目不等的灰黄色坏死灶，形圆，直径多为2～3cm，常被一充血带所包绕，其中偶见肝片吸虫的幼虫。真胃幽门部和小肠黏膜充血、出血。

[诊断]　羊梭菌性疾病在病原、流行病学、症状和病理变化等方面颇易混淆。动物发病年龄（如羔羊痢疾，主要危害1周龄内的绵羊羔），特征病变（如羊肠毒血症的软肾、羊黑疫的肝坏死、羊快疫的出血坏死性真胃炎），以及流行病学资料等，有助于做出初步诊断，确诊有赖于病原分离和毒素中和试验。

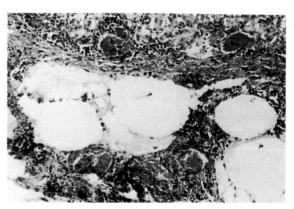

图5-8-10　羊快疫：真胃黏膜下层充血、水肿和大量中性粒细胞浸润，组织中尚有许多大小不等的气泡。（HEA×400）

（陈怀涛）

病原分离：在病羊临死或刚死时采取病料，用厌气培养法分离出纯培养菌株，再做形态学检查和生化试验进行菌种鉴定。

毒素中和试验：为确定产气荚膜梭菌的菌型，可用标准产气荚膜梭菌抗毒素与肠内容物滤液做中和试验。例如，取肠内容物离心，用其上清液0.1～0.3mL静脉注射小鼠，若小鼠迅速死亡则证明有毒素存在。再用标准B、C、D型产气荚膜梭菌定型血清做中和试验，如C型血清能中和且小鼠存活，而B型、D型血清不能中和且小鼠死亡，则可判定是C型菌所产生的毒素，其病原为C型产气荚膜梭菌。

检测诺维氏梭菌的外毒素可用卵磷脂酶试验，检出率和特异性均较高。其方法为：取病死羊的腹水（或坏死灶组织悬浮液的沉淀上清液或其滤液）分别加入4支试管内，每管

0.5mL，再向第1～4管内分别加入A型诺维氏梭菌抗毒素血清0.25mL、B型诺维氏梭菌抗毒素血清0.25mL、产气荚膜梭菌δ抗毒素血清0.25mL、生理盐水0.25mL（对照），混合均匀，在室温下作用30min；然后每管加入卵磷脂卵黄磷蛋白液0.25mL（它可以和B型诺维氏梭菌外毒素中的卵磷脂酶发生反应，产生乳光层），混匀，置温箱中1～2h后观察结果。若对照管出现乳光层（腹水澄清液+生理盐水+卵磷脂卵黄磷蛋白液），则表示被检材料中含有卵磷脂酶。在第1～3管中此反应被何种细菌的抗毒素所抑制，即证明此卵磷脂酶为该种细菌所产生。例如，第1和第3管仍有乳光层产生（其中的卵磷脂酶未被抑制），而第2管无乳光层（其中的卵磷脂酶已被抗毒素所抑制），证明被检材料含有B型诺维氏梭菌所产生的卵磷脂酶，该动物系死于羊黑疫。

卵磷脂卵黄磷蛋白液的制备方法：250mL生理盐水加打散的鸡蛋黄1个，混匀，赛氏滤器过滤，无菌分装为小量，5℃冰箱保存备用。

检测腐败梭菌，应在动物死后1h内取心血或脏器制成乳剂，离心，取上清肌内注射小鼠，可在24h内引起小鼠死亡。及时取样进行细菌分离、鉴定，可获得较好结果。若在小鼠肝被膜触片中见到呈无关节丝状的细菌，则对确诊快疫有重要参考价值。

[防治]　羊梭菌性疾病发病急，病程短，很难见到明显症状即因毒素中毒而死亡，因此，治疗效果多不满意。在发病初期，用抗毒素血清可能有一定疗效。羔羊出生后12h内口服土霉素0.15～0.2g，每天1次，连用3d，对预防羔羊痢疾有一定作用。做好肝片吸虫的驱虫工作，有利于控制羊黑疫的发生。

在本病常发地区，每年可定期注射1～2次羊快疫、羊猝狙二联苗或羊快疫、羊猝狙、羊肠毒血症三联苗。如羊群还要预防羔羊痢疾，可用羔羊痢疾菌苗，或采用厌氧菌七联干粉苗（羊快疫、羊猝狙、羔羊痢疾、肠毒血症、黑疫、肉毒中毒、破伤风七联菌苗）。

一旦发生本病，要迅速将羊群转移到干燥牧场，减少青饲料，增加粗饲料，并及时隔离病羊，抓紧治疗。同时要搞好消毒，对病死羊及时焚烧后深埋，以防病原扩散。

羔羊痢疾也可试用中药郁金散：郁金9g，诃子9g，黄连6g，黄芩6g，黄柏6g，栀子5g，白芍5g，大黄3g。共为细末，开水冲调，候温灌服，每天1次，连用3d。（提供者：穆春雷等）

九、结核病

结核病（tuberculosis）是由结核分枝杆菌引起人、畜、禽共患的一种慢性传染病。其病理特征是在组织器官形成结核结节，即结核性肉芽肿。

[病原]　本病的病原是分枝杆菌属的3个种，即结核分枝杆菌、牛分枝杆菌和禽分枝杆菌。牛和禽分枝杆菌可感染绵羊，结核分枝杆菌可引起山羊发病。分枝杆菌为革兰氏染色阳性菌，一般染色不易着染，常用抗酸染色观察本菌的形态。

[流行特点]　本病可侵害人和多种畜禽，除牛和鸡易感外，羊也可患病。病畜是主要传染源，常通过呼吸道或消化道而感染。

[症状]　羊结核病一般呈慢性经过，病初无明显症状，后期病羊消瘦，呼吸困难，容易疲倦，有时流出鼻液。

[病理变化]　羊结核病的病理变化和牛的基本相同，即在肺脏、淋巴结或其他器官形成

增生性、渗出性、变质性结核结节，其中增生性结核结节比较多见。增生性结核结节的眼观变化和牛的相似，结节大小不等，从粟粒大到榛子大，结节硬实，颜色灰白或灰黄，切面中心部可见干酪样坏死，干酪样坏死中常有钙盐沉着。镜检，可见结核结节主要由上皮样细胞、巨细胞组成，结节中心为干酪样坏死物和钙盐，周围是结缔组织构成的包囊（图5-9-1、图5-9-2）。

[诊断和防治] 见牛结核病。

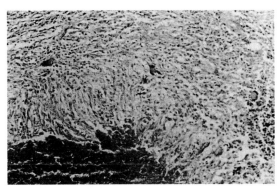

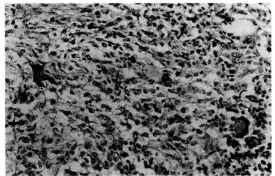

图5-9-1 结核结节的组织结构（本图仅显示结节的一部分）：中心为红染的干酪样坏死，外围为上皮样细胞和数个散在的巨细胞，最外是结缔组织包囊。（HE×200）

（陈怀涛）

图5-9-2 结核结节局部放大，可见大量上皮样细胞和个别巨细胞，上皮样细胞间尚有淋巴细胞和嗜酸性粒细胞。（HE×400）

（陈怀涛）

十、副结核病

副结核病（paratuberculosis）也称副结核性肠炎，是以消瘦、腹泻为特征的慢性传染病，其病原、症状、病理变化、诊断和防治等均与牛的副结核病相似。

副结核分枝杆菌为革兰氏阳性小杆菌，具抗酸染色的特性。

本病由于潜伏期较长，故症状多出现在1岁以上的绵羊或山羊，以舍饲羊较多发生。病羊慢慢消瘦，间歇性或持续性腹泻，但有的仅排出软便；通常有食欲；有间歇热，但易被忽视。病至后期，羊只因体弱可继发肺炎等疾病。血液检查时，血红蛋白降低，血钙与血镁水平下降。病程1个月以上或数月，多因极度衰竭而死亡。剖检时，除贫血、消瘦外，病变局限于消化道。回肠、盲肠与结肠黏膜局部性或弥漫性增厚，粗糙不平或呈不明显的结节状，可形成皱襞，严重时呈脑回样外观（图5-10-1）。浆膜面可见灰白色细条状淋巴管。肠系膜淋巴结增大，呈髓样变，或在切面上（尤其皮质部）有灰白色病变区（图5-10-2）。镜检，肠固有层有数量不等的巨噬细胞、淋巴细胞、浆细胞、上皮样细胞、巨细胞、嗜酸性粒细胞及成纤维细胞（图5-10-3）。病变严重时，上述细胞也见于黏膜下层（图5-10-4）。受害的肠系膜淋巴结（尤其皮质部）有巨噬细胞或上皮样细胞、巨细胞增生（图5-10-5）。抗酸染色时，肠和淋巴结的巨噬细胞、上皮样细胞和巨细胞中，可见许多红染的副结核分枝杆菌（图5-10-6）。

病原菌和特异病变的查明是本病确诊的依据。动物生前叮进行副结核菌素皮内试验或静脉注射，观察有无体温升高反应，以进行诊断。本病的防治可参考牛副结核病。

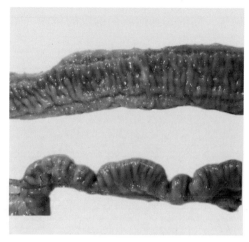

图5-10-1　后段空肠肠黏膜增厚，表面呈脑回样。

（王金玲、丁玉林）

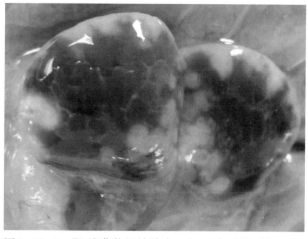

图5-10-2　肠系膜淋巴结肿大，切面皮质部呈灰白色髓样变。

（王金玲、丁玉林）

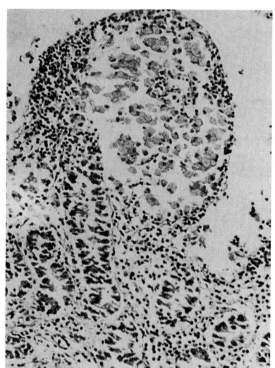

图5-10-3　回肠绒毛变粗呈圆球形，绒毛固有层中有许多上皮样细胞和巨噬细胞，周边区有较多淋巴细胞分布。（HE×200）

（陈怀涛）

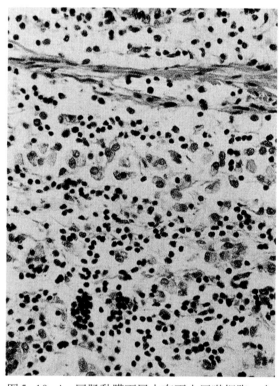

图5-10-4　回肠黏膜下层中有不少巨噬细胞、上皮样细胞，以及大量淋巴细胞和浆细胞。（HE×400）

（陈怀涛）

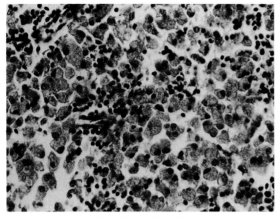

图5-10-5　肠系膜淋巴结的淋巴窦内有大量巨噬细胞与连片的上皮样细胞。（HE×400）

（陈怀涛）

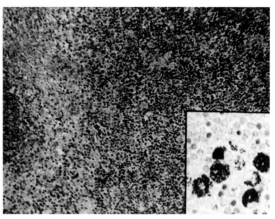

图5-10-6　肠系膜淋巴结的副皮质区有大片淡红色上皮样细胞，图左侧的上皮样细胞发生干酪样坏死，呈深红色（HE）；右下插图的上皮样细胞中显示大量密集的深红色副结核杆菌（Ziehl-Neelsen抗酸染色）。

（J. M. V. M. Mouwen等）

十一、链球菌病

链球菌病（streptococcosis）即败血性链球菌病，是由C群马链球菌兽疫亚种引起的一种急性热性传染病，其特征是败血症、咽背淋巴结肿大、咽喉肿胀、浆液纤维素性胸膜肺炎和化脓性脑脊髓膜脑炎。

[病原]　病原是C群马链球菌兽疫亚种（*Streptococcus equi* subsp. *zooepidemicus*）。本菌呈球状，直径小于2.0μm，多排成链状或成双。一般致死性链球菌其链较长，非致死性菌株则较短。固体培养基上常呈短链，在液体培养基中易呈长链。在陈旧培养物中则呈大小不一的不规则圆形。本菌有荚膜，革兰氏染色阳性，需氧兼性厌氧。本菌对外界环境的抵抗力较强，在-20℃条件下可生存1年以上；但对热较敏感，煮沸可很快被杀死；对一般消毒药抵抗力不强，如2%石炭酸、0.1%升汞、2%来苏儿和0.5%漂白粉均可在2h内杀死之。对青霉素、磺胺类药物敏感。

[流行病学]　本病自20世纪50年代以来多流行于青海、甘肃、四川、新疆、西藏等地，主要侵害绵羊，山羊次之。实验动物中以家兔最为敏感，小鼠次之。感染途径主要是呼吸道，其次为消化道和损伤的皮肤。病羊和带菌羊是主要的传染源。本病常呈败血经过，病菌存在于全身各组织器官，尤其呼吸道的分泌物和肺脏。疾病多发生于冬季和春季（尤其1～3月），气候严寒和剧变，以及营养不良等因素均可促使发病和死亡。新疫区常呈地方性流行，老疫区则多为散发。发病不分年龄、性别和品种。

[发病机理]　病菌入侵机体时首先在感染门户引起病变，如经呼吸道感染的病菌先在鼻咽部、扁桃体、咽背淋巴结等局部组织引起炎症，进一步突破局部的防御屏障，随血流和

淋巴流播散于全身，大量繁殖，引起菌血症和败血症。病菌能产生多种毒素和酶，导致许多严重病理变化。如链球菌溶血素（streptolysin，SL）[包括对氧敏感的溶血素O（SLO）和对氧稳定的溶血素S（SLS）]，能溶解红细胞，破坏白细胞、巨噬细胞、神经细胞和血小板等，还对心肌有较强的毒性作用。链激酶（streptoxinase），即溶纤维蛋白酶（fibrinolysin），能溶解纤维蛋白；透明质酸酶可使结缔组织的基质成分——透明质酸发生溶解，故能增加血管壁的通透性，降低组织间质的黏性或凝胶状态，因此，可促使病菌扩散、蔓延。链球菌细胞壁上的磷脂壁酸（LTA）等，与皮肤、黏膜的表面细胞有高度亲和力，使细菌易吸附于口咽部黏膜上皮。细菌的荚膜成分、M蛋白等具有抗吞噬作用，均有利于其发挥致病作用。

　　病菌在组织器官里引起的反应最主要的是中性粒细胞浸润，开始在局部淋巴结，以后在其他淋巴结和脾脏，在淋巴结滤泡中形成微脓肿，引起局部细胞的崩解和溶解，造成空隙或空洞；在疏松结缔组织则引起蜂窝织炎；在脑、肝等器官可导致血管炎、血栓形成和微脓肿等。

　　[症状]　潜伏期一般为2～7d。病程短，一般2～4d，最急性者24h内死亡，亚急性者1～2周。病羊随体温升高，全身症状明显，如起卧不安，精神不佳，食欲减退、甚至废绝，反刍停止。结膜充血，并有黏脓性分泌物。口流涎，混有泡沫。咽喉部肿胀，呼吸促迫（每分钟可达50～60次），心跳加快（每分钟为110～160次）。孕羊可能流产。最后卧地不起。有的头部与乳腺肿胀。临死时出现磨牙、抽搐、惊厥等症状。

　　[病理变化]　败血型：主要发生于成年羊，除全身多组织器官充血、出血、水肿和变性等一般败血性变化外，较特征的变化有：咽喉部黏膜高度水肿（图5-11-1），上呼吸道黏膜充血、出血，其中有淡红色泡沫状液体；全身淋巴结，尤其咽背、下颌、颈浅、肺门、肝、脾、胃、肠系膜等淋巴结明显肿大、充血、出血、甚至坏死；胸、腹腔有多量混浊的淡黄色液体；浆膜表面和淋巴结切面有半透明黏稠的胶样引缕物，有滑腻感；肝肿大、质软、色土黄，胆囊胀大，其壁水肿、增厚；脾肿大、质软、色紫红；大、小脑蛛网膜与软膜充血、出血、增厚，脑沟变浅，脑回变平。镜检，淋巴结被膜与小梁炎性水肿，血管充血、出血与血栓形成，淋巴管扩张与淋巴栓形成，结缔组织与平滑肌纤维变性、坏死与溶解。淋巴小结先被大量中性粒细胞浸润，进而发生脓性溶解乃至空洞灶形成，空洞灶中有大量PAS染色阳性与甲苯胺蓝染色呈异染反应的细菌荚膜多糖物质、浆液和细胞碎屑。此外，尚残留少量淋巴细胞和脓细胞（图5-11-2）。脾白髓的变化和上述淋巴小结的相似。脾红髓静脉窦充血、出血与血栓形成，窦内皮细胞肿胀、脱落，窦内与脾索内均有较多中性粒细胞、巨噬细胞和淋巴细胞；红髓中尚有大小不一的化脓灶和出血性坏死灶。大脑、小脑与脊髓的蛛网膜及软膜血管充血、出血与血栓形成。血管内皮细胞肿胀、增生、脱落，管壁发炎、疏松或呈纤维素样变，管壁内、外均有中性粒细胞、单核细胞和淋巴细胞浸润。脑膜因水肿和炎症细胞浸润而显著增厚。脑实质血管充血、出血及微血栓形成，血管外周隙扩张，管周还可见中性粒细胞、淋巴细胞和巨噬细胞浸润形成的"管套"（图5-11-3）；神经细胞变性、坏死，胶质细胞增生并出现"卫星现象"，有些胶质细胞坏死，胞核崩解（图5-11-4）。此外，尚见微化脓灶。肝脏除肝细胞明显变性外，主要变化位于汇管区和小叶间。这些区域的结缔组织溶解、松散，甚至形成空隙或空腔，其中含有大量细菌荚膜多糖物质、浆液和中性粒细胞等（图5-11-5）。上述所有器官组织的水肿、坏死部和巨噬细

胞胞质中，均可用革兰氏染色显示出大量溶血性链球菌。

肺炎型：病程1～2周，主要见于羔羊。病变特征为浆液纤维素性胸膜肺炎。胸腔积有大量内含絮状纤维素的混浊液体或灰白色黏稠的引缕状物质。肺尖叶、心叶及膈叶下缘常同肋膜、膈膜发生纤维素性粘连。肺呈大叶性肺炎外观，病部色暗红，质地实在，切面较干燥（图5-11-6）。也可发生浆液纤维素性腹膜炎。

[诊断]　根据症状和病理变化一般可做出初步诊断。本病易与炭疽、巴氏杆菌病、羊快疫及羊肠毒血症混淆，应注意鉴别。这些疾病与本病相比，发病更急，没有显著的咽喉部水肿和内脏浆膜引缕状渗出液等病理变化，而且病原菌也不相同。

[防治]　做好预防接种和常规兽医卫生工作是防止本病发生的根本。预防接种可用新分

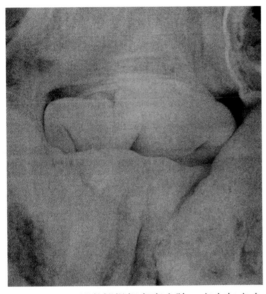

图5-11-1　咽喉部组织高度水肿、充血与出血。
（陈怀涛）

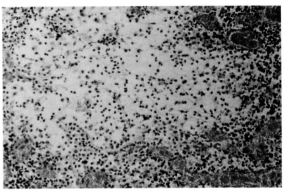

图5-11-2　淋巴结充血，淋巴小结消失，局部组织疏松、呈网状，中性粒细胞浸润，其中有些坏死、崩解。（HE×200）
（陈怀涛）

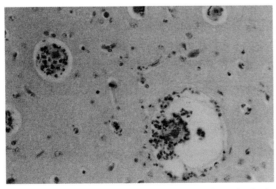

图5-11-3　大脑血管周隙水肿、扩张，有许多炎性细胞浸润。（HE×400）
（陈怀涛）

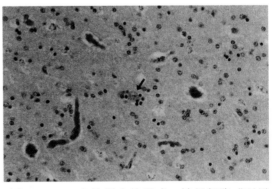

图5-11-4　大脑微血栓形成，神经细胞"卫星现象"（↑），有些胶质细胞坏死、崩解。（HE×400）
（陈怀涛）

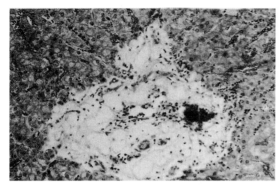

图5-11-5 肝汇管区结缔组织溶解形成空隙，其中充满红蓝色物质和中性粒细胞浸润。（HE×200）

（陈怀涛）

图5-11-6 浆液纤维素性胸膜肺炎。肺实变，色红，支气管明显，间质水肿、增宽。

（甘肃农业大学兽医病理室）

离的羊败血性链球菌制造的甲醛灭活苗和氢氧化铝甲醛灭活苗及缓冲肉汤氢氧化铝灭活苗。也可用弱毒活苗进行气雾或皮下注射免疫。本病发生时应采取严格封锁、隔离、消毒等措施，羊粪应堆积发酵杀菌；羊圈用3%来苏儿或1%福尔马林消毒；皮毛用盐水（含2.5%盐酸）浸泡2d；肉尸应焚烧或切成小块煮沸1.5h。对病程较缓慢的病羊，可用抗生素或磺胺类药物治疗。临诊健康羊可注射抗羊链球菌血清或青霉素。

十二、葡萄球菌病

葡萄球菌病（staphilococcosis）主要是由金黄色葡萄球菌引起人及畜禽多种疾病的总称。由金黄色葡萄球菌引起羊的葡萄球菌病，由于损害部位不同，病情不完全相同。但主要是以组织器官发生化脓性炎症为特征。

[病原和发病机理] 金黄色葡萄球菌（*Staphylococcus aureus*）呈球形，革兰氏染色阳性，直径为0.5～1.5μm，常呈葡萄状排列。葡萄球菌在自然界中分布广泛，空气、尘埃、污水及土壤中都有存在。羊可通过各种途径感染，损伤的皮肤及黏膜是主要的入侵门户。进入机体组织的葡萄球菌，可引起感染局部发生化脓，导致蜂窝织炎、脓肿等病变，并可引起内脏器官的转移性脓肿。经呼吸道感染时，还可引起气管炎、肺炎及脓胸等。

金黄色葡萄球菌侵入机体后，在局部繁殖的过程中可产生多种毒素和酶，其产生的杀白细胞素可使白细胞运动能力丧失，细胞内颗粒丢失，导致细胞破坏。细胞吞噬细菌的功能丧失和巨噬细胞处理和传递抗原信息等能力受到限制。因此在金黄色葡萄球菌感染过程中，往往不能建立有效的特异性免疫，以致造成机体反复感染，形成化脓性病灶。

[病理变化] 脓肿：皮下、肌肉与内脏器官常形成或大或小的脓肿，其中含有糊状或浓稠的灰黄色脓汁，脓肿包囊明显（图5-12-1）。肺胸膜发生化脓性炎症时，可进一步引起肺与胸膜粘连（图5-12-2）。脓汁细菌检查时，可见大量葡萄球菌。组织切片检查，可见脓汁由大量脓细胞和液体组成，其中含有大小不一的密集球菌集落，嗜苏木紫性，也有许多分布不均匀的染色不良的中性粒细胞、淋巴细胞、浆细胞和巨噬细胞等，脓肿外围是由结缔组织构成的包囊（图5-12-3）。

乳腺炎：绵羊传染性乳腺炎是由金黄色葡萄球菌引起的一种病程短促的急性坏疽性乳腺炎。感染后24h发病，常于2～3d死亡。乳腺发热、疼痛、高度肿胀，乳腺分泌物呈红色至黑红色，带恶臭味。如继发巴氏杆菌感染，乳腺分泌物呈水样，含有黄白色絮片。可摸到乳腺中有豌豆大至鸡蛋大的坚硬结节，继之，触诊有波动感。从乳腺中排出一种带有臭味的棕色分泌物。切面可见受害部乳腺发生湿性坏疽，病变部腐烂、变黑、质软，具有恶臭。坏疽的范围大小不尽相同。

[诊断]　根据症状和病理变化可做出初步诊断，确诊须取病料检查病原菌。

[防治]　保持饲养环境的清洁卫生，避免外伤，提高机体的抵抗力等，可大大降低本病的发生。此外，对患病羊只可采用抗生素进行局部或全身治疗。有条件的，可先做体外抑菌试验，再选择最敏感的抗菌药物进行治疗。

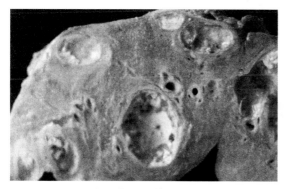

图5-12-1　肺中见数个由葡萄球菌引起的脓肿。
　　　　　　　（甘肃农业大学兽医病理室）

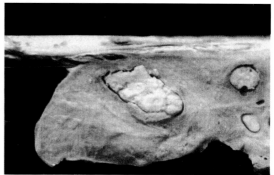

图5-12-2　化脓性肺炎与胸膜炎，肺胸膜与肋胸膜粘连。
　　　　　　　（甘肃农业大学兽医病理室）

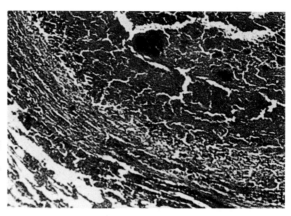

图5-12-3　肺脓肿组织切片：脓汁中有蓝色葡萄球菌团块，脓肿围以结缔组织包囊。（HE×100）
　　　　　　　（刘宝岩等）

十三、放线菌病

羊放线菌病在病原和病理变化等多方面都和牛放线菌病相似，但发生较少。牛放线菌引起头部骨组织的放线菌病，而林氏放线杆菌引起软组织的放线菌病。

本病的发生虽然不分品种、性别和年龄，但一般多发生于断奶之后，而且种公羊和繁殖母绵羊较为多见。临诊病理上，在羊的颌骨组织或软组织（如鼻、唇、颊部），见有放线菌肿（图5-13-1）或带有瘘管的脓肿。局部淋巴结、附睾、乳腺与肺脏也可能存在类似的病变。镜检，可见典型的菊花或玫瑰花形菌块，其周围是中性粒细胞、上皮样细胞和巨细胞等肉芽肿结构成分。

羊放线菌病的防治可参考牛放线菌病。

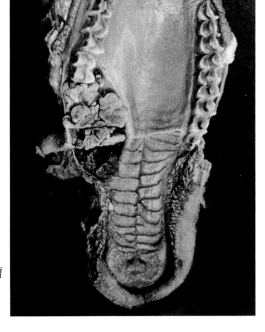

图5-13-1　上颌骨左侧有一明显的放线菌肿，齿槽被破坏，面部骨质突出（↑）。

（陈怀涛）

十四、霉菌性肺炎

霉菌性肺炎（mycotic pneumonia）又名肺曲霉菌病（aspergillosis），是由曲霉菌属的一些真菌所引起的肺炎。其主要病理特征是在肺脏中形成肉芽肿结节。本病多发于家禽，羊、牛、马也能被感染。

[病原]　本病的主要病原为烟曲霉菌（Aspergillus fumigatus），其次为黑曲霉菌（A.niger）、黄曲霉菌（A.flavus）、构巢曲霉菌（A.nidulans），青霉菌（Penicillium）等也能感染致病。

本菌能在室温及普通霉菌培养基上生长。在沙氏葡萄糖琼脂培养基上迅速生长时，菌落最初呈白色绒毛状，很快变成深绿或灰绿色，表明此时已形成大量分生孢子。镜检，菌丝呈分枝状，有隔，由菌丝分化成的分生孢子向上逐渐变大，在其顶端形成顶囊，在顶囊的1/3～1/2处产生担子柄，末端形成一串链形孢子，即分生孢子。分生孢子呈圆形或卵圆形，表面有细刺，直径为2.5～3.0μm，含有黑绿色色素。

烟曲霉菌有很强的抵抗力，煮沸5min才能杀灭；在普通消毒液中须1～3h才能被灭活。烟曲霉菌能产生毒素，可使实验动物（如家兔、小鼠、豚鼠等）发生惊厥、麻痹和死亡。这些毒素不仅能引起肺脏病变，还可导致肝硬变、并诱发肝癌。

[流行病学]　本病在我国各地均有发生。烟曲霉菌广泛分布于自然环境中，羊常因接触发霉的饲料、垫草而感染。阴湿地区发病率较高。

[发病机理]　本病主要经呼吸道感染。羊在吸入霉菌孢子后，由于刺激呼吸道黏膜，首先引起卡他性炎症，病原菌在炎性渗出液中能大量繁殖、并产生毒素，导致局部组织坏死，进而发展成肉芽肿结节。此外，烟曲霉菌还可侵害局部小血管，并引起血栓形成，故促进局部组织的坏死。

　　[症状]　初期，病羊精神沉郁，食欲减退，常卧地、不喜动。病程稍长时，可见呼吸困难，以后逐渐加重。部分病例可能死亡。

　　[病理变化]　病变主要见于肺脏，呈弥漫性肺炎和结节性肺炎。前者常为支气管肺炎或纤维素性肺炎，眼观肺脏有大小不一的实变区；镜检时，见支气管内及肺泡腔中积聚大量的黏液、纤维素、炎性细胞及菌丝，病灶周围的肺组织常发生坏死和渗出变化。后者可分为急性和慢性两种。急性结节性肺炎时，肺部可见帽针头、粟粒至豌豆大的黄白色结节，质地实在，切面呈层状，中心为干酪样坏死，其中含有大量菌丝体（图5-14-1）。在慢性结节性肺炎时，肺部可见较多肉芽肿结节，结节中央为干酪样坏死，周围有上皮样细胞和多核巨细胞分布，再外层为结缔组织包囊，其中有淋巴细胞、巨噬细胞和中性粒细胞。霉菌染色时，在结节内可见菌丝（图5-14-2）。

　　鼻腔黏膜和其他器官偶尔可见肉芽肿结节。

　　[诊断]　本病生前诊断比较困难，但根据剖检变化和霉菌检查可以确诊。

　　[防治]　保持厩舍干燥、清洁、通风，并注意定期卫生消毒，不使用发霉的饲料和垫草；在阴雨连绵的潮湿季节要防止霉菌孳生。发现疫情时，要迅速采取环境消毒等综合措施，并可使用抗霉菌药物治疗。

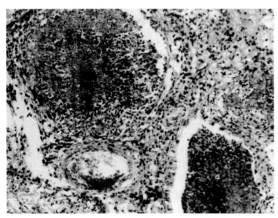

图5-14-1　肺中的霉菌性坏死结节，其中有许多
　　　　　炎性细胞和菌丝。（HEA×200）

（陈怀涛）

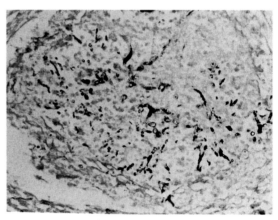

图5-14-2　肺坏死结节中显示许多菌丝和孢子。
　　　　　（×200）

（李晓明）

十五、羊传染性胸膜肺炎

　　本病是由支原体引起山羊和绵羊的一种高度接触性传染病，其临诊病理特征是高热、咳嗽和浆液纤维素性胸膜肺炎。

　　[病原]　本病的病原为丝状支原体山羊亚种（*Mycoplasma mycoides* subsp. *capri*）。这是一种细小多形性微生物，革兰氏染色阴性，用姬姆萨或瑞氏染色法染色，着色良好，呈淡紫色。

　　从甘肃等地类似山羊支原体肺炎的病山羊中还分离出一种与丝状支原体山羊亚种无交

互免疫性的支原体，经鉴定为绵羊肺炎支原体（*M. ovipneumoniae*）。这种支原体的形态也呈细小的多形性，但其生长要求比丝状支原体山羊亚种苛刻。在琼脂浓度较低（约0.7%）的培养基上生长时，可呈现一般支原体都具有的"煎蛋状"菌落，但在通常的琼脂浓度时无此表现。

丝状支原体山羊亚种和绵羊肺炎支原体均为多形体。光镜下，菌体呈球状、棒状、环状、梨状、纺锤状及灯泡状等多种形态，菌体大小差异颇大。在有的菌膜上可见到2～4个或更多深染的"极点"（图5-15-1）。电镜下，菌体多呈圆形、椭圆形和丝状（图5-15-2），其形态种类远比光镜下所见的为少。菌体直径为150～1 250nm，菌膜由三层薄膜组成，胞质中充满颗粒状核糖体，丝状体细胞内也有多少不等的颗粒。据观察，丝状支原体山羊亚种仅以二均分裂方式繁殖，而绵羊肺炎支原体的繁殖方式除呈二均分裂外，尚有芽生分裂、丝状断裂或由大菌体释放较多单体颗粒的方式（图5-15-3）。

丝状支原体山羊亚种对理化因素的抵抗力很弱。对红霉素高度敏感，对四环素较敏感，对青霉素、链霉素不敏感。但绵羊肺炎支原体对红霉素有一定抵抗力。

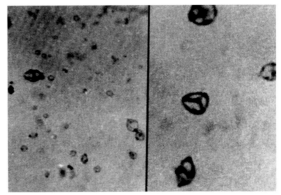

图5-15-1　支原体在光镜下的形态：多形体，右侧为四个支原体的放大，在菌膜上有深染的"极点"。

（包慧芳）

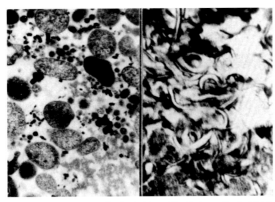

图5-15-2　支原体在电镜下的形态：左为椭圆形、圆形；右为丝状。

（包慧芳）

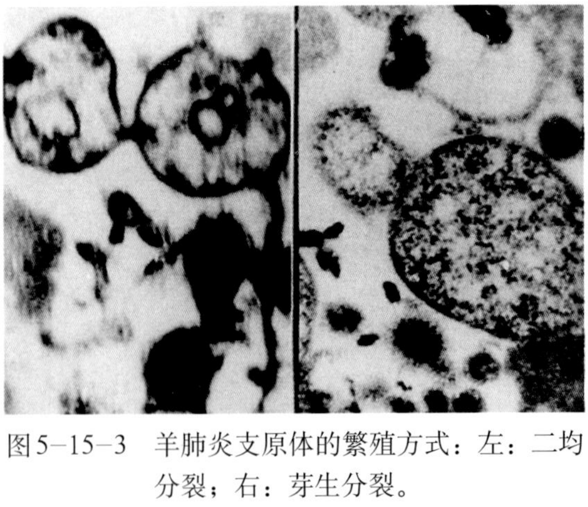

图5-15-3　羊肺炎支原体的繁殖方式：左：二均分裂；右：芽生分裂。

（包慧芳）

［流行病学］　本病在我国不少省、自治区都有发生，有的地方阳性感染率很高，可达30%以上，病死率多在15%～25%，良种羔羊和幼龄羊更为严重。在自然条件下，丝状支原体山羊亚种只感染山羊，尤其3岁以下的羔羊；而绵羊肺炎支原体既可感染山羊，也可感染绵羊。营养缺乏、气候骤变、羊群密集等可促使本病的发生和流行，因此，多发生于冬

季和早春，并常呈地方性流行，接触传染性很强。病羊和带菌羊是传染源，主要经呼吸道分泌物排菌。新疫区的暴发，几乎都是由引进病羊所致。发病后传播迅速，20d左右可波及全群。冬季流行期平均20d，夏季可达2个月以上。

　　[发病机理]　病原菌经呼吸道进入肺脏，先引起细支气管炎，很快侵入其周围间质，引起浆液性或纤维素性炎症；随后又沿淋巴管和血管向整个肺脏蔓延，致使肺脏出现大灶性肝变。病原菌进入肺支气管后，能紧密贴附于纤毛间的上皮细胞膜，因此，不能经黏液—纤毛清除机制排出，甚至可免于吞噬细胞的吞噬作用。黏附于上皮的病原菌通过释放其代谢产物，对纤毛和细胞膜产生毒性作用，致使纤毛脱落、细胞膜受损（图5-15-4、图5-15-5）。此外，病原菌入侵机体，还可带来复杂的免疫学发病机制，如产生广泛的免疫异常反应和免疫系统损害。病原菌在沿血管、淋巴管蔓延的过程中，可引起血管炎与血栓形成，以及淋巴管炎与淋巴栓形成。血栓可导致肺梗死；淋巴栓则影响炎性渗出物的吸收，进而导致机化及肺肉变。病畜如继续存活，小坏死灶可被肉芽组织取代，大坏死灶则形成结缔组织包囊。当疾病好转或痊愈后，病原菌能在肺病灶里长期存活，成为疾病内源性再发的基础。

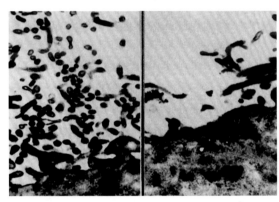

图5-15-4　透射电镜下肺支气管黏膜上皮的纤　　图5-15-5　扫描电镜下肺支气管黏膜上皮纤毛的
　　　　　　毛状态：右：纤毛因脱落而减少；　　　　　　　　状态：右：纤毛坏死、脱落，排列紊
　　　　　　左：正常上皮的纤毛。　　　　　　　　　　　　　乱；左：正常上皮的纤毛。

　　　　　　　　　　　　　　（包慧芳）　　　　　　　　　　　　　　　　　　　　　　（包慧芳）

　　[症状]

　　（1）最急性　体温升高，可达41～42℃，精神沉郁，不食，呼吸急促。随之呼吸困难，咳嗽，流浆液性鼻液，黏膜发绀，呻吟哀鸣，卧地不起，多于1～3d死亡。

　　（2）急性　最常见。体温升高，初为短湿咳，流浆液性鼻液，后变为有痛苦的干咳，流黏脓性铁锈色鼻液。胸部敏感、疼痛，病侧叩诊常有实音区，听诊有支气管呼吸音与摩擦音。高热不退，呼吸困难，痛苦呻吟，弓腰伸颈，腹肋紧缩。孕羊大批流产。最后倒卧，委顿，衰竭死亡。死前体温下降。病期1～2周，有的达3周以上。偶有不死者转为慢性。

　　（3）慢性　多见于夏季。全身症状较轻，体温升至40℃左右，间有咳嗽、腹泻、流鼻，身体衰弱，被毛粗乱。此时，若再度感染或有并发症，则迅速死亡。

　　[病理变化]　一般局限于胸部器官。有浆液纤维素性胸膜炎变化：胸腔积有大量淡黄色

浆液纤维素性渗出物；胸膜充血、晦暗、粗糙，附以纤维素絮片；肺胸膜与肋胸膜常发生粘连（图5-15-6）。支气管与纵隔淋巴结充血、出血、肿大。心肌松软，心包积液。

肺表现为纤维素性肺炎景象。肺炎最初为炎性充血和水肿，随后发生肝变（图5-15-7至图5-15-9）。因病情不同，肝变区可呈局灶性或弥漫性两种形式。局灶性肝变经常首先在通气良好的膈叶或中间叶胸膜下发生局限的红色实变区，以后实变区逐渐扩大。弥漫性肝变通常表现为一侧肺的膈叶大部或全部发生炎症，对侧肺也可能有大小不等的肺炎灶；但两侧肺全部发生肝变者罕见。弥漫性肺炎的外观和牛传染性胸膜肺炎相似，也呈多色性和大理石样景象，但间质水肿没有牛传染性胸膜肺炎的显著。在慢性病例，肝变肺有坏死灶形成，小坏死灶可被机化，大坏死灶外周围以结缔组织包囊，这和牛传染性胸膜肺炎的结局也较相似。

镜检，有纤维素性肺炎的一般组织变化（图5-15-10至图5-15-13）。间质虽有炎性水肿，但没有严重的坏死，以及血管周围机化灶与边缘机化灶。病初，支气管与血管周围为浆液性炎，以后则为增生性炎，主要表现为淋巴—网状细胞增生，甚至可形成淋巴小结；肺膜增厚，膜下及肺泡间隔有淋巴细胞浸润。

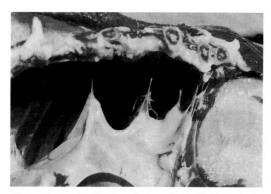

图5-15-6 肺胸膜、心包、肋胸膜间发生广泛粘连。

（邓光明）

图5-15-7 肺淤血水肿，肺表面有大量纤维素渗出。

（刘思当）

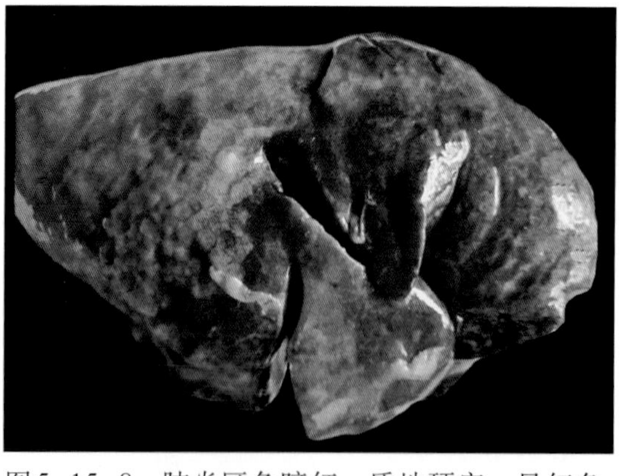

图5-15-8 肺炎区色暗红，质地硬实，呈红色肝样变。

（刘思当）

图5-15-9 大片肺组织呈暗红色，质地硬实，表面有大量纤维素渗出。

（刘思当）

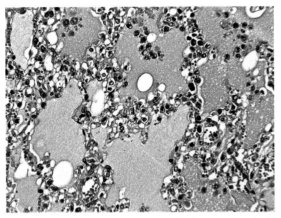

图5-15-10　肺泡间隔血管充血，肺泡腔内充满浆液、纤维素和炎性细胞。（HE×400）

（刘思当）

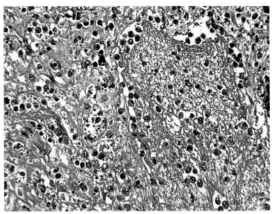

图5-15-11　肺泡腔内充满渗出的纤维素和大量炎性细胞。（HE×400）

（刘思当）

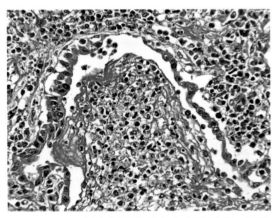

图5-15-12　细支气管黏膜上皮变性脱落，管腔中有大量炎性细胞和纤维素渗出。（HE×400）

（刘思当）

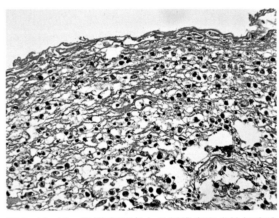

图5-15-13　肺膜表面有大量纤维素和炎性细胞渗出。（HE×400）

（刘思当）

[诊断]　根据流行特点、临诊症状和病变特征常可做出初步诊断，但要确诊应进行病原菌分离鉴定。而病原菌分离很困难，需要特殊的培养基培养。PCR是快速准确的诊断法。也可辅以血清学检查（如ELISA）。乳胶凝集试验既可在现场对全血检查，也可在实验室对血清样本进行检查。

本病在症状和病变上均和山羊巴氏杆菌病相似，但可从以下几方面做鉴别。

（1）巴氏杆菌病的病变除纤维素性肺炎外，还有全身败血性变化，而本病主要为一侧胸膜肺炎，其他器官常无明显病变。

（2）病料涂片、染色、镜检，巴氏杆菌病见有两极染色的小杆菌，而本病为很难看到的小紫点。

（3）用血液琼脂分离培养时，巴氏杆菌病见有明显的菌落生长，本病常无细菌生长，或仅生长为很难观察到的小点状菌落。

（4）用病料接种家兔或小鼠，巴氏杆菌病必定引起动物死亡，本病常不引起发病。

［防治］

（1）预防　严防引入病羊或带菌羊，如需引进，应隔离检疫1个月以上，确认健康后方可混群。根据当地病原菌分离结果，选择山羊传染性胸膜肺炎氢氧化铝苗、鸡胚化弱毒苗或绵羊肺炎支原体灭活苗，注射免疫。

（2）治疗　一旦发病，严格封锁、隔离、消毒和治疗。治疗、预防均可用"914"。也可试用磺胺嘧啶钠、四环素，皮下注射。病初可用足量土霉素（15mg/kg）等治疗，泰乐新10mg/kg，肌内注射，每日1次，连用3d。

十六、衣原体病

衣原体病（chlamydiosis）是由鹦鹉热亲衣原体引起羊、牛等多种动物的传染病。临诊病理特征为流产、肺炎、肠炎、多发性关节炎和脑炎。

［病原］　鹦鹉热亲衣原体（*Chlamydophilia psittaci*）是衣原体科、亲衣原体属（*Chlamydophilia*）的成员，呈球形或卵圆形，大小为0.2～1.0μm，革兰氏染色阴性。生活周期各期中其形态不同，染色反应亦不同。姬姆萨法染色，形态较小、具有传染性的原生小体被染成紫色，形态较大、无传染性的繁殖型初体被染成蓝色。受感染的细胞内可查见各种形态的包涵体，主要由原生小体组成，对疾病诊断有特异性。鹦鹉热亲衣原体在一般培养基上不能繁殖，在鸡胚和组织培养中能够增殖。小鼠和豚鼠具有易感性。鹦鹉热亲衣原体抵抗力不强，对热敏感，0.1%福尔马林、0.5%石炭酸、70%酒精、3%氢氧化钠均能将其灭活。鹦鹉热亲衣原体对青霉素、四环素、红霉素等抗生素敏感，而对链霉素和磺胺类药物有抵抗力。

［流行病学］　鹦鹉热亲衣原体可感染多种动物，但常为隐性经过。家畜中以羊、牛较为易感，禽类感染后称为"鹦鹉热"或"鸟疫"。许多野生动物和禽类是本菌的自然贮存宿主。患病动物和带菌动物为主要传染源，可通过粪便、尿液、乳汁、泪液、鼻分泌物，以及流产的胎儿、胎衣、羊水排出病原体，污染水源、饲料及环境。本病主要经呼吸道、消化道及损伤的皮肤和黏膜感染；也可通过交配或用患病公畜的精液人工授精而感染，子宫内感染也有可能；蜱、螨等吸血昆虫叮咬也可能传播本病。本病一般呈散发性或地方性流行。密集饲养、营养缺乏、长途运输或迁徙、寄生虫侵袭等应激因素可促进本病的发生、流行。

［症状］　临诊上，羊常表现以下几型：

（1）流产型　流产多发生于孕期最后1个月，病羊流产、死产和产出弱羔（图5-16-1），胎衣往往滞留，排流产分泌物可达数日之久。流产过的母羊一般不再流产。

（2）关节炎型　主要发生于羔羊，引起多发性关节炎。病羔体温升至41～42℃，食欲丧失，离群、肌肉僵硬、疼痛，一肢或四肢跛行，有的则长期侧卧，体重减轻，并伴有滤泡性结膜炎。病程2～4周。羔羊痊愈后对再感染有免疫力。

（3）结膜炎型　结膜炎主要发生于绵羊，特别是羔羊。病羊单眼或双眼均可发生，病

眼流泪，结膜充血、水肿，角膜混浊，有的出现血管翳，甚至糜烂、溃疡或穿孔，一般经2～4d开始愈合。数天后，在瞬膜和眼睑上形成1～10mm的淋巴样滤泡。部分病羔发生关节炎而致跛行。病程一般6～10d或数周。

[病理变化]

（1）流产型　流产动物胎膜水肿、增厚，胎盘子叶出血、坏死（图5-16-2）；流产胎儿苍白，贫血，皮下水肿，皮肤和黏膜有点状出血，肝脏充血。组织学检查，胎儿肝、肺、肾、心肌和骨骼肌有弥漫性和局灶性网状内皮细胞增生。

（2）关节炎型　关节囊扩张，发生纤维素性滑膜炎。关节囊内集聚有炎性渗出物，滑膜附有疏松的纤维素性絮片。患病数周的关节滑膜层由于绒毛样增生而变粗糙。

（3）结膜炎型　眼观病变和临诊所见相同。组织上，疾病早期，结膜上皮细胞的胞质里先出现衣原体的繁殖型初体，然后可见感染型原生小体。

图5-16-1　病母羊产出的弱羔。

（邱昌庆）

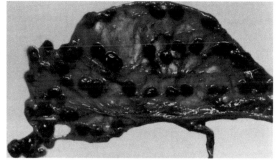

图5-16-2　病母羊流产的胎盘，子叶因出血、坏死而呈黑色。

（邱昌庆）

[诊断]

（1）病原学检查

①病料采集　采集血液，脾脏，肺脏和气管分泌物，肠黏膜及肠内容物，流产胎儿及流产分泌物，关节滑液，脑脊髓组织等作为病料。

②染色、镜检　病料涂片或感染鸡胚卵黄囊抹片，姬姆萨法染色。镜检，可发现圆形或卵圆形的病原颗粒，革兰氏染色阴性。

③分离培养　将病料悬液0.2mL接种于孵化5～7d的鸡胚卵黄囊内，感染鸡胚常于5～12d死亡，胚胎或卵黄囊表现充血、出血（图5-16-3）。取卵黄囊抹片镜检，可发现大量原生小体。有些衣原体菌株则需盲传几代，方能检出原生小体。

④动物接种试验　经脑内、鼻腔或腹腔途径，将病料接种于SPF小鼠或豚鼠，进行衣原体的增殖和分离。

（2）血清学试验　补体结合试验、中和试验、免疫荧光试验等均可用于本病的诊断。

图5-16-3　衣原体感染的鸡胚表现充血、出血、水肿，最后死亡。

（邱昌庆）

另外，本病的症状与布鲁氏菌病、弯曲菌病、沙门氏菌病等疾病相似，应注意鉴别，可采用病原学检查和血清学试验等方法。

[防治]

（1）加强饲养、卫生管理，消除各种诱发因素，防止寄生虫侵袭，避免羊群、牛群与鸟类接触，杜绝病原体传入。国内外已研制出用于绵羊、山羊的衣原体疫苗，可用于免疫接种。

（2）发生本病时，流产母畜及其所产羔羊应及时隔离。流产胎盘及排出物应予销毁。污染的圈舍、场地等环境用2%氢氧化钠溶液、2%来苏儿溶液等进行彻底消毒。

（3）治疗，可肌内注射氟苯尼考，每千克体重5～10mg，每天1次，连用1周；或肌内注射青霉素，每次160万～320万IU，每天2次，连用3d。也可将四环素族抗生素混于饲料，连用1～2周。

十七、传染性脓疱

传染性脓疱（contagious ecthyma）又称传染性脓疱性皮炎，俗称"口疮"，是由传染性脓疱病毒引起羊、其他动物和人的一种急性接触性传染病，其临诊病理特征是口、唇等处皮肤与黏膜形成丘疹、脓疱、溃疡和结成疣状厚痂。

[病原]　传染性脓疱病毒即口疮病毒（orf virus）属于痘病毒科（*Poxviridae*）、副痘病毒属（*Parapoxvirus*）。病毒粒子呈砖形，含有双股DNA核芯和由脂类复合物组成的囊膜，其大小为（200～350）nm×（125～175）nm。病毒颗粒有特征的表面结构，即管状条索斜行交叉成线团样编织。电镜下可明显看到病毒的核芯和囊膜（图5-17-1）。疱疹内容物和痂皮中的病毒在牧场中可保持传染性数月。光线可使病毒在几周内灭活，60℃ 30min可以杀死病毒，通常浓度的氯仿、福尔马林、酚、酸、碱也可杀灭之。

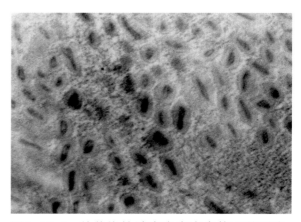

图5-17-1　羊传染性脓疱病毒在电镜下的形态。（×20 000）

（许益民）

[流行病学]　本病见于所有养羊国家。各种年龄的绵羊、山羊都能发病，以3～4月龄的羔羊发病最多，并常呈群发性流行。羚羊、猫和人也可感染。人工接种口腔黏膜，可使犊牛、兔、幼犬等发病，而其他动物均不受侵害。

病羊和带毒羊是传染源。在自然条件下主要通过购入病羊或带毒羊而感染健康羊群。病毒由脓疱分泌物和干燥痂皮排出，在干燥季节容易经皮肤伤口感染，感染率通常可达50%以上。乳腺感染的母羊可传染小羊，吮乳小羊也可将病毒传至母羊乳头。带毒羊使病毒在羊群中存在数年。敏感羊群的发病率高达90%，若无继发感染，病死率低于1%，继发感染（主要是坏死杆菌）时，病死率可达50%。

[发病机理]　病毒经过伤口进入唇部、足端和生殖器的皮肤和黏膜，在上皮中增殖，引起增生、变性、液化和水疱形成；白细胞渗出，脓疱形成。上皮细胞质中出现嗜酸性包涵体。干燥结痂后（表面的上皮细胞坏死，纤维蛋白凝结），如无细菌入侵，2周内痂皮下组织再生，痂皮脱落而痊愈；如唇部或蹄部继发细菌（以坏死杆菌为主）感染，则发生坏死、化脓或败血症。

[症状和病理变化]　10～12日龄羔羊最易感染，3～6月龄羔羊最常发病。一年中以干燥季节的放牧羊发病较多。康复羊在2～3年内有坚强免疫力。本病潜伏期4～7d，临诊上分四型：唇型、蹄型、外阴型或生殖器型和混合型。

唇型：最常见。在口角或上唇，有时在鼻镜上发生散在性小红斑点，随即形成小结节，此后成为水疱或脓疱（图5-17-2）。脓疱破溃后，形成棕黄色疣状硬痂。硬痂扩大、加厚、干燥，1～2周硬痂脱落，上皮愈合。严重病例，病部继续发生丘疹、水疱、脓疱和痂垢，并互相融合，波及整个口、唇周围，甚至颜面、眼睑和耳廓等部位，形成大片具有龟裂、并易出血的污秽痂垢，其下有肉芽组织增生。整个嘴唇肿大、外翻，似花椰菜头状突起（图5-17-3、图5-17-4），严重影响采食，故病羊日趋消瘦、衰竭，终致死亡，病程2～3周。同时常有化脓菌、坏死杆菌继发感染。上述良性经过一般见于山羊和老龄绵羊；而重症常见于任何年龄的绵羊和幼龄山羊。病变可扩展到口黏膜，如唇内、齿龈、颊黏膜、舌侧缘和软腭上，可形成红晕包围的微白色水疱，水疱继而变成脓疱，最终破裂形成烂斑（图5-17-5）。颈淋巴结肿胀，咀嚼困难，死亡率可达80%。患病吮乳小羊可将病毒传至母羊乳头部皮肤，其病变与唇型相同（图5-17-6）。

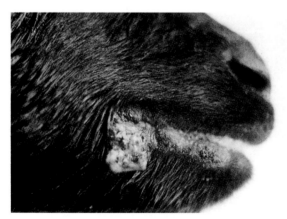

图5-17-2　口角和唇部的病变。
（陈可毅）

图5-17-3　一只山羊鼻唇部发生的花椰菜头状病变。
（甘肃农业大学家畜传染病室）

图5-17-4　鼻唇部皮肤和黏膜高度增生，并　　图5-17-5　波尔山羊齿龈和下唇内侧黏膜的烂斑。
　　　　　形成痂皮。　　　　　　　　　　　　　　　　　　　　　　　　　　　　（许益民）

（刘安典）

蹄型：几乎仅见于绵羊，常单独发生，很少和唇型同发。一肢或几肢蹄叉、蹄冠或系部皮肤上形成水疱或脓疱，当其破裂后形成溃疡，或继发化脓菌感染而发生化脓坏死变化。病羊跛行或长期卧地，间或在肺、肝、乳腺发生转移性病灶，严重时因衰弱或败血症而死亡。

外阴型或生殖器型：较少，主要在阴唇、乳头或阴茎、阴鞘口皮肤发生小脓疱和溃疡。

混合型：很少见。除上述眼观病变外，少数山羊还可见结膜炎，眼有分泌物，严重时甚至失明（图5-17-7）。

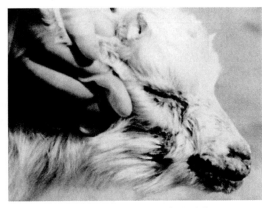

图5-17-6　病羔唇部的病变及被感染母羊乳头皮肤　图5-17-7　眼结膜发炎，眼有分泌物。
　　　　　的脓疱。　　　　　　　　　　　　　　　　　　　　　　　　　　　（许益民）

（许益民）

镜检，皮肤的组织变化与皮肤痘疹相似。感染后约30h，颗粒层与棘细胞层外层的细胞发生肿胀，导致局部表皮增厚，其胞质因核糖体数量增多而呈嗜碱性。感染后55h，表皮明显增生、变厚，基底层细胞中出现许多分裂象，在感染后第3天，表皮比正常厚3～4倍，基底层向真皮生长的网状钉突明显增长。真皮中常见到假癌性增生（pseudocarcinomatous hyperplasia）（图5-17-8、图5-17-9、图5-17-10）。随后上述细胞发生水疱变性、网状变性。变性的表皮细胞质内出现嗜酸性包涵体，其存在时间为3～4d。

真皮的病变包括水肿，毛细血管明显扩张、充血，血管周单核细胞浸润和中性粒细胞渗出。中性粒细胞进入表皮网状变性区，使水疱变为脓疱。脓疱增大、破裂，则形成由角化细胞、不全角化细胞、炎性渗出物、变性的中性粒细胞、坏死细胞碎屑和细菌集落等组成的痂。因此，本病的镜下特征是棘细胞层外层细胞肿胀、水泡变性、网状变性，表皮细胞增生，表皮内小脓肿形成和鳞片痂集聚。

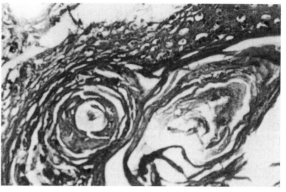

图5-17-8　真皮中可见圆形空腔，内含同心层角质蛋白。(HE×100)

（许益民）

图5-17-9　病变组织中可见假癌性增生变化。(HE×400)

（许益民）

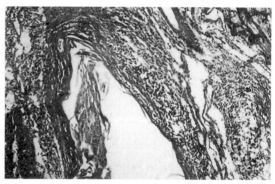

图5-17-10　皮肤病变深部的角质蛋白空腔外，有许多巨噬细胞浸润。(HE×100)

（许益民）

[诊断]　根据临诊症状和流行病学资料可以做出诊断。但首次诊断须进行病理组织学观察、电镜检查病毒等。电镜检查病毒最快、最可靠。组织块用2.5%戊二醛固定后，制作超薄切片，在电子显微镜下检查病毒。也可取水疱、脓疱液直接负染，在电镜下观察到类似痘病毒的传染性脓疱病毒时，可做出诊断。也可进行小羊接种试验：将病料制成乳剂，在健康小羊唇部划痕接种，3～5d可形成脓疱，并在患部表皮细胞的细胞质内见到包涵体。

[防治]　病羊预后通常良好，但继发感染会造成较大损失。对唇型，可在脱痂溃疡处涂碘甘油或10%氧化锌液。对蹄型，可使用抗生素和防腐消毒药。

本病初期也可用中药柴葛解肌散加减：柴胡15～25g，葛根20～30g，连翘20～30g，桔梗20～30g，牛蒡子20～30g，大青叶20～30g，板蓝根20～30g，当归20～30g，赤芍20～30g，紫草15～25g，蝉蜕10～15g，黄芩25～30g，甘草15～20g。每天1剂，连用4～5d。但在疾病后期，因身体虚弱，可用八珍散合增液散加减，以扶助正气、滋补津液：党参25g，山药25g，土炒白术15g，茯苓20g，当归30g，生地30g，连翘30g，川芎30g，赤芍30g，元参25g，麦冬30g，葛根30g，金银花30g，板蓝根30g。水煎服，每天1剂，连

用4～5d。（提供者：传卫军）

预防措施主要是不从疫区引进羊只；对购入羊可疑时，可隔离4～6周，多次检疫，并对蹄部彻底清洗和消毒。防止创伤，不在带刺的草地和坚硬的山地放牧。也可制备和使用疫苗：取唇型病羊的痂皮、脓疱，用氯化钙法在4℃干燥，保存。使用之前，取干燥粉末1g加50%甘油生理盐水，研磨成悬浮液，可注射100只绵羊（1g粉末100只羊）。此法应在疫区隔离条件下使用，以免散毒。除用上述强毒预防外，在本病流行地区，也可使用羊口疮弱毒疫苗进行免疫接种。

十八、痒病

痒病（scrapie）又称"驴跑病""瘙痒病"等，是成年绵羊和山羊中枢神经受害的一种慢性进行性传染病。本病的潜伏期特别长（1～4年），主要临诊症状为瘙痒、共济失调、麻痹、虚弱，病理上以神经细胞空泡变性为特征，病羊常以死亡告终。欧洲、美洲、非洲和亚洲均有痒病发生，我国曾在1983年从英国进口的边区莱斯特种羊群中发现本病，经采取根除措施，及时扑灭了疫情。

[病原]　痒病的病原为亚病毒因子中的朊病毒（Prion），也称朊粒或朊蛋白，这是一种异常稳定、具有特殊性质的传染因子，与一般病毒或类病毒不同，不含核酸，而是一种特殊的糖蛋白。这种朊蛋白定位于中枢神经系统、脾脏和淋巴结等组织中。用RrR代表（Rr表示Prion，R表示Protein）。朊病毒的特性可参见牛海绵状脑病。

[流行病学]　不同品种、性别的绵羊和山羊均可发病，以2～4岁的羊多发。本病可通过直接接触或间接接触感染，感染母羊的胎盘组织中含有病原，故也可通过胎盘垂直传播。患病母羊和公羊的后代，发病率较高。病羊脑组织滤液经脑内、皮下或皮内接种均可使绵羊和山羊发病。除绵羊和山羊外，鼠类、水貂、猴及猩猩等也可感染本病。

痒病在羊群中传播缓慢，发病率为4%～30%，病死率为100%。发病无明显的季节性。

[发病机理]　对痒病的发病机理研究得不多。据人工感染小鼠试验表明，病原接种后，首先进入淋巴结和脾脏中，经过数周后逐步进入唾液腺、胸腺、肺、肝、肾和肠道组织，12～16周后则定位于脊髓和脑组织中。病毒的靶器官是神经细胞，它在其中繁殖、并引起损害。从胃肠外给小鼠注射病毒，第4周后脑组织中的抗体滴度增高，12～14周起，开始出现神经细胞空泡化和神经胶质细胞肥大与增生，第19周后出现临诊症状，最终因神经细胞机能障碍而死亡。

[症状]　自然感染的潜伏期为1～4年，人工感染为半年至1年。病羊表现为共济失调，后肢软弱，伸颈低头，驱赶时呈"驴跑"姿势，常常跌倒。后期，后躯麻痹、卧地不起，消瘦和虚弱。同时有奇痒症状，起初咬尾根、臀部、股部和前腿（图5-18-1），在墙壁、围栏或其他物体摩擦头部及发痒部位（图5-18-2），之后，由于机械性摩擦而引起皮肤脱毛、发红、溃烂和结痂。终因全身衰竭而死亡。病程数周或数月。

[病理变化]　病羊除尸体消瘦和皮肤损伤外，无肉眼可见病变。病理组织学检查，原发性病变主要见于中枢神经系统的脑干内，以延髓、中脑、脑桥及丘脑和纹状体等部位明显，病变是非炎性的，两侧对称。特征性病变包括神经细胞的空泡化和皱缩、灰质的海绵状疏松（或称海绵状脑）、星形胶质细胞肥大与增生等。神经细胞的空泡化表现

为胞质内有单个或多个空泡，空泡大小不等，形圆或椭圆，界限明显，胞核被挤压于一侧或消失（图5-18-3）。此种病变具有证病意义，主要位于延脑的迷走神经副交感核、舌下神经运动核、橄榄核，脑桥的前庭神经核及脑桥核等的神经细胞内。海绵状疏松是神经基质的空泡化，即神经纤维网分解后形成的许多小空泡（图5-18-4）。星形胶质细胞呈弥漫性或局灶性肥大和增生，多见于脑干的灰质核团、小脑皮质等部位（图5-18-5）。

　　[诊断]　目前诊断痒病主要依靠典型症状和病理组织病变。病羊的祖代有痒病病史，潜伏期长，病羊不停地摩擦、共济失调等都是重要的症状。病理组织变化中，脑干神经细胞的空泡化与皱缩、星形胶质细胞肥大与增生及神经纤维网的海绵状疏松等，具有证病意义。

　　[预防]　目前尚无有效的预防方法。如发现本病，应将病羊和同群羊全部扑杀，重新建立未受感染的健康羊群。

图5-18-1　病羊于疾病后期卧地不起，啃咬发
　　　　　痒部位——前肢皮肤。
（冯泽光）

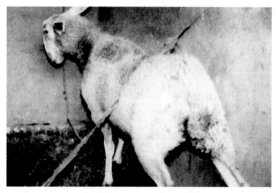

图5-18-2　病羊在绳索下摩擦发痒的背部皮肤。
（冯泽光）

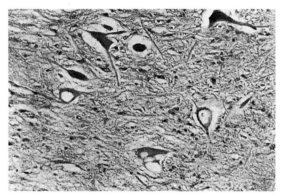

图5-18-3　延髓背侧运动神经元的空泡变性与
　　　　　皱缩。（HE×400）
（冯泽光）

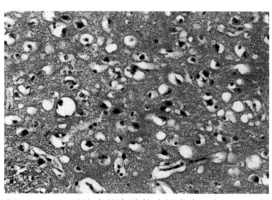

图5-18-4　丘脑内的海绵状疏松病变。（HE×400）
（冯泽光）

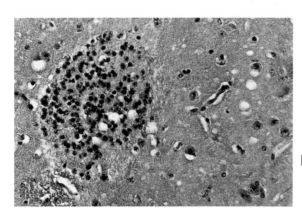

图5-18-5 大脑纹状体豆状核内的星形胶质细胞结节。(HE×400)

(冯泽光)

十九、绵羊痘

绵羊痘（sheep pox, variola ovina）是由绵羊痘病毒引起的一种热性接触性传染病，其特征是在皮肤、黏膜和内脏形成痘疹。

[病原]　病原为痘病毒科（Poxviridae）、山羊痘病毒属（Capripoxvirus）的绵羊痘病毒（sheep pox virus）。病毒呈砖形，大小约为300nm×200nm×100nm，有一管形脂蛋白囊膜，囊膜包围一个中心，中心含有双股DNA与蛋白质。病毒在细胞质中复制和装配，这种特性和脊椎动物的其他DNA病毒不同。在电镜下，绵羊痘病毒与山羊痘病毒粒子的形态相似，但比其他动物痘病毒略小而细长。该病毒可在细胞质内，形成嗜碱性或嗜酸性包涵体，其大小为5～30μm，包涵体内还有更小的颗粒，即原生小体，也就是病毒本身。大多数成熟的病毒粒子通过细胞裂解而释出，少数粒子可通过胞吐作用被释放。该病毒对热、直射阳光、碱和大多数常用消毒药较敏感，如58℃ 5 min、2%石炭酸15min可灭活；但耐干燥，在干燥的痂皮中能存活3～6个月。

[流行病学]　本病在我国内蒙古、青海、新疆、甘肃等许多省、自治区均有发生，国外主要见于非洲和亚洲一些国家。自然情况下本病仅发生于绵羊。而山羊和其他动物均不患病。细毛羊较粗毛羊易感，病情严重；羔羊较成年羊敏感，发病率高，病情严重，病死率也高，因此，本病的发病率和死亡率差异颇大。妊娠母羊可发生流产。发病不分季节，但以冬、春两季较多见。气候寒冷、营养缺乏、饲养管理不良等，均可促使发病和加重病情。病羊是主要的传染源。病毒可随鼻液、唾液、痘疹渗出液、痘疹痂皮、呼出的空气与乳汁从病羊体内排出，污染环境。通过呼吸道及损伤的皮肤、黏膜而感染。

[发病机理]　绵羊痘病毒对皮肤和黏膜上皮细胞有特殊的亲和力。病毒侵入体内后首先进入局部淋巴结，在网状内皮细胞中复制，后经输出淋巴管进入血流，引起病毒血症，随后再到达皮肤和内脏。病毒血症发生于病毒侵入体内后第3～8天，发热反应在第5～8天。此时，病毒已分布于淋巴结、脾、肾、肺与皮肤，并进一步引起痘疹。部分绵羊于第5～16天可见肺病变。动物可因严重的全身性皮肤与黏膜炎症和继发细菌感染而死于败血症。

[症状]　潜伏期一般6～8d。病初体温升高（41～42℃），呼吸和脉搏增数，结膜潮红，流出鼻液，精神不佳，经1～4d发生痘疹。痘疹多见于皮肤无毛或少毛部位，如眼周

围、唇、鼻、颊、四肢、尾内侧、阴唇、乳腺、阴囊和包皮上。开始为红斑，形圆，直径1～1.5cm；1～2d转变为灰白色丘疹，形圆，隆起，周围有红晕（图5-19-1、图5-19-2、图5-19-3）。随后其表面松弛起皱（皱膜丘疹），接着痘疹坏死，干燥结痂、并脱落，其下形成瘢痕（图5-19-4）。皱膜丘疹是绵羊痘最常见的病理形态表现。绵羊痘的典型病例不出现水疱，在痘疹的发展过程中，如继发化脓菌感染，则表现为脓疱或溃疡（图5-19-5）；如有出血则成血痘或黑痘；如继发坏死杆菌感染，可形成坏疽性溃疡，即臭痘（图5-19-6）。也可在口黏膜、舌、齿龈及硬腭形成痘疹或发生溃疡（图5-19-7）。该病的病程一般为3～4周。

[病理变化]

1.眼观变化　除上述皮肤和口腔黏膜的痘疹病变外，鼻腔、喉头、气管及前胃和皱胃黏膜常有大小不等的圆形痘疹，及其坏死后形成的溃疡，如能愈合则遗留瘢痕（图5-19-8）。肝、肾也可见圆形或片状痘疹。肺的痘疹病变主要位于膈叶，其次为心叶和尖叶，中间叶很少。痘疹呈结节状，全肺分布。结节一般较少，但个体较大，主要位于膈叶；有些病例结节较多，大小不等，全肺散在（图5-19-9）。

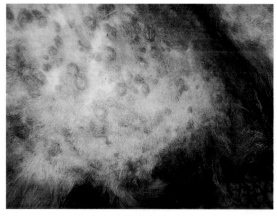

图5-19-1　皮肤有许多淡红色痘疹，微突于皮肤表面。

（张强）

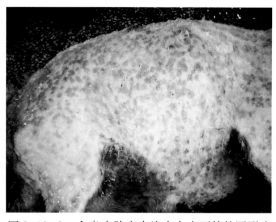

图5-19-2　全身皮肤密布许多大小不等的圆形痘疹，色淡红，界限较明显。

（张强）

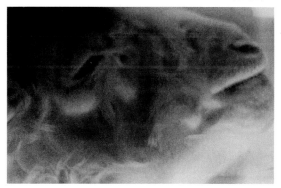

图5-19-3　眼下与口角部皮肤有4个大小不等的淡灰色痘疹。

（陈怀涛）

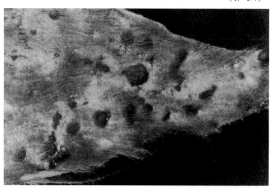

图5-19-4　耳部皮肤的痘疹，已干燥结痂，色暗褐。

（陈怀涛）

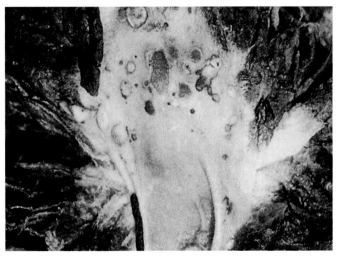

图5-19-5　尾内侧皮肤的化脓性痘疹，色淡黄；有的脓疱已破溃，可见红色溃烂面。

（陈怀涛）

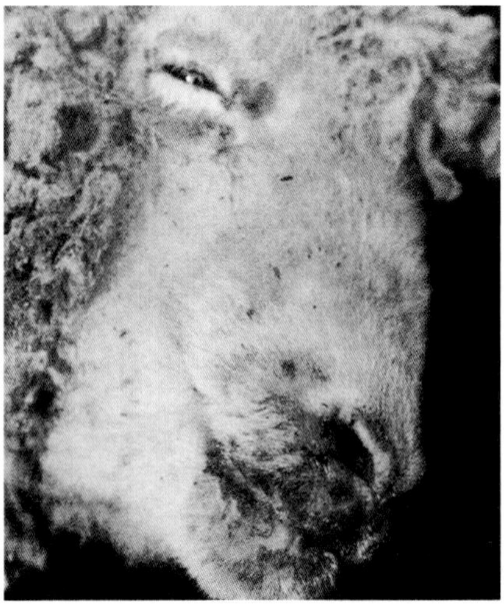

图5-19-6　鼻唇部的痘疹已化脓、坏死、坏疽（臭痘）；结膜发炎，眼睑肿胀。

（陈怀涛）

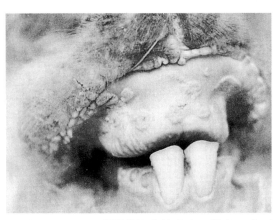

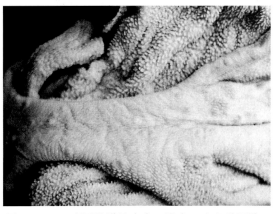

图5-19-7　口黏膜的溃疡性痘疹，微突，表面粗糙。

（陈怀涛）

图5-19-8　瘤胃黏膜的痘疹，微突，中心稍凹陷。

（陈怀涛）

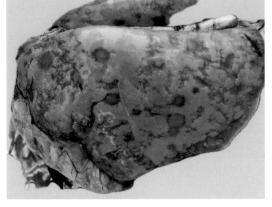

图5-19-9　肺表面有大量大小不等的烟灰色痘疹，微突，表面平滑。

（王金玲、丁玉林）

2.组织学变化

（1）皮肤的红斑为真皮（尤其乳头层）浆液性炎症变化所致，表现为充血、水肿，中性粒细胞和淋巴细胞浸润。表皮细胞轻度肿胀。丘疹为表皮细胞大量增生、并发生水泡变性，使表皮层明显增厚（图5-19-10），向外突出所致。表皮细胞的胞质中可见包涵体（图5-19-11）。真皮充血、水肿，在血管周围和胶原纤维束之间出现绵羊痘细胞（sheep pox cell）。其实这种细胞是绵羊痘病毒感染的单核细胞、巨噬细胞和成纤维细胞，其特点是体积大，呈星形或梭形，胞质嗜碱

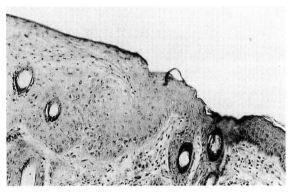

图5-19-10　痘疹部表皮明显增厚，右侧为正常的皮肤。（HE×200）　　（陈怀涛）

性，核卵圆或不规则，空泡样，染色质边集，核仁大（图5-19-12）。有的绵羊痘细胞胞质中可见一个或数个嗜酸性偶为嗜碱性颗粒状包涵体，其中含有较淡染的小点。随后棘细胞的水泡变性可发展为气球样变，甚至有些细胞破裂、融合成微小的水疱（有的水疱内含有多量中性粒细胞）。变性的表皮细胞中仍可见包涵体，真皮充血、水肿和白细胞浸润更为明显。同时，可见血管炎和血栓形成。随后痘疹局部的表皮与真皮发生凝固性坏死，坏死组织与炎性渗出物融合为一体，即形成痂皮。痂下的缺损组织经肉芽组织增生和表皮再生而修复。

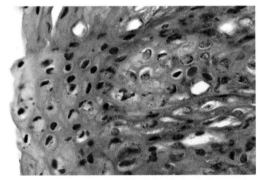

图5-19-11　增生变性的表皮细胞胞质中，见大小不等的包涵体，色深红，形圆或椭圆。

（王金玲、丁玉林）

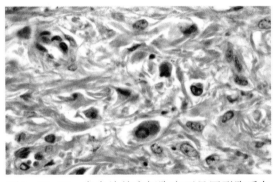

图5-19-12　真皮绵羊痘细胞中可见圆形胞质包涵体。（HE×400）

（王金玲、丁玉林）

（2）肺的结节状痘疹可根据其发展过程和形态特点分为三类。

①第一类：渗出-增生性结节。这是肺痘疹发展过程的初期表现，小米粒大或稍大，色暗红，质地较硬实。镜检，肺泡隔血管明显充血，其中有较多中性粒细胞和单核细胞；肺泡腔多充满嗜伊红较强的浆液，其中含有较多中性粒细胞和巨噬细胞；肺泡上皮细胞活化、增生，有的脱落于肺泡腔中，有的肺泡上皮呈立方状，肺泡似腺泡（图5-19-13、图5-19-14）。细支气管的内容物与肺泡腔的基本相同，但有少量黏液丝，管腔黏膜上皮增生与黏液变性，增生的上皮中可见包涵体。肺泡隔、细支气管与血管周围有间叶细胞增生和

淋巴细胞浸润，从而形成"管套"或"管鞘"（图5 19 15）。偶见胞质中有嗜酸性包涵体的绵羊痘细胞。

②第二类：增生-坏死性结节。这是渗出-增生性结节的进一步发展，是绵羊痘肺病变的重要病理形态学类型之一。结节较大，豌豆大至杏仁大或更大，质地坚实，常位于肺胸膜下，微突，表面扁平、光滑，多呈圆形，偶为不正圆形，色灰白、灰红或烟灰，外周有一层暗红色区。结节切面较干燥，无光泽，也呈灰白、灰红或烟灰色。镜检，病变中心区肺组织坏死，但其结构尚可辨认。肺膜因结缔组织增生而变厚（图5-19-16）。坏死区边缘有多少不等的细胞核碎片，外围的肺组织变化基本同第一类，但肺泡中浆液较少，肺泡上皮增生、化生，呈立方状，有的肺泡呈腺样结构或细胞性实心体，有的含有很多巨噬细胞。肺泡隔间叶细胞明显增生。细支气管和小血管外周，间叶细胞增生明显，其中散在大量淋巴细胞和少量巨噬细胞、浆细胞和中性粒细胞。

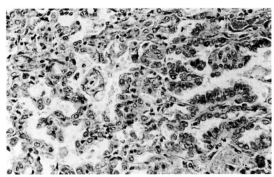

图5-19-13　肺痘疹部肺泡上皮细胞活化、增生，有些已排列成立方状。（HE×400）
（陈怀涛）

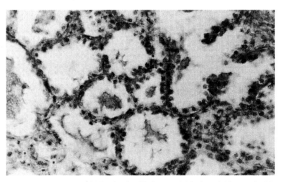

图5-19-14　肺泡上皮增生，肺泡似腺泡，有些肺泡腔含深红色浆液。（HE×400）
（陈怀涛）

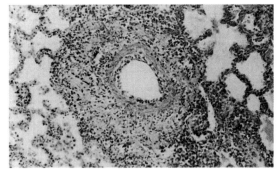

图5-19-15　肺血管周围间叶细胞增生，淋巴细胞浸润，从而形成"管套"。（HE×200）
（陈怀涛）

图5-19-16　增生—坏死形肺痘疹：痘疹中心区肺组织呈凝固性坏死，肺泡轮廓结构尚可辨认，肺膜结缔组织增生。（HE×200）
（陈怀涛）

③第三类：包囊化的坏死结节。这是肺痘疹的主要结局。结节较第二类小，色黄白或灰白，周围是一层淡红灰色致密区。结节结构紧密，质地坚实。镜检，结节中心区肺组织

仍处于坏死状态，但其结构不清。坏死区外围形成与其紧密毗邻的包囊。

（3）肝、肾中的结节病变主要为间叶细胞增生，有的增生细胞胞质中可见嗜酸性包涵体。

[诊断]　典型病例根据临诊病理变化可做出诊断，非典型病例可用羔羊进行生物学试验。也可用丘疹切面涂片，姬姆萨法染色镜检，以发现包涵体和原生小体来确诊。此外，可进行羊痘病毒的鸡红细胞吸附试验、红细胞凝集抑制试验和琼脂免疫扩散试验等。

[防治]　加强饲养管理，尤其冬时，注意防寒。病羊应隔离、封锁，环境、用具应消毒。病死羊应严格消毒并深埋。定期给羊群预防接种绵羊痘鸡胚化弱毒疫苗，每只羊尾部或股内侧皮下注射0.5mL，注射后4～6d可产生免疫力，免疫期1年。

目前尚无特效药物，可采用对症疗法。痘疹局部用0.1%高锰酸钾溶液清洗，再涂紫药水或碘甘油。康复血清对防治有一定作用，小羊预防量5～10mL，治疗量加倍，皮下注射。如用免疫血清，效果更好。结合西药治疗，也可应用秦艽散：秦艽30g，炒蒲黄20g，瞿麦15g，车前子25g，天花粉25g，黄芩25g，大黄20g，红花20g，白芍20g，栀子20g，甘草10g，淡竹叶15g。混合粉碎，拌料自由采食，每天1剂，7～15d为1个疗程。
（提供者：马政）

二十、山羊痘

病原为痘病毒科（*Poxviridae*）山羊痘病毒属（*Capripoxvirus*）的山羊痘病毒（goat pox virus）。该病毒能在羔羊睾丸组织细胞内繁殖，具有细胞致病作用，并在胞质内形成包涵体。在发育的鸡胚绒毛尿囊膜上可产生痘斑。琼脂扩散及补体结合交叉试验证明，山羊痘病毒与绵羊痘病毒存在共同抗原。但山羊痘病毒在自然条件下只感染山羊，仅少数毒株可感染绵羊。山羊痘（goat pox，variola caprina）较少见，发病率与死亡率均较低，病死率仅5%。山羊痘的症状和病理变化与绵羊痘相似。潜伏期为6～7d，病初发热至40～42℃，精神不佳，食欲减退或废绝。痘疹不仅发生于皮肤无毛部位（如乳腺、尾内面、阴唇、会阴、肛门周围、阴囊和四肢内侧）（图5-20-1），也可发生于头部、背部、腹部有毛丛的皮肤（图5-20-2）。痘疹

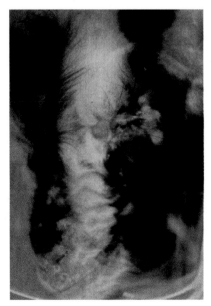

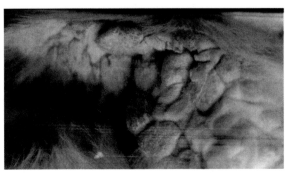

图5-20-1　尾内侧皮肤的痘疹，呈密集的结节状。
（陈怀涛）

图5-20-2　眼周围与鼻、唇等部位的皮肤有多发性痘疹。
（陈怀涛）

大小不一，形圆，初为红斑，随之转为丘疹，以后丘疹发生坏死、结痂，经3~4周痂皮脱落。眼的痘疹见于瞬膜、结膜和巩膜。此外，痘疹偶见于口腔与上呼吸道黏膜、骨骼肌、子宫黏膜和乳腺。上述痘疹部的真皮或固有膜组织中可发现山羊痘细胞（goat pox cells），其中有的细胞质中有嗜酸性包涵体。病变部的皮肤、黏膜、乳腺及乳管等上皮细胞中也可见嗜酸性包涵体。

患过山羊痘的耐过山羊可获得坚强的免疫力。预防可用用羔羊肾细胞培养制成的细胞弱毒疫苗，以0.5mL皮内或1mL皮下接种，对山羊安全，效果确实。

二十一、绵羊进行性肺炎

绵羊进行性肺炎（ovine progressive pneumonia，OPP）也称梅迪病，是由绵羊慢病毒引起的隐匿发展的慢性传染病。

[病原]　本病病原为反录病毒科（*Retroviridae*）、慢病毒属（*Lentivirus*）的绵羊慢病毒（ovine lentivirus，OvLV）。OvLV的原型为梅迪-维斯纳病毒（Maedi-Visna virus，MVV），即OvLV的冰岛株，属强毒株。美国的绵羊进行性肺炎病毒（OPPV），即OvLV的美国株或北美株，属弱毒株。OvLV可在多种胎羊细胞培养物中生长，并常产生特征的细胞致病作用。单层培养的多数细胞形成大的星芒状合胞体或核堆积型合胞体（图5-21-1、图5-21-2）。它们常有几个到20多个核，核排列不规则，偶呈马蹄形。病毒从感染细胞的细胞膜出芽成熟（图5-21-3）。随培养时间的延长，受感染的细胞单层发生溶解。这种能感染细胞单层形成大量的合胞体，并最终导致细胞溶解的OvLV为溶解型或Ⅰ型，MVV、OPPV和OvLV新疆株均属此型。溶解型OvLV可引起淋巴组织样间质性肺炎（LIP）与肺淋巴滤泡增生、淋巴细胞性乳腺炎和非化脓性脑炎，OPPV和MVV的某些株还可引起淋巴细胞性滑膜炎/关节炎。Ⅱ型为非溶解型或持久感染型，即持久感染细胞培养物，但不溶解细胞单层，且只形成极少量的合胞体。非溶解型OvLV仅可引起轻度LIP，不能同时引起乳腺炎和关节炎。

[流行病学]　除新西兰和澳大利亚之外，几乎所有养羊国家都有本病流行。由于绵羊品种、病毒毒株、羊群管理方式及气候条件的不同，各个国家和地区的羊群中本病的感染率不尽相同，但临诊发病者少见。舍饲可增加接触感染的机会，故舍饲公羊的感染率高于

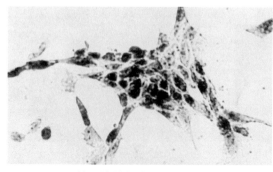

图5-21-1　单层培养细胞感染后形成的星芒状合胞体。（Giemsa×200）

（邓普辉）

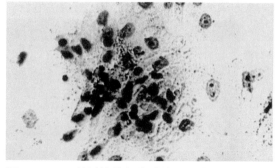

图5-21-2　单层培养细胞感染后形成的核堆积型合胞体。（Giemsa×200）

（邓普辉）

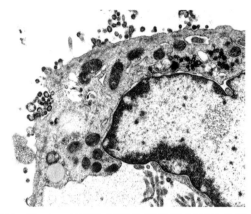

图5-21-3　在感染细胞的细胞膜上可见出芽成熟的病毒颗粒。（×41 000）
(Cutip)

放牧的母羊；老龄羊的感染率高于青年羊。自然病例只见于成年绵羊。个别国家报道山羊亦可感染，其他家畜和实验动物都不感染本病。绵羊对本病有品种敏感性与品种抵抗力，但没有能完全抵抗本病的品种。新疆的边区莱斯特羊（半粗毛羊）的血清学阳性率最高（44%）；新疆美利奴羊（细毛羊）的血清学阳性率极低（0.9%），且为亚临诊性感染，是对OvLV感染的低敏感性品种。

[发病机理]　病毒主要通过初乳感染新生羔羊，在长期接触或舍饲密集时也可通过呼吸道感染，经胎盘的垂直感染少见。病毒进入体内2～3周后发生病毒血症。外周血液中的靶细胞主要是单核细胞和淋巴细胞，病毒基因组整合到靶细胞的基因组中而逃避循环抗体的作用。携带病毒基因的单核细胞通过血液循环将感染扩散到各个靶器官，在单核细胞进入靶器官并成熟为巨噬细胞的过程中，病毒完成其复制过程，但这种复制是低水平的。由于有限复制的病毒抗原可诱导T细胞产生干扰素，使单核细胞不易成熟为巨噬细胞，还能限制病毒在巨噬细胞内复制，因此，在患羊体内很难见到病毒颗粒。但病毒表面上的涎酸可降低其与中和抗体的亲和力，甚至能完全掩盖中和抗体决定簇，从而使病毒避开免疫机制而持久存在。病毒持续存在与复制受限制使疾病隐匿性发展，甚至不出现临诊症状。病毒tat基因的表达产物——tat蛋白质，可激活单核-巨噬细胞内的原癌基因c-jun，它可使巨噬细胞产生几种炎性细胞因子，从而导致靶器官内淋巴组织异常增生，淋巴细胞的聚集使靶器官机能受损，感染羊可因继发性感染而死亡。

[症状]　本病有极长的潜伏期、隐匿性发展与缓慢发生的特点，但病羊一旦出现症状便不可避免地死于继发性感染。临诊表现为消瘦、呼吸困难、乳腺硬化与产奶量减少或无乳、关节炎与跛行。这些症状均与相应器官内的淋巴细胞性炎症有关。自然感染后几个月出现血清学阳性反应，变为隐性感染，特别在低敏感性的绵羊品种。无症状感染羊膘情良好，可能有泌乳减少，但常被畜主忽视。

[病理变化]　有严重呼吸症状的患羊，其纵隔淋巴结比正常大2～3倍（重达15～30g），最重者可达90～120g（图5-21-4）；肺重量为正常肺重（500g）的2倍以上（1 000～2 000g）。肺肿大，胸腔剖开时不塌陷，肺表面有灰红或灰白色杂斑和半透亮的灰白色小点（气肿型）（图5-21-5），或有粟粒性、小叶性乃至大叶性分布的灰红至灰白实变（肺炎型）（图5-21-6）。镜检，肺内有广泛的淋巴滤泡增生，淋巴滤泡有明显的生发中心（图5-21-7、图5-21-8）；同时见有典型的LIP病变（图5-21-9）。常见继发性化脓性支气管肺炎，甚至肺脓肿。长期无症状的感染羊，唯一明显的病变为肺平滑肌增生。乳腺为最敏感的靶器官，即使肺无特异性病变且无症状的感染羊，也有淋巴细胞性乳腺炎（图5-21-10、图5-21-11、图5-21-12）。约有10%的自然感染羊有淋巴细胞性脑炎，主要发生在脑室周围的白质。某些病毒株还可引起淋巴细胞性滑膜炎（图5-21-13）或非化脓性关节炎。OPPV还可引起器官内肌型小动脉炎。公羊可能有淋巴细胞性睾丸炎，母羊可能有淋巴细胞性卵

泡炎（图5-21-14）。

[诊断] 根据典型病理变化可怀疑本病，但确诊要依靠血清学试验、病毒分离和聚合酶链反应（PCR），以血清学试验最常用。琼脂扩散试验的特异性高，检出率约为70%，但所用试剂须能同时检出两种抗体，即抗核心抗原（p25）的抗体和抗包膜抗原（gp135）的抗体。另外，各种改良的酶联免疫吸附试验（ELISA）的检出率在90%以上。

[防治] 本病的防治方法是通过定期检疫和淘汰血清学阳性羊，逐步建立起无病毒感染的清洁羊群。

图5-21-4 病羊后纵隔淋巴结高度肿大（本图仅显示1/2淋巴结）。

（陈怀涛）

图5-21-5 肺肿大，表面散布大量灰白色小点。

（陈怀涛）

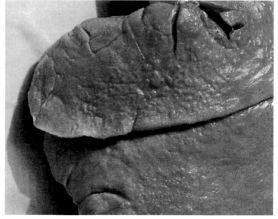

图5-21-6 肺表面有结节构成的实变区。

（陈怀涛）

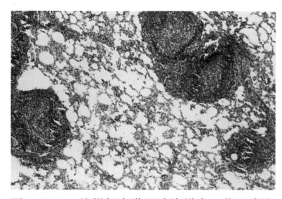

图5-21-7 肺组织中淋巴滤泡增生，淋巴滤泡有明显的生发中心。（HE×40）

（陈怀涛）

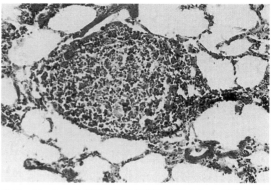

图5-21-8 肺增生的淋巴滤泡周围有少量胶原纤维。（van Gieson×200）

（陈怀涛）

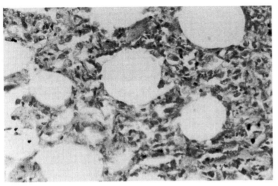

图5-21-9 肺泡间隔因网状淋巴细胞增生而增厚。(HE×400)

(陈怀涛)

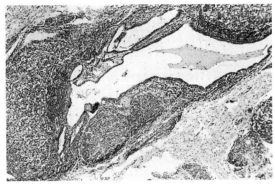

图5-21-10 乳导管周围淋巴滤泡增生。(HE×40)

(邓普辉)

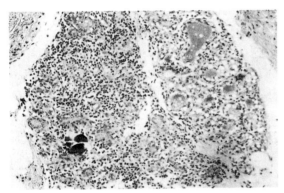

图5-21-11 乳腺组织中有许多淋巴细胞浸润。(HE×100)

(邓普辉)

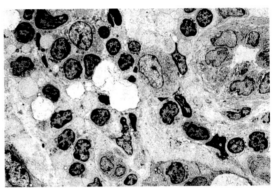

图5-21-12 乳腺腺泡萎缩,腺泡间隔有不少淋巴细胞浸润。(×1 000)

(邓普辉)

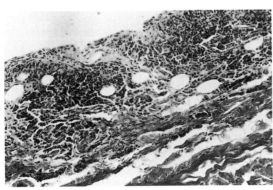

图5-21-13 滑膜淋巴细胞浸润,甚至积聚为淋巴小结。(HE×100)

(邓普辉)

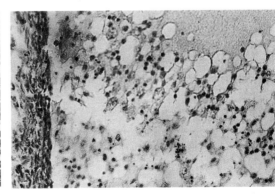

图5-21-14 淋巴细胞性卵泡炎。(HE×200)

(邓普辉)

二十二、绵羊肺腺瘤病

绵羊肺腺瘤病（sheep pulmonary adenomatosis，SPA）又称绵羊肺癌，南非称为驱羊病，是一种由绵羊肺腺瘤病病毒引起的接触传染性肺癌。SPA在病理学上类似于人细支气管-肺泡癌。

[病原]　本病的病原称为绵羊肺腺瘤病病毒（sheep pulmonary adenomatosis virus，SPAV）或驱羊病病毒（jaagsiekte virus，JV），属反录病毒科、乙型反录病毒属（*Beteretrovirus*）的病毒。本病毒含单股负链RNA，不易在体外培养，只能靠人工接种易感绵羊来获取病毒。本病毒抵抗力不强，56℃ 30min可灭活，对氯仿和酸性环境都很敏感。

[流行病学]　几乎所有养羊国家和地区（澳大利亚和新西兰除外），包括我国的主要养羊地区（甘肃、新疆、青海、内蒙古等省、自治区）均有本病散发或呈地方性流行。SPA只感染绵羊，印度有山羊受感染的报道。不同品种、性别和年龄的绵羊均可感染，但症状多见于2～4岁的成年羊，罕见于6月龄以下的羔羊。

[发病机理]　病毒通过气溶胶从呼吸道进入体内，感染Ⅱ型肺泡上皮细胞和细支气管无纤毛的克莱拉细胞，导致多发性原发性肿瘤的发生。病毒是经呼吸道直接感染肺内的靶细胞，还是先感染血液淋巴细胞，然后由其将病毒传染给肺内靶细胞，尚需进一步研究。随着肿瘤的浸润性生长，形成大片囊腺瘤，最后可使一个或几个肺叶丧失功能。病羊死于左心衰竭或低氧血症，或死于继发性肺化脓性感染。

[症状]　自然感染时，潜伏期可长达1～3年；但在实验感染1日龄新生羔羊时，在接种后3～6周（最快4～6d）便出现症状和典型病变。只有较大的或成年绵羊才出现症状，主要表现虚弱、消瘦与呼吸困难。本病的一个有诊断意义的临诊特征是呼吸道积聚大量渗出液。如将患羊的后躯抬高，则有大量泡沫状、稀薄、黏液样液体从鼻孔流出，即所谓手推车试验。

[病理变化]　肺肿大、变重与不回缩，表面有不同大小的淡灰红或灰白色实变区，范围从粟粒性、结节性或小叶性到大灶性或大叶性分布不等（图5-22-1）。有的病灶在肺组织深部，须在切面上才可看见（图5-22-2）。病变多为单侧性分布，膈叶比其他肺叶易受侵犯。最初单个肺泡或一群肺泡的上皮细胞变为立方状或柱状腺瘤细胞，被覆肺泡壁的一部分或全部，并开始形成乳头状突起，肺泡中隔变薄（图5-22-3）。腺瘤细胞有低度核分裂象。当一群肺泡腺瘤化时，正常的肺泡中隔消失，形成一个圆形乳头状腺瘤灶。终末和呼吸性细支气管黏膜也形成乳头状瘤，并和肺泡源性肿瘤病变混合起来（图5-22-4）。腺瘤灶周围的肺泡群的肺泡腔内充满巨噬细胞，这是本病的一个组织学特征（图5-22-5）。如继发细菌感染，瘤组织中则有大量中性粒细胞浸润，甚至发生化脓（图5-22-6）。肿瘤的间质可能极为丰富，间质性结缔组织易化生为黏液组织，黏液细胞与成纤维细胞有低度核分裂象。这种有大量纤维化间质的SPA，也称为非典型性SPA。但它是SPA的一种表现形式或仅仅是晚期病变，甚至是另一种疾病，均有待阐明。超微结构上，立方状腺瘤细胞通常含有Ⅱ型肺泡细胞的特征性板层小体（图5-22-7），柱状肿瘤细胞则含有克莱拉细胞所具有的分泌颗粒与糖原。肿瘤的转移率约为8%，主要转移到胸内淋巴结。

[诊断和防治]　由于病毒不能在体外培养，且至今尚未发现有抗体参与免疫应答，因

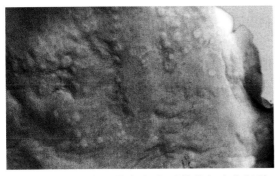

图5-22-1 肺表面散在大小不等的灰白色肺腺瘤结节。

（陈怀涛）

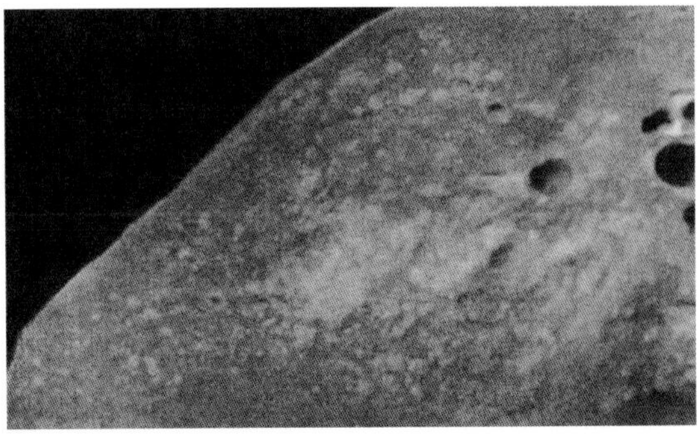

图5-22-2 肺切面散在有许多大小不等的灰白色结节，肺深部有些结节已融合为团块。

（陈怀涛）

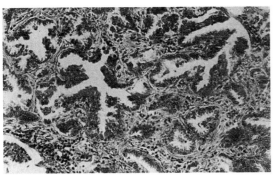

图5-22-3 肺泡因其上皮细胞增生而呈腺泡样，有些增生的上皮呈乳头状伸向肺泡腔，肺泡间隔有较多结缔组织增生。（HE×200）

（陈怀涛）

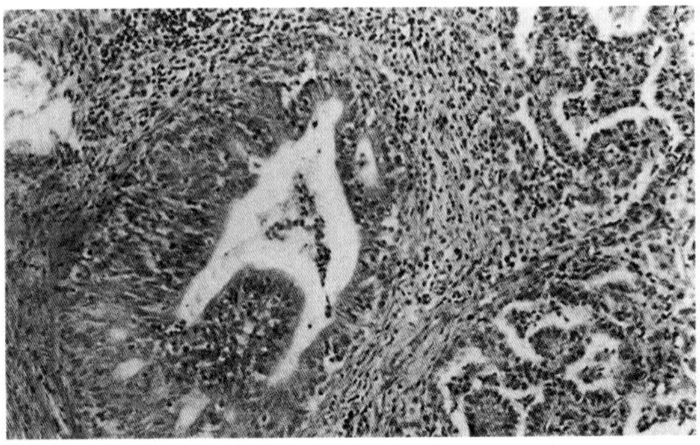

图5-22-4 细支气管上皮明显增生，周围结缔组织也增生，淋巴细胞浸润；细支气管的肿瘤病变和肺泡的肿瘤病变结合在一起。（HE×200）

（陈怀涛）

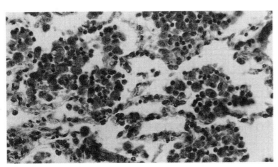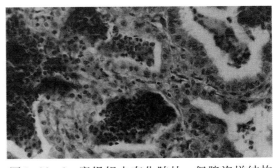

图5-22-5 腺瘤灶附近肺泡腔中有许多巨噬细胞，也可见到少量嗜酸性粒细胞。（HE×400）

（陈怀涛）

图5-22-6 瘤组织中有化脓灶，但腺泡样结构尚可辨认。（HE×400）

（陈怀涛）

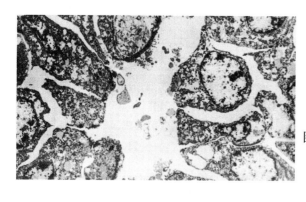

图5-22-7　电镜下Ⅱ型肺泡上皮源性肿瘤细胞
的形态。（×2 500）

（邓普辉）

此，未能建立起任何血清学诊断方法。腺瘤灶内丰富的巨噬细胞为OvLV的复制与扩散创造了条件，故本病与绵羊进行性肺炎可能并发，在鉴别诊断时应予注意。在本病流行区，可依靠特征性临诊症状（手推车试验）检出与淘汰患羊。另外，本病的病理组织学变化明显而具有特征性，故根据死后检验结果也可做出明确诊断。

本病的预防主要在于建立和保持无病畜群。对发病群必须有计划的淘汰，引进羊一定要做检疫和消毒工作。对本病目前尚无有效疗法，也未研制出主动免疫的疫苗。

二十三、山羊关节炎-脑炎

山羊关节炎-脑炎（caprine arthritis-encephalitis，CAE）是由山羊关节炎-脑炎病毒引起山羊的一种进行性、慢性消耗性传染病，其特征为羔羊脑炎，以及成年羊关节炎、间质性肺炎和硬结性乳腺炎。

本病于1964年在瑞士报道，至1981年从病料中分离到病毒，才正式定名为山羊关节炎-脑炎。

目前世界上许多国家都有本病发生的报道，如瑞士、德国、英国、加拿大、美国、法国、挪威、巴西。1982年从英国进口山羊时，将本病带入我国，从血清阳性山羊的关节液中分离到了CAE病毒。

［病原］　CAE的病原是山羊关节炎-脑炎病毒（Caprine arthritis encephalitis virus，CAEV）。CAEV属反录病毒科（Retroviridae）、慢病毒属（Lentivirus）。CAEV具有反录病毒科、慢病毒属病毒的形态结构特征。本病毒在细胞质内复制、装配，并以出芽方式自细胞膜表面释放（图5-23-1）。

CAEV只感染山羊，特别是奶山羊。病毒可在多种动物细胞，如胎山羊关节滑膜（GSM）细胞、角膜细胞、肺细胞、乳腺细胞和脉络丛细胞中增殖。病毒在胎山羊关节滑膜细胞内增殖能产生特征性病变，被感染的GSM细胞首先出现合胞体，其中可见多个细胞核，而后细胞被破坏。CAEV对热、去污剂和甲醛敏感，56℃ 60min可失去活力。但辐射作用不影响病毒活性。

［流行病学］　CAE自然条件下只感染山羊，且山羊的易感性无年龄、性别和品种差别。本病一年四季均可发生。除绵羊可实验感染外，家兔、豚鼠、地鼠、鸡胚均不被感染。本病呈地方性流行，潜伏期53～151d。传染源为病山羊和潜伏感染的山羊。本病经直接接触感染或经乳、唾液、尿粪及呼吸道分泌物传播。含有巨噬细胞成分的分泌物在本病传播中

有重要意义。用未经消毒的初乳喂养羔羊极易感染本病。主要通过消化道感染。子宫内感染偶尔发生。带毒公羊可通过交配将病毒传递给母羊。

[发病机理]　CAE的传染过程以血液单核细胞终生性潜伏感染为特征。自然感染时，病毒由消化道内进入血液后，先感染血液单核细胞，但不在其中复制，仅以前病毒状态整合到单核细胞的染色体中，当单核细胞进入脑、关节、肺脏和乳腺等靶器官和组织转化为巨噬细胞后，前病毒被激活并释放出子代病毒进一步感染靶细胞，使病毒抗原量大增，从而刺激以巨噬细胞、淋巴细胞和浆细胞增生为特征的炎症反应。随着病程的发展，病毒不断复制、释放，进入血液，感染新的单核/巨噬细胞，从而形成了病毒在体内的持续感染过程。病毒在巨噬细胞内活跃地复制，但巨噬细胞并不被破坏，这为病毒逃脱免疫清除起到了屏障保护作用。研究表明，关节内病毒的存在和抗体的出现与滑膜炎的发生密切相关，因而有人认为CAE与人类风湿性关节炎一样属于抗原抗体免疫复合物沉着性变态反应。

[症状]　CAE的主要临诊症状分4个类型：脑脊髓炎型、关节炎型、间质性肺炎型和间质性乳腺炎型。其中脑脊髓炎型多见于半岁以下的羔羊，而且这些羊多为CAEV血清阳性的母羊所生。其他3个类型多见于成年山羊。

（1）脑脊髓炎型　常发生于2～4月龄的山羊羔。发病有明显季节性，多发生于3～8月，这与冬春季产羔有关。病初跛行，共济失调，一侧后肢不敢负重，反射亢进。继而，后肢甚至四肢轻瘫，转圈，精神沉郁，头部抽搐和震颤，角弓反张，斜颈（图5-23-2），有的还出现划水样动作。病程半月至1年。

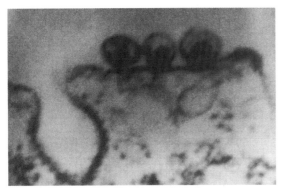

图5-23-1　有3个成熟的CAEV粒子以出芽方式
　　　　　自细胞膜释放。

（李健强）

图5-23-2　病羊神经症状：头颈歪斜、后仰。

（李健强）

（2）关节炎型　常见于1岁以上的成年山羊，病程1～3年。典型的症状是腕关节肿大和跛行，即所谓的"大膝病"（图5-23-3）。膝关节和跗关节也可患病。病情常逐渐加重或突然发生。

（3）间质性肺炎型　较少见，无年龄限制，但主要见于成年山羊，病程3～6个月。病羊进行性消瘦，咳嗽，呼吸困难，胸部叩诊有浊音，听诊有湿啰音。如无继发细菌感染，则无体温反应。

（4）间质性乳腺炎型　表现为分娩后乳腺坚硬、肿胀、少乳或无乳（图5-23-4）。个别羊可恢复正常产奶量，大部分患羊的产奶量始终很低。

图5-23-3　成年山羊，两前肢腕关节肿大。

（刘振轩）

图5-23-4　病羊分娩后乳腺硬肿、发红，产奶量减少。

（李健强）

[病理变化]　CAE的主要病理变化常见于脑和脊髓、四肢关节及肺脏，其次是乳腺。

脑和脊髓：主要见于小脑和脊髓（特别是第1～4颈椎和腰椎）的白质，偶尔见于中脑。从前庭核部位将小脑和延脑横断，常见一侧脑白质中有5mm大小的棕红色病灶。镜检，病灶区血管周围淋巴细胞、单核细胞和网状纤维增生，形成管套，管套外围有星状胶质细胞和少突胶质细胞增生，神经纤维有程度不一的脱髓鞘变化。

关节：患病关节周围软组织肿胀、波动，皮下浆液渗出，关节囊肥厚。滑膜常与关节软骨粘连。关节腔扩大，充满黄色或淡红色液体，其中悬浮纤维蛋白条索或血凝块。滑膜表面光滑，有时见小结节状增生物。慢性病例，透过滑膜常见到软组织中有钙化斑。镜检，滑膜绒毛增生，皱壁增多、增厚，绒毛伸入关节腔（图5-23-5、图5-23-6）；淋巴细胞、浆细胞及单核细胞灶状聚集。严重者滑膜及周围组织发生纤维素样坏死、钙化和纤维化。

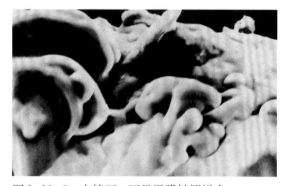

图5-23-5　电镜下，可见滑膜皱褶增多。

（刘安典）

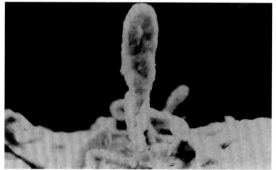

图5-23-6　电镜下，滑膜绒毛增多、竖立，并伸入关节腔中。

（刘安典）

肺脏：轻度肿大，质地坚实，呈灰白色，表面散在灰白色小点。切面可见大叶性或斑块状实变区，支气管及纵隔淋巴结肿大。镜检，细支气管和小血管周围淋巴细胞、单核细胞及巨噬细胞增生浸润，甚至形成淋巴小结。肺泡上皮增生，肺泡隔增厚，小叶间结缔组织增生，邻近肺泡萎缩或纤维化。

乳腺：在感染初期，血管、乳导管周围及腺叶间有大量淋巴细胞、单核细胞和巨噬细胞浸润，随后出现大量浆细胞，间质常发生局灶性坏死。

其他器官：少数病例肾脏表面有 1 ～ 2mm 大小的灰白色小点。镜检，肾小球有蛋白性物质，严重病例肾小球有淀粉样物沉着。骨骼肌（特别是股二头肌和股四头肌）局灶性坏死。也见动脉炎、血管壁坏死钙化，心包炎，心肌淋巴细胞浸润。脾窦和肝窦有淀粉样物沉着。

[诊断]　根据流行病学资料和症状可怀疑本病，结合病理变化可做初步诊断，确诊应进行实验室检查。

病原分离鉴定：采取关节炎型病羊的关节液，或间质性乳腺炎型病羊的乳汁接种于健康胎山羊滑膜细胞单层，一般在接种后 6 ～ 10d，被感染的细胞呈高度空泡化，且为多核合胞体；若是将腕侧腱移植物剪成 1mm 大小移植于细胞瓶中培养，在培养的 21d 内可产生多核合胞体病灶，这种细胞病变最初呈椭圆或圆形细胞团，并与移植的单层细胞分开。若再用移植物的培养物接种山羊羔滑膜细胞，则合胞体最早出现于接种后的第 6 天，随后慢慢增加，于接种后 14d 有 80% 单层细胞出现病变。电镜切片观察，病毒感染的山羊羔滑膜细胞出现明显的细胞病变，呈现多层膜的胞质空泡，泡内有多量髓脂质样物质；胞外病毒群落沿胞膜排列，病毒颗粒呈球状，直径介于 80 ～ 110nm，多含有一个浓染的类核体。在胞质膜可见呈 C 型出芽的病毒粒子，出芽时病毒呈明显的多形性。出芽时病毒粒子的核心直接靠近胞膜。有些病毒在胞质的空泡中出芽。病毒粒子在单核细胞内比在多核的合胞体内多见。

血清学检查：常用琼脂凝胶免疫扩散试验或酶联免疫吸附试验。每年对山羊群检疫 2 次（间隔 6 个月），几乎能查出所有的感染山羊。

PCR 技术已用于 CAEV 感染的检测，它适用于早期诊断，可以从感染后 1d 的胎山羊滑膜细胞中检测到 CAEV。

鉴别诊断方面，由于梅迪 - 维斯纳病毒与 CAEV 有 20% 的基因近同，二者的抗原有交叉反应性，因此，临诊上注意与梅迪 - 维斯纳病区别。其他引起关节肿大、神经症状和肺炎的病因很多，可借助相关技术和知识予以区别。

[防治]　对于本病的防治，目前无特效方法，也无疫苗，主要措施是加强饲养管理和定期血清学检查。生产中可根据具体情况进行对症治疗，如用广谱抗生素预防细菌性继发感染，用阿司匹林或保泰松等抗炎药物缓解关节炎症状。通过分群隔离、定期检疫、扑杀阳性病羊、加强消毒、培育健康羔羊等措施，可逐步达到净化种山羊群的目的。

二十四、副流行性感冒

副流行性感冒（parainfluenza）是由副黏病毒科（*Paramyxoviridae*）、呼吸道病毒属

（*Respirovirus*）的绵羊副流感3型病毒（sheep parainfluenza virus 3，SPIV-3）感染所引起的。这种病毒是绵羊的一种常见的呼吸道病病原。单纯的副流感3型病毒感染，通常只引起轻微的呼吸道疾病或血清转阳性的亚临诊性感染。与其他病毒、细菌并发感染时，或在环境和气候改变、饲养管理不当、机体抵抗力下降等应激因素的诱发下，副流感3型病毒常发生致病作用。本病常见的继发病原有溶血性曼氏杆菌、支原体、衣原体、副百日咳波氏杆菌、呼吸道合胞病毒、腺病毒及呼肠孤病毒等。

[发病机理]　健羊接触病羊排出的病毒经气体感染后，其潜伏期约为2d，随后出现6～10d的发热期。呼吸道黏膜上皮细胞是病毒最初入侵的靶细胞。以后病毒在肺泡巨噬细胞、肺泡Ⅱ型上皮细胞及基底膜定位与增殖，引起细胞和组织损伤，为继发感染创造有利条件。当绵羊副流感3型病毒与多杀性巴氏杆菌混合实验性感染时，由于病毒损伤了呼吸道黏膜上皮细胞和肺巨噬细胞，从而抑制了肺巨噬细胞对巴氏杆菌的清除率。在这两种病原或其代谢产物的协同作用下，可导致肺组织严重的损伤。

[症状和病理变化]　本病最急性病例常无明显症状而死亡。急性病例出现高热（41～42℃），垂头，拒食，流黏液性、脓性鼻液，流泪，呼吸困难，咳嗽，精神委顿。1～3周内发生肺炎。

病变主要局限在呼吸系统。肺前叶膨胀不全，充血。肺叶，尤其是尖叶和心叶出现多发性暗红色至灰色实变区。镜检，病变表现为细支气管炎与间质性肺炎。细支气管和肺泡管上皮细胞坏死、脱落，与黏液性分泌物混合堵塞细支气管和肺泡管（图5-24-1、图5-24-2）；随后，细支气管和肺泡管上皮增生。间质性肺炎表现为肺泡毛细血管充血，肺泡和肺泡间隔中有广泛的单核细胞浸润，肺泡间隔增厚，肺泡上皮细胞坏死（图5-24-3、图5-24-4）。变性的细支气管与肺泡管上皮细胞内有胞质包涵体，往往感染1周后包涵体便不复存在。

[防治]　本病在伴有细菌性继发感染时，可用抗生素（如卡那霉素等）控制继发病。通过免疫接种预防本病，安全有效。目前常用的疫苗有弱毒疫苗和灭活疫苗两种。同时，还应加强饲养管理，增强羊体抵抗力，尽量减少应激因素等。

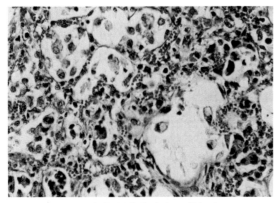

图5-24-1　肺泡中充满黏液和巨噬细胞。
（HEA×400）

（布加勒斯特农学院）

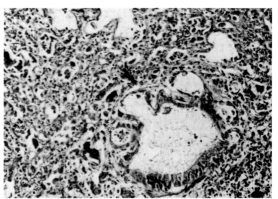

图5-24-2　细支气管扩张，充满黏液。
（HEA×200）

（布加勒斯特农学院）

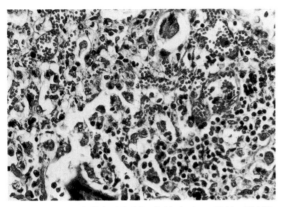

图5-24-3　肺泡间隔毛细血管充血，肺泡及肺泡间隔中有大量巨噬细胞、淋巴细胞浸润，也见个别巨细胞。（HEA×400）

（布加勒斯特农学院）

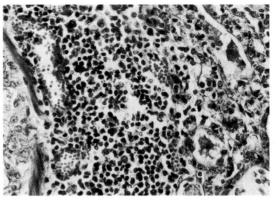

图5-24-4　细支气管上皮增生，管周有大量淋巴细胞浸润。（HEA×400）

（布加勒斯特农学院）

二十五、蓝舌病

蓝舌病（bluetongue）是反刍动物的一种以昆虫为传播媒介的病毒性传染病。其主要临诊病理表现为口舌黏膜淤血、糜烂和消化道与蹄部的炎症变化。

[病原]　蓝舌病病毒（bluetongue virus，BTV）属呼肠孤病毒科（Reoviridae）、环状病毒属（*Orbivirus*）。为双股RNA病毒，呈二十面立体对称，大小为70～80nm。由10个片段（S1～S10）组成，编码7种结构蛋白（VP1～VP7）和4种非结构蛋白。VP7是核衣壳表面的主要成分，是群特异性抗原，可用补体结合反应、琼脂扩散试验或荧光抗体技术检测，VP2是型特异性抗原，可用中和试验检测。病毒最适于在鸡胚卵黄囊或血管内繁殖。本病毒抵抗力强，在50%甘油中能存活多年，但对3%氢氧化钠溶液敏感。

[流行病学]　绵羊（尤其1岁龄左右）最为易感，鹿、山羊、牛次之。病畜是本病的主要传染源，病愈不久的及隐性感染的动物也是传染源。通过库蠓吸血可传播本病，因此在其大量活动的夏、秋季发病率最高，特别以池塘、河流多的低洼地区多见。公牛感染后，其精液含有病毒，可通过交配或人工授精传染给母牛。病毒也可通过胎盘传给胎儿。

[发病机理]　BTV进入易感动物体内后，在血管内皮细胞中复制增殖，引起内皮细胞病变；同时病毒也可由红细胞带到其他组织（如淋巴结）进行复制。大量复制的病毒再次进入血液，引起病毒血症。血管内皮和其他组织器官的受损，可导致出血、变性、坏死等病变。

[症状]　该病潜伏期为3～8d，病初体温升高至40～41.5℃，稽留5～6d，白细胞减少，表现为精神沉郁，食欲丧失，流涎，口、舌水肿、淤血、发绀（图5-25-1），随后唇、舌、颊、齿龈黏膜糜烂（图5-25-2），致吞咽困难。以后口流淡红色唾液，口腔发臭。鼻黏膜发炎，有鼻液流出，呼吸更加困难。蹄冠蹄叶淤血、发炎、坏死，行走困难或跛行。病羊因消瘦、贫血、腹泻或继发肺炎、胃肠炎等并发症而死亡。病程一般6～14d，发病率30%～40%，病死率2%～3%。耐过的病羊10～15d可痊愈。

[病理变化] 除上述口舌部黏膜淤血、水肿和糜烂外，尚见消化道、呼吸道和泌尿道黏膜、心内外膜和肌肉的出血和水肿，淋巴结炎症以及蹄部的炎症、坏死等病变。

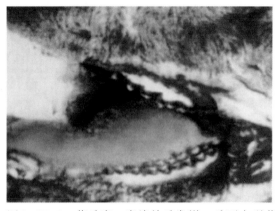

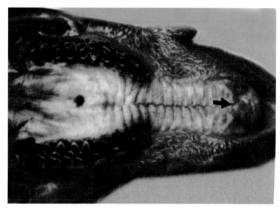

图5-25-1 蓝舌病：病绵羊舌发绀，舌面出现蓝紫色斑块。

（徐有生 刘少华）

图5-25-2 蓝舌病：患病绵羊齿枕（齿板）前段黏膜出血、糜烂。

（徐有生 刘少华）

[诊断] 根据流行病学、典型症状和主要病理变化可做初步诊断，确诊须进行实验室诊断。血清学诊断方法主要包括ELISA与琼脂扩散试验等，病原学诊断方法包括病毒分离、RT-PCR、荧光定量PCR、病毒中和试验及人工感染试验等。注意该病与口蹄疫、传染性脓疱病、牛病毒性腹泻-黏膜病、恶性卡他热、牛传染性鼻气管炎、茨城病、牛瘟等的鉴别诊断。

[防治] 在虫媒活动较少或不活动的季节引进动物，同时用药物、驱杀等方法控制、消灭昆虫（库蠓），防止其叮咬动物；夏、秋季应在高燥地区放牧并驱赶畜群回圈舍过夜，减少库蠓等的侵害。

疫苗接种是目前控制蓝舌病的主要措施。由于该病血清型多，不同血清型之间无有效的交叉免疫性，免疫接种时应选择与当地流行毒株血清型相同的疫苗进行免疫。目前仅在非洲和欧洲的部分国家只有弱毒苗和灭活苗用于蓝舌病。蓝舌病的基因工程疫苗（包括亚单位疫苗、活载体疫苗、复制缺陷型疫苗等）已取得良好进展，但尚未商品化。

二十六、小反刍兽疫

小反刍兽疫（peste des petits ruminants, PPR）又称羊瘟、假性牛瘟，是由小反刍兽疫病毒引起山羊、绵羊以及野生小反刍动物的一种急性、烈性传染病。临诊病理特征为发热、口膜炎、结膜炎、肺炎和腹泻。

[病原] 小反刍兽疫病毒（peste des petits ruminants virus, PPRV）属副黏病毒科（*Paramyxoviridae*）、麻疹病毒属（*Morbillivirus*）的成员，是单股负链RNA病毒。本病毒与牛瘟病毒有相似的物理化学及免疫学特性。病毒颗粒呈多形性，常为粗糙的球形，比牛瘟病毒颗粒大，核衣壳为螺旋中空杆状并有特征的亚单位，有囊膜。病毒在体外存活时间不长，对紫外线、热、强酸强碱、化学灭活剂和去垢剂等均较为敏感，易被灭活而失去感染

力，如2%氢氧化钠溶液消毒效果显著。本病毒可在非洲绿猴肾细胞（Vero）、胎绵羊肾细胞、胎羊及新生羊睾丸细胞上增殖并产生典型细胞病变（CPE），形成合胞体。

[流行病学]　PPR在1942年首次发现于科特迪瓦，现已蔓延至中非、东非和亚洲逾70个国家。2007年，我国西藏阿里地区首次发生PPR疫情，目前该病在国内仍呈区域性频发流行之态势。

PPRV主要感染山羊和绵羊，山羊更为易感，且症状也更加严重。幼龄羊比成年羊易感。羚羊、美国白尾鹿等小反刍动物也可感染。除感染小反刍动物外，牛、骆驼、麋鹿等大反刍动物也有感染的报告。

患病动物和隐形感染动物为主要传染源。病畜的分泌物和排泄物均含有大量病毒。主要通过直接接触传染。健康动物被间接感染也有可能。

[发病机理]　PPRV具有嗜淋巴细胞和嗜上皮细胞的双重特性，因此病理变化首先出现在淋巴细胞和上皮细胞丰富的器官。PPRV通过呼吸和饮食入侵机体，聚集在局部淋巴组织（如咽部淋巴结、下颌淋巴结）和扁桃体，导致淋巴细胞坏死。发热症状一般于感染后4～5d出现并伴以病毒血症，使病毒进一步扩散到全身的淋巴结、骨髓、脾脏、呼吸道及消化道的黏膜组织。PPRV在胃肠道黏膜增殖引起口腔、胃肠道炎症和腹泻症状。PPRV感染引起免疫抑制时，可造成继发感染和严重腹泻，这可能是导致大批感染羊只死亡的主要原因。

[症状]　潜伏期一般为3～6d。主要症状为体温骤升至40～42℃，发热持续3～5d。病初患羊精神沉郁，食欲减退，鼻镜干燥，眼结膜、口、鼻黏膜潮红，并有浆液性分泌物，此后流出大量黏脓性分泌物（图5-26-1），鼻孔常因阻塞而出现呼吸困难症状。口、舌等部黏膜发生充血、出血、坏死或溃疡变化（图5-26-2、图5-26-3）。后期病羊多有咳嗽、腹式呼吸及严重腹泻等症状，从而导致机体脱水、消瘦（图5-26-4）。怀孕母羊可发生流产。病羊常在发病后5～10d死亡，易感羊群发病率为60%～100%，病死率可达50%以上。

[病理变化]　眼观，本病的病变与牛瘟的相似。有明显的结膜炎和口膜炎。严重病例咽喉部也见炎症变化。皱胃黏膜明显充血、出血、坏死和溃疡（图5-26-5），但瘤胃、网胃和瓣胃病变很少。肠道有程度不等的出血、糜烂和溃疡。大肠的特征病变为斑马条纹状出血，尤其在结肠与直肠交界处。全身淋巴结肿大（图5-26-6），脾有大小不等的坏死灶。鼻腔、喉和气管黏膜可见淤血与出血斑点（图5-26-7）。肺淤血，见支气管肺炎病变（图5-26-8）。

图5-26-1　病羊眼结膜、鼻与口黏膜发炎、潮红，并有大量黏脓性分泌物流出。

（尚佑军）

图5-26-2　病羊口唇部黏膜淤血呈紫红色，并有出血、坏死等变化。

（尚佑军）

图5-26-3　病羊舌部的坏死溃疡灶。

（尚佑军）

图5-26-4　病羊腹泻，导致脱水、消瘦。

（尚佑军）

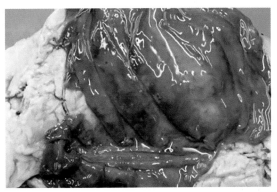

图5-26-5　皱胃黏膜充血、出血、坏死。

（尚佑军）

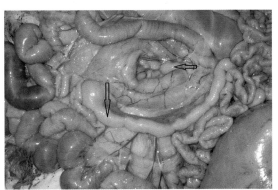

图5-26-6　肠系膜淋巴结肿大（↓）。

（尚佑军）

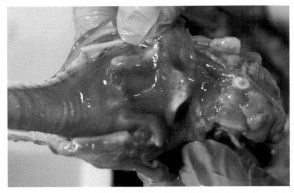

图5-26-7　喉和气管黏膜淤血，并有小出血点。

（尚佑军）

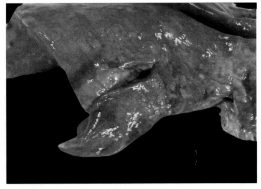

图5-26-8　肺淤血呈暗红色，并有灰白色肺
　　　　　炎灶。

（贺文琦）

　　镜检，可见感染细胞常形成合胞体，并在其胞质中出现嗜酸性包涵体。消化道黏膜上皮广泛变性、坏死，并有合胞体与胞质包涵体形成（图5-26-9）。脾、扁桃体、淋巴结组织中，淋巴细胞有程度不等地坏死，也见合胞体及其胞质包涵体形成（图5-26-10）。肺呈

支气管肺炎和间质性肺炎变化，病变肺泡或支气管黏膜上皮常形成合胞体，其胞质中有明显的嗜酸性包涵体（图5-26-11）。此外，肠黏膜固有层的肠腺，也常出现合胞体形成，其胞质中可见大小不等的嗜酸性包涵体（图5-26-12）。

[诊断]　根据症状、流行病学和特征病变常可对本病做出初步诊断。确诊须进行病原学诊断和血清学检测。病原学诊断主要是病毒分离培养和病毒核酸分子检测。PCR和竞争ELISA是应用最为广泛的检测方法。

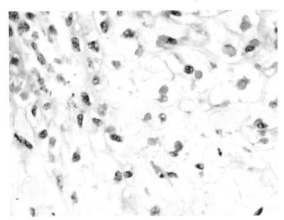

图5-26-9　小反刍兽疫。舌黏膜上皮变性、肿大，胞质中有嗜酸性圆形包涵体形成。

（陈怀涛、独军政）

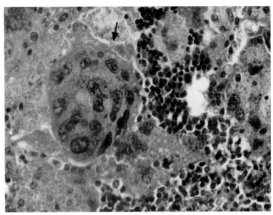

图5-26-10　小反刍兽疫。脾：淋巴细胞明显减少，网状细胞增生，白髓几乎消失；图左侧有一个合胞体形成，合胞体上部胞质中可见几个红色圆形包涵体（↓）。（HE×500）

（贾宁）

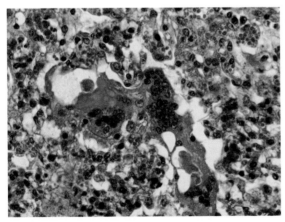

图5-26-11　小反刍兽疫。肺：肺泡上皮增生，肺泡腔中有脱落的上皮细胞、巨噬细胞等；图中可见4个由上皮细胞增生形成的合胞体。（HE×500）

（贾宁）

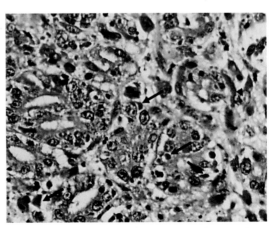

图5-26-12　肠黏膜固有层中，肠腺上皮细胞可形成合胞体，其胞质中常见大小不等的嗜酸性包涵体（↓）。

（Asaf Berkowitz）

在诊断本病时，应注意与蓝舌病、口蹄疫、羊痘、巴氏杆菌病等鉴别。

[防控] PPR应采取以免疫预防为主、扑杀为辅的防控措施。要加强平时饲养管理和检疫，并对易感羊（尤其是新生羔羊和刚引进的羊）及时进行免疫接种，通常在6月之前对2～6月龄的羔羊进行弱毒疫苗免疫接种，两周左右即可产生免疫抗体。要经常对畜舍环境进行消毒，保持羊舍内通风良好、安全卫生。同时要避免从羊群来源不明、风险较大的动物交易市场引进羊。一旦发生可疑情况要及时上报相关部门，切忌不要私自处理，以防疫情扩散。

目前应用最广泛的Nigeria 75/1弱毒疫苗可较好预防PPR的大范围流行，但因易感动物的潜伏感染及频发的免疫失败造成的区域性流行和四处散发的态势仍困扰着广大的养殖户。如何解决现有疫苗的热稳定性以确保疫苗的效力是当前需要解决的重要问题，一些新型疫苗，如重组标记疫苗、活载体多价疫苗和鉴别感染与免疫动物疫苗正在研制中。

二十七、羊地方流行性鼻腺癌

羊地方流行性鼻腺癌（enzootic nasal adenocarcinoma of goats and sheep）又称地方性鼻肿瘤、传染性鼻腺乳头状瘤病，是由地方流行性鼻腺癌病毒（enzootic nasal adenocarcinoma virus，ENAV）引起山羊和绵羊的一种慢性、进行性、接触传染性疫病，其特征为鼻腔内鼻甲黏膜上皮发生腺癌病变。幼年及成年山羊或绵羊均可发病。

[病原] 病原是地方流行性鼻腺癌病毒，包括羊鼻腺癌病毒（ovine nasal adenocarcinoma virus，ONAV）和山羊鼻腺癌病毒（caprine nasal adenocarcinoma virus，CNAV），均属反转录病毒，与绵羊肺腺瘤病病毒（sheep pulmonary adenomatosis virus，SPAV）高度同源，但基因组序列不同。本病毒基因组为线性单股正链RNA，全长7 440bp，目前发现有两个基因型，即ENAV-1型（主要感染绵羊）和ENAV-2型（多感染山羊）。

[流行病学] 1939年德国首次报道该病，此后在法国的绵羊，波兰、美国、加拿大、加纳、尼日尼亚、科特迪瓦、以色列和日本的山羊中均有报道。除了澳大利亚和新西兰外，全世界几乎所有山羊、绵羊养殖国家和地区都有本病的发生。

实验证实，本病可通过肿瘤提取物或浓缩鼻液对山羊和绵羊进行人工感染，其感染发病率为5%～15%。一旦感染成功，就会出现临诊症状，而且几乎所有病例均会死亡。

[发病机理] ENAV蛋白具有致瘤性，其分为两部分，一部分位于囊膜表面，称为表面蛋白，其高度糖基化，能与宿主细胞的表面受体结合而牢固地吸附在细胞上，另一部分位于病毒囊膜中，称为跨膜蛋白，主要介导病毒与细胞膜的融合及穿入。ENAV蛋白经pH4.0～4.5的酸环境处理激活后，与宿主细胞膜融合进一步感染宿主细胞，并通过两条经典的肿瘤信号传导通路（丝裂原活化蛋白激酶信号途径与胞内磷脂酰肌醇激酶信号途径）导致细胞致瘤性转化。

[症状] 绵羊和山羊的症状基本相同。2～4岁的成年绵羊和山羊最易感。主要症状为持续流鼻液、呼吸困难、眼球突出和面骨变形（图5-27-1）。肿瘤起源于鼻甲区黏膜的腺体（包括浆液腺和黏液腺），并向周围组织浸润性生长，累及一侧或两侧鼻腔，但多为双侧性病变。

[病理变化] 颅骨矢状面剖开后，可见肿瘤块位于鼻甲部，初期其黏膜仅见小息肉状增生性组织，以后瘤组织不断增多，并填塞鼻区，甚至破坏鼻甲（图5-27-2）。瘤组织呈灰

色或白色，其质地在不同区域不相同。瘤组织常位于两侧或一侧鼻腔，严重时也可长入副鼻窦。但一般不向脑、局部淋巴结或远离筛窦转移。

组织学上，肿瘤上皮细胞异型性较大，多呈立方形或圆柱形，构成腺泡、腺管或乳头状突起，有些部位见囊腔形成（图5-27-3）。这种腺癌虽有较恶性区域，但其恶性程度较低，一般不发生转移。

［诊断］　本病症状较典型，如有持续性流鼻、鼻塞、呼吸困难、面骨膨胀变形等表现即可怀疑本病。活检或尸检鼻内增生物，即可做出诊断。本病也可通过免疫印迹试验和电镜进行诊断。本病应与一些有流鼻、呼吸困难等症状的传染病、寄生虫病做鉴别。

［防控］　目前尚无有效的方法对本病进行早期诊断，只有出现症状后才能对山羊或绵羊进行扑杀。更严重的是，由于很难区分有潜在感染的动物与健康的动物，病毒在畜群中传播，可以感染大量山羊或绵羊，威胁整个种群。因此，应做好一般疾病预防工作，严禁有病羊入群放牧，一旦发生本病，必须立即扑杀，彻底消毒等。

图5-27-1　病羊眼球突出，面骨变形，两侧不对称。
（Nassim Sid）

图5-27-2　头部矢状剖面，可见鼻腔被团块状肿瘤物所填塞（↑），也见大量黏液性胶冻状物质（▲）。
（Evangelia D. Apostolidi）

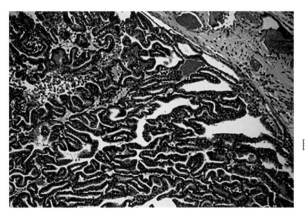

图5-27-3　瘤组织主要呈腺泡、腺管或乳头状突起，其上皮细胞深染，异型性较大。
（Scott R. Walsh）

一、片形吸虫病

片形吸虫病（fascioliasis）是由片形吸虫寄生在牛、羊、鹿、骆驼等反刍动物的肝脏、胆管，引起肝炎和胆管炎为主要病症的严重寄生虫病。该病可引起绵羊大批死亡，在其慢性病程中致使动物发育障碍、体质瘦弱、生产性能降低，给养羊业经济造成巨大损失。

［病原体］　片形吸虫包括片形科（Fasciolidae）、片形属（Fasciolia）的肝片形吸虫（F. hepatica）和大片形吸虫（F. gigantica）。肝片形吸虫背腹扁平，呈叶片状，活体为棕红色，固定后呈灰白色。虫体大小随宿主和发育情况不同而异，成虫一般长 20～30mm，宽 8～13mm；前端有一个三角形的头椎，椎底突然变宽形成"肩"，肩部以后逐渐变窄（图 6-1-1）。体表被有小的皮棘，棘尖锐利。口吸盘位于头椎的前端，腹吸盘较口吸盘稍大，位于其稍后方，两吸盘之间有生殖孔。口吸盘底部的口孔下接咽和短的食道及分支的两肠管。体内有睾丸、输精管、贮精囊，以及卵巢、子宫、卵黄腺等生殖器官。虫卵呈长圆形、黄褐色，前端较窄有卵盖，后端较钝。卵内充满卵黄细胞，靠近卵盖的一侧有 1 个胚细胞。虫卵大小为（130～150）μm×（70～90）μm（图 6-1-2）。

图 6-1-1　肝片形吸虫的大体形态。
（甘肃农业大学家畜寄生虫室）

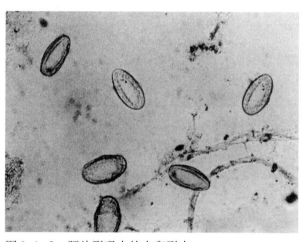

图 6-1-2　肝片形吸虫的虫卵形态。
（贾宁）

大片形吸虫的形态与肝片形吸虫相似，但虫体较大，长33～76mm，宽5～12mm，两侧较平直，呈竹叶状，体长超过体宽的2倍以上。头椎的底没有明显的"肩"，后端钝圆（图6-1-3）。腹吸盘较大，肠管内侧分支较多，并有明显的小支。虫卵比肝片形吸虫卵略大，为（150～190）μm×（75～90）μm。

[生活史]　肝片形吸虫和大片形吸虫的生活史是相同的。成虫在动物的胆管内产卵，卵随胆汁到达肠内混在粪便中排到外界。虫卵在适宜的温度、湿度和足够的氧气、光线的条件下发育成毛蚴，钻入中间宿主椎实螺体内，脱去纤毛，发育成胞蚴。再发育成雷蚴，一个胞蚴体内可形成5～15个雷蚴。雷蚴发育成母雷蚴，体内含有子雷蚴和胚细胞。子雷蚴发育成熟，形成尾蚴并从体内排出。一个毛蚴在螺体内通过无性繁殖可以产生100～150个尾蚴，尾蚴从螺体逸出后在水中游动，由其成囊细胞分泌黏液将虫体包被起来，

图6-1-3　大片形吸虫的大体形态。

（甘肃农业大学家畜寄生虫室）

尾部脱落，形成囊蚴。囊蚴多黏附在水生植物上，有的漂浮在水面上。牛、羊等终末宿主由于采食了水生植物或饮入含囊蚴的水而感染。囊蚴进入终末宿主十二指肠后，幼虫（童虫）从包囊逸出，穿过肠壁进入腹腔，再经肝被膜钻入肝脏，经一段时间移行后进入总胆管，在感染后75～85d发育至性成熟。

[流行病学]　肝片形吸虫呈世界性分布，是我国分布最广泛、危害最严重的寄生虫之一。肝片形吸虫病遍及全国，但多呈地方性流行。大片形吸虫主要分布在热带和亚热带地区，在我国多见于南方诸省。

肝片形吸虫的终末宿主范围很广，主要寄生于各种家养和野生的反刍动物，猪、马、驴亦可感染，也有人被感染的报道。实验动物中大鼠和家兔最易感。终末宿主不断向外界排出大量虫卵，污染环境，成为感染源。

片形吸虫中间宿主的分布和密度是影响片形吸虫病流行的主要因素。片形吸虫的发育需要椎实螺，它们作为其中间宿主。我国肝片形吸虫的中间宿主主要是小土窝螺（*Galba pervia*），还有青海萝卜螺（*Radix cucunorica*）和斯氏萝卜螺（*R.swinhoei*）。大片形吸虫的中间宿主主要是耳萝卜螺（*R.auricularia*），小土窝螺也可作为中间宿主。上述椎实螺（图6-1-4）主要分布在沼泽地、池塘、缓流小溪岸边、水渠附近及低洼牧地的水坑中，在天气温暖、雨量充沛时大量繁殖。

图6-1-4　肝片吸虫的中间宿主——椎实螺。

（甘肃农业大学家畜寄生虫室）

由于椎实螺的活动和外界环境关系密切，因此，气候对片形吸虫病的流行影响很大。在我国南方地区由于气候温暖、雨量充足，感染时间没有明显的季节性。而在北方感染的季节性则较强，多发生在夏、秋季节。

[发病机理和病理变化] 一次性大量感染囊蚴时，童虫向肝实质移行，机械地损伤和破坏肠壁、肝被膜、肝实质和微血管，导致炎症和出血。此时，肝肿大，被膜上有纤维素沉积、出血，肝实质内有红色虫道，虫道内可见凝血块和幼小的虫体（图6-1-5）。急性肝炎和内出血是引起患病动物急性死亡的原因。如经时较久，上述急性肝炎能变为慢性肝炎（图6-1-6）。

虫体进入胆管后，由于虫体的长期刺激和毒性代谢产物的作用，可引起慢性胆管炎、慢性肝炎和贫血。早期肝脏肿大，以后萎缩硬化，小叶间结缔组织增生。虫

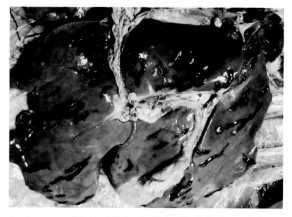

图6-1-5　肝表面的幼虫移行道呈弯曲的暗红色小条（出血）。

（王金玲、丁玉林）

体多时，引起胆管扩张，管壁增厚，甚至堵塞。病情严重时，胆管如绳索样凸出于肝脏表面，胆管内壁有盐类沉积，使内膜粗糙、胆汁浓缩（图6-1-7、图6-1-8）。组织上，呈明显的慢性胆管炎和胆管周围炎，小叶间结缔组织也明显增生（图6-1-9、图6-1-10）。当胆汁因胆管阻塞或发炎闭塞而不能排入十二指肠时，则可滞于肝脏使其呈暗绿色（图6-1-11），并进而引起黄疸。虫体的代谢产物扰乱中枢神经系统，造成体温升高。片形吸虫是以食血为主，加之机械损害造成出血，以及毒性代谢产物造成血管通透性增强而引起渗血，往往导致病畜稀血症和贫血、营养障碍、消瘦。此外，童虫移行时从消化道带进其他病原，易引起继发性感染，使病情加剧。

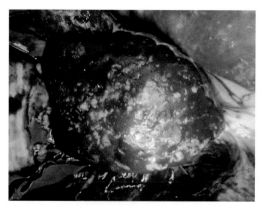

图6-1-6　幼虫移行所致的慢性肝炎，呈灰白色的条纹和斑点。

（王金玲）

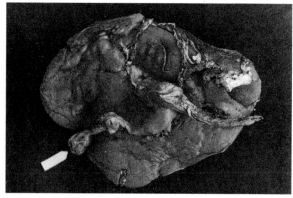

图6-1-7　胆囊缩小（↑），其中胆汁浓缩或有结石，胆管增粗，管壁增厚，管腔中有肝片形吸虫。

（陈怀涛）

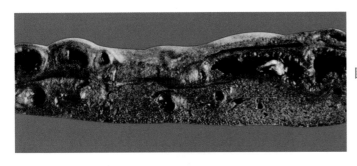

图6-1-8　肝切面上胆管壁增厚，内表面不平，管腔中有肝片形吸虫、浓稠的胆汁和盐类沉积。

（陈怀涛）

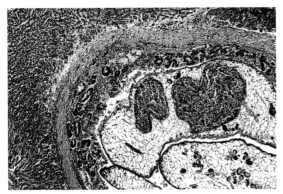

图6-1-9　胆管壁结缔组织和腺体增生，管腔被肝片形吸虫充满。（HE×100）

（陈怀涛）

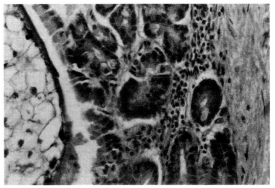

图6-1-10　上图局部放大。胆管上皮增生与坏死，管壁腺泡增多，淋巴细胞和浆细胞浸润。（HE×400）

（陈怀涛）

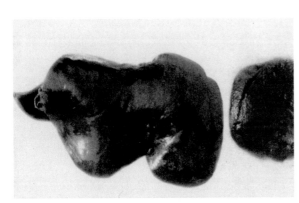

图6-1-11　肝脏因胆汁滞积而呈暗绿色（右图为正常肝脏的色泽）。

（陈怀涛）

［症状］　除幼畜外，轻度感染不表现临诊症状。严重感染时（牛250片、羊50片以上成虫），则表现明显的临诊症状。

羊：绵羊最敏感，死亡率高。

（1）急性型（童虫移行期）　短时间内吞食大量囊蚴（2 000个以上）后2～6周发病，多发于夏季末、秋季及初冬季节，病势猛，突然倒毙。病初表现体温升高，精神沉郁，食欲减退，衰弱、易疲劳，离群落后，迅速发生贫血。叩诊肝区半浊音扩大，压痛明显，有腹水。严重者在几天内死亡。

（2）慢性型（胆管寄生期）　吞食中等量囊蚴（200～500个）后4～5个月发病，多见于初春季节。其特点是逐渐消瘦，黏膜苍白或带黄色（图6-1-12），被毛粗乱、易脱落，眼睑、颌下及胸下水肿，以及腹水。母羊乳汁稀薄，妊娠羊往往流产。部分羊因恶病质而死亡，其余的可拖至天气转暖、牧草返青后逐渐好转。

牛：多为慢性经过，犊牛症状明显。如果感染严重且营养状况欠佳，也可引起死亡。病畜逐渐消瘦，被毛粗乱、易脱落，食欲减退，反刍异常；继而出现周期性瘤胃膨胀或前胃弛缓，腹泻，可视黏膜苍白、水肿。母牛不孕或流产。乳牛奶产量减少和质量下降，如不及时治疗，可因恶病质而死亡。

[诊断]　根据临诊症状、流行病学资料等进行综合分析，可做出初步诊断。确诊还需采用下列方法。

（1）粪便检查　可用反复水洗沉淀法或尼龙绢袋集卵法，发现虫卵即可确诊。

（2）死后剖检　急性病例可在腹腔和肝实质中发现幼小童虫虫体；慢性病例可在胆管内查获成虫。同时，可见典型的胆管和肝脏病变。

（3）免疫诊断　可用酶联免疫吸附试验。

[防治]

（1）治疗　对片形吸虫病有效的药物很多，可根据具体情况选用。

①硝氯酚，粉剂（以体重计）：牛3～4mg/kg，绵羊4～5mg/kg，一次口服。针剂（以体重计）：牛0.5～1.0mg/kg；绵羊0.75～1.0mg/kg，深部肌内注射，适用于慢性病例，对童虫无效。

②丙硫咪唑（以体重计），牛10mg/kg，羊10～15mg/kg，一次口服。本药不仅对成虫有效，而且对童虫也有一定的疗效。

③三氯苯唑（以体重计），牛10～15mg/kg，羊8～12mg/kg，一次口服，对成虫和童虫都有杀灭作用。

④溴酚磷（以体重计），牛12mg/kg，羊16mg/kg，一次口服，对成虫和童虫均有良好的驱虫效果，因此，可用于治疗急性病例。

（2）预防　应根据流行病学特点，可采取定期驱虫、计划轮牧、消灭中间宿主、加强饲养管理和卫生管理等综合措施。

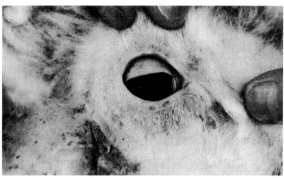

图6-1-12　眼结膜贫血，并带黄色。

（孙晓林）

二、双腔吸虫病

双腔吸虫病（dicrocoeliasis）是由双腔吸虫寄生于牛、羊等反刍动物的肝脏和胆管、胆囊内引起的寄生虫病。

[病原体及其生活史]　双腔吸虫属双腔科（Dicrocoeliidae）、双腔属（*Dicrocoelium*）的矛形双腔吸虫（*D. lanceatum*）、东方双腔吸虫（*D.orientalis*）或中华双腔吸虫（*D.chinensis*）。矛形双腔吸虫虫体扁平，呈矛形。新鲜虫体呈棕红色，透明。前端尖细，后部稍宽。大小为（6.67～8.34）mm×（1.16～2.14）mm。口吸盘位于虫体前端，其后紧随咽，下接食道和两支肠管，末端为盲端。腹吸盘位于体前部1/3处。体内有睾丸、卵巢、卵黄腺、子宫。虫卵呈椭圆形，卵壳厚，有明显的卵盖，大小为（34～44）μm×（29～33）μm，内含毛蚴。

中华双腔吸虫较宽扁，腹吸盘前方部分呈头锥状，其后两侧呈肩样突起。大小为（3.54～8.96）mm×（2.03～3.09）mm。虫卵大小为（45～51）μm×（30～33）μm。

双腔吸虫的发育需两个中间宿主。第一中间宿主为陆地螺，第二中间宿主为蚂蚁。成熟虫卵随宿主粪便排至体外，毛蚴未逸出，被第一中间宿主螺吞食后，在其肠道内孵出毛

蚴，逐渐发育为母胞蚴、子胞蚴和尾蚴。尾蚴从子胞蚴的产孔逸出后，在呼吸腔形成尾蚴群囊，外被黏性物质包囊，谓之黏球。黏球从呼吸腔排出，附着在植物或其他物体上。当黏球（内含尾蚴）被第二中间宿主蚂蚁吞食后，尾蚴在其腹腔内发育为囊蚴。终末宿主吞食了含囊蚴的蚂蚁而感染。囊蚴脱囊后，逐渐移行至肝脏胆管内寄生。

［流行病学］　多呈地方性流行。不同的流行地区有其不同种的病原体，除少数地区有混合流行外，大多数流行区只有一种病原体。宿主广泛（哺乳动物达70余种）。发病情况与中间宿主活动情况相一致。动物随年龄的增加，感染率和感染强度逐渐增加。虫卵对外界环境抵抗力较强，在土壤和粪便中可存活数月。

［症状和病理变化］　轻度感染时，症状不明显；严重感染时，黏膜黄染，颌下、胸下水肿，腹泻，消瘦。双腔吸虫寄生于胆管和胆囊，引起其黏膜的卡他性炎症，以后胆管壁因结缔组织增生而肥厚。当长期严重侵袭时，可导致不同程度的肝硬变，且以肝脏边缘部分较明显。切开胆管时，见管腔中有虫体和胆汁（图6-2-1、图6-2-2）。

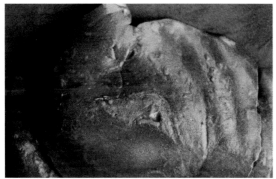

图6-2-1　肝表面有许多灰白色小条状病灶（慢性增生性胆管炎）。

图6-2-2　肝切面见胆管壁增厚，呈灰白色，有的胆管被双腔吸虫堵塞。

（陈怀涛）

（陈怀涛）

［诊断和防治］　若粪便检查出虫卵，剖检获大量虫体，则可确诊此病。防治本病要做到以下几个方面：

（1）定期驱虫。常用药物有：

①吡喹酮（以体重计）：绵羊50mg/kg，牛35～45 mg/kg，油剂腹腔注射。

②丙硫咪唑（以体重计）：绵羊30～40mg/kg，牛10～15 mg/kg，配成5%悬液，灌服。

（2）因地制宜，灭螺、灭蚂蚁。

（3）加强饲养管理，选择开阔、干燥的牧草地放牧。

三、棘球蚴病

棘球蚴病（echinococcosis）又称包虫病（hydatidosis），是一种严重的人畜共患寄生虫病，由细粒棘球绦虫的中绦期——棘球蚴（echinoccus）寄生于绵羊、山羊和牛等家畜的肝、肺和心等组织中所引起。人和各种野生的啮齿类也可感染。

棘球绦虫种类较多，在我国以细粒棘球绦虫为多见。

[病原体及其生活史]　细粒棘球绦虫（*Echinococcus granulosus*）很小，仅长2～7mm，由1个头节和3～4个节片组成。虫体除头节、颈节外，有幼节、成节和孕节各1节。头节呈圆形，有4个吸盘和1个顶突。顶突上有36～40个钩，排成两圈。成节内有1套生殖器官，雌雄同体，睾丸数35～55个，分布于节片中部的前方和后方。生殖孔位于体侧中央或中央偏后。孕节的子宫侧枝为12～15对，其内充满虫卵，为400～800个或更多。虫卵大小为(32～36)μm×(25～30)μm，内含六钩蚴。

细粒棘球蚴常呈球形囊泡，但具体形状取决于所寄生的脏器。豌豆大到人头大，也有更大的。囊内充满液体。囊壁分两层，外层为角质层（laminated layer），内层为胚层，亦称生发层（germinal layer），前者由后者分泌而成。胚层向囊腔内芽生出成群的细胞，这些细胞空腔化形成小囊，并长出小蒂连接胚层。在囊内壁上生成数量不等的原头蚴（protoscolex），有的原头蚴可长成空泡，称为生发囊（brood capsule）或育囊（有的胚层不能长出原头蚴，无原头蚴的囊称不育囊）。育囊可生长在胚层上或脱落下来漂浮在囊液中。母囊内还可生成与其结构相同的子囊，甚至孙囊，但子囊主要产生头节，少数再产生孙囊。游离于囊液中的育囊、原头蚴和子囊统称为棘球砂或囊砂（hydatid sand）。在正常情况下，母囊的胚层均向内产生子囊称为内生子囊（endogenous daughter cyst）；在母囊受损破裂、角质层破损等情况下，胚层向外产生子囊称为外生子囊（exogenous daughter cyst）。

终末宿主（犬、狼等）将虫卵和孕节随粪便排出体外，污染环境。虫卵对外界因素的抵抗力较强，可存活很长时间并保持感染性；孕节可主动运动。中间宿主（牛、羊等）吞食虫卵后即可感染。

在十二指肠内，六钩蚴从卵内孵出，钻入肠壁，经血流或淋巴散布到体内各处，尤以肝、肺两处为多见。犬和其他肉食动物因吞食了含棘球蚴的脏器而感染。

[流行病学]　细粒棘球蚴呈世界性分布。在我国，主要在西北地区流行，其他地区零星分布。

绵羊是细粒棘球绦虫最适宜的中间宿主，在流行病学上有很重要的意义。牧羊犬与放牧的羊群接触密切，吃到虫卵的机会多；牧羊犬又常可吃到绵羊含细粒棘球蚴的内脏，因而造成了绵羊和犬之间的循环感染。

人和动物感染细粒棘球蚴，主要与经常接触患细粒棘球绦虫病的犬有直接关系。

[症状]　棘球蚴的直接危害为机械性损害和毒素作用。机械性压迫可引起周围组织萎缩和脏器功能障碍，严重者可致死。绵羊对棘球蚴比较敏感，死亡率高。严重感染时，表现为被毛逆立，时常脱毛，生长不良，消瘦，咳嗽，倒地不起。

[病理变化]　幼畜受到轻度侵袭时，棘球蚴囊泡常见于肝，成年绵羊和牛则同时见于肝和肺。单个囊泡大多位于器官的浅表，凸出于器官的浆膜上。有时器官内有无数大小不等的囊泡，常互相紧靠在一起，直径一般为5～10cm，小的仅黄豆大，大的直径可达50cm，可完全占据器官的表面，囊泡之间仅残留窄条状器官实质（图6-3-1至图6-3-4）。

棘球蚴的囊泡为灰白或浅黄色，呈球形、卵圆形，能波动（因内含囊液），有弹性，迅速切开或穿刺时，可流出透明的囊液。棘球蚴的外面常由肉芽组织形成的光滑、发亮的包囊所围绕。肉芽组织包囊和棘球蚴囊膜之间仅由少量浆液分开，两者虽极为靠近，但并未粘连，切开后，棘球蚴易于脱出。棘球蚴常常变性，液体被吸收，剩余浓稠的内容物，囊萎陷、皱缩，胚层变性，仅保留角质层。变性死亡和萎陷的棘球蚴可继发细菌感染，或发生钙化（图6-3-5）。

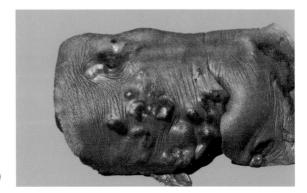

图6-3-1 寄生于羊肝表面的棘球蚴囊泡。

(陈怀涛)

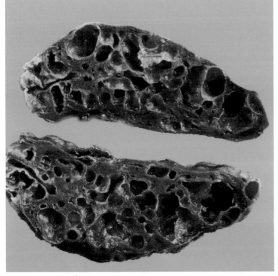

图6-3-2 棘球蚴大量寄生时，肝切面可见许多大小不等的囊泡，肝实质受压萎缩。

(陈怀涛)

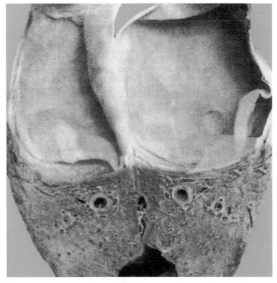

图6-3-3 寄生于牛肺的一个棘球蚴大囊泡（已切开），囊腔充满液体。

(陈怀涛)

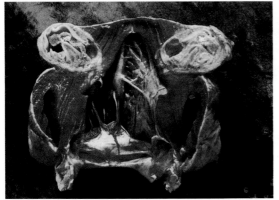

图6-3-4 一头牦牛心壁中寄生的棘球蚴（已切开）。

(张旭静)

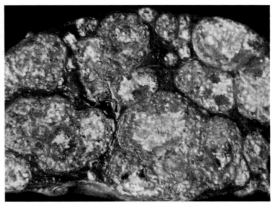

图6-3-5 牛脾棘球蚴的钙化灶，脾切面有许多乳白色颗粒状钙化灶。

(陈怀涛)

　　[**诊断**]　本病生前诊断较困难，只有在尸检时，才能发现。免疫血清学试验研究表明，间接血细胞凝集试验（IHA）和酶联免疫吸附试验（ELISA）对棘球蚴的检出率较高。

　　[**防治**]　预防本病，要做到以下几个方面：

　　（1）加强肉品卫生检验工作，有棘球蚴的牛、羊脏器不可喂犬，应按肉品卫生检验规程进行无害化处理。

　　（2）对犬进行定期驱虫。常用药物有：①吡喹酮：剂量为每千克体重5mg；②氢溴酸槟榔碱：剂量为每千克体重2mg；③盐酸丁奈脒：每千克体重25mg。驱虫后，特别要注意犬粪的无害化处理。

　　（3）加强管理，捕杀野犬等肉食动物，防止环境被犬粪污染。

　　（4）注意个人卫生。

四、细颈囊尾蚴病

　　细颈囊尾蚴病（cysticercosis tenuicollis）是由泡状带绦虫（*Taenia hydatigena*）的中绦期——细颈囊尾蚴（*Cysticercus tenuicollis*）所引起的羊的一种寄生虫病，主要侵害绵羊（2～12月龄的绵羊感染率最高）和猪，山羊、牛、鹿等也可感染。本病在世界上分布很广，凡有养犬的地方，一般都有羊细颈囊尾蚴病。在我国，犬感染泡状带绦虫十分普遍。在绵羊，细颈囊尾蚴的感染率可达25%，以牧区感染较重，但死亡率不高。成年羊除个别感染出现特别严重的症状外，一般均无明显症状。而在仔猪、羔羊和犊牛，则常有明显的症状，羔羊常表现为虚弱、消瘦、黄疸。如有急性腹膜炎时，体温升高并有腹水，约2周后可转变成慢性病程。

　　[**病原体和发病机理**]　细颈囊尾蚴俗称水铃铛，呈囊泡状，大小不一，自豌豆大至鸡蛋大或更大，内含透明液体。囊壁上附有一个乳白色且具有细长颈部的头节，故名细颈囊尾蚴（图6-4-1）。其成虫呈扁带状，由250～300个节片组成。头节呈球状，有顶突，其上有两列（30～40个）小钩；孕节内充满虫卵，虫卵内含六钩蚴。泡状带绦虫的成虫寄生于犬、狼、狐狸等的小肠内，其孕节随终末宿主的粪便被排出体外。羊只等中间宿主因食入被虫卵所污染的饲草、饲料和饮水

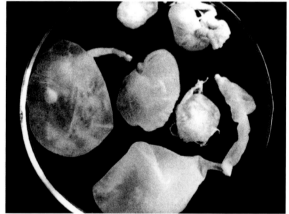

图6-4-1　离体的细颈囊尾蚴，有的头节已被翻出。
（陈怀涛）

而感染，六钩蚴在消化道内逸出、钻入肠壁血管，随血流至肝脏，并逐渐移行至肝脏表面，或进入腹腔附着在网膜或肠系膜上，经3个月发育为成熟的细颈囊尾蚴。当犬等终末宿主吞食了含有细颈囊尾蚴的脏器后，细颈囊尾蚴即在小肠内发育成泡状带绦虫（成虫）。

　　当六钩蚴在肝内移行时，可破坏肝组织，形成孔道，引起急性肝炎；在肝内发育的幼虫还可引起肝硬化的发生。在腹腔浆膜发育时，可引起局限性腹膜炎。

　　[**病理变化**]　病变主要在肝脏和腹腔浆膜上。急性病例，肝脏肿大，质地稍软，被膜粗

糙，被覆大量灰白色纤维素性渗出物，并可见散在的出血点。在肝被膜下和实质内，可见
直径1～2mm的弯曲索状病灶，初呈暗红色，后期转为黄褐色。镜检，见有六钩蚴在肝内
移行所形成的孔道，其内可见出血和坏死的肝细胞，孔道的一端常有圆形囊泡。在慢性病
例，由于大量细颈囊尾蚴持续压迫肝组织，可导致肝脏发生局灶性萎缩。肝脏的表面可见
数量不等、大小不一、被包膜包裹的虫体（图6-4-2）。

在网膜、肠系膜和胃肠浆膜等腹腔浆膜上，可见借助粗细不一的蒂悬挂着的成熟的细
颈囊尾蚴囊泡（图6-4-3）。严重时，一只羊可见几十个、甚至上百个囊泡，成串地悬挂在
腹腔浆膜上，并可见局限性腹膜炎。

图6-4-2　肝表面有一个细颈囊尾蚴寄生，局部　　图6-4-3　悬挂在羊网膜上的两个囊泡状细颈囊
　　　　　肝组织受压下陷。　　　　　　　　　　　　　　　尾蚴，左侧一个幼虫已死亡，囊泡中
　　　　　　　　　　　　　　　　　　　　　　　　　　　　　的液体变得混浊。
　　　　　　　　　　　　　　（李晓明）
　　　　　　　　　　　　　　　　　　　　　　　　　　　　　　　　　　　　（陈怀涛）

[防治]　由于传播病原体的是犬、狼、狐狸等肉食动物，尤其是犬，因此，应禁止
将屠宰牲畜的废弃物随地抛弃，或未经煮熟喂犬；同时对犬定期进行驱虫，可有效阻止
该病的流行。

本病目前尚无有效的治疗方法。

五、脑多头蚴病

脑多头蚴病（coenurosis cerebralis）又称脑包虫病，是由多头带绦虫（*Taenia multiceps*）
的中绦期——脑多头蚴（*Coenurus cerebralis*）寄生于羊、牛的脑或脊髓内而引起的一种疾
病。多见于2岁以下的绵羊。

[病原体及其生活史]　脑多头蚴为乳白色囊泡状，由豌豆大到鸡蛋大，囊内充满清
亮或稍混浊的淡黄色液体。囊壁由两层膜组成，外膜为角质层，内膜为生发层，其上有
100～250个原头蚴，每个原头蚴直径为2～3mm（图6-5-1）。

多头带绦虫呈扁平带状，长40～100cm，由200～250个节片组成，最大宽度为5mm。
头节上有4个吸盘，头节顶端的中央有1个顶突，顶突上有22～32个小钩，排成两圈。孕
节的子宫内充满虫卵，子宫侧支为14～26对。卵呈圆形，直径为29～37μm，内含六钩蚴。

成虫寄生于终末宿主犬、狼、狐狸等肉食动物的小肠内，其孕节脱落后随粪便排出体

外，虫卵逸出，污染草料或饮水。当其被羊、牛食入后，六钩蚴逸出并钻入肠黏膜血管，随血流到达脑或脊髓，经2～3个月发育为多头蚴。当犬、狼等肉食动物吞食了含有多头蚴的羊、牛的脑或脊髓后，原头蚴便附着于小肠壁上，并发育为成熟的多头带绦虫。

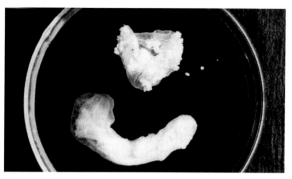

图6-5-1　两个离体的脑多头蚴囊泡，其中一个的原头蚴（小白点）已被翻出。

（李晓明）

[流行病学]　本病分布很广，我国各地均有报道。在西北、东北和内蒙古等地多呈地方性流行。2岁前的羔羊多发。牧羊犬是主要传染源。虫卵对外界的抵抗力很强，在自然界可长时间保持生命力，但在烈日暴晒下很快死亡。

[发病机理和症状]　疾病初期，六钩蚴的移行，可机械性刺激和损伤宿主脑膜和脑实质，引起脑膜炎和脑炎。此时病羊出现体温升高，呼吸、脉搏加快，兴奋或沉郁，有前冲后退和躺卧等神经症状，动物常于数日内死亡。如能耐过则转为慢性，病羊表现精神沉郁，食欲不振，反刍减弱，逐渐消瘦。数月后，随着多头蚴包囊的增大，压迫脑组织不同部位而出现相应的神经症状：若压迫一侧大脑半球，则病羊常向另一侧作转圈运动（即回旋运动）；若寄生于脑前部，则可能头下垂，直向前运动，脱离羊群，难以回转，遇障碍物时头抵此物而呆立；若寄生于大脑后部，则头高举后仰或作后退运动，甚至倒地不起，头、颈肌肉痉挛；寄生于小脑时，病羊神经过敏，易受惊，步态蹒跚，失去平衡。也可因寄生部位与包囊大小不同而出现更复杂的症状。

[病理变化]　急性死亡的病羊有脑膜炎与脑炎病变，还可见六钩蚴移行时的弯曲伤痕。慢性病例剖检时，可在脑或脊髓组织中找到1个或数个多头蚴囊泡（图6-5-2）。当其位于脑表面时，与之接触的头骨会变薄、变软，甚至使局部皮肤隆起。镜检，六钩蚴移行道脑组织坏死和浆液、炎性细胞大量渗出，附近血管充血，其周围炎性细胞形成套管（图6-5-3）。多头蚴寄生部位周围有明显的脑组织坏死和脑炎变化。在虫囊壁的近旁是一些坏死物质，呈蓝红色无结构的块粒状。坏死物之外有肉芽组织增生，其中可见不少环绕于坏死物边缘的巨细胞和上皮样细胞。再向外，是单核细胞密集区，包括浆细胞、巨噬细胞和淋巴细胞，也杂有嗜酸性粒细胞。最外层，即与未坏死的脑组织毗邻的区域，被由小胶质细胞增生而来的大量巨噬细胞和"泡沫细胞"所充满，其间也见少量散在的其他细胞。在虫囊周围的广阔区域里，脑组织全被破坏，血管壁发生坏死，有些血管充血、出血。在坏死区附近的脑组织中，胶质细胞增生，血管外膜与内皮细胞增生，血管周有单核细胞与嗜酸性粒细胞形成的"管套"（图6-5-4）；神经细胞与胶质细胞有变性、坏死变化，细胞周隙增宽。有的区域脑质

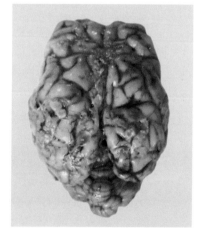

图6-5-2　在大脑组织表层，可见六钩蚴所致的淡黄色弯曲的条状坏死化脓病变；左侧大脑顶部有一泡状脑多头蚴寄生。

（王金玲、丁玉林）

呈海绵状结构。多头蚴死亡后可发生钙化。此外，脑膜发生程度不等的炎症变化，主要表现为单核细胞、嗜酸性粒细胞浸润和血管外膜细胞增生（图6–5–5）。

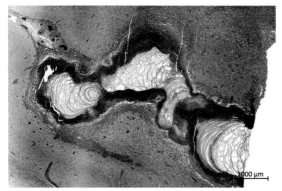

图6–5–3　六钩蚴移行道脑组织坏死和浆液、炎性细胞大量渗出，附近的血管充血，其周围有炎性细胞形成管套。

（王金玲、丁玉林）

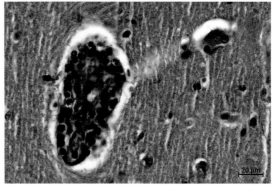

图6–5–4　脑血管周围单核细胞与嗜酸性粒细胞"管套"形成。（HE×400）

（王金玲、丁玉林）

[诊断]　死后根据病理变化可做出诊断。生前要根据流行特点、特殊症状和头部触诊等进行综合判断。现已用间接血凝试验检测脑多头蚴抗体，特异性好，敏感性高。

[防治]

（1）对牧羊犬定期驱虫，排出的粪便或虫体应深埋或烧毁。

（2）防止犬或其他肉食动物食入带有多头蚴的羊、牛的脑或脊髓。

（3）对脑表层的虫体可施行外科手术摘除。

（4）药物治疗可用吡喹酮或丙硫咪唑，早期有较好效果。

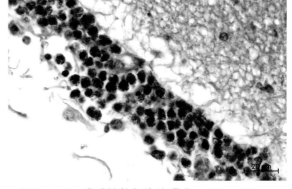

图6–5–5　嗜酸性粒细胞脑膜炎。（HE×400）

（王金玲、丁玉林）

六、莫尼茨绦虫病

莫尼茨绦虫病（monieziosis）是由裸头科（Anoplocephalidae）、莫尼茨属（*Moniezia*）的扩展莫尼茨绦虫（*M.expansa*）和贝氏莫尼茨绦虫（*M.benedeni*）寄生于羊、牛、骆驼等反刍动物的小肠中引起的。

[病原体及其生活史]　扩展莫尼茨绦虫和贝氏莫尼茨绦虫外观相似，均为大型绦虫。扩展莫尼茨绦虫链体长1～5m，最宽处16mm（图6–6–1）；贝氏莫尼茨绦虫可达6m，最宽处26mm。头节很小，其上有4个吸盘。成节内每侧各1组雌雄生殖器官。包括卵巢、卵黄腺、子宫和睾丸。两种虫体成熟节片的后缘上均有节间腺（interproglottidal glands）。扩展莫

尼茨绦虫的节间腺呈泡状，沿整个节片后缘分布；贝氏莫尼茨绦虫的节间腺呈短带状，位于节片后缘中央。

虫卵内有梨形器，其内含六钩蚴。虫卵或孕节随终末宿主的粪便排到外界，被中间宿主地螨吞食后，六钩蚴孵出，穿过肠壁，进入体腔，发育成具感染性的似囊尾蚴。羊、牛等因吞食了含似囊尾蚴的地螨而感染。

莫尼茨绦虫常与曲子宫绦虫、无卵黄腺绦虫混合感染（图6-6-2、图6-6-3）。

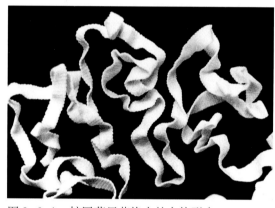

图6-6-1　扩展莫尼茨绦虫的大体形态。

（甘肃农业大学家畜寄生虫室）

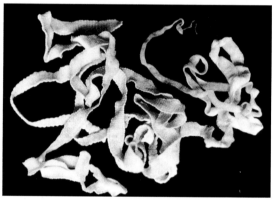

图6-6-2　曲子宫绦虫的大体形态。

（甘肃农业大学家畜寄生虫室）

[流行病学]

（1）动物易感性　幼畜往往呈现较高的易感性。扩展莫尼茨绦虫，羔羊最易感；贝氏莫尼茨绦虫，犊牛最易感。随年龄的增长，牛、羊感染率逐渐降低，且呈现一定免疫力。

（2）季节性　莫尼茨绦虫的流行呈现一定的季节性。在福建，2～3月开始感染，4～5月达高峰，8月后直到次年1～2月终止。在黑龙江，4月下旬或5月初开始放牧，6月出现扩展莫尼茨绦虫的孕节或虫卵，7～9月达高峰，到12月或1月消失。贝氏

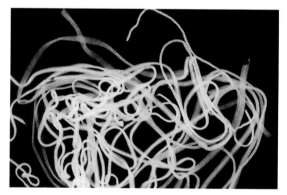

图6-6-3　从一头屠宰绵羊肠道内取出的无卵黄腺绦虫，虫体较窄而薄、半透亮。

（陈怀涛）

莫尼茨绦虫的孕节或虫卵在9～10月出现，到次年1～2月达高峰，后为带虫现象。

（3）中间宿主　地螨种类多，其中有20余种地螨可作为莫尼茨绦虫的中间宿主，以肋甲螨和腹翼甲螨的感染率较高。地螨主要生活在阴暗潮湿且有丰富腐殖质的林区、草原或灌木丛牧地上，性喜温暖和潮湿，以细菌芽孢、虫卵或孕节等为食，能根据地面温度、湿度及光线强弱而沿牧草上下爬行。当地面的温度高、湿度低而有强光时，便离开牧草而向下爬行，甚至钻入土壤内；外界昏暗潮湿时，爬上牧草。

[致病作用和症状]

（1）机械作用　寄生于肠内的虫体，长达数米。在虫体聚集部位，易致肠腔狭窄，妨

碍食糜通过，并引起部分肠道扩张、炎症和臌气。虫体扭成团时，可导致肠阻塞，并引起肠套叠、扭转和破裂等继发症，表现为腹围增大、腹痛或便秘等症状。

（2）夺取营养　虫体在肠道中生长迅速，每昼夜可生长8 cm，必然从宿主夺取大量营养。因此，影响幼畜生长发育，致使机体衰弱、贫血、消瘦，甚至死亡。

（3）毒素作用　虫体代谢产物和分泌的毒性物质使宿主呈现中毒性病变症状，如肠管、淋巴结、肠系膜和肾脏等组织的充血、出血、变性、坏死与增生，心内膜出血，血液中红细胞、血红蛋白显著降低，机体出现高度贫血现象。病羊卧地不起，仰头空嚼，最后衰竭死亡。

[病理变化]　尸体消瘦，可视黏膜苍白、稍黄染。皮下结缔组织胶样浸润，肌肉色淡。心包腔、胸腔和腹腔内有大量较混浊的液体。心内、外膜点状出血。心、肝、肾体积缩小，重量减轻，色淡黄。小肠中有成团的绦虫存在，肠黏膜呈卡他性炎症变化。大肠内有淡绿色液状粪便。有时可见肠阻塞、肠臌气或肠套叠。

[诊断]

（1）节片检查　病羊粪球表面有黄白色、圆柱状、能活动的孕卵节片。

（2）虫卵检查　病羊粪便用饱和盐水浮集法，可发现虫卵。

（3）诊断性驱虫　虫体未成熟之前，在粪便中是不可能发现虫卵或孕节的。在此情况下，可用药物进行诊断性驱虫，观察是否有绦虫被驱出，以此达到诊断本病的目的。

[防治]

（1）成虫期前驱虫　羔羊放牧后30～35d，驱虫一次。第一次驱虫后，经10～15d进行第二次驱虫。常用的驱虫药有：①硫双二氯酚（以体重计）：绵羊75～100 mg/kg，牛50mg/kg，一次口服。②氯硝柳胺（以体重计）：绵羊60～75 mg/kg，牛50～55mg/kg，配成10%溶液灌服。③吡喹酮（以体重计）：羊10～15mg/kg，牛5～10mg/kg，灌服，疗效好。

（2）消灭中间宿主　采用农牧轮耕等方法，可大大减少地螨的数量。

（3）避免到潮湿的牧地放牧，应选择安全的牧场放牧。

七、胃肠道线虫病

胃肠道线虫病（gastrointestinal nematodiasis）是由线形动物门（Nematoda）中尾感器纲（Secernentea）、圆线目（Strongylata）的毛圆科（Trichostrongylidae）、食道口科（Oesphagostomatidae）、钩口科（Ancylostomatidae）、圆线科（Strongylidae），蛔目（Ascaridida）的弓首科（Toxocaridae），旋尾目（Spirurida）的筒线科（Gongylonematidae），以及无尾感器纲（Adenophorea）、毛尾目（Trichurata）的毛尾科（Trichuridae）的部分线虫，寄生在牛、羊胃肠道而引起的以腹泻、血便、持续消瘦和生产性能严重下降为主要特征的一类寄生线虫病。严重时可引起羊只大批死亡，造成巨大的经济损失。

[病原体]　消化道的线虫种类很多，现介绍重要属的典型特征。

（1）血矛属（*Haemonchus*）　其代表种为捻转血矛线虫（*H. contortus*），属毛圆科，寄生于反刍兽的真胃，偶见于小肠，呈毛发状，因吸血而呈淡红色（图6-7-1）。颈乳突明显，锥形，伸向后侧方。头端尖细，口囊小，内有一背侧矛状小齿。雄虫长15～19 mm，交合伞有由细长的肋支持着的长的侧叶和偏于左侧的一个由倒Y形背肋支持着的小背叶。交合刺较短而粗，末端有小钩。雌虫长27～30 mm，因白色的生殖器官环绕于红色含血的肠道周围，形成了红白线条相间的外观，故称捻转血矛线虫，也称捻转胃虫。阴门位于虫体后半部，有一显著的瓣状阴门盖（图6-7-2）。虫卵大小为（75～95）μm×（40～50）μm，卵壳薄、光滑、稍带黄色，新排出的虫卵含16～32个胚细胞。

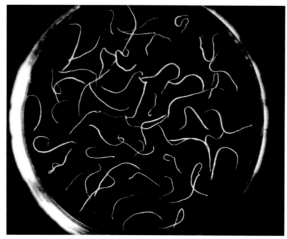

图6-7-1　捻转血矛线虫的大体形态。

（李晓明）

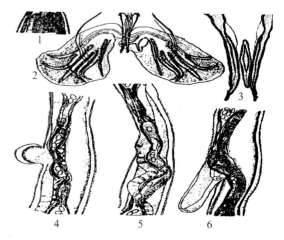

图6-7-2　捻转血矛线虫的显微结构。

1.成虫头部　2.交合伞　3.交合刺和引器

4.雌虫阴门瓣（球型）

5.雌虫阴门瓣（光滑型）

6.雌虫阴门瓣（舌型）

（2）奥斯特属（*Ostertagia*）　属毛圆科，寄生于真胃，也见于小肠。虫体棕色，故俗称棕色胃虫，前端较细，口囊小，体表面具有纵线。颈乳突明显。虫体中等大，长10～12mm。交合伞由2个侧叶和1个小的背叶组成。腹肋基本上是并行的，中间分开，末端又相互靠近；背肋远端分两支，每支又分出一或两个副支。有副伞膜。交合刺较粗短。雌虫阴门在体后部，有些种有阴门盖，形状不一。

（3）毛圆属（*Trichostrongylus*）　属毛圆科，寄生于真胃或小肠，虫体细小，一般不超过7mm。缺口囊和颈乳突。排泄孔位于靠近体前端的一个明显的腹侧凹迹内。雄虫交合伞的侧叶大，背叶极不明显。腹腹肋特别细小，常与侧腹肋成直角。侧腹肋与侧肋并行，背肋小，末端分小枝。交合刺短而粗，常有扭曲和隆起的嵴，呈褐色。有引器。雌虫阴门位于虫体的后半部，无阴门盖，尾端钝。虫卵呈椭圆形，壳薄。

（4）马歇尔属（*Marshallagia*）　属毛圆科，寄生于真胃，和奥斯特线虫的形态相似，但外背肋较细长，起始于背肋基部，远端几达伞缘；背肋也是细长的，远端分成两枝，每枝的端部有3个小分叉。虫卵很大。

（5）细颈属（*Nematodirus*）　属毛圆科，寄生于小肠，形态和捻转血矛线虫相似，但虫体前部呈细线状，后部较宽。口缘有6个乳突，头端角皮形成头泡，其后部有横纹，无颈乳突。交合伞有2个大的侧叶，上有圆形或椭圆形的表皮隆起；背叶小，很不明显。腹肋密接并行，中侧肋与后侧肋相互紧靠，背肋为完全独立的两枝。交合刺细长，互相联结，远端

共同包在一薄膜内。无引器。雌虫阴门位于体后1/3处，尾端平钝，带有一小刺。虫卵大，易与其他线虫卵相区别，产出时内含8个胚细胞。

（6）仰口属（*Bunostomum*）　属钩口科，包括牛仰口线虫（*B.phlebotomum*）和羊仰口线虫（*B.trigonocephalum*）（图6-7-3），寄生于小肠（牛主要在十二指肠）。虫体头端向背面弯曲，口囊大，口腹缘有1对半月形的角质切板。雄虫交合伞的背叶不对称。雌虫的阴门在虫体中部之前。虫卵两端钝圆，胚细胞大而数量少，内含暗黑色颗粒。

（7）食道口属（*Oesophagostomum*）　属食道口科，寄生于结肠的肠腔和肠壁。由于幼虫阶段可使肠壁发生结节，故又名结节虫。本属线虫的口囊呈小而浅的圆筒形，其外周有一显著的口领。口缘有叶冠。有颈沟，其前部的表皮常膨大形成头囊。颈乳突位于颈沟后方两侧。有或无侧翼。雄虫的交合伞发达，有1对等长的交合刺。雌虫阴门位于肛门前方附近，排卵器发达，呈肾形。虫卵较大。各种食道口线虫的大小不同，甘肃食道口线虫（*O. Kansuensis*）较大，雄虫长14.5～16.5mm，雌虫长18～22mm（图6-7-4）。

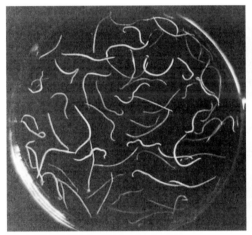

图6-7-3　羊仰口线虫的大体形态。

（李晓明）

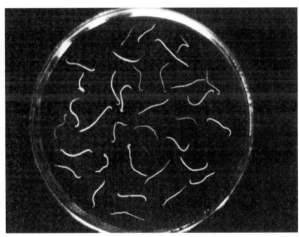

图6-7-4　甘肃食道口线虫的大体形态。

（陈怀涛）

（8）夏伯特属（*Chabertia*）　属圆线科，寄生于大肠。色淡黄白，身体前端稍有弯曲，雄虫长14～18mm，雌虫长14～26mm（图6-7-5）。虫体有或无颈沟，颈沟前有不明显的头泡或无头泡。口孔开向前腹侧，有2圈不发达的叶冠。口囊呈亚球形，底部无齿。雄虫交合伞发达，交合刺等长，较细，有引器。雌虫阴门靠近肛门。

（9）犊弓首蛔虫（*Toxocara vitulorum*）　也称犊新蛔虫（*Neoascaris vitulorum*），属弓首科，寄生于初生犊牛小肠内。虫体粗大，淡黄色，角皮薄软。头端具有3片唇，唇基部宽而前窄。

图6-7-5　夏伯特线虫的大体形态。

（陈怀涛）

食道呈圆柱形，后端由1个小胃与肠管相接。雄虫长11～26cm，尾部有一小椎突，弯向腹面；有交合刺1对，形状相似，等长或稍有差异。雌虫长14～30 cm，尾直，生殖孔开口于虫体前部1/8～1/6处。虫卵近于球形，大小为（70～80）μm×（60～66）μm，壳厚，外层呈蜂窝状，内含处于单细胞期的胚细胞。

（10）筒线属（*Gongylonema*） 属筒线科，常见的有美丽筒线虫（*G.pulchrum*）和多瘤线虫（*G.verrucosum*），寄生于食道黏膜或黏膜下层，有时见于反刍兽第1胃。本属线虫为乳白色、丝状大型虫体。头端尖，口孔有2个分为小三叶状的侧唇和2个小而窄的背腹唇，两侧唇的内侧有小齿。头部有2个侧乳突和4个下中乳突。角皮厚，并具横纹。颈乳突位于神经环的水平线上方或前方，有时在角皮的泡状物中突出。在头部与食道部有大小不等的角皮盾，排成不整齐的长行。虫体前端两侧有对称的颈翼膜。咽狭而短，呈圆筒形，有厚壁。食道分肌质和腺质两部分，前者明显短于后者。雄虫长约62mm，尾部稍弯曲，有不对称的尾翼膜和长的尾乳突（肛前4～6对，肛后2～4对），尾端有一堆小乳突，交合刺1对，长短悬殊很大，有引器。雌虫长约145mm，尾端钝圆，阴门位于肛门前方。卵椭圆形，卵壳厚，初排出的卵内含有幼虫。

（11）毛尾属（*Trichuris*） 属毛尾科，寄生于大肠，主要是盲肠。虫体前部呈毛发状，故又称毛首线虫；整个外形像鞭子，前部细像鞭梢，后部粗像鞭杆，所以也叫鞭虫（图6-7-6）。虫体颜色呈乳白色，前为食道部，细长，后为体部，短粗，内有肠和生殖器官。雄虫后部弯曲，泄殖腔在尾端，有1根交合刺，包含在有刺的交合刺鞘内；雌虫后端钝圆，阴门位于粗细部交界处。卵呈棕黄色、腰鼓状，卵壳厚，两端有塞。

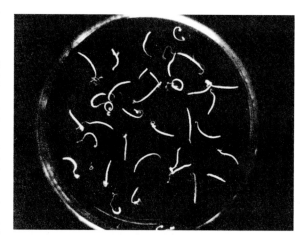

图6-7-6　毛首线虫的大体形态，外形似鞭。

（陈怀涛）

[生活史] 毛圆科的线虫和圆线科的夏伯特线虫、食道口科的食道口线虫：生活史基本一致。虫卵随粪便被排泄到外界，在适宜的温度下发育成幼虫，再经2次蜕皮，一般需1周左右，发育为感染性幼虫。牛、羊等反刍动物通过被污染的牧草或饮水而感染，感染性幼虫在宿主体内脱鞘，经4期和5期幼虫阶段，发育为成虫（图6-7-7）。

仰口线虫：其生活史和上述虫体基本相似，但在感染途径上有差异。感染性幼虫不仅可以经皮肤感染宿主动物，还可经口感染。幼虫钻入皮肤后即行脱鞘，随血液循环进入肺脏，经3次蜕化发育成4期幼虫，然后上行到咽，重返小肠，经第4次蜕化发育成5期幼虫，进而发育为成虫。经口感染的幼虫成活率不高，只有12%～14%发育为成虫；而经皮肤感染的幼虫有85%发育为成虫（图6-7-8）。

犊新蛔虫：雌虫在小肠产卵，排出后在适当的条件下发育为幼虫，在卵壳内进行一次蜕化，变为第2期幼虫，即感染性虫卵。牛吞食感染性虫卵后，幼虫在小肠内逸出，穿过肠壁，移行至肝、肾、肺等器官组织，进行第2次蜕化，变为第3期幼虫。待母牛怀孕8.5个月左右时，幼虫便移行至子宫，进入胎盘羊膜液中，进行第3次蜕化，变为第4期幼虫。

第4期幼虫被胎牛吞入，在小肠中继续发育，待胎牛出生后，第4期幼虫进行第4次蜕皮后长大，经25～31d变为成虫。成虫在小肠中可生活2～5个月，以后逐渐从宿主体内排出。另一条感染途径就是幼虫经胎盘移行到胎儿的肝和肺，再转入小肠。

　　筒线虫：含幼虫的卵被排到外界，被中间宿主——食粪甲虫吞食，在其体内孵化并发育为感染性幼虫。终末宿主吞食了含有感染性幼虫的食粪甲虫后遭受感染。幼虫先在宿主胃内释出，并迅速向前移行，钻入食道黏膜或黏膜下层，经50～55d发育成熟。

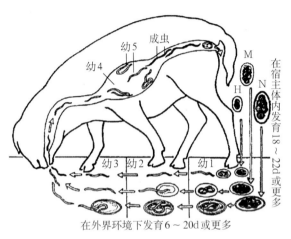

图6-7-7　绵羊毛圆科线虫生活史的类型。
1.血矛线虫型（H）：从虫卵中孵出1期幼虫，在外界环境中发育到3期幼虫。2.马歇尔线虫型（M）：1期幼虫和2期幼虫在虫卵中发育，在虫卵外发育成3期幼虫。3.细颈线虫型（N）：各期幼虫均在虫卵中发育，从虫卵中孵出的即为3期幼虫（动物均是由于吞食含有这3种类型的3期幼虫的青草而感染）。

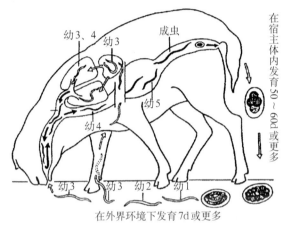

图6-7-8　绵羊仰口线虫的生活史：在外界环境中发育到3期幼虫，主要经过皮肤（也可经口）进入绵羊体内完成肺、肠移行。

　　[症状]　牛、羊消化道线虫感染的临诊症状以贫血、消瘦、腹泻与便秘交替和生产性能降低为主要特征。患病动物表现为结膜苍白，下颌间和下腹部水肿，便稀或便秘，体质瘦弱，严重时造成死亡。

　　[病理变化]　剖检时，除有一般营养不良性变化外，常可见寄生部位或幼虫移行道的卡他性或出血性、坏死性炎症。

　　血矛属、奥斯特属和马歇尔属线虫均寄生于真胃，所致病变相似。其中捻转血矛线虫较常见，危害更严重。胃黏膜因虫体附着、吸血、刺激而引起浆液性、黏液性、出血性或坏死性卡他（图6-7-9、图6-7-10）。动物严重贫血，后期有明显异形红细胞，以后因循环与营养障碍而导致小叶中心性肝坏死和肝脂肪变性。

　　细颈属、仰口属线虫寄生于小肠，可引起程度不等的炎症和贫血。毛圆属线虫也可引起小肠的炎症，但炎症主要在小肠前段，有时见于真胃。

　　仰口属线虫的幼虫因其移行还可引起皮肤炎症和肺出血等变化。

　　夏伯特属和食道口属线虫均寄生于结肠，但前者主要引起黏膜水肿及黏液性、出

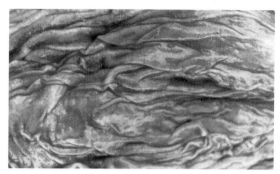

图6-7-9　捻转血矛线虫所致的出血性胃卡他：黏膜潮红，附以淡红色黏液。

（陈怀涛）

图6-7-10　奥斯特线虫所致的坏死性皱胃炎：在黏膜充血的背景上，可见许多灰白色坏死灶，胃的大片区域已坏死，其表面粗糙。

（R. W. Blowey等）

血坏死性或增生性卡他；而后者除成虫引起肠炎外，幼虫还可在结肠壁引起明显的结节状病变（图6-7-11至图6-7-16）。

毛首属线虫主要引起盲肠的慢性卡他性炎症和出血性炎症，严重时可见出血和溃疡，偶在肠壁见到结节，因此，生前动物常有腹泻、贫血等症状。

犊新蛔虫的幼虫在肝、肺等器官穿行，引起出血；其成虫刺激小肠黏膜，引起卡他性炎症，有时可进入胆道，使其阻塞，从而导致消化不良和黄疸。虫体多时，还可造成肠阻塞或肠穿孔。

筒线虫的致病力较弱，仅损伤黏膜及其下层局部组织。剖检时，可从黏膜表面看到锯齿形弯曲的虫体或盘曲的白色纽扣状物（图6-7-17）。

[诊断]　根据临诊症状可初步诊断。确诊需进行粪便检查或动物剖检。对多数胃肠道线虫病可采用饱和盐水漂浮法。对犊新蛔虫病，可应用连续洗涤法或集卵法。

[防治]

（1）治疗　可用丙硫咪唑、伊维菌素等药物驱虫，并辅以对症治疗。

（2）预防　可采取加强饲养管理、定期轮牧和计划驱虫相结合的综合防治措施。

图6-7-11　夏伯特线虫所致的慢性肠炎：肠黏膜组织增生，故其表面呈密集的结节状，有些虫体吸附于黏膜上。

（陈怀涛）

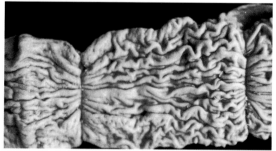

图6-7-12　牛辐射食道口线虫的成虫所致的坏死性肠炎：黏膜表面有许多凹陷的小溃疡，少数虫体尚附着于黏膜上。

（李晓明）

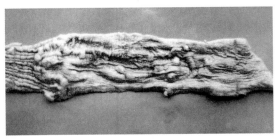

图6-7-13　绵羊食道口线虫幼虫在肠壁引起的
结节。

（甘肃农业大学兽医病理室）

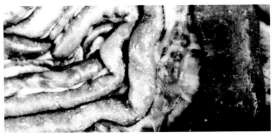

图6-7-14　绵羊食道口线虫幼虫在肠壁引起的
密布性结节。

（张旭静）

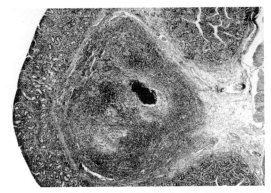

图6-7-15　食道口线虫幼虫结节（肉芽肿）的组
织切片：肉芽肿位于黏膜下层，其中
心为幼虫残骸，周围有大量炎性细胞
浸润和结缔组织增生。（HE×100）

（陈怀涛）

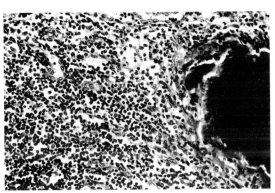

图6-7-16　食道口线虫幼虫结节的组织切片：
此图为结节的部分放大，结节中心
为幼虫残骸（红染），附近为一些巨
细胞和上皮样细胞，外围密布淋巴
细胞和嗜酸性粒细胞。（HE×400）

（陈怀涛）

图6-7-17　美丽筒线虫在食道黏膜引起的锯齿
花纹形病变（↓）。

（陈怀涛）

八、肺线虫病

　　肺线虫病（pulmonary nematodiasis）也称肺虫病，是由一些不同科、属的肺线虫引起羊慢性肺炎的总称。这些线虫主要为网尾科（Dictyocaulidae）的网尾属（*Dictyocaulus*）和原圆科（Protostrongylidae）的缪勒属（*Muellerius*）与原圆属（*Protostrongylus*）的线虫。网尾科的线虫较大，常称大型肺线虫；原圆科的线虫较小，有的用肉眼刚能看见，故又称小型肺线虫。

（一）网尾线虫病（dictyocaulosis）

由网尾属的丝状网尾线虫（*D. filaria*）所致。线虫主要寄生于绵羊和山羊的支气管内，也见于气管和细支气管。本病多见于潮湿地区，常呈地方性流行。而牛网胃线虫病的病原体为胎生网尾线虫（*D.viviparus*）。

[病原体及其生活史] 丝状网尾线虫较大，呈细线状，乳白色。雄虫长30mm，雌虫长35～44.5mm（图6-8-1）。雌虫在支气管内产卵（系卵胎生），羊咳嗽时卵随黏液进入口腔，多被咽下。在通过消化道时卵孵化为幼虫，随粪便排出体外，在适宜条件下约经1周，蜕变2次，变为侵袭性幼虫。幼虫被羊吞食进入肠系膜淋巴结，再蜕变1次，然后沿淋巴和血流经心脏到达肺。幼虫穿出毛细血管进入肺泡，并移行至细支气管、支气管，从羊感染到变为成虫大约需要18d，第26天开始产卵。

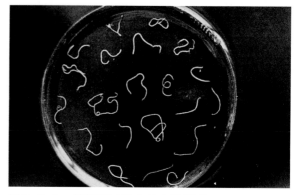

图6-8-1　丝状网尾线虫的大体形态。

（陈怀涛）

幼虫在宿主体内移行时，引起肠黏膜、淋巴结毛细血管的损伤和小点出血。在肺内，幼虫的穿行可造成局部肺组织坏死、出血和嗜酸性粒细胞浸润。成虫寄生在支气管及细支气管，可引起这些管道及其周围组织发炎。大量虫体和炎性渗出物可阻塞细支气管和肺泡，导致肺萎陷，并可进一步继发细菌感染及其周围肺组织的代偿性气肿。

[症状和病理变化] 病初或感染轻微时，症状不明显。成年羊常为慢性，长期不显症状。随疾病的发展，或感染严重时，病羊表现咳嗽，当驱赶或夜间休息时咳嗽更为明显，同时流出黏性鼻液和打喷嚏。病羊不断消瘦，贫血，颌下、胸下和四肢可能发生水肿。

剖检时，除尸体消瘦、贫血外，主要病变见于肺。在肺膈叶后缘有暗红色或灰红色楔形实变区，微低于周围膨胀的肺。切割时，可见实变区侵及支气管周围的大片肺组织。通往实变区的支气管管腔里有浓稠的泡沫状液体和缠绕成团的虫体。虫体很多时不仅充塞支气管管腔，而且也可进入气管。支气管黏膜粗糙无光，呈不均匀的淡红色，支气管壁明显增厚（图6-8-2）。在严重感染的慢性病例，膈叶背部可发生大片肉变区，甚至其表面增厚或与肋胸膜发生粘连。

镜检，大中型支气管呈卡他性支气管炎变化。管腔内有多量黏液、中性粒细胞、脱落的黏膜上皮细胞，以及大量成

图6-8-2　支气管内充满大量丝状网尾线虫，呈支气管肺炎变化，支气管壁增厚。

（陈怀涛）

虫、幼虫和虫卵；黏膜上皮增生、变厚，甚至形成乳头状皱襞突入管腔；支气管壁的黏液腺因其黏液排出困难而增大；黏膜下和支气管周围的结缔组织中有大量淋巴细胞、组织细胞和嗜酸性粒细胞浸润。平滑肌纤维肥大或增生。实变区内，有些肺泡萎陷，有些发生气肿；有的肺泡上皮细胞增生或化生为矮立方状；肺泡隔增厚，其中平滑肌与结缔组织增生，有淋巴细胞、嗜酸性粒细胞、中性粒细胞和巨噬细胞浸润；肺泡腔内有大量黏液、脱落的肺泡上皮细胞、中性粒细胞、嗜酸性粒细胞、淋巴细胞和巨噬细胞，有些肺泡腔内还有幼虫和虫卵，其周围可见异物巨细胞。由于上述多种变化，致使实变区的肺结构显著改变。

[诊断]　根据症状可以怀疑本病，如从鼻液、痰液或粪便中检查到幼虫即可确诊。另外，剖检时若从支气管找到成虫，且组织上有典型的网尾线虫性支气管炎和间质性肺炎变化，也可确诊。

[防治]

（1）预防　牧场应干燥，饮水应清洁；成年羊与羔羊分群放牧，为羔羊设置专门的草场；放牧转为舍饲前后进行1～2次驱虫。

（2）治疗　可用左咪唑（每千克体重8～10mg）、丙硫咪唑（每千克体重10～15mg）口服，或伊维菌素（每千克体重0.2mg）口服或皮下注射。

（二）原圆线虫病 （protostrongyliasis）

由原圆科的一些线虫所致，主要有缪勒属的毛样缪勒线虫（*M. capillaris*）和原圆属的柯氏原圆线虫（*P.kochi*）等。这些线虫多混合寄生于绵羊和山羊。毛样缪勒线虫寄生于肺实质（肺泡），引起结节变化；其他原圆线虫大都寄生于细支气管，所致的病变与丝状网尾线虫的基本相同，但主要位于肺叶边缘，不过肉眼难以将两种病变区别开来。

[病原体及其生活史]　毛样缪勒线虫是肺脏常见的一种线虫，多寄生于胸膜下的肺泡中。雄虫长11～26mm，雌虫长18～30mm。柯氏原圆线虫色褐，主要寄生于细支气管。雄虫长24.3～30.0mm，雌虫长28～40mm（图6-8-3）。

原圆线虫的生活史和网尾线虫的相似。成虫产出的卵孵化为第1期幼虫，经细支气管上行到咽、进入消化道随粪便排出。第1期幼虫被中间宿主——软体动物（如陆螺、蛞蝓）食入后，脱皮2次变成侵袭性幼虫。其被羊食入经消化酶消化后，幼虫逸出并钻入肠壁，到肠系膜淋巴结进行第3次蜕化，然后沿淋巴、血液循环通过心脏到达肺泡或细支气管，经第4次脱皮发育为成虫。从感染到发育为成虫需25～38d。

图6-8-3　原圆线虫（主要为毛样缪勒线虫）的大体形态。

（陈怀涛）

[发病机理和病理变化]　原圆线虫寄生于细支气管，其刺激作用可引起细支气管炎及其周围炎，炎性产物也可流入肺泡。细支气管和肺泡受害后，引起灰黄色圆锥形小叶性肺炎灶，最常见于膈叶背缘和后缘（图6-8-4）。局部肺胸膜可能发生纤维素性炎症。镜检，其病理变化和网尾线虫的相似。虫卵和成虫通常不引起明显细胞反应。而幼虫所致的细胞反应很明显，幼虫表面被

覆鞘膜样的巨噬细胞或被覆一层沉淀物。凡有幼虫的肺泡、细支气管及其周围组织，均发生炎性细胞浸润，引起肺萎陷与实变，而其周围肺组织发生气肿。同时，肺泡管和细支气管外围有明显的肌纤维束肥大（图6-8-5）。

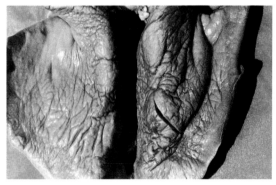

图6-8-4　肺膈叶背缘有几个椭圆形肺线虫结节，右肺的一个已被切开，结节质地实在，微突于肺表面。

（陈怀涛）

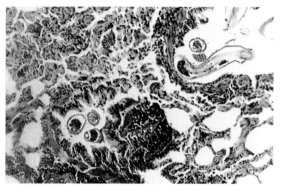

图6-8-5　细支气管与肺泡管中有原圆线虫幼虫寄生，管腔周围及血管周围淋巴细胞浸润，肺组织平滑肌增生。（HE×200）

（陈怀涛）

　　毛样缪勒线虫对肺泡及其周围组织有刺激作用，因而可在局部形成结节。结节可发生于肺的任何部位，但多散在于膈叶的胸膜下，大小为1～5mm，初因伴有出血而色红，后渐变为绿黄色，最后因钙化和纤维结缔组织增生而呈灰白色（图6-8-6、图6-8-7）。结节也常位于片状间质性肺炎区中。支气管和肠系膜淋巴结里有时也会发现上述结节。镜检，寄生虫所引起的间质性肺炎和细支气管与血管周炎明显（图6-8-8、图6-8-9）。

　　[症状]　轻度感染时不显临诊症状，严重感染或有细菌、病毒继发感染时，则有呼吸困难、干咳或暴发性咳嗽等症状。如同时并发网尾线虫病，可引起大批死亡。

　　[诊断]　生前可检查粪便和鼻液中的虫卵和幼虫，剖检时应注意发现原圆线虫所致的典型病理变化，如肺膈叶背缘的灰黄色圆锥形病灶和散在性肉芽肿结节，组织上可见原圆线虫的虫卵、幼虫、成虫及其所引起的炎症反应变化等。

图6-8-6　肺膈叶胸膜下的肺线虫结节，呈绿黄色。

（陈怀涛）

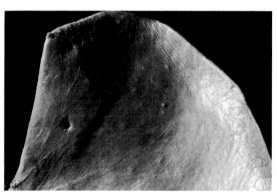

图6-8-7　已钙化的线虫结节，色灰白，质硬。

（陈怀涛）

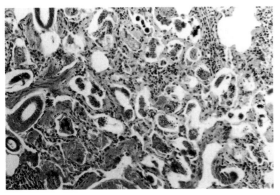

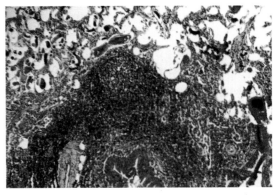

图6-8-8　肺泡中见大量肺线虫幼虫、虫卵和成
　　　　虫，肺间质平滑肌纤维增生，淋巴细
　　　　胞浸润。（HE×200）

（陈怀涛）

图6-8-9　肺泡和细支气管中均有肺线虫寄生，
　　　　细支气管（仅显示上部）外围淋巴细
　　　　胞密集，并形成淋巴小结。（HE×100）

（陈怀涛）

[防治]　避免在低湿地放牧，减少与陆地软体动物接触的机会；放牧时避开中间宿主活跃的时间，如雾天、清晨与傍晚。由于成年羊是带虫者，是感染源，故羔羊应与成年羊分群放牧。

治疗可用左咪唑、噻苯唑或丙硫咪唑等药物驱虫。

九、羊狂蝇蛆病

羊狂蝇蛆病（ovis oestriasis）又称羊鼻蝇蛆病，是由羊狂蝇幼虫寄生于羊鼻腔及其附近腔窦而引起的慢性炎症。本病在我国北方地区普遍存在，流行严重地区的绵羊感染率可高达80%。

[病原体及其生活史]　病原体为狂蝇科（Oestridae）、狂蝇属（Oestrus）的羊狂蝇（O.ovis）的幼虫。成虫体长10～12mm，色淡灰，形似蜜蜂，头大色黄，体表密生短细毛，有黑斑纹，翅透明，口器退化。第1期幼虫长1mm，色淡白，体表丛生小刺。第2期幼虫长20～25mm，形椭圆，体表刺不明显。第3期幼虫（成熟幼虫）长28～30mm，色棕褐，前端尖，有2个黑色口前钩；背面隆起，无刺，各节上具有深棕色横带；腹面扁平，各节前缘具有数列小刺；后端齐平，有2个黑色后气孔（图6-9-1）。

羊狂蝇成虫多出现于每年7～9月。雌雄交配后，雄蝇死亡，雌蝇生活至体内幼虫形成后，侵袭羊群，在羊鼻孔内外产生幼虫（每次产幼虫20～40只），雌虫数

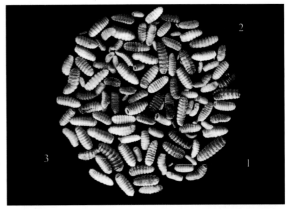

图6-9-1　羊狂蝇各期幼虫的大体形态：第1期
　　　　幼虫很小；第2期幼虫中等大，呈椭圆
　　　　形；第3期幼虫最大，呈棕色。
1.第1期幼虫　2.第2期幼虫　3.第3期幼虫

（陈怀涛）

大内产幼虫500～600只后，随即死亡。第1期幼虫迅速爬入鼻腔或附近腔窦，经2次蜕化，变为第3期幼虫，再移向鼻孔，随羊打喷嚏时，幼虫被喷出，落地入土变为蛹。蛹期1～2个月，最后从蛹中羽化出成蝇。成蝇寿命2～3周，每年繁殖1～2代。

[致病作用、症状和病理变化] 成虫产幼虫时侵袭羊群，羊群骚动，惊慌不安，互相拥挤，频频摇头、喷鼻，将鼻孔抵于地面，或将头掩藏于其他羊的腹下或腿间，羊只采食和休息受到严重扰乱。

第1期幼虫在鼻腔移动或在鼻腔、鼻旁窦、额窦附着时，其口前钩和腹面小刺可机械刺激、损伤黏膜，引起发炎、肿胀、出血（图6-9-2），故病羊鼻腔流出浆液性、黏液性、脓性鼻液（图6-9-3），有时带血。鼻液干涸成痂，堵塞鼻孔，影响呼吸，病羊表现喷鼻、甩鼻子、摩擦鼻部、摇头、磨牙、眼睑肿胀、流泪及食欲减退等症状。数天后症状有所减轻，但当第1期幼虫发育到第3期幼虫并向鼻孔移动时，又使症状加剧。少数第1期幼虫可进入颅腔，损伤脑膜，或引起鼻旁窦炎而累及脑膜，均可使羊出现神经症状，如运动失调、旋转运动等。

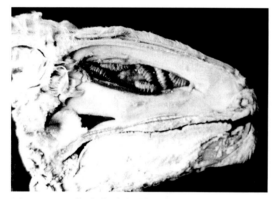

图6-9-2 寄生鼻腔的羊狂蝇蛆，致使鼻黏膜潮红，有黏脓性分泌物。

（陈怀涛）

图6-9-3 病羊流出黏脓性鼻液。

（陈怀涛）

[诊断] 根据症状、流行特点和剖检结果可做诊断。为了生前早期确诊，可用药液喷入羊鼻腔，以观察鼻腔喷出物中的死亡幼虫。

[防治] 在本病流行严重地区，应重点消灭幼虫。每年夏、秋季，可定期用1%敌百虫喷入羊的鼻孔；伊维菌素（每千克体重0.2mg）配成0.1%溶液皮下注射。

十、羊球虫病

羊球虫病（coccidiosis of goats and sheep）是一种原虫性寄生虫病。病羊临诊表现为腹泻、消瘦、贫血、发育不良，甚至死亡。本病对羔羊危害较大，成年羊多数为带虫者，无临诊表现，但是传染来源。

[病原体] 感染绵羊与山羊的球虫不尽相同。感染羊的球虫属于艾美耳属（*Eimeria*）。绵羊球虫有14种，其中阿撒他艾美耳球虫（*E. ahsata*）致病力强，绵羊艾美耳球虫（*E.*

ovine）和小艾美耳球虫（*E. parva*）致病力中等，浮氏艾美耳球虫（*E. faurei*）等致病力较弱。山羊球虫有15种，其中雅氏艾美耳球虫（*E. ninakohlyakimovae*）致病力强，阿氏艾美耳球虫（*E. arloingi*）、艾丽艾美耳球虫（*E. alijevi*）等致病力中等，阿普艾美耳球虫（*E. apsheroaica*）、山羊艾美耳球虫（*E. caprina*）等致病力较弱。虫体除寄生于肠道上皮细胞外，雅氏艾美耳球虫、山羊艾美耳球虫和艾丽艾美耳球虫还可寄生于胆道上皮细胞。

[流行病学]　各种品种的羊对球虫都有易感性，以1～3月龄羔羊的发病率和病死率最高，成年羊多数是带虫者。群养羔羊的发病率可高达100%，病死率为20%～61.3%，平均46.9%；发病高峰季节在7～10月。病羊多混合感染几种球虫。饲养条件不良和应激刺激可促进本病发生。

[发病机理]　球虫主要寄生于小肠中段至结肠的上皮细胞内，进行裂殖生殖和配子生殖，完成生活史。由于大量虫体寄生于小肠绒毛上皮细胞和肠腺上皮细胞，使细胞大量破坏而死亡、脱落，绒毛萎缩，肠腺破坏，消化吸收功能下降。病羊消瘦、贫血，生长障碍，极度衰竭者死亡。

[症状]　病初粪便变软不成形，但精神、食欲无明显异常。3～5d以后，粪便变为糊状至水泻，黄褐色或褐色，腥臭味，混有未被消化的饲料、坏死黏膜组织、黏液和血液。拉稀可持续1周。病羊食欲减退或废绝，饮欲增加，精神萎靡，被毛粗乱，迅速消瘦，空嚼磨牙，黏膜苍白，后躯污染粪便，体温正常或偏高。严重病例体温下降，衰竭死亡。2月龄左右的羔羊死亡率达60%以上。存活的病羊腹泻逐渐缓和，最后可以恢复，但生长发育受阻。成年羊多数为隐性感染，临诊无异常，但生产性能受到影响。

[病理变化]　病羊消瘦、黏膜苍白。空肠变化明显。从浆膜外可看到肠壁中有大小不一的黄白色小斑点（图6-10-1）。肠壁水肿，肠腔充满黄白色黏液，肠黏膜充血或出血。剖开肠道，在肠黏膜上可以看到4种类型的斑点和突起变化：①白色突出小点：肠黏膜上有针尖大到粟粒大突出的白色小点。②平斑：不突出黏膜表面，圆形或椭圆形，边缘不整齐，大小1～2.5mm。压片检查，可见大量配子体和少量卵囊。③突起斑：大小和平斑相似，但是突出黏膜表面，白色或淡黄色。压片检查，可见大量配子体和卵囊。④突起：圆形或椭圆形，较大，白色或浅黄色，直径2～4.5mm，边缘整齐或不整齐，大多见出血点。压片检查，可见大量成熟或未成熟的配子体和卵囊。组织病理学观察，小肠绒毛上皮细胞中可看到不同发育阶段的球虫，绒毛萎缩或脱落，黏膜上皮坏死，肠腺被破坏，固有层和黏膜下层水肿（图6-10-2、图6-10-3）。肠系膜淋巴结：索状肿胀，切面湿润，苍白色或浅黄色（图6-10-4）。部分病羊的盲肠有出血点，肠壁增厚。肝脏：多轻度肿胀、淤血，表面和实质也可见针尖大或粟粒大黄色斑点。肝组织压片检查，可见卵囊。胆囊扩张，胆汁红褐色、浓缩。胆囊壁增厚，黏膜坏死。胆汁涂片检查，可见卵囊。

[诊断]　根据流行病学资料、临诊症状和病理解剖结果，可做出初步诊断。用饱和盐水漂浮法检查粪便中的卵囊，或刮取肠黏膜制成涂片，显微镜检查球虫卵囊、裂殖体或裂殖子等，如果在粪便中发现大量卵囊或在病灶中发现大量不同发育阶段的虫体，就可确诊为羊球虫病。

[防治]　采取隔离、消毒和治疗等综合措施。成年羊多为带虫者，应和羔羊隔离饲养。羊圈应保持清洁、干燥，定期用3%～5%的热碱水消毒。防止饲料和饮水被羊粪污染。放牧羊群应常更换牧地。尽量避免应激刺激，减少疾病暴发机会。一旦发现病羊，应立即更

换场地，隔离治疗。治疗药物可以选用：①磺胺喹噁啉：按照1%比例混入饲料，连续投服3～5d；②三字球虫粉（磺胺氯吡嗪）：10%水溶液口服，每10千克体重12mL，连服3～5d。③氨丙啉：每千克体重25mg，连续投服21d；或按照0.02%比例混在饲料中，连续饲喂1～2个月。氨丙啉和磺胺类药物可以迅速降低卵囊排出量，减轻症状。在流行季节，应当尽快采用氨丙啉、莫能菌素预防。

图6-10-1　小肠壁可见大量黄白色、椭圆形斑点。
（许益民）

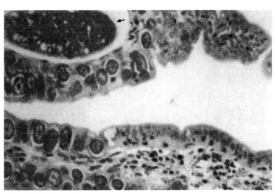

图6-10-2　小肠绒毛的中央乳糜管内有大裂殖体（↑），上皮细胞内有大量不同发育阶段的虫体。

（许益民）

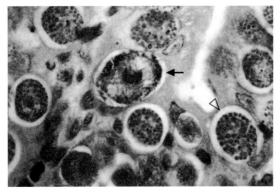

图6-10-3　空肠绒毛上皮细胞中呈蓝色的成熟小配子体（↑）和呈红色球状的成熟大配子体（△）。（HE×200）

（许益民）

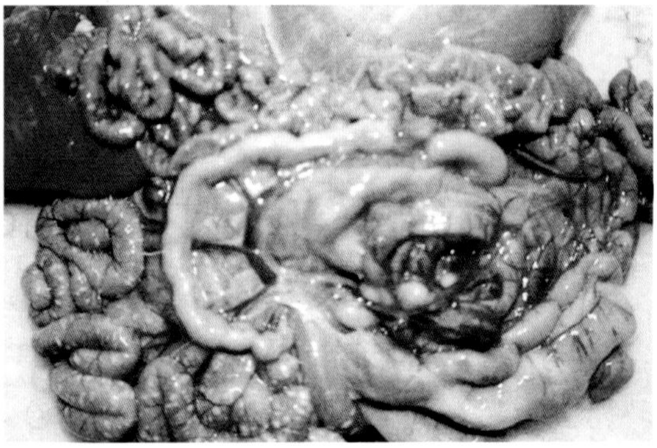

图6-10-4　肠系膜淋巴结肿大，呈灰黄色。

（许益民）

十一、羊泰勒虫病

羊泰勒虫病（ovine theileriasis）是由泰勒属（*Theileria*）血液原虫引起绵羊和山羊的一种蜱传性疾病。本病的病原体有两种：山羊泰勒虫（*T. hirci*）和绵羊泰勒虫（*T. ovis*）。甘肃、青海、宁夏等省、自治区发现的羊泰勒虫不同于上述两种，确定为新种。

[病原体]　虫体形态多样，主要有圆环形、椭圆形、杆状、逗点形、圆点形、大头针样等形态，以圆形和卵圆形为多见，约占80%，圆形虫体的直径为0.6～1.6μm。一个红细胞内一般含有一个虫体，有时可见2～3个（图6-11-1）。红细胞染虫率一般为0.1%～30%，最高可达90%以上。

[生活史]　尚不十分清楚。囊形扇头蜱和青海血蜱为本病的传播者。幼蜱或若蜱吸入含有羊泰勒虫的血液后，在成蜱阶段传播本病。本病不能经卵传递。虫体

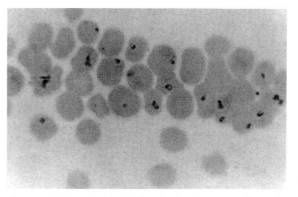

图6-11-1　红细胞内寄生的羊泰勒虫的形态。（Giemsa×1 000）

（白启）

在羊红细胞中进行二分裂或四分裂繁殖。虫体还可形成柯赫氏蓝体（即石榴体或裂殖体），主要寄生于脾脏和淋巴结的淋巴细胞或红细胞中，也可游离于红细胞之外，其直径平均为8μm，有的甚至达15μm以上，每个柯赫氏蓝体内含数个至80个直径为1～2μm的裂殖子。

[流行病学]　该病主要流行于甘肃、宁夏、青海和四川等省、自治区。本病发生于4～6月，以5月为高峰期，其他月也有零星发生。1～6月龄羔羊的发病率和死亡率均较高；1～2岁羊次之，成年羊发病较少。在甘肃和青海的部分地区，成年羊和羔羊的发病率和病死率都很高，绵羊和山羊的病死率可达40%～100%。

[症状]　本病的潜伏期为4～30d，最长可达50d以上。本病呈急性、亚急性和慢性经过，以急性最常见。病程持续4～50d，患畜体温升高达40～42℃或更高，呈稽留热，稽留3～10d，有的达13d以上。随体温升高而出现流鼻液，呼吸、心跳加快，精神沉郁，反刍及胃肠蠕动减弱或停止；部分病羊排出恶臭、糊状粪便，并混有黏液或血液；结膜初期潮红，随之出现贫血或黄疸；体表淋巴结肿大，颈浅和髂下淋巴结最为显著；肢体有僵硬感，行走困难。

[病理变化]　尸体消瘦，可视黏膜苍白，血液稀薄，皮下脂肪胶样水肿，有点状出血。全身淋巴结有不同程度的肿大，尤以颈浅、下颌、髂下、肠系膜、肝和肺淋巴结明显；切面多汁、出血，甚至可见灰白色结节。肝肿大、质脆，表面有散在或密集的粟粒大、灰黄色结节。脾微肿大，被膜有出血斑点，脾髓暗红，呈稠糊状。胆囊胀大。肺水肿。肾脏呈黄褐色，质地软而脆，表面有灰黄色结节和出血斑点。镜检，淋巴结的窦内皮细胞与网状细胞明显增生，甚至在局部形成团块或条索（图6-11-2），淋巴与网状内皮细胞中也可见到柯赫氏蓝体（裂殖体），有时其中的裂殖子因细胞破裂而散在于细胞外（图6-11-3）；脾脏的变化基本同淋巴结，但还可见到增生结节和坏死性结节（图6-11-4）；肾脏除形成巨细胞结节外，肾小球毛细血管内皮细胞和间质细胞也明显增生（图6-11-5）；肝脏窦内皮细胞的增生特别明显，甚至形成细胞条索。与淋巴结、脾、肾一样，肝小叶内也有巨细胞结节形成。在上述巨细胞结节中，均可在细胞质中发现柯赫氏蓝体（图6-11-6）。大脑中主要表现血管内皮细胞与小胶质细胞增生（图6-11-7）。

[诊断]　根据临诊症状、流行病学和尸体剖检可做出初步诊断；在血液涂片中查到虫体，以及在淋巴结和脾脏涂片或切片中发现柯赫氏蓝体，即可确诊。

［治疗］ 临诊上，使用贝尼尔、阿卡普林等均有效。

（1）贝尼尔 每千克体重7～10mg，配成1%～5%溶液，肌内注射，1～2次即可治愈。

（2）阿卡普林 每10千克体重0.2mL，配成5%溶液，皮下或肌内注射。

［预防］ 可参照牛泰勒虫病。

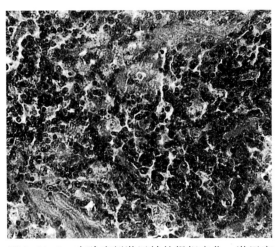

图6-11-2 实验病例淋巴结的组织变化：淋巴窦
内皮与网状细胞增生。（HE×400）

（陈怀涛）

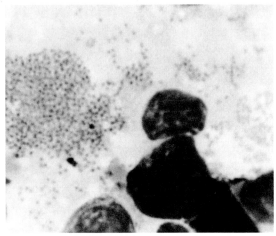

图6-11-3 淋巴结涂片中可见大量裂殖子。
（Giemsa×1 000）

（白启）

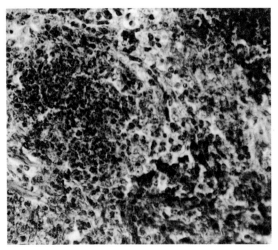

图6-11-4 脾组织中的坏死性结节。（HE×400）

（陈怀涛）

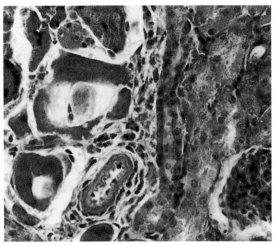

图6-11-5 实验病例肾组织中的巨细胞结节
（图左侧）。（HE×400）

（陈怀涛）

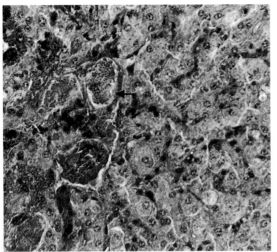

图6-11-6 实验病例肝组织中的巨细胞结节（图左侧，仅显示一部分），细胞中尚见柯赫氏蓝体（↑），肝窦内皮细胞明显增生。（HE×400）

（陈怀涛）

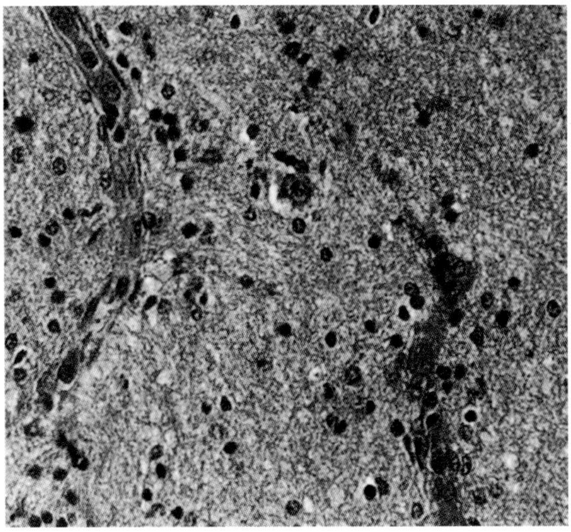

图6-11-7 脑血管内皮细胞增生。（HE×400）

（陈怀涛）

Chapter 7 第七章

普通病

一、妊娠毒血症

妊娠毒血症（pregnancy toxaemia）是母羊、母牛怀孕末期发生的一种代谢疾病，羊主要发生于怀双羔、三羔或胎儿过大的母羊。山羊、绵羊均可发生。

[病因] 一般认为，本病的发生与下列因素有关：

（1）营养不足 在我国西北地区，绵羊妊娠毒血症常在冬季枯草季节发生于瘦弱的母羊。怀孕末期的母羊营养不足、饲料单纯、维生素及矿物质缺乏，特别是饲喂低蛋白、低脂肪饲料，且碳水化合物不足时，易发病。怀孕早期过肥的羊，至怀孕末期突然降低营养水平，更易发生此病。

（2）垂体-肾上腺系统平衡紊乱 肾上腺过度活动和循环中皮质醇水平升高，致使神经细胞丧失对糖的利用率，导致出现神经症状。

（3）运动不足 长期舍饲，缺乏运动的羊易发病。

（4）应激 气候恶劣、天气突变、环境改变等可促使本病的发生。

[发病机理] 妊娠末期，如果母体获得的营养物质不能满足本身及其胎儿生长发育的需要（尤其在多胎时），母羊即动用组织中贮存的营养物质，使蛋白质、碳水化合物和脂肪代谢严重紊乱，中间代谢产物——酮体等大量增加，引起肝功受损，丧失排毒、解毒功能，导致低血糖症、高酮血症及高皮质醇症，病羊出现严重的代谢性酸中毒及尿毒症症状。

[症状] 本病发生于妊娠最后1个月内，以分娩前10～20d居多，也有在分娩前2～3d发病的。症状一般随分娩期的迫近而加剧，也与营养供给情况有关。如果母羊在疾病早期流产或早产，症状可随之缓解。

病初精神沉郁，食欲减退，但体温正常。以后食欲废绝，反刍停止，磨牙；粪球干小，排尿频数；结膜苍白，后期黄染；脉搏快而弱；呼吸浅表，呼出的气体带醋酮味；神经症状明显，如反应迟钝、运动失调、步态蹒跚，或作转圈运动。后期神经症状更为明显，唇部肌肉抽搐，颈部肌肉阵挛，头颈频频高举或后仰，呈观天姿势或弯向腹肋部。严重时卧地不起，多在1～3d内死亡。死前昏迷，全身痉挛。不死者，常伴有难产或产下弱羔、死胎。

血液检验：血中葡萄糖含量可降至1.40mmol/L以下（正常为3.33～4.99 mmol/L），总酮体含量可增至546.96 mmol/L（正常仅为5.85mmol/L），β-羟丁酸升高为（8.50±1.80）mmol/L[正常仅为（0.47±0.06）mmol/L]。此外，血清总蛋白减少，游离脂肪酸和皮质醇含量增高，淋巴细胞和嗜酸性粒细胞减少。尿液丙酮试验呈强阳性反应。

[病理变化]　子宫中常有2～3个胎儿，胎儿死亡或不同程度的腐败分解。肝脏肿大，呈土黄色或红黄色相间，质脆易破，切面油腻（图7-1-1）。镜检，肝细胞严重脂肪变性（图7-1-2）。肾脏肿大，呈土黄色，肾上腺肿大3～4倍。

[诊断]　根据临诊症状、孕期饲养管理方式以及血液、尿液检验结果，可做出诊断。注意与生产瘫痪相区别：妊娠毒血症主要发生于产前10～20d，呈现无热的神经症状；生产瘫痪多发生于产前数天及产后泌乳期，肌肉震颤更明显，病情更急剧，常于6～12h死亡，静脉注射葡萄糖酸钙有良效。

[防治]

（1）预防主要是在妊娠的后2个月增加精料量，即从产前2个月起，每天供给精料250g。至产前2周，日精料量增至1kg。加强管理，避免饲喂制度的突然改变，并增加运动，每天驱赶运动2次，每次0.5～1h。

（2）治疗原则是补糖、保肝、解毒。

①用25%～50%葡萄糖溶液静脉注射，每次100～200mL，每天2次。此外，可配合胰岛素20～30IU，肌内注射。还可口服丙酸钠5～7g、甘油20～30mL或丙二醇20mL，每天2次，连用3～5d。

②用氢化泼尼松75mg和地塞米松25mg，肌内注射；另外，静脉注射葡萄糖，并注射钙、磷、镁制剂，其存活率可达85%以上。除上述激素外，也可注射促肾上腺皮质激素（ACTH）20～60IU。

③可试用尼克酸治疗，每只羊每天口服尼克酸1g，连服5d。

④为缓解酸中毒，可静脉注射5%碳酸氢钠液100～200mL。

⑤为了促进脂肪代谢，可用肌醇，配合维生素B$_1$、维生素B$_{12}$、维生素C等。

上述方法无效时，尽早施行剖腹产或人工引产，一旦胎儿排出，症状随即减轻。

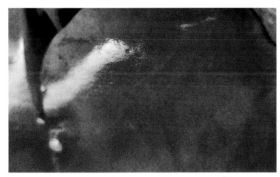

图7-1-1　肝脏肿大，呈红黄色。

（李晓明）

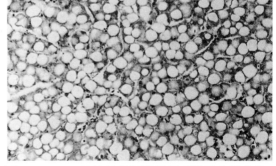

图7-1-2　一只母羊的肝脏呈严重脂肪变性变化，肝细胞质被大小不等的脂肪滴（空泡）所占据。（HE×200）

（李晓明）

二、白肌病

白肌病（white muscle disease）是羔羊和犊牛较常发生的一种地方性营养代谢性疾病，主要由饲草、饲料长期缺乏硒（Se）和维生素E所致。临诊上以运动失调和循环衰竭为特征，病理上则以心肌和骨骼肌的变性、坏死为特征。白肌病地理分布较广，发病率较高，1～5周龄羔羊的死亡率有时可高达40%～60%，因此，常造成严重的经济损失。本病多发生于春、夏季。

[病因] 主要是饲草、饲料中硒和维生素E缺乏或不足所致，其原因有：动物白肌病流行区，土壤硒含量低于正常值，其生长的植物、饲草硒含量亦偏低或缺乏；酸性土壤中硒与铁形成硒酸铁，难溶于水，使植物或饲草可利用硒的水平降低；土壤中含硫过高，它能与硒争夺吸收部位，影响植物或饲草对硒的吸收；沙荒地、沼泽地硒易流失；体内多种元素可颉颃、降低硒的生物学作用。由于存在于青绿饲料中的维生素E极不稳定，在空气中易被氧化，因此，当饲料加工和贮存不当或贮存时间过久时，均可使维生素E遭到破坏，含量降低或缺乏。

[发病机理] 硒和维生素E均为强抗氧化剂。维生素E的生物学作用除抗不育外，还参与稳定膜结构及调节膜结合酶活性，通过其抗氧化作用，防止生物膜的不饱和脂肪酸被氧化和过氧化及清除自由基，实现对膜结构的保护效应。硒是谷胱甘肽过氧化物酶（GSH-Px）的组成成分，从而揭示了硒在动物体内的作用方式及与维生素E的关系。现代研究证明，各种生物体中都有自由基的广泛存在，而硒能通过GSH-Px阻止自由基产生的脂质过氧化反应。硒一方面通过形成GSH-Px分解过氧化物，防止其对细胞膜的过氧化破坏反应，以保护细胞膜，另一方面能加强维生素E的抗氧化作用，二者在这一生理功能方面具有协同作用。维生素E能抑制脂肪酸过氧化物的生成，防止细胞膜性结构遭受过氧化物的损害，而硒则是参与破坏已生成的过氧化物。

硒和维生素E缺乏时，GSH-Px活性降低，维生素E含量减少，体内产生的过氧化物蓄积，使细胞膜性结构受过氧化物的毒性损害而遭受破坏，细胞的完整性丧失，组织器官呈现变质性变化。这些变化可引起相应的机能改变，导致动物出现一系列的临诊症状。病变组织器官机能紊乱及其相互影响，促使病程、病变进一步发展，终致发病牛、羊死亡。

[症状] 严重者多不表现症状而突然倒地死亡。心肌性白肌病，可见心跳加快、节律不齐、间歇和舒张期杂音，以及呼吸急促或呼吸困难。骨骼肌性白肌病时，病羔运动失调，表现为不愿走动、喜卧，行走时步态不稳、跛行；严重者起立困难，站立时肌肉僵直。部分病羔拉稀。

病羔血清谷草转氨酶、葡萄糖-6-磷酸脱氢酶和腺苷酸脱氢酶的活性升高，果糖磷酸激酶、乳酸脱氢酶、甘油-3-磷酸脱氢酶、3-羟基酰基辅酶A脱氢酶的活性降低。

[病理变化] 尸检见右心扩张，心包液增多，心肌变性、坏死，呈灰黄色或灰白色的斑块状或条纹状（图7-2-1）。病变在犊牛主要见于左心室壁、室中隔、乳头肌和腱索，在羔羊主要见于右心内膜下的心肌。全身骨骼肌呈现程度不同的变性、坏死变化，以臀部、腿部、肩部、颈部及胸背部肌肉明显，常对称性发生。病变骨骼肌混浊肿胀，色淡苍白，似鱼肉样，可见黄白色或灰白色条纹和斑块（图7-2-2）。此外，可见肺淤

图7-2-1 心肌柔软，可见不均匀的灰白色斑块状病变。

（许益民）

图7-2-2 骨骼肌中可见灰白色条纹和斑块。

（陈怀涛）

血、水肿和胃肠卡他性炎。

镜检，骨骼肌先后出现颗粒变性、透明变性或蜡样坏死以及钙化和再生，也可表现为肌纤维萎缩、染色不均以及扭曲或呈波浪状，慢性病例间质明显增生（图7-2-3、图7-2-4）。心肌的变化基本同骨骼肌（图7-2-5），PAS染色时见肌纤维中的糖原减少，分布不均匀（图7-2-6）。电镜下，肌细胞线粒体肿胀、钙化，肌原纤维溶解、坏死。

[诊断] 根据临诊症状和心肌、骨骼肌的典型病变一般可做出诊断，必要时可对组织器官和饲料、土壤的硒含量进行测定。

[防治] 对病羔，可用0.2%亚硒酸钠溶液1.5～2mL肌内或皮下注射，每月1次，连用2次。也可用亚硒酸钠在饲料中补硒至0.1mg/kg，同时添加维生素A和维生素E，用于预防和治疗。

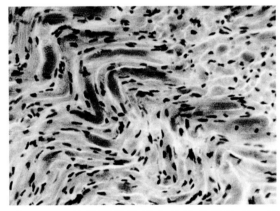

图7-2-3 骨骼肌纤维扭曲并呈玻璃样变，有些纤维断裂、崩解，间质细胞增生。

（HE×400）

（陈怀涛）

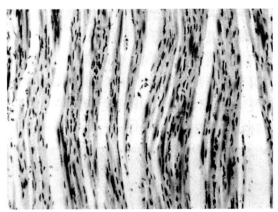

图7-2-4 骨骼肌纤维萎缩，染色不均匀。

（HE×200）

（陈怀涛）

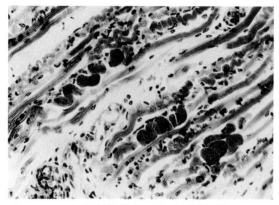

图7-2-5　心肌纤维萎缩，有些纤维扭曲。
（HE×400）

（陈怀涛）

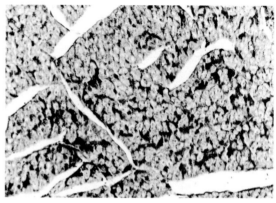

图7-2-6　心肌横切面，肌纤维糖原颗粒（色红）减少，分布不均。（PAS×200）

（王茂林）

三、尿石病

尿石病（urolithiasis）是在尿路中形成结石的一种代谢性疾病。尿结石可见于肾盂、膀胱、输尿管或尿道，临诊特征是排尿障碍或尿闭。本病可因尿闭造成膀胱破裂、尿毒症，或因尿路系统弥漫性坏死、出血而死亡。

[原因]　绵羊尿石病的发生，与下列因素有关：

（1）日粮中钙、磷比例不平衡或精料饲喂量过多。日粮的钙磷比例以2∶1为宜。如长期饲喂高磷低钙的饲料，如棉籽壳、棉籽饼、玉米和小麦麸皮等，或种公羊配种期精料饲喂量过多，均可引起尿结石。

（2）饮水量不足，水质差、碱性大。缺水时尿量明显减少，尿液中盐类等物质浓度增高。如饮水碱性大，其中矿物质（如镁）便升高，同时磷酸根（PO_4^{3-}）过多时，尿液中即可形成磷酸铵镁等尿结石。这种盐类结石占绵羊结石的98%以上。

（3）棉籽饼、棉籽壳的棉酚毒素含量很高。绵羊过多食入这些饲料，不仅使钙、磷比例失调，而且棉酚毒素可损害肾脏，使肾脏对磷酸盐的重吸收功能减弱或丧失，因此，大量磷酸盐进入尿液，形成尿结石。

（4）区域性土壤、饮水和饲草缺钼，或砷、汞、氟等含量过高。钼是核酸代谢酶的重要成分。缺钼后，核酸代谢障碍，尿酸盐含量增多，氨不能合成尿素。尿酸盐和氨都是尿结石的重要成因或成分。砷、汞等元素可损害肾脏，而肾功能受损则是尿结石形成的重要条件之一。氟在胃肠道中可干扰钙的吸收，进而引起钙、磷比例失调。

（5）各种应激因素也可诱发尿石病。绵羊饲管环境改变、饲料变更、密集舍饲、活动减小、惊恐紧张等因素，在本病的发生上也起一定的作用。

[症状]　本病多见于公羊、羯羊和羔羊（尤其公羔）。母羊也可发生，但很少死亡，仅见阴户下有白色盐样结晶物附着，有时表现不安。更换饲草料后，上述症状即可消失。

病羊初期呻吟或咩叫，拱背努责，频频举尾。以后站立不稳，排尿痛苦，尿量少或淋漓滴下。阴茎或尿道触诊时，十分敏感，骚动不安。如果发生尿闭，则眼结膜潮红，随即

眼睑水肿，同时下颌、胸腹下和尿道周围皮下明显水肿。一般无体温变化。一旦膀胱破裂，腹痛等不安症状立即消失，病羊安静，但下腹部逐渐膨大，触诊时有波动感。病羊厌食或食欲废绝，精神高度沉郁。多于膀胱破裂后2～4d死亡。

在育肥羔羊群，其发病率可达33.5%，病死率高达70%；成年羯羊发病率可达17%，病死率63.4%；种公羊发病率5%～8%，病死率70%。

本病以产棉区多发，舍饲羊多见，羔羊多于成年羊，国外引进公羊多于当地公羊。

血液检查时，见血钙明显降低，磷明显升高，镁也升高；血液非蛋白氮明显增高。尿液呈强碱性（pH 8.15，健康羊pH 6.67），磷、镁高而钙低，PO_4^{3-}、CO_3^{2-}也明显增高。尿沉渣主要以磷酸铵镁和磷酸钙镁结晶物为主，同时还有较多尿路上皮、膀胱上皮、肾小管上皮以及红细胞、白细胞等。结石组成常以磷酸盐为主，个别以硅酸盐为主。

[病理变化]　病情不同，结石的大小、多少不尽相同，其病变也有一定差异。肾脏可能肿大，肾盂中有时见细粒或块状结石（图7-3-1）。输尿管常充血、扩张，黏膜出血，偶见结石。膀胱如破裂则缩小，黏膜弥漫性出血、坏死（图7-3-2），尿道入口或尿道中有多少不等的结石堵塞；腹腔中积聚大量尿液，并有腹膜炎病变。如膀胱未破裂，则常因排尿减少而扩张（图7-3-3）。成年公羊的结石多阻塞在尿道突的基部或头部。如结石过多，则整个尿道突都积满细砂粒状结石，引起尿道突和龟头坏死。公羔因尿道突尚未游离出来，结石多阻塞在阴茎尿道内（图7-3-4）。有时结石虽已全部排出，但因整个尿路系统弥漫性出血、坏死而使动物死亡。在个别结石公羊，其整个尿道

图7-3-1　肾盂中有一个紫红色、玉米粒大的不正形结石形成，其表面粗糙。

（张高轩）

图7-3-2　左：膀胱黏膜出血、坏死；右：膀胱破裂后收缩。

（张高轩）

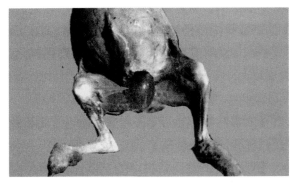

图7-3-3　膀胱（↑）胀大（因结石堵塞尿道而积尿），腹部膨大（因腹腔积液）。

（张高轩）

和膀胱内都积满多量黄豆粒大、表面光滑的灰红色结石，其中也杂有细砂粒状小结石（图7-3-5）。

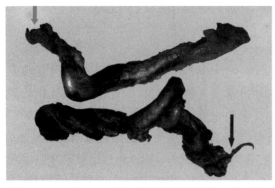 

图7-3-4　上：一只公羔羊尿结石所致的龟头出血、坏死（↓）（尿道突未被翻出）；下：一只种公羊尿结石所致的龟头出血、坏死、水肿，尿道突内积满砂粒状结石（↓）。

（张高轩）

图7-3-5　尿道内积聚许多黄豆粒和砂粒大的结石。

（张高轩）

[诊断]　根据症状和病史，生前可做出诊断，死后剖检可得到确证。

[防治]　调整饲草料中的钙、磷比例。如用棉籽副产品作饲料，应脱去其棉酚毒。严格控制精料饲喂量：育肥羔羊精料的日饲喂量可控制在体重的1.2%以内或日粮总量的20%以内；种公羊精料的日饲喂量应控制在体重的1%以内。饲料中加入食盐，并保证充足、质量好的饮水。加强公羊和育肥羔羊的运动。补充胡萝卜以增加维生素A。在饲料中加入调整钙、磷比例的锶、钼等微量元素和矿物元素添加剂。

绵羊群发性尿石病绝大多数为磷酸铵镁等碱性结石（即鸟粪石）所致。早期发现有结石症状或尿闭时，立即将病羊放倒、侧卧保定，翻开包皮露出阴茎，局部消毒，用拇指和食指轻轻捻磨尿道突结石部、并将结石向前推赶，一旦将尿道突中的结石推出，因尿道和膀胱内压很大，尿液便可将细小结石冲出，病情立即好转。如尿道突已坏死，可将其剪去，以防病变向阴茎扩延。同时，还可应用一些尿路平滑肌松弛剂，如氨茶碱、黄体酮等。适量注射葡萄糖盐水和速脲等药物。口服70～100mL食醋，可促进尿路结石的溶解。还应给予利尿剂和尿路止血、消炎药等。

育肥羔羊因尿道突尚未游离出来，故治疗效果较差。此时可翻开包皮露出阴茎，用婴儿头皮针胶管通过龟头尿道口小心地轻轻插入，边插边向内注入2%～3%柠檬酸液，直至膀胱，坚持数分钟，拔出胶管，可以冲出部分尿液；也可行膀胱穿刺术，抽出尿液后再注入柠檬酸10mL。也可用口服30～50mL食醋，注射平滑肌松弛剂、速脲等针对成年公羊的治疗方法。

在结合西药（青霉素、乌洛托品）治疗的同时，应用中药排石汤有良好效果：海金沙25g，金钱草25g，石韦20g，冬葵子20g，车前子15g，萹蓄20g，瞿麦25g，木通20g，鸡内

金15g，木香10g。水煎2次，合并药液，早晚各灌服1次，连服7剂。（提供者：赵万寿）

四、尘肺

尘肺（pneumoconiosis）是由于长期吸入外界空气中的无机粉尘所致，山羊较多发生。

[病因]　动物生活环境（圈舍、草场、道路等）尘土过多，风沙扬尘浓度过高，饲草中混有大量尘土等都可起无机尘肺的发生。上述尘土中以铝和硅元素为主，因此，所致疾病多为铝硅酸盐尘肺。

[症状]　肺病变较轻时，临诊上常无明显症状。如病变范围较广泛，可出现气喘、呼吸加速、咳嗽等症状。

[病理变化]　眼观，肺表面与实质有多少不等的硬结节或实变区。镜检，表现为慢性支气管炎和间质性肺炎。细支气管周围和肺泡间隔有较大的尘细胞灶，伴以结缔组织增生和淋巴细胞浸润，有些肺泡发生气肿和萎陷（图7-4-1）。支气管淋巴结也常见尘灶和尘结节（图7-4-2）。

[预防]　加强饲养管理，不用多土、霉变的饲草；保持圈舍清洁，减少尘土飞扬。治理沙尘暴，减少大气粉尘浓度。

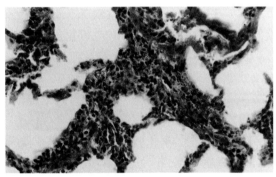

图7-4-1　肺泡间隔结缔组织增生、淋巴细胞浸润，并有棕黄色无机粉尘灶，附近肺泡多半扩张。（HE×400）

（陈怀涛）

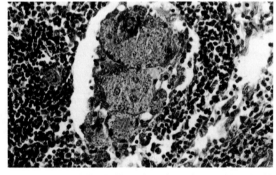

图7-4-2　支气管淋巴结中有一个明显的无机粉尘结节，结节由几个异物巨细胞组成，巨细胞质中含有许多棕黄色无机粉尘。

（李晓明）

五、食毛症

食毛症（fleece-eating or wool-eating）是一种主要发生于成年绵羊和山羊的以嗜食被毛成癖为特征的营养缺乏性疾病，多散发或呈地方性流行。其不同于羔羊吮乳时所发生的舔毛症（wool-picking），后者无嗜毛成瘾症状，只要改善母畜乳腺卫生状况即可自然消失。本病在我国西北、华北、东北各地均有报道，以新疆、青海和甘肃等省、自治区发病较多，尤其在甘肃河西走廊的荒漠草场更为严重，呈地方性流行。

[病因]　据甘肃省绵羊、山羊食毛症的调查研究认为，成年绵羊、山羊体内常量矿物元素——硫（S）缺乏是该病的主要病因，患病时被毛硫含量（2.61%±0.24%）明显低于正常值（3.06%～3.48%）。病区牧草中氟含量较高、铜含量不足和高磷低钙型钙磷比例不当，羊只长期局限性放牧，地域性、季节性硫元素缺乏，补饲不足，以及饲草单纯等，均可引起本病的发生。饲料中钙、磷、钠、铜、锰、钴等矿物元素，以及维生素、蛋白质和含硫氨基酸缺乏也会成为本病发生的原因。

[流行病学]　本病具有明显的季节性和区域性，发病仅局限于终年只在当地流行病区草场放牧的羊只。一旦羊群转移到他处草场放牧时，原有症状可在短期内消失，如再返回原地放牧，则经时不久疾病又可复发。该病多发生在11月至翌年5月，1～4月为高峰期，至青草萌发并能供以饱食时即停止。山羊发病率明显高于绵羊，其中以羯山羊发病率最高。发病无性别、年龄差异。

[发病机理]　硫是机体必需的常量矿物元素，其在动物体内的含量约为0.15%，以多种含硫有机物形式存在并实现其作用。含硫氨基酸（如蛋氨酸、胱氨酸、半胱氨酸等）占体蛋白的0.6%～0.8%，还有硫胺素、生物素等维生素，骨与软骨中的硫酸软骨素，参与形成胶原和结缔组织的黏多糖，以及含巯基酶等，它们在机体的物质代谢和生命活动中都起着十分重要的作用。被毛蛋白质含硫相对集中，如羊毛约含硫4%。反刍动物及马属动物虽可利用饲料中的无机硫，但是它们又要利用无机硫合成黏多糖。因此，当饲料蛋白质供给不足或蛋白质外硫源不足时，动物则发生硫元素缺乏。此时由于硫代谢紊乱，病畜出现采食量下降、生长缓慢、脱毛，并以本能的"吃毛补毛"来补偿硫元素的不足，从而出现"食毛症"。

[症状]　病羊经常啃食其他羊只或自身被毛，每次可连续采叼40～60口，每口叼食1～3g；以臀部叼毛最多，而后扩展到腹部、肩部等部位。被啃食的羊只，轻者被毛稀疏，重者大片皮板裸露（图7-5-1），甚至全身净光，最终因寒冷而死亡。有些病羊出现掉毛、脱毛现象；采食羊只亦逐渐消瘦、食欲减退、消化不良，有时发生消化道毛球梗阻，表现肚腹胀满，腹痛，甚至死亡。有的病羊还有啃食毛织品、煤渣、骨头等异食癖症状。

[病理变化]　尸体消瘦，背腹部、甚至全身有大片无毛区。皮下可见胶样水肿，腰背及臀部肌肉色泽淡白或不均。肾外形无明显改变，但被膜较厚，难以剥离。心肌较软，色泽较淡，或在心肌切面上见灰白色病变区。其他器官一般无明显变化，但肠道常可见到大小不等的毛球（图7-5-2）。

镜检，不少器官都有病变，尤以皮肤和横纹肌严重。皮肤：表皮变薄，多为一两层上皮细胞，但角化明显并大量脱落，表皮层几乎无毛干穿出。真皮层毛囊缺如，即使存在，毛囊体积也缩小，上皮细胞固缩为一团（图7-5-3、图7-5-4）。皮脂腺和汗腺明显减少，腺上皮细胞缩小。真皮中散在小堆淋巴细胞。腰肌：有许多肌纤维弯曲，呈波浪状，有些纤维染色不均，或发生玻璃样变。肌细胞核增多，有些间质轻度增生。心肌：肌纤维多呈萎缩状态，部分肌纤维变性、弯曲，甚至呈波浪状。肾：被膜增厚，结缔组织增生，肾间质细胞增多。肝：肝细胞局灶性空泡变性，间质轻度结缔组织增生和淋巴细胞浸润。

[诊断]　根据流行病学、主要症状和病理变化，可做出初步诊断。疾病流行区土、草、水和病畜被毛矿物元素检测后，如硫元素含量低于正常范围，并以含硫化合物补饲病羊疗效显著时，即可确诊。

图7-5-1　绵羊营养不良，被毛大量脱落或被啃掉。
（黄有德）

图7-5-2　肠道中取出的毛球（有的已被切开）。
（陈怀涛）

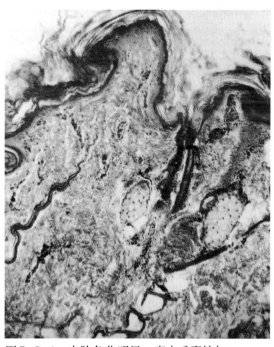

图7-5-3　皮肤角化明显，表皮薄，真皮毛囊萎
缩。（HE×100）
（陈怀涛）

图7-5-4　皮肤角化明显，真皮毛囊缺如。
（HE×100）
（陈怀涛）

　　[防治]　用硫酸铝、硫酸钙、硫酸亚铁及少量硫酸铜等含硫化合物进行治疗，可在短期内取得满意的效果。在发病季节坚持补饲以上含硫化合物，并将硫元素用量控制在饲料干物质的0.05%，或每只成年羊每天0.75～1.25g，即能达到中长期预防和治疗目的。补饲以含硫化合物颗粒饲料为主，既经济又方便，适合大批病羊的治疗；病羊数量较少时可灌服硫酸盐水溶液治疗。

　　[预防]　本病主要采取以下综合措施：①对发病率高的羊群用药物颗粒饲料补饲，时间从1月初到4月中旬，开始以连续补饲为宜，而后视发病情况减量间断补饲。②合理轮牧，轮牧时间以秋、冬之间为宜；尽量减少单位面积的载畜量，以减轻草场负荷，提高羊群体

质。③加强饲养管理，确保羊群越冬。④推广病羊罩衣分圈过夜措施，防止啃咬和减少挂损掉毛，同时亦有保温防寒之功效。

含硫药物颗粒饲料参考组方如下：硫酸铝143kg，生石膏27.5kg，硫酸铜5kg，硫酸亚铁1kg，玉米60kg，黄豆65kg，草粉950kg，加水45 kg，用颗粒饲料加工机加工成为ø5mm规格颗粒。放牧羊平均20 ～ 30g/d，可盆饲或撒于草地自由采食。

六、碘缺乏症

碘是绵羊等各种动物合成甲状腺激素不可少的成分，甲状腺激素对机体的生物学作用极为广泛。绵羊等动物一旦碘缺乏，就会引起碘缺乏症（iodine deficiency）。本病的临诊特征是甲状腺增生肿大、生长发育受阻和繁殖成活率下降等。

[原因]　引起绵羊碘缺乏的原因较多，有原发性的，也有继发性的。

绵羊碘缺乏症最常见的原因是饲草、饲料和饮水中碘的含量不足。其他原因有：胃肠道寄生虫病或慢性消化道疾病，使碘在消化道内吸收减少；饲草、饲料和饮水中有较多干扰碘吸收的物质，如氟、钙、氯和钼等矿物元素；长期大量食入被细菌严重污染的草料和饮水。

豆饼、豌豆、油菜、卷心菜、甘蓝、甜菜叶和甜菜糖渣等，含有硫葡萄糖苷、硫氰酸盐或高氯酸盐等致甲状腺肿的物质，因此，长期大量食入就会引起甲状腺肿。怀孕母羊如每天采食多量甜菜糖渣，所产羔羊会出现先天性群发性甲状腺肿。

[发病机理]　碘在绵羊体内主要通过合成四碘甲状腺素（T_4）和三碘甲状腺素（T_3），以合成DNA、RNA、呼吸酶、氧化酶和氧化磷酸化酶来调节蛋白质、脂肪、碳水化合物和维生素的代谢，促进或影响机体的生长发育和繁殖等功能。当各种原因引起碘缺乏时，甲状腺上皮细胞内合成T_3、T_4的过程受到抑制，T_3、T_4进入血液障碍，血液中甲状腺激素减少。当机体相应功能受到影响时，可反射性地使脑垂体前叶释放多量促甲状腺素（TSH），来加强碘离子进入甲状腺，并促进甲状腺上皮细胞增生、化生，滤泡扩大，最终导致甲状腺肿。

[症状]　本病常发生在碘缺乏地区，羔羊发病率远高于成年羊。如果患病羊甲状腺肿块不大，则外表很难看到，也难触及。但若甲状腺超过4g，则在颈上1/3和颈中1/3交界处的两侧颈静脉沟中，可触摸到可移动的卵圆形甲状腺肿块。

怀孕母羊患病时，常产出体重2kg左右的死胎、弱胎或畸胎，其甲状腺重量均在2.8g以上。所生患有甲状腺肿的弱羔，很难存活，多因肺炎或腹泻而死亡。

怀孕母羊的甲状腺肿如由长期饲喂大量致甲状腺肿的物质所致，其临诊表现虽无异常，但肿大的甲状腺可触摸到。所产羔羊软弱无力，不能站立，低头偏向一侧，不能吮乳；颈部变粗或颈下可见鸡蛋大至拳头大的肿块；呼吸极度困难；头颈皮肤、眼眶、眼睑水肿，四肢水肿，关节弯曲；于出生后数小时至24h死亡（图7-6-1）。

研究表明，羔羊甲状腺肿病变同甲状腺的重量有关。2月龄羔羊的甲状腺，如在1.5g以下者均无甲状腺肿病变，2.8g以上者均有甲状腺肿病变，介于两者之间者有15% ～ 20%甲状腺有病变。

甲状腺是碘的的储存器官，其碘含量可决定甲状腺肿大与否。羔羊甲状腺在2.8g以上者平均含碘量为189.07mg/kg，1.5g以下者为354.26 mg/kg。

[病理变化]　病死羊的甲状腺呈不同程度的肿大（2.8～30g），色砖红或褐红，两叶基本对称，呈椭圆形，切面湿润，稍外翻，质地较实在，其周围多有胶样水肿（图7-6-2）。如病变甲状腺较重（30g以上），则其周围血管受压而充血，同时颈静脉也怒张、充血。肺塌陷或不全塌陷，呈紫红色。肝脏肿大、淤血，呈深紫红色。

图7-6-1　新生羔羊颈部变粗或有肿块，头颈部（眼眶、面颊、鼻、唇等）皮肤水肿，四肢弯曲不能站立，多于出生后数小时死亡。

（张高轩）

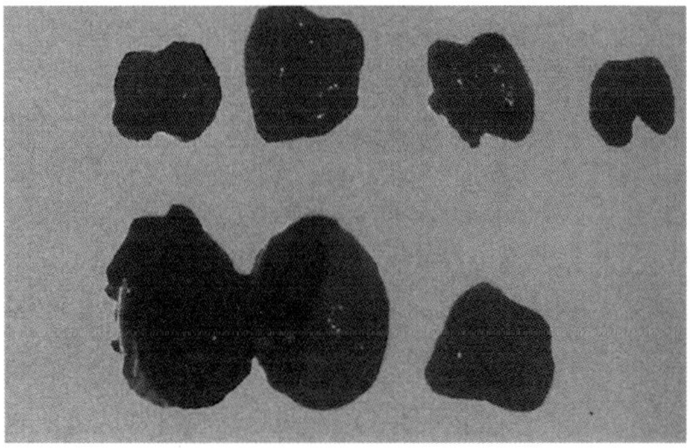

图7-6-2　病死羊甲状腺均有程度不等的肿大，分两叶，呈紫红色，最重可达30g以上。

（张高轩）

镜检，成年羊与羔羊的甲状腺病变基本相同，但羔羊甲状腺滤泡较小。甲状腺滤泡增生、肿大，但其大小相差悬殊。大滤泡的腺上皮多为扁平状，核呈梭形，核间距离明显拉长，腺泡腔内常有大量胶质（图7-6-3）；有些大滤泡的上皮细胞形态不一，呈扁平、柱状或立方状，滤泡腔内充有胶质，在胶质与柱状或立方状上皮的交界处，常有许多并排的长圆形空泡（图7-6-4）。在大滤泡周围常有一些小滤泡，其内胶质多少不等，上皮多为立方状或矮柱状；在有些病变的甲状腺中，有较多腺泡样结构或细胞团，其内无胶质（图7-6-5）。

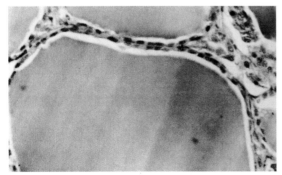

图7-6-3　成年羊甲状腺肿：大滤泡腺泡腔内充满胶质，腺上皮呈扁平状。（HE×450）

（张高轩）

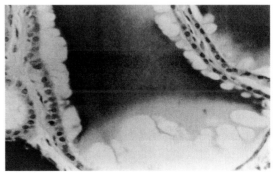

图7-6-4　成年羊甲状腺肿：同一滤泡中可见不同形状的上皮，呈扁平、立方或柱状，在立方或柱状上皮和胶质交界处，有空泡结构形成。（HE×450）

（张高轩）

281

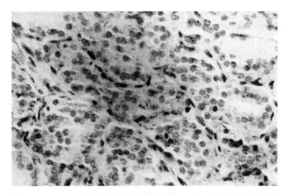

图7-6-5　2月龄羔羊甲状腺肿：在有的大滤泡周围，有许多小滤泡形成，其中可见少量胶质；此外，尚见腺上皮细胞团块。（HE×300）

（张高轩）

先天性群发性羔羊甲状腺肿的组织学变化是，柱状的甲状腺上皮向滤泡腔内、外高度生长，致使滤泡腔极不规则，滤泡腔内多无或仅有少量胶质（图7-6-6）；此外，也可见腺泡样结构和细胞团块，其内均无胶质。肺淤血、水肿，肺泡不张（图7-6-7）。肝淤血。心肌纤维间水肿。

[诊断]　测定饲料、土壤和水源中的碘，如日粮中碘含量在0.08mg/kg以下，土壤在0.3mg/kg以下，饮水在10mg/L以下时，可视为碘缺乏。

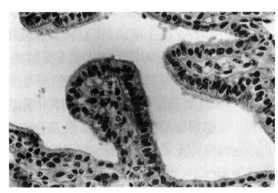

图7-6-6　新生羔羊先天性甲状腺肿：甲状腺高度增生，高柱状的腺皮质向滤泡腔呈乳头状生长（乳头状突起的中心为结缔组织），致使滤泡腔变得很不规则，腔内多无胶质。（HE×450）

（张高轩）

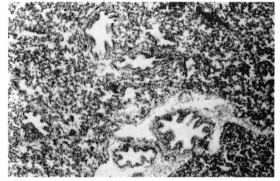

图7-6-7　新生羔羊先天性甲状腺肿：肺脏多无充气现象，肺泡不张，似腺泡。（HE×150）

（张高轩）

怀疑羔羊患先天性群发性甲状腺肿时，可改换其他饲料饲喂母羊，如发病现象停止，即可做出诊断，但应与具有家族性发生特点的遗传性甲状腺肿进行鉴别。

羔羊死亡后甲状腺在2.8g以上，或初生羔羊每千克体重甲状腺大于0.5g，即可诊断为甲状腺肿。也可测定绵羊血清蛋白结合碘（PBI），PBI正常值为0.236～0.310μmol/L，若低于此值，即为碘缺乏。

[防治]　在碘缺乏区内，坚持对怀孕和泌乳期母羊以及羔羊补碘。补碘的方法很多，如每只羊每天饮水中加入50μg碘化钾或碘化钠；舍饲羊的饲料中加入含碘添加剂或在食盐中加碘化钾或碘化钠1mg/kg，让绵羊自由采食；在绵羊股内侧，用3%～5%碘酊棉球涂搽，每月1次，两侧轮换涂搽。对怀孕期和泌乳期母羊，禁止饲喂含致甲状腺肿物质和硫脲类物质的饲料或植物。

一旦发现羊群中有甲状腺肿病羊，立即用碘化钾或碘化钠治疗，每只羊每天5～10mg
混于饲料中饲喂，或在饮水中每天加入5%碘酊或10%复方碘液5～10滴，20d为一疗程，
停药2～3个月，再饲喂20d，即可达到治疗效果。

七、铜缺乏症

铜缺乏症（copper deficiency）是动物体内铜含量不足所致的一种重要的营养代谢性疾
病，其特征是贫血、腹泻、运动失调和被毛褪色。本病常呈地方流行或大群发生，如我国
甘肃省河西走廊和新疆部分地区的放牧羔羊的发病率约为30%。原发性铜缺乏主要发生在
幼龄动物，饲喂缺铜日粮的母牛所产的犊牛在2～3月龄时即出现缺铜症状。绵羊和山羊最
为易感，牛次之。

[病因]

（1）原发性　日粮缺铜引起动物机体缺铜，主要是由于摄食生长在低铜土壤上的饲草
或土壤中铜的可利用性低所致。一般认为，饲料中铜低于$3\mu g/g$即可引起发病，$3～5\mu g/g$
为临界值，$10\mu g/g$以上能满足动物的需要。

（2）继发性　铜的摄入量足够，但机体对铜的利用发生障碍。其原因是：①钼与铜具
有颉颃性。当饲草、饲料中钼含量过多时，可妨碍铜的吸收和利用。牧草含钼低于$3\mu g/g$
时，对铜无影响；但当饲料中钼含量达$3～10\mu g/g$时，即可引致动物铜不足而出现临诊症
状。通常认为铜与钼比值应高于2：1。②饲料中锌、镉、铁、铅和硫酸盐等过多，也影响
铜的吸收，造成机体铜缺乏。③饲草中植酸盐含量过高，可与铜形成稳定的复合物，降低
动物对铜的吸收。④反刍兽饲料中的蛋氨酸、胱氨酸、硫酸钠、硫酸铵等含硫物质过多，
经过瘤胃微生物的作用均可转化为硫化物。后者与铜钼共同形成一种难溶解的铜钼硫酸
盐复合物，可降低铜的利用。

[发病机理]　血浆铜主要以铜蓝蛋白的形式存在。铜可促进胃肠道铁的吸收，铁吸收
后转变成Fe^{3+}并形成铁蛋白而储存起来；当其还原为Fe^{2+}后释放到血浆中时，必须再氧化成
Fe^{3+}与铁传递蛋白相结合，才能向骨髓等造血部位转移。这一反应受血浆铜蓝蛋白的调控。
因此，缺铜后细胞可用的铁减少，网织细胞中血红蛋白的合成受到影响而导致贫血。

铜是赖氨酸氧化酶和单胺氧化酶的辅基。缺铜时，这些酶的活力降低，可导致骨中胶
原交叉连接不良，胶原成熟受到影响，从而降低了骨胶原的稳定性和强度。因此，骨质比
较脆弱，容易发生骨折、骨骼畸形和骨质疏松。

铜是细胞色素氧化酶的辅基，起电子传递的作用，能保证ATP的正常合成。缺铜时，
细胞色素氧化酶的活力下降，脑中儿茶酚胺的水平也降低，ATP的生成减少，使磷脂合成
障碍，髓磷脂合成也受到抑制，造成神经系统脱髓鞘。中枢神经细胞因代谢障碍发生病变，
故引起以运动失调为特征的临诊症状。

铜是酪氨酸酶的辅基，酪氨酸酶可催化酪氨酸的羟化过程而产生多巴，多巴氧化生成
苯二酮，可促进黑色素的增加。铜缺乏动物，其酪氨酸酶的活力降低，使酪氨酸转化为黑
色素的过程受阻，因而皮肤、毛发色泽减退。如体内完全缺乏酪氨酸酶，则产生白化病。
铜缺乏还可引起角化作用的破坏，使皮肤和毛发在生长和外观上都发生改变，在羊表现为
羊毛的数量和质量下降，羊毛变直、强度降低。

[症状]　运动障碍是羔羊铜缺乏的主要症状，故又称为摆腰病或地方性共济失调。主要危害1～2月龄的羔羊，在严重暴发时，刚出生的羔羊也可发病，并常常造成死亡。早期症状为两后肢呈"八"字形站立；驱赶时后肢运动失调，跗关节屈曲困难，球节着地，后躯摇摆，极易摔倒；快跑或转弯时更加明显，呼吸和心率随运动而显著增加。严重者做转圈运动，或呈犬坐姿势，后肢麻痹，卧地不起（图7-7-1），最后死于营养不良。羔羊随年龄增长，其后躯麻痹症状可逐渐减轻。

铜缺乏时，被毛的变化很明显，被毛稀疏，粗糙，缺乏光泽，弹性降低，颜色变浅。成年牛的红色和黑色毛变成白色或棕色毛，黑牛眼睛周围被毛更加明显，似戴白框眼镜（图7-7-2），故有"铜眼睛"之称。绵羊铜缺乏时，被毛柔软，光滑，失去弯曲，黑毛颜色变浅。羊毛的这些变化是最早的症状，在亚临诊铜缺乏可能是唯一的症状。

图7-7-1　病羊后肢麻痹，起立困难。

（刘宗平）

图7-7-2　病牛眼周被毛褪色，似白框眼镜。

（刘宗平）

贫血是多种动物严重、长期缺铜的常见症状，发生于铜缺乏症的后期。羔羊主要表现为低色素小红细胞性贫血，而成年羊则呈巨红细胞性低色素性贫血。

腹泻是牛和羊继发性铜缺乏的常见症状，粪便呈黄绿色或黑色水样，腹泻的严重程度与钼的摄入量成正比。

此外，母畜的发情表现常不明显，不孕或流产，奶牛产奶量下降，其幼畜生长不良。

[临诊病理]　动物铜缺乏的初期，体内铜储备（如肝脏铜）大量消耗，但血液铜水平变化不明显，随着摄入的铜继续不足，血液铜水平逐渐下降。一般认为，健康牛肝脏铜含量应超过100µg/g（干物质），绵羊超过200µg/g；如绵羊肝脏铜含量低于80µg/g，牛低于30µg/g时则为缺铜。

健康动物血铜水平为0.5～1.5µg/mL，多数在0.8～1.2µg/mL。一般认为，血清铜含量在0.19～0.57µg/mL为临界值，低于0.19µg/mL为低铜血症，此时牛和绵羊表现生产性能降低和功能紊乱。

健康绵羊的被毛铜含量为（3.68±0.74）µg/g，牛为6.6～10.4µg/g。铜缺乏绵羊的被毛铜含量为（2.17±0.36）µg/g；原发性铜缺乏牛的被毛铜含量为1.8～3.4µg/g，继发性铜缺乏的牛为5.5µg/g。

贫血是铜缺乏动物晚期的症状之一，贫血的严重程度与低铜血症有关。铜缺乏时红细胞数可减少至（2.0～4.0）×10¹²/L，血红蛋白降至50～80g/L，血细胞比容、红细胞平均容积、红细胞平均血红蛋白和红细胞平均血红蛋白浓度等指标均显著低于正常值。

[病理变化] 铜缺乏的特征病变是贫血和消瘦。骨骼的骨化推迟，易发骨折，严重时表现骨质疏松。地方性铜缺乏的最主要组织病变是小脑束和脊髓背外侧束的脱髓鞘。在少数严重病例，脱髓鞘病变波及大脑，白质结构被破坏，出现空洞。并且有脑积水、脑脊髓液增加和大脑回几乎消失等病理变化。肝脏、脾脏和肾脏有大量含铁血黄素沉着。

[防治] 治疗铜缺乏症比较简单，但如果神经系统和心肌受到严重损伤时，病畜将不能完全康复。2～6月龄犊牛口服硫酸铜4g，成年牛为8～10g，羊为1～2g，每周1次，连用3～5周。在日粮中添加铜，使硫酸铜的水平达25～30μg/g，连喂2周效果显著。也可将矿物质添加剂——舔砖中硫酸铜的水平提高至3%～5%，让动物自由舔食，或按1%剂量加入日粮中饲喂动物。

动物铜缺乏症的预防措施主要有：①日粮中添加硫酸铜，其最低量为牛10μg/g，羊5μg/g。②在妊娠中后期口服硫酸铜，牛4g，羊1～1.5g，每周1次，能预防幼畜铜缺乏症，也可在幼畜出生后口服铜制剂。③可用矿物质添加剂——舔砖，舔砖中硫酸铜的含量羊为0.25%～0.5%，牛为2%。④国外应用内含氧化铜短针的胶囊，将其投入反刍动物的瘤胃或网胃中，可缓慢释放铜。⑤经口投服含硒、铜、钴等微量元素的长效缓释丸，可在瘤胃和网胃中缓慢释放微量元素。⑥可在饮水中添加硫酸铜，让动物自由饮用。⑦给低铜草地施用含铜肥料，每公顷施用硫酸铜5.6kg，能显著提高牧草中铜的含量。

八、骨软症

骨软症（osteomalacia）是成年羊软骨内骨化作用完成后，由于钙、磷代谢紊乱而发生的以骨质脱钙、骨质疏松和骨骼变形为特征的一种骨营养不良。除羊外，其他各种动物亦可发生。

[病因] 日粮中钙、磷缺乏，比例失调和维生素D不足均可导致骨骼钙、磷吸收高于贮存，从而发病。在成年羊，骨骼灰分中钙占38%，磷占17%，钙、磷比例约为2：1。因此，日粮中的钙、磷比例应与骨骼中的比例基本适应，但不同动物对日粮中钙、磷比例的要求不尽一致。影响钙、磷需要量的许多因素都会导致机体钙、磷缺乏。这些因素包括环境、动物年龄和某些疾病等。环境因素：如羊只过度拥挤、圈舍通风不良和低温等。羔羊能吸收奶中90%的钙，而成年羊则变化范围较大。慢性肝功能和肾功能障碍会影响维生素D的活化，从而使钙磷吸收和成骨作用障碍、骨骼钙化不全和脱钙作用增强，容易继发骨营养不良。另外，日粮中锌、铜、锰等不足也影响骨的形成和代谢，特别是对高产奶羊。

[流行病学] 放牧的山羊、绵羊可因牧草中磷含量较低而较易发生磷缺乏。许多天然牧场的土壤和牧草磷含量均较低，这些草场的多数牧草在生长早期其磷含量高于0.3%，能满足动物的需要，但这一时期较短，而其余大部分时间的成熟牧草其磷含量常低于0.15%。动物对日粮中钙、磷的利用率降低和钙、磷与其他矿物质或营养物之间的比例失调也是造成钙、磷代谢紊乱的原因。另外，动物长期食入铁、铝高含量土壤生长的牧草也会干扰对磷的吸收。

[发病机理] 机体钙、磷代谢紊乱时，血液钙含量下降，间接地刺激甲状旁腺激素（PTH）分泌，促使骨骼中钙盐重吸收，以维持血液钙水平，并满足机体的需要。此时骨骼

发生明显的脱钙，呈现骨质疏松。而这种疏松结构又被过度形成的未钙化的骨样基质所代替，因此，骨骼脆弱、变形，容易发生骨折。

[症状] 成年羊骨软症的临诊症状和其他动物的基本相似，主要表现为消化机能紊乱、异嗜、运动障碍和骨骼变形。

病羊食欲降低，体重下降，消瘦，异嗜，被毛粗乱，站立姿势异常，跛行，步态僵硬，严重者不能站立。椎骨、盆骨和肋骨容易发生自发性骨折，并且骨折不易愈合。

在严重的骨软症病例，用骨穿刺针或注射针头极易从肋骨、椎骨和头骨刺入。

病山羊鼻甲骨隆起，导致面骨对称性增大，呈圆桶状外观，故又称"大头病"。用穿刺针在额骨上极易刺入。X线检查，骨骼密度普遍降低，颅骨表面粗糙，骨质密度不均；掌骨有外生骨疣。圈养羊也有发病，主要表现骨质疏松、脊椎变形（图7-8-1）。荐椎与盆骨变形可导致顽固性便秘和母羊难产。

饲草料磷缺乏时首先血清磷含量下降。正常青年羊的血清含量为1.938～2.584 mmol/L（6～8mg/dL）。饲喂低磷日粮几周或几个月后，血清磷含量可降至0.646～0.969mmol/L（2～3mg/dL）。一般认为，羊血清磷含量低于1.454mmol/L（4.5mg/dL）时即为磷缺乏。

另外，血清碱性磷酸酶（ALP）活性显著升高，血清PTH含量明显升高。

[病理变化] 剖检可见骨骼因矿物质明显脱失而呈多孔状，色似白垩，骨质柔软，易碎。骨的理化特性都发生改变。

[诊断] 根据发病年龄、生产情况及食欲降低、异嗜、跛行和骨骼变形等特征症状可做出初步诊断。如欲确诊，可分析日粮中钙、磷、维生素D的含量和血清磷的含量，并测定血清碱性磷酸酶活性。X线检查可作为辅助诊断。血清游离羟脯氨酸升高是早期诊断的依据。

[防治] 本病的防治原则是加强饲养管理，在不同生理时期供给全价日粮，特别对高产奶山羊尤为重要。病羊以补充骨

图7-8-1 母羊营养不良，骨质软化，脊柱变形凹陷。

（陈怀涛）

粉和磷酸氢钙为主，可每天在精料中添加20g骨粉，5～7d为一疗程。配合静脉注射20%磷酸二氢钠20～50mL或3%次磷酸钙溶液200mL，每天1次，连续3～5d。同时，肌内注射维生素D效果更好。

根据羊只不同生理阶段对矿物质营养的需要，及时调整日粮钙、磷比例及维生素D含量，是预防本病的关键。

九、疯草中毒

棘豆属（Oxytropis）和黄芪属（Astragalus）的一些有毒植物，对动物有相似的毒害作用，均可引起以神经功能紊乱为主的慢性中毒。因此，这类植物统称为疯草，所致中毒称为疯草中毒（locoweed poisoning）或疯草病（locodisease）。疯草中毒发生于许多动物，包

括羊、牛、马、骡、驴、猪及鸡等。疯草主要分布于美国、俄罗斯、墨西哥等国家，是危害家畜最为严重的一类有毒植物。疯草在我国主要分布于西北、华北和西南广大牧区，已给畜牧业造成巨大经济损失。

我国已报道能引起家畜中毒的棘豆属植物有8个种，包括黄花棘豆（*O. ochrocephala* Bunge）（图7-9-1、图7-9-2、图7-9-3）、甘肃棘豆（*O. kansuensis* Bunge）（图7-9-4）、毛瓣棘豆（*O. sericopetala* Praim ex C.E.C）（图7-9-5）、急弯棘豆[*O. deflexa*（pall）DC]、硬毛棘豆（*O. hirta* Bunge）、小花棘豆[*O. glabra*（lam）DC]、冰川棘豆（*O. glacialis* Benth Bge.）与包头棘豆[*O. glabra*（clam）DC var *drakeana*（Franch）C.W.C]。黄芪属植物引起家畜中毒的有2个种，包括茎直黄芪（*A. strictus* Grah. ex Benth）（图7-9-6）和变异黄芪（*A. variabilis* Bunge）（图7-9-7）。

图7-9-1　黄花棘豆的植株与花序。

（曹光荣）

图7-9-2　宁夏回族自治区海原县南华山草场生长的黄花棘豆。

（曹光荣）

图7-9-3　青海省铁卜加草场上丛生的黄花棘豆。

（祁樽）

图7-9-4　甘肃省天祝藏族自治县石门乡牧场生长的甘肃棘豆。

（李建科）

图7-9-5　毛瓣棘豆。

（赵宝玉）

图7-9-6　西藏地区密生的茎直黄芪。

（赵宝玉）

图7-9-7　宁夏回族自治区生长的变异黄芪。

（曹光荣）

[病因]　疯草的有毒成分：国内外大量研究认为，吲哚兹啶生物碱——苦马豆素是疯草的主要有毒成分。苦马豆素分子式为$C_8H_{15}NO_3$，熔点为$144 \sim 145℃$。黄花棘豆、甘肃棘豆、急弯棘豆、茎直黄芪和变异黄芪的苦马豆素含量分别为0.012%、0.021%、0.025%、0.006%和0.010%（曹光荣等，1989）。用苦马豆素饲喂猪和犊牛均可复制出疯草中毒的典型症状和相同的病理变化。国外疯草的有毒成分还包括含脂肪族硝基化合物的黄芪和聚硒黄芪，它们能引起急、慢性中毒。但我国尚无含硝基化合物黄芪中毒的报道，也没有聚硒黄芪生长的条件。

本病的发生与草原生态有密切关系：疯草适于生长在植被被破坏的地方，有人认为这些植物是生态扰乱的先驱。疯草在我国一些草场已发展成为优势种，这不仅与其抗逆性强、抗干旱、耐寒等特性有关，更重要的是草场管理不善、过度放牧、草场退化及植被破坏等，为这些有毒植物的蔓延提供了条件。疯草与草场可食牧草争夺生长环境，进一步加剧了草场退化，造成恶性循环。一般疯草适口性不佳，在牧草充足时，牲畜并不采食，但当可食牧草耗尽时才被迫采食。因此，常在每年春、冬季发生中毒，干旱年份有暴发的倾向。

发病与饲养管理有关：据报道疯草在结籽期适口性相对较好，牲畜有可能主动采食而发生中毒。有经验的牧民在结籽期不在有疯草的草地上放牧，可避免中毒造成损失。但在干旱年份由于可食牧草缺乏，特别是没有充分的干草储备，以及饲养管理不善，有可能造成灾难性后果。

发病与采食量有关：大量采食疯草可在十余天发生中毒，少量采食疯草常经1～2个月甚至更长时间才发生中毒。

[发病机理]　苦马豆素可抑制溶酶体α-甘露糖苷酶Ⅰ和高尔基体α-甘露糖苷酶Ⅱ。由于苦马豆素阳离子同甘露糖阳离子的半椅状空间结构相似及对甘露糖苷酶的高度亲和性，从而成为α-甘露糖苷酶的强烈抑制剂。又由于甘露糖苷酶作用的靶室中pH（4.5）低，以及苦马豆素的弱碱性，使该靶室内苦马豆素浓度增高，足以使α-甘露糖苷酶完全受到抑制。结果造成甘露糖蓄积，使正常糖蛋白合成发生异常，产生糖蛋白——天冬酰胺多聚糖。细胞内由于富含甘露糖的低聚糖大量聚积而形成空泡变性，进而造成器官组织损害和功能障碍。虽然细胞空泡变性是广泛的，但神经系统损害出现最早，特别是小脑浦金野细胞最为敏感，因而中毒动物常出现以运动失调为主的神经症状。由于

生殖系统广泛空泡变性，造成母畜不孕、孕畜流产和公畜不育。苦马豆素还可透过胎盘屏障，直接影响胎儿，造成胎儿死亡或发育为畸形。

[症状]　家畜在采食疯草的初期，体重增加，当采食一定量后营养状况开始下降，被毛粗乱、无光泽，进而出现以运动障碍为特征的神经症状。病畜体温正常或偏低。病至后期，食欲减少、贫血、水肿及心脏衰弱，最终卧地不起而死亡。病期2～3个月，如采食疯草数量较大，也可在1～2个月内死亡。未发现有急性中毒发生。各种家畜的症状不完全一致。

牛：主要表现精神沉郁，步态蹒跚，站立时两后肢交叉，视力减退，役牛不听呼唤。有的病牛出现盲目转圈运动，后期消瘦衰竭。在高海拔地区（2 120～3 090m），饲喂或放牧疯草的牛（特别是犊牛）发生充血性右心衰竭，导致下颌和胸前水肿；怀孕牛腹部异常扩张，对传染病（如腐蹄病）的敏感性增加。

羊：轻症仅见精神沉郁，常拱背呆立；放牧时落群，由于后肢不灵活，行走时弯曲、外展（图7-9-8），步态蹒跚；驱赶时后躯向一侧歪斜，往往欲快不能而倒地，严重者卧地、起立困难（图7-9-9），头部水平震颤或摇动。中毒羊在安静状态下可能看不出症状，但在应激时，如用手提耳便立即出现摇头、突然倒地等典型中毒症状（图7-9-10）。妊娠羊易流产（图7-9-11），产下畸形或弱小羔羊。公羊性欲降低，或无性交能力。

图7-9-8　中毒羊后肢不灵活，行走时弯曲、外展。

（曹光荣）

图7-9-9　重病羊卧地、起立困难。

（曹光荣）

图7-9-10　羊黄花棘豆中毒，手提病羊耳朵时，病羊因应激反应突然倒地。

（曹光荣）

[病理变化]　疯草中毒的眼观病变无明显特异性。仅见羊尸极度消瘦，血液稀薄，腹腔内有多量清亮液体，有些病例心脏扩张，心肌柔软。病理组织变化为神经及内脏组织细胞泡沫样空泡变性（图7-9-12至图7-9-16）。饲喂疯草的第4d血液淋巴细胞就可能看到这种空泡变化，小脑浦金野细胞和中枢神经细胞于第8天可见到空泡形成。电镜观察，细胞空泡形成是溶酶体单层膜样结构持续扩张的结果。

[诊断]　根据采食疯草病史，有以运动障碍为主的神经症状，以及病理组织学检查见有神经细胞及实质器官组织细胞的空泡形成，可以做出诊断。

[防治]　不在有疯草的草场上放牧，就可以防止中毒。但是疯草在一些草场上分布很广，面积很大，使得预防工作变得十分困难。只有采取加强草场管理和畜牧管理等综合措施，才有可能防止中毒，减少损失。为此可采用以下方法：

（1）合理轮牧（草原管理）法　即在有疯草的草场上放牧10d，或在观察到第一头牲畜轻度中毒时，立即转移到无疯草的草场放牧10～12d或更长一段时间，以利毒素排泄和畜体恢复。在疯草密度较高的草场上，也可实行高强度放牧，迫使牲畜采食疯草10d，然后

图7-9-11　羊甘肃棘豆中毒，流产胎儿（106d）头部严重出血。

（丁伯良）

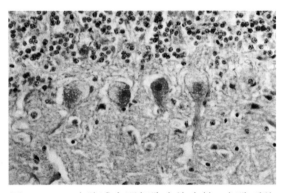

图7-9-12　小脑浦金野细胞空泡变性，细胞质染色不均，胞核浓缩或溶解。（HE×400）

（陈怀涛）

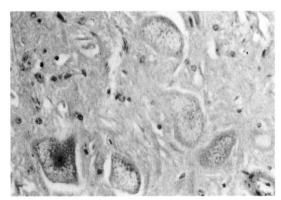

图7-9-13　大脑神经细胞质中有密集的小空泡，有的胞核已消失。（HE×400）

（陈怀涛）

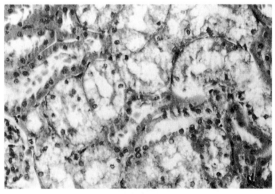

图7-9-14　肾曲小管上皮细胞的空泡变性，细胞质淡染、呈网状。（HE×400）

（陈怀涛）

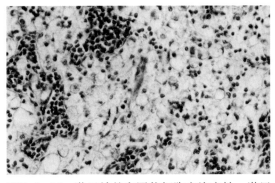

图7-9-15　淋巴结的窦网状细胞空泡变性，淋巴
　　　　　窦似脂肪组织。(HE×400)

（陈怀涛）

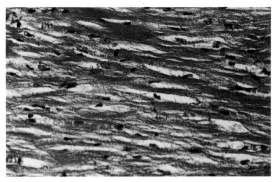

图7-9-16　变异黄芪中毒家兔的心肌空泡变
　　　　　性，核两侧胞质淡染，呈网状结构。
　　　　　(HE×400)

（陈怀涛）

再转移到安全草场放牧15～20d。这样放牧可使部分疯草被利用，部分被踩踏，疯草会逐渐减少，不致引起中毒。

（2）间歇饲喂（畜牧管理）法　适于舍饲或冬季补饲，即饲草加疯草（40%）饲喂，每喂15d，停用疯草15d。经5个月试验，无羊只发生中毒和流产。

目前尚无有效治疗方法。对轻度中毒羊，可及时转移到无疯草的草场放牧，适当补饲，一般可不治而愈。

十、萱草根中毒

萱草根中毒（hemerocallis root poisoning）俗称"瞎眼病"，是由于采食了有毒的百合科萱草属植物的根而引起的。临诊特征为瞳孔散大，双目失明和瘫痪。本病是由于采食北萱草（*Hemerocallis esculenta* Koids）、小黄花菜（*H. minor* Mill）等有毒萱草的根中毒所致（图7-10-1）。

[病因]　萱草根的有毒成分——萱草根素（hemerocallin），是一种双萘结构的酚类化合物，为橘黄色粉末，呈弱酸性，可溶于氯仿，不溶于水和乙醇，266～269℃分解。萱草因品种、产地、生长期不同，其萱草根素含量也不同，北萱草根中萱草根素的含量为0.35%～0.4%。绵羊口服北萱草根粉的中毒剂量为每千克体重3.63～4.5g，致死量为每千克体重5.88～7.87g；山羊口服萱草根素的中毒剂量为每千克体重30mg，绵羊的中毒剂量为每千克体重38.3mg，小鼠LD_{50}为每20g体重0.95mg。

自然病例主要见于摄食了萱草根的绵羊和山羊，偶然发生于牛及其他动物。发病有明显的季节性与地方性，特别是野生

图7-10-1　小黄花菜根的形态。

（曹光荣）

或栽培萱草比较密集的地方。西北地区冬末春初的枯草季节，牧草缺乏，但表层土壤解冻，羊很容易用蹄刨食萱草根，或田埂、地边种植的萱草根暴露出地面，牛、羊很容易采食中毒。在人工栽培黄花菜的地方，发病往往是摄食了随意抛弃或堆放、保管不善的萱草根所致。

[发病机理] Dorling等（1992）根据实验提出萱草根素中毒的分子机理，认为萱草根素在体内的氧化还原电位变化（可逆）的周期性特征，正好是轴突电位变化的顺序。萱草根素在体内作为一种自由基的可逆发生器，只要有一定数量到达作用部位，就可不断地产生自由基而扩大其毒害作用，使髓鞘质蛋白受到损害。萱草根素对神经系统、实质器官和消化系统等均有毒害作用，但对视神经、视网膜等的破坏作用最为明显，视觉传导可完全断绝。毒素也可直接作用于血管壁的神经和平滑肌，使神经受损，平滑肌松弛，血管扩张，视网膜血液循环障碍，视觉细胞坏死，其功能丧失，导致双侧失明。毒素还可引起脑水肿和脑积液，导致颅内压升高，进而通过脑脊液引起视神经蛛网膜下腔扩张和中央静脉受压，从而导致视网膜血管淤血和视乳头水肿。视神经本身的结构和功能特点决定其损伤的不易修复，故造成不可逆性失明。脑脊髓运动神经和植物神经的损害，则导致全身瘫痪和膀胱麻痹等症状。

[症状] 食入萱草根的数量不同，症状出现的时间和严重程度有很大差异。

轻度中毒：由于食入萱草根数量较少，一般在2～4d后发病，表现精神沉郁，食欲减少，反应迟纯，离群呆立。继之瞳孔散大，双目失明（图7-10-2）。失明初期表现不安，盲目行走，易惊恐，或行走谨慎，四肢高举，作转圈运动。双目失明不能恢复，但仍可肥育，繁殖后代不受影响。

图7-10-2 中毒羊瞳孔散大，失明。

（洪子鹏）

重度中毒：由于食入萱草根数量较多，发病十分迅速，表现低头呆立，或头抵墙壁，胃肠蠕动加强，粪便变软，排尿频数，不断呻吟，空口咀嚼，眼球水平颤动，瞳孔散大（图7-10-3），双目失明，全身轻度震颤，四肢行走无力。继之四肢麻痹，卧地不起（图7-10-4）；有的四肢不断划动，咩咩哀叫，最后昏迷而死亡。如能耐过急性期，除失明外，羊只在人工喂养下也可肥育和繁殖。

眼底检查，可见视网膜静脉充血（图7-10-5），视乳头和静脉血管周围水肿、淤血，严重者血管破裂，眼底出现鲜红色斑块（图7-10-6）。眼内压升高，可达4.93kPa（正常值为2.67kPa）。

[病理变化] 眼观变化：重度中毒羊，心内、外膜有出血斑点；肾脏色黄、质软，肾盂水肿；膀胱积尿，黏膜充血并散在出血点；脑、脊髓膜血管扩张，有出血点，脊髓液增多；视神经肿胀、松软或局部变细、消失。

组织学变化：整个视觉传导径均受损害，以视神经和视网膜最为严重。视神经损害呈双侧性。病变轻微时仅部分神经纤维脱髓鞘、断裂崩解，纤维束中有不均匀的空洞；严重时几乎全部纤维崩解、脱髓鞘，有明显网孔形成，甚至神经组织变为无结构的物质或仅存留束间结缔组织。当这些含脂质的坏死物被巨噬细胞吞噬后，可在局部看到许多泡沫细胞

（图7-10-7、图7-10-8）。后期，视神经中的神经纤维完全消失，而由纤维结缔组织所取代，故眼观视神经局部变细或消失（图7-10-9）。

视乳头充血、水肿或出血，局部组织疏松呈网孔状（图7-10-10），视乳头周围视网膜神经节细胞层疏松、增宽，球后视神经纤维肿胀、变性或断裂、崩解、脱髓鞘。视网膜常发生严重出血，细胞层次不清，细胞散乱（图7-10-11）。大脑、小脑、延脑和脊髓的白质结构异常疏松，并出现大量空洞，呈明显海绵状变性。灰质可见神经细胞坏死、噬神经细胞及卫星化现象。

[诊断]　根据特征症状（如突然瞳孔散大、双目失明、肢体瘫痪等），结合摄食萱草根的病史和组织病理变化，可做出诊断。

[防治]　预防措施：枯草季节禁止在萱草密生地放牧，尽力避免牛、羊摄食萱草根，引进无毒萱草品种等。

目前尚无特效治疗方法。

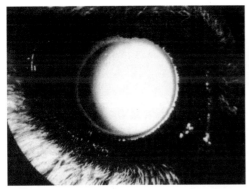

图7-10-3　瞳孔散大呈圆形。

（王建华）

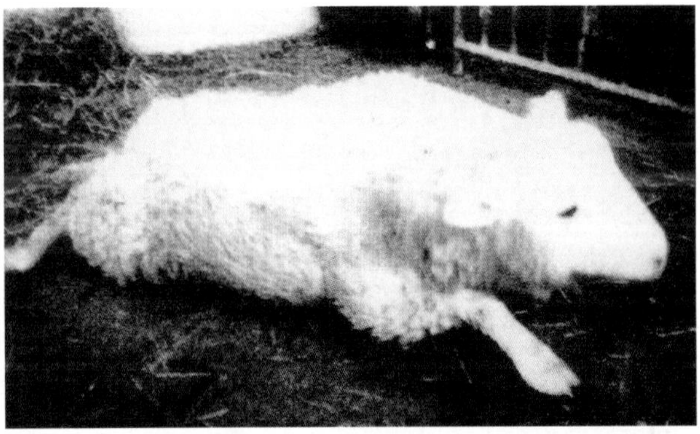

图7-10-4　中毒羊躯体及四肢瘫痪，不能站立。

（王建华）

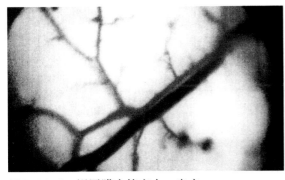

图7-10-5　视网膜血管充血、出血。

（王建华）

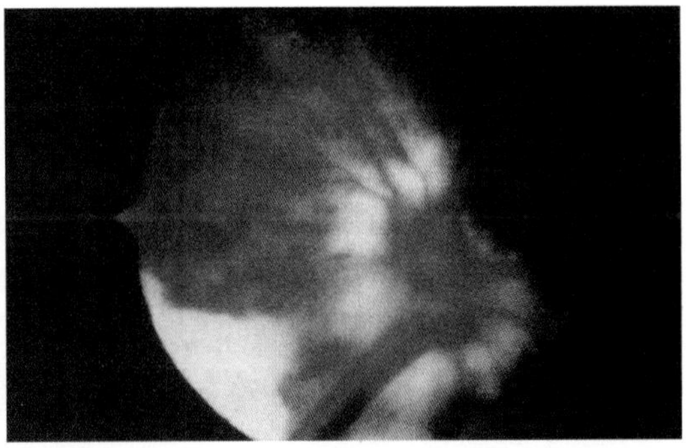

图7-10-6　视乳头严重水肿，其周围血管淤血，出血，眼底见明显的鲜红色斑块。

（王建华）

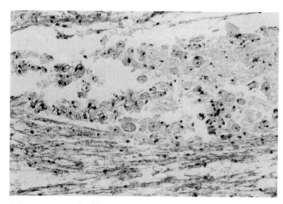

图7-10-7　视神经纤维坏死、崩解，正常组织完全被破坏，局部空隙中存留一些无结构的坏死物和吞噬脂质的巨噬细胞（"泡沫细胞"）。（HE×200）

（陈怀涛）

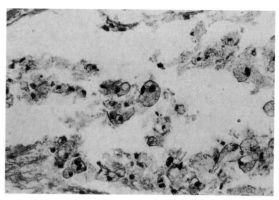

图7-10-8　上图视神经局部放大：可见许多大小不等的"泡沫细胞"。（HE×400）

（陈怀涛）

图7-10-9　慢性中毒时病变部的视神经已被结缔组织所取代。（HE×100）

（陈怀涛）

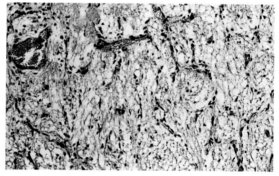

图7-10-10　视乳头充血、出血、水肿，视神经纤维脱髓鞘，局部组织呈网孔状。（HE×200）

（陈怀涛）

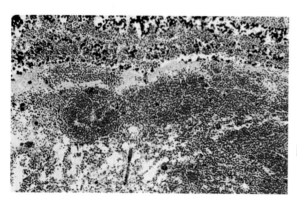

图7-10-11　视网膜出血，细胞因坏死而减少，层次结构不清。（HE×200）

（陈怀涛）

十一、铜中毒

动物因一次摄入大剂量铜化合物，或长期食入含过量铜的饲料或饮水，引起腹痛、腹泻、肝机能异常和溶血的一种急性或慢性疾病，称为铜中毒（copper poisoning）。

羔羊对过量铜最敏感，其次是绵羊、山羊、牛（尤其犊牛）等反刍动物，猪、犬、猫也可发生铜中毒。马属动物对过量铜较能耐受，大鼠可复制出典型的实验性铜中毒。

[病因和发病机理]　急性铜中毒多因一次注射或误食大剂量可溶性铜而引起，如羔羊在含铜药物喷洒过不久的草地上放牧，或饮用含铜浓度较高的饮水等。慢性铜中毒常因环境污染或区域性土壤中铜含量太高，所生长的牧草或饲料中铜含量偏高引起，如矿山周围、铜冶炼厂、电镀厂附近，含铜灰尘、残渣、废水可污染饲料、饮水。长期用含铜较多的猪粪、鸡粪施肥的草场，可引起绵羊铜中毒；将含铜较多的鸡粪烘干，除臭后喂羊，亦可引起铜中毒。慢性铜中毒还常因长期采食地三叶草及天芥菜属、千里光属和蓝蓟属等植物所致。这些植物可增加肝脏对铜的亲和力，使铜在肝内蓄积而致肝损伤，并易诱发溶血。如有遗传基因缺陷，则可产生类似人的遗传病（Wilson 氏病）样的遗传性铜中毒。

铜是机体必需的微量元素之一，被吸收进入血液的铜即与血浆中的蛋白质或氨基酸结合，并被运送至机体各部和红细胞中。肝脏从血液中吸取的铜通常被结合到肝细胞的线粒体、胞核和胞质中，这些铜或贮存于肝细胞内，或释放出来与蛋白质结合形成血浆铜蓝蛋白、红细胞铜蛋白及构成细胞中许多含铜酶的成分。

铜盐具有凝固蛋白质的作用和腐蚀作用，因此摄入过多时可刺激胃肠黏膜，导致出血坏死性炎症。肝脏从血液中吸取的铜如超过其贮存的限度，则可抑制多种酶的活性而导致肝细胞变性、坏死，并使肝脏排铜功能障碍，以致贮存铜更多；肝脏释放大量铜入血流，铜随即进入红细胞中，使红细胞内的铜浓度不断升高，以致降低红细胞中谷胱甘肽（GSH）的浓度，使红细胞脆性增加而发生溶血；溶血时，肾铜浓度升高和肾小管被血红蛋白阻塞，可使肾单位坏死而导致肾功能衰竭和血红蛋白尿，乃至发展为尿毒症。铜中毒时中枢神经系统的损害，主要是由于血液中的尿素和氨浓度升高所致。

[症状]

（1）急性中毒　呈现严重的胃肠炎，表现呕吐（猪、犬），流涎，腹痛，粪便稀并混有黏液，呈深绿色（有铜绿素化合物存在）。此外，还有心动过速，脉搏微弱，惊厥、麻痹等。一般在24～48h内虚脱而死。患病动物如存活时间延长，会出现溶血、黄疸和血红蛋白尿。

（2）慢性中毒　常见于羊、牛。表现体重下降，被毛生长不良，排绿色或黑色粪便，食欲与产奶量下降，后期出现溶血和正铁血红蛋白症。

连续给予动物非中毒剂量的铜可出现蓄积作用。当肝铜蓄积到一定程度，则大量释放入血，导致严重中毒。

[病理变化]

（1）临诊病理变化　慢性铜中毒时，临诊病理变化可分为3个阶段：早期为铜积累阶段，肝铜浓度大幅度升高，谷草转氨酶（SGOT）、精氨酸酶（ARG）、山梨醇脱氢酶（SDH）活性呈短暂升高。中期为溶血危象前阶段，肝功能明显异常，SGOT、ARG、SDH

迅速而持续升高，血浆铜浓度逐渐升高。后期为溶血危象阶段，血铜为5～20mg/L（正常为1mg/L以下），绵羊肝铜超过150mg/kg（湿重）和500mg/kg（干重）。

（2）病理剖检变化　急性铜中毒：胃肠炎明显，尤其是真胃和十二指肠，充血、出血、甚至溃疡，间或真胃破裂。胸、腹腔内有红色积液。膀胱出血，内有褐红色尿液。

慢性铜中毒：以全身性黄疸和溶血性贫血为主要特征。血液呈巧克力色，排血红蛋白尿。腹腔内积有大量淡黄色腹水。肝脏肿大、脆弱，呈淡黄色，胆囊肿大，充盈浓稠、绿色胆汁。肾脏肿大，呈古铜色，被膜散在斑状或点状出血（图7-11-1）。心包积液，心包外膜见有出血点。肠内容物呈深绿色。

（3）组织病理与组织化学变化　肝细胞索排列紊乱，单个肝细胞坏死，以小叶中央部坏死最为明显；胆汁淤滞，一些病例出现大而不规则的"胆汁湖"；胆管增生，中央静脉周围结缔组织增生。用红氨酸（rubeanic acid）或硫氰酸（rhodanic acid）等组织化学染色，能在汇管区周围和肝小叶中央部发现大量铜颗粒沉积。肾小管上皮细胞变性、坏死，管腔内充满蛋白絮状物或管型。用地衣红或其他血红蛋白染色，可在肾近曲小管上皮细胞胞质或管腔内发现大量含铜的血红蛋白滴（图7-11-2）。

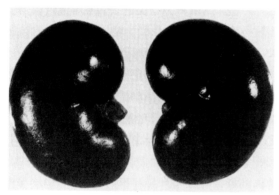

图7-11-1　慢性铜中毒：肾脏肿大，色暗，呈古铜色。

（J. M. V. M. Mouwen等）

图7-11-2　慢性铜中毒：肾脏近曲小管上皮细胞胞质和管腔中有许多含铜的血红蛋白滴，其形圆，色绿，大小不一。

（J. M. V. M. Mouwen等）

（4）超微病理变化　肝细胞核膜凹凸不平，呈钝齿状；核染色质着边。线粒体肿胀变形，有的呈哑铃状或不规则形（图7-11-3），基质颗粒减少，嵴断裂或减少，一些外膜模糊不清。粗面内质网明显扩张，网腔膨大呈壶状。溶酶体增大，常过载一些无定形密电子颗粒（铜），这些过载铜的溶酶体，常分布于毛细胆管附近，毛细胆管扩张，其微绒毛稀疏，有的肿胀，或断裂，并脱落于管腔内（图7-11-4）。

［诊断］　根据与铜盐接触史和临诊症状（如突然发生血红蛋白尿，黄疸，急性腹痛、腹泻，粪便呈绿色等），可怀疑为铜中毒。剖检变化及血、尿化验可协助诊断。取胃内容物或粪便，加氨水，观察检样由绿变蓝，是一种协助诊断铜中毒的简易方法。铜中毒的确诊需做饲草料及发病动物肝、肾和血液铜的测定。在饲料中含有正常的钼、硫、锌、铁时，绵羊对铜的最大耐受量为25mg/kg，牛为100mg/kg。

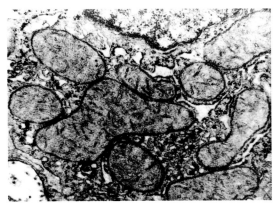

图7-11-3　肝细胞线粒体肿胀、变形。（×25 000）

（丁伯良）

图7-11-4　肝细胞间毛细胆管扩张（▲），其壁上的微绒毛肿胀、脱落。胆管周围有不少过载密电子铜颗粒的溶酶体。（×15 000）

（丁伯良）

本病应注意与钩端螺旋体病、产后血红蛋白尿病、急性巴氏杆菌病等鉴别诊断。

[防治]　急性中毒者，可用0.1%亚铁氰化钾（黄血盐）溶液或硫代硫酸钠溶液洗胃，使铜形成不溶性亚铁氰化铜沉淀而不被吸收。也可服用氧化镁、蛋清、牛乳、豆浆或活性炭以保护肠黏膜，并减少铜的吸收。

用三硫钼酸钠静脉注射（每千克体重0.5mg，稀释为100mL），不仅可预防大剂量铜中毒，而且可治疗急性铜中毒。也可皮下注射四硫钼酸铵以治疗有溶血危象的绵羊铜中毒，剂量为每千克体重3.4mg，隔天1次，连用3次，可取得与静脉注射（每千克体重1.7mg）相同的治疗效果。对于大群绵羊铜中毒，采取皮下注射，既方便又有效。

绵羊慢性中毒的治疗，可用50～500mg钼酸铵和0.1～1.0g硫酸钠，每天口服，连用3～6周；还可用去铜剂，如依地酸钙与青霉胺等，均有排铜效果。

在高铜草地上放牧的羊，其精料中添加钼7.5mg/kg、锌50mg/kg和0.2%的硫，可预防铜中毒，还可促进被毛的生长。

十二、硒中毒

硒中毒（selenium poisoning）是动物采食大量含硒牧草、饲料或补硒过多而出现精神沉郁、呼吸困难、步态蹒跚、脱毛及脱蹄壳等综合症状的一种疾病。急性中毒（又名瞎撞病，blind stagger）以出现神经系统症状为特征；慢性中毒（又名碱病，alkali disease）则以消瘦、跛行及脱毛为特征。该病在牛、羊较常发生。

[病因]

（1）土壤因素　土壤含硒量高，导致生长的粮食或牧草含硒量高，动物采食后引起中毒。一般认为，土壤含硒1～6mg/kg，饲料含硒达3～4mg/kg即可引起中毒。一些专性聚硒植物（或称为硒指示植物），如豆科黄芪属某些植物的含硒量可高达1 000～1 500mg/kg，是牛、羊硒中毒的主要原因。此外，有些植物如玉米、小麦、大麦、青草等，在富硒土壤中生长亦可引起动物硒中毒。

（2）人为因素　多因硒制剂用量不当，如治疗白肌病时亚硒酸钠用量过大，或动物饲料添加剂中添加硒量过多或混合不均匀等都能引起硒中毒。此外，用工业污染的含硒废水灌溉，也可使作物、牧草被动蓄硒而导致硒中毒。

［发病机理］　硒易从肠道吸收，尤其是小肠，吸收后可分布于全身，主要分布于肝、肾及脾脏，慢性中毒时可大量分布于毛与蹄内。硒可通过胎盘屏障造成胎儿畸形。此外，硒还可通过损伤的皮肤及呼吸道吸收。

硒进入机体后与硫竞争，取代正常代谢中的硫，形成巯基，从而抑制了许多含硫氨基酸酶，使机体氧化过程失调。硒酸盐进入体内后，可转化为亚硒酸盐，并能与胱氨酸、辅酶A等作用，形成硫硒化合物，使胱氨酸酶失活。硒还可与游离的氨基酸及含巯基蛋白结合，而影响蛋白质合成。此外，硒可影响维生素C、维生素K的代谢，从而造成血管内皮损害。

［症状］

（1）急性中毒　羊表现为不安，之后则精神沉郁，无力，头低耳聋，卧地时回头观腹（图7-12-1），呼吸困难，运动障碍，可视黏膜发绀，心跳快而弱，往往因虚脱、窒息而死。中毒羊死前高声哀叫，鼻孔流出白色泡沫状液体（图7-12-2）。牛急性中毒与羊相似，但以神经症状为主。

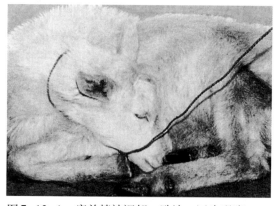

图7-12-1　病羊精神沉郁，卧地，回头观腹。
（李引乾）

图7-12-2　病羊死前哀叫，鼻孔流出泡沫。
（李引乾）

（2）慢性中毒　动物表现为消化不良，逐渐消瘦，贫血，反应迟钝，缺乏活力。牛尾毛脱落，被毛粗乱，关节僵硬，蹄过度生长、并变形。此外，慢性硒中毒还可影响胚胎发育，造成胎儿畸形及新生仔畜死亡率升高。

［病理变化］　急性中毒动物表现为全身出血，肺充血、水肿，腹水增多，肝、肾变性。急性硒中毒羊的气管内充满大量白色泡沫状液体（图7-12-3）。

亚急性及慢性中毒时，组织器官的病变见于肝脏、肾脏、心脏、脾脏、肺脏、淋巴结、胰脏和大脑。如肝脏萎缩、坏死或硬化，脾肿大、并有局灶性出血，脑水肿、软化等。

病理组织学检查，可见组织细胞变性、坏死，细胞核变形，毛细血管扩张、充血、出血。肺泡毛细血管扩张、充血，细支气管与肺泡内充满大量红色均染物质（图7-12-4）。心肌变性。肝脏中央静脉与肝窦隙扩张，甚至破裂、出血，并出现局灶性坏死。肾脏常见

肾小球毛细血管扩张、充血，肾小管上皮变性、坏死（图7-12-5）。

[诊断]　根据放牧情况（如在富硒地区放牧或采食富硒植物）及有硒剂治疗史，再结合临诊症状、病理变化以及血液中RBC和Hb下降等，可做出初步诊断。

此外，血硒含量高于0.2μg/g可作为山羊硒中毒的早期诊断指标。

[防治]

（1）治疗　对急性硒中毒，尚无特效疗法；对慢性硒中毒，可用砷制剂内服治疗：亚砷酸钠5mg/kg加入饮水服用，或0.1%砷酸钠溶液皮下注射，或对氨基苯胂酸按10mg/kg混饲，可以减少硒的吸收。此外，用10%～20%的硫代硫酸钠以0.5mL/kg静脉注射，有助于减轻刺激症状。

（2）预防

①在高硒牧场，可在土壤中加入氯化钡并多施酸性肥料，以减少植物对硒的吸收；在富硒地区，增加动物日粮中蛋白质、硫酸盐、砷酸盐等含量，以促进动物对硒的排出。

②在缺硒地区，为预防白肌病，在饲料添加硒制剂时要严格掌握用量。必要时，可进行小范围试验后再大范围使用。

图7-12-3　气管内充满白色泡沫状液体。

(李引乾)

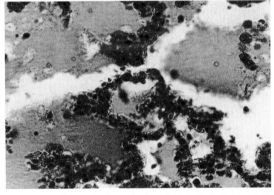

图7-12-4　肺充血、出血，肺泡腔含有大量浆液。（HE×400）

(杨鸣琦)

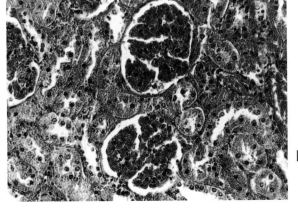

图7-12-5　肾小球和间质毛细血管充血，肾小管上皮细胞变性。（HE×400）

(杨鸣琦)

Chapter 8 第八章
肿瘤和其他病症

一、淋巴肉瘤

淋巴肉瘤（lymphosarcoma）即淋巴瘤，又称恶性淋巴瘤，羊和多种动物发生。

羊淋巴肉瘤开始发生于淋巴结，以后逐渐向肝脏、肺脏、肾脏、脾脏、心脏和子宫等组织器官转移、扩散，导致机体多种功能衰竭而死亡。

眼观，淋巴结特别是颈浅和髂下淋巴结明显肿大，变形，质地坚实，切面出现大小不等的灰白色肿瘤结节或完全被肿瘤组织代替，有包膜，与周围界限清楚（图8-1-1）。转移、扩散到其他组织器官的淋巴肉瘤一般呈大小不一的结节状，小者如大米粒，大者如蚕豆。而在心脏、子宫，除表面出现肿瘤结节之外，也见器官肿大，壁变肥厚。

镜检，可见瘤细胞近似多种类型的淋巴细胞，核大小、形态不一，深染。瘤细胞组成大小不一的结节或弥散于组织器官的间质中，压迫正常细胞，使其萎缩、甚至消失（图8-1-2）。

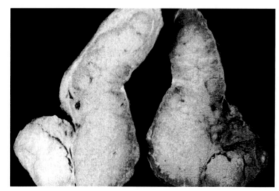

图8-1-1 一只山羊的颈浅淋巴结高度肿大、变形，约为正常的数十倍，质地坚实，切面灰红，可见有包膜的结节。

（薛登民）

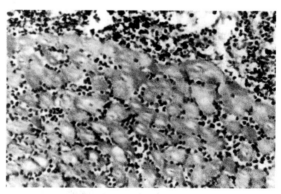

图8-1-2 羊心脏：在心肌纤维间和心外膜下，有大量大小、形态不一的淋巴肉瘤细胞散在和积聚。（HE×400）

（薛登民）

二、山羊肛门癌

　　山羊肛门癌（anal carcinoma of goats）是在我国西部地区发现的一种重要癌瘤，见于甘肃、西藏、青海等地。大多发生于白色山羊，杂色者较少，而黑色山羊尚未发现。公、母羊均可发生，但多出现于8岁以上的老龄羊。发病率因羊群不同而异，一般为10%～20%，有的羊群甚至可达20%以上。发病集中，同群分布，而附近的羊群可能不见一例。这是本病发生的特点之一。临诊症状除局部呈现癌瘤病变外，病羊精神沉郁，渐进性消瘦，病部敏感，排便痛苦，严重时后躯下蹲似犬坐姿势。本病的发生可能与紫外线的长期照射有关，但尚须进一步确定。

　　病变主要位于尾根下、肛门及其周围，也可发生于肛门和阴门之间、阴门及其附近。不见转移病灶。肿瘤为单发或多发。初期呈小结节状，或局部皮肤粗糙，色灰红或灰白，以后多表现为不规则的融合性结节或呈花椰菜状，表面粗糙，并常因摩擦感染而继发化脓或坏死性炎症，故常有恶臭（图8-2-1）。镜检，始发阶段呈基底细胞癌结构，以后表现为鳞状上皮细胞癌，但癌珠较少。癌细胞分化程度不一，大小不均，核大，核仁常在2个以上，分裂象较多。癌巢附近往往有较多淋巴细胞和浆细胞，间质里可见中性粒细胞浸润、甚至出血。肿瘤表面如有感染，则瘤组织表层可见大量中性粒细胞和脓细胞（图8-2-2）。

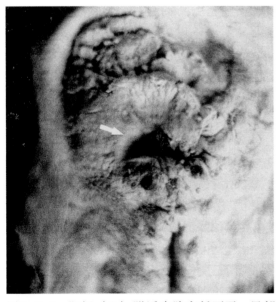

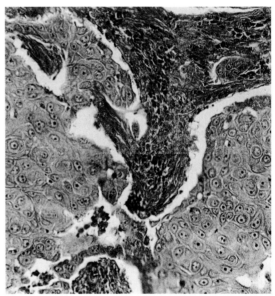

图8-2-1　肛门（↑）附近皮肤高低不平，局部坏死、出血。

（甘肃农业大学兽医病理室）

图8-2-2　癌细胞连片成巢，异型性较大，常有2个核仁，间质有较多炎性细胞浸润。

（HE×200）

（甘肃农业大学兽医病理室）

三、肝癌

肝癌（hepatic carcinoma）是发源于肝上皮细胞或胆管上皮细胞的一种恶性肿瘤。

羊也可发生肝癌，疾病早期不易觉察。随疾病发展，出现食欲减退、逐渐消瘦、精神沉郁等症状，有时结膜发黄。严重时可因衰竭而死亡。

眼观，肝表面和切面可见数量不等、大小不一的淡灰棕色或灰白色肿瘤结节，结节同周围组织界限明显，但常无包膜。大的肿瘤结节中常有出血或坏死，因此，质地变软，切面颜色不均。若肿瘤间质较多，则质地坚实，颜色灰白（图8-3-1）。肝癌可转移到肺脏、淋巴结或其他组织。镜检，和牛肝癌一样，癌组织也呈肝细胞性肝癌或胆管细胞性肝癌结构，前者癌细胞和肝细胞有一定相似，但异型性较大（图8-3-2）；后者癌组织主要由胆管样结构组成，但管腔的大小及上皮细胞的异型性差异颇大，癌间质为多少不等的纤维结缔组织。

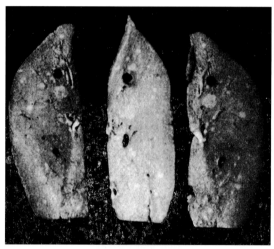

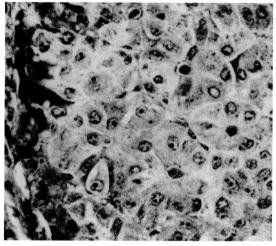

图8-3-1　肝表面和切面有许多大小不等的圆形、黄白色肿瘤结节，其界限明显，但无包膜。

（薛登民）

图8-3-2　肝细胞性肝癌：癌细胞与肝细胞有一定相似，大而淡染，但异型性较大，有较多分裂象。周围肝细胞受压萎缩。（HE×400）

（薛登民）

四、肾腺癌

家畜中最常见的肾肿瘤是肾细胞癌［肾腺癌（renal adenocarcinoma）、肾癌］和肾胚瘤。前者主要见于犬和牛，也可见于羊；后者则多见于仔猪、幼犬、犊牛、雏鸡和小兔。

肾小管上皮细胞来源的肾癌，肉眼可见肾脏一端膨大，色灰白，质硬，表面凹凸不平，近肾门处的肿瘤组织穿过被膜，呈花椰菜状侵入肾周围脂肪组织并与之融为一体，无法分离。肾动脉受肿瘤压迫而萎缩变细。切面见肾脏肿瘤为巨块状，色苍白，内散在大小

不同的坏死、钙化灶，并由肾乳头向肾盂腔内呈绒毛状增生，使肾盂腔狭窄。肾脏另一端残存的肾组织呈淡灰褐色，质软；皮质菲薄，内散在大小不一的白色肿瘤结节，皮质与肿瘤组织间界限不清。镜检，肾腺癌可按癌细胞的形态和排列再分为乳头状癌、小管癌和清亮细胞癌。各种形态可能比较一致，但同一肿瘤的不同部位出现不止一种形态也是常见的。肿瘤部肾脏原有结构消失，由纤维结缔组织和中央发生坏死、钙化的腺癌巢构成（图8-4-1）。结缔组织中散在少数萎缩的肾小球和肾小管。癌细胞大，多呈高柱状，大小不一，核大、深染，排列密集，有2个以上的核仁，核染色质丰富，核分裂象多。瘤细胞胞质少、嗜碱性，细胞间界限不清。癌巢内的瘤细胞围成不规则的管腔，或密集成堆。癌巢中央的瘤细胞常发生变性、坏死。癌组织中血管分布较少（图8-4-2）。

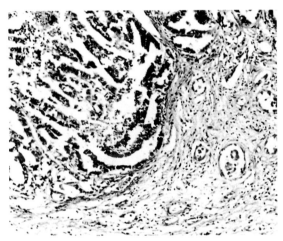

图8-4-1　癌组织由许多腺癌巢和结缔组织构成，癌巢中央癌细胞常发生坏死。（HE×200）

（张旭静）

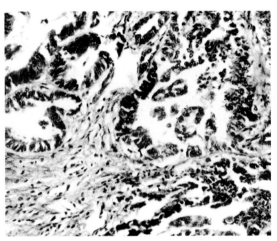

图8-4-2　上图放大：癌细胞排列成不规则的腺管或堆集成团，癌细胞多深染，其界限不清，有许多分裂象。（HE×400）

（张旭静）

五、淋巴管瘤

淋巴管瘤（lymphangioma）可发生于任何部位，在皮肤、肺脏、胃肠道、脾脏、网膜、肝脏及腹膜都可发生。羊的肝淋巴管瘤较多见，可分为3型：毛细淋巴管瘤、海绵状淋巴管瘤和囊状淋巴管瘤。眼观，局部均呈不规则突起，质地较软；囊状淋巴管瘤界限较清楚，单房或多房，囊内充满清亮的液体。镜检，局部淋巴管明显增多、扩张，大小不一，均衬以单层内皮，与正常淋巴管相似。较小的淋巴管腔隙外膜结构不清；较大的淋巴管结构清晰，并有平滑肌束，腔内含有蛋白质性液体，其中有少量淋巴细胞，偶尔可见红细胞。间质由网状纤维和胶原纤维构成，常有散在的淋巴细胞和淋巴小结（图8-5-1）。

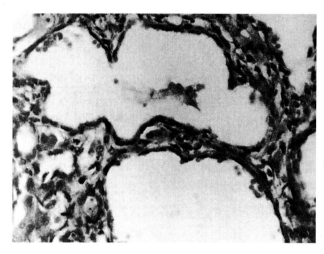

图 8-5-1　瘤组织由许多与淋巴管相似的、大小不一、形态不规则的囊腔构成，间质为含血管的结缔组织。（HE×400）

（刘宝岩等）

六、恶性血管内皮细胞瘤

恶性血管内皮细胞瘤（malignent vascular endothelioma）又称血管内皮细胞肉瘤（hemangioendotheliosarcoma）或血管肉瘤（hemangiosarcoma），是由血管内皮细胞发源的一种恶性肿瘤。该种肿瘤在羊较多见于血管丰富的肝脏。眼观，肝脏表面和实质有多少不等的肿瘤结节，其大小不一，从粟粒大到核桃大或更大，色灰白或暗红，有一定界限，但无包膜，较大的瘤结中心常凹陷，切面可见出血与坏死（图8-6-1）。镜检，肿瘤的结构和牛恶性血管内皮细胞瘤相似，即瘤实质由不规则的血管组成，血管内皮呈恶性增生，细胞大小不一，异型性大，并进入管腔，血管间有少量结缔组织；有些区域有明显出血与坏死（图8-6-2）。

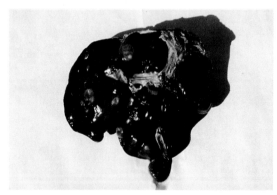

图 8-6-1　肝表面见大小不一的肿瘤结节，色灰白或暗红，较大结节的中心常有凹陷。

（陈怀涛）

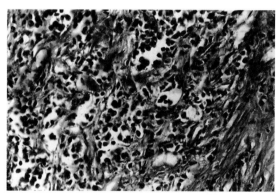

图 8-6-2　肝窦内皮细胞恶性增生，瘤细胞异型性大，有些向血管腔隙生长，甚至进入腔中，血管极不规则，其间有少量结缔组织。（HE×400）

（陈怀涛）

七、精子囊肿

　　精子囊肿（spermatocele）是指附睾管或睾丸细精管扩张，同时伴有精子蓄积而使附睾管或睾丸细精管呈囊状。大多数精子囊肿可发展成为精子肉芽肿。此病较多见于牛、羊和犬，其发生原因为先天性或后天性输精管闭塞，或因附睾炎时附睾管被炎性渗出物堵塞，致使管内精子积聚，管腔扩张。精子在浓缩和嵌塞之后，导致周围附睾管或睾丸细精管上皮萎缩、变性和坏死；继而其基底膜破裂，或囊自行破裂，导致精子外溢，并与基质广泛接触，形成精子肉芽肿。有人认为，精子含有许多抗原成分，可通过免疫反应导致精子肉芽肿的形成。

　　本病常无明显症状。但局部检查时，在附睾头处多可触及较硬的肿块，压之常有疼痛感。羊精子囊肿和精子肉芽肿多发生于附睾头。常为单侧性，右侧多于左侧，偶为双侧性。囊肿内的浓缩物呈黄色干酪状，类似化脓棒状杆菌引起的脓肿。有的囊肿直径可达3cm以上。如果是多条输出管阻塞，则肿块可能很大，且质地坚实而易于触摸。镜检，病灶中可见附睾管或睾丸细精管上皮变性、坏死和基底膜破坏，囊内蓄积大量精子（图8-7-1）。当精子进入间质后，局部形成以淋巴细胞浸润为主的病灶，其中混有多量精子和吞噬了精子的巨噬细胞。这种肉芽肿发展到后期，病灶周围常形成纤维组织包囊，其中的组织细胞常发生坏死（图8-7-2）。

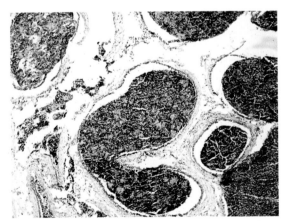

图8-7-1　精子积聚于管腔中，附睾管扩张，有些上皮已坏死、消失；间质有不少单核细胞浸润。（HE×100）

（陈怀涛）

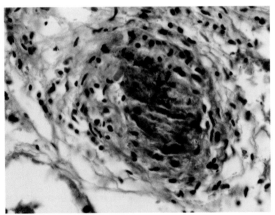

图8-7-2　精子肉芽肿：山羊精子肉芽肿，肉芽肿的中心为精子坏死物，其中尚见少量精子，外围是一些巨噬细胞、上皮样细胞和巨细胞等。（HE×400）

（陈怀涛）

主要参考文献

布拉德,1986.家畜传染病学与寄生虫病学[M].5版.肖佩蘅,等,译.北京:中国农业出版社.

陈怀涛,2008.兽医病理学原色图谱[M].北京:中国农业出版社.

陈怀涛,2021.兽医病理剖检技术与疾病诊断彩色图谱[M].北京:中国农业出版社.

陈怀涛,赵德明,2013.兽医病理学[M].2版.北京:中国农业出版社.

陈溥言,2015.兽医传染病学[M].6版.北京:中国农业出版社.

陈玉汉,陈灼怀,肖振德,1985.家畜家禽肿瘤学[M].广州:广东科技出版社.

崔中林,2007.奶牛疾病学[M].北京:中国农业出版社.

邓普辉,1997.动物细胞病理学[M].北京:中国农业出版社.

迪沃斯,2009.Rebhun's奶牛疾病学[M].2版.赵德明,等,译.北京:中国农业出版社.

丁伯良,1996.动物中毒病理学[M].北京:中国农业出版社.

段得贤,2001.家畜内科学[M].北京:中国农业出版社.

范国雄,1998.牛羊疾病诊治彩色图说[M].北京:中国农业出版社.

胡元亮,2019.中兽医验方与妙用精编[M].北京:化学工业出版社.

扈荣良,2014.现代动物病毒学[M].北京:科学出版社.

蒋金书,2000.动物原虫病学[M].北京:中国农业大学出版社.

孔繁瑶,2010.家畜寄生虫学[M].2版.北京:中国农业大学出版社.

李普霖,1994.动物病理学[M].长春:吉林科学技术出版社.

刘宝岩,邱震东,1990.动物病理组织学彩色图谱[M].长春:吉林科学出版社.

陆承平,2021.兽医微生物学[M].6版.北京:中国农业出版社.

马学恩,王凤龙,2019.兽医病理学[M].5版.北京:中国农业出版社.

史志诚,2001.动物毒物学[M].北京:中国农业出版社.

王建华,2010.兽医内科学[M].4版.北京:中国农业出版社.

肖定汉,2000.牛病防治[M].北京:中国农业大学出版社.

许乐仁,1993.蕨和与蕨相关的动物病[M].贵阳:贵州科学技术出版社.

杨光友,2017.兽医寄生虫病学[M].北京:中国农业出版社.

于康震,2002.动物传染病诊断学[M].北京:中国农业出版社.

张红英,2017.动物微生物学[M].4版.北京:中国农业出版社.

张晋举,2000.奶牛疾病图谱[M].哈尔滨:黑龙江科学出版社.

中国农业科学院哈尔滨兽医研究所, 2010. 动物传染病学 [M]. 北京: 中国农业出版社.

中国农业科学院哈尔滨兽医研究所, 2013. 兽医微生物学 [M].2 版. 北京: 中国农业出版社.

朱坤熹, 1997. 家畜肿瘤学 [M]. 北京: 中国农业出版社.

Alemneh T, Tewodros A, 2016. Sheep and goats pasteurellosis: Isolation, identification, biochemical characterization and prevalence determination in Fogera Woreda, Ethiopia[J]. Journal of Cell and Animal Biology,10(4):22-29.

Blowey R W, Weaver A D, 2004. 牛病彩色图谱 [M].2 版. 齐长明, 等, 译. 北京: 中国农业大学出版社.

Chiba K,1995. Immunohistologic studies on subpopulations of lymphocytes in cattle with enzootic bovine leucosis[J]. Vet pathol, 32: 513-520.

Coles E H, 1980. Veterinary clinical pathology [M]. 3rd edition. Philadelphia: W. B. Saunders Company.

Disasa W K, Beyene D M, Gamtessa A A, et al, 2020. Review on pneumonic pasteurellosis in cattle[J]. Global Scientific Journals, 9(8):1694-1708.

Gillespie J H, 1981. Hangan and Bruner's infectious diseases of domestic animals [M].7th edition. Cornell University Press, USA.

Jones T C, 1997. Veterinary pathology[M].6th edition. Philadelphia: Lippincott Williams & Wilkins.

Jubb K V F, 1993. Pathology of domestic animals[M]. 4th edition. San Diego: Academic Press.

Levine N D, 1985. Veterinary protozoology[M]. Ames: Iowa state University Press.

Mouwen J M V M, 1982. A colour atlas of veterinary pathology[M].Utrecht: Wolfe Medical Publications Ltd.

Pascoe R R,1990. Color atlas of equine dermatology[M]. St. Louis-Baltimore-Philadelphia Toronto: the C. V. Mosby Company.

Teodoro G D, Marruchella G, Provvido A D, et al, 2020.Contagious Bovine Pleuropneumonia: A Comprehensive Overview[J]. Veterinary Pathology, 57(4).

Walker R I, 1997. Fourth international congress for sheep veterinarians[M]. New South Wales: University of New England.

Wheeler C E,1955. The microscopic appearance of ecthyma contagiosum (orf) in sheep, rabbits, and man[J]. Am J Pathal, 33: 535-545.

图书在版编目（CIP）数据

牛羊病诊治彩色图谱/陈怀涛主编. —3版 —北京：中国农业出版社，2023.3
ISBN 978-7-109-30461-1

Ⅰ.①牛… Ⅱ.①陈… Ⅲ.①牛病－诊疗－图谱②羊病－诊疗－图谱 Ⅳ.①S858.2-64

中国国家版本馆CIP数据核字（2023）第035468号

中国农业出版社出版

地址：北京市朝阳区麦子店街18号楼
邮编：100125
责任编辑：武旭峰　弓建芳
版式设计：杜　然　　责任校对：吴丽婷　　责任印制：王　宏
印刷：北京缤索印刷有限公司
版次：2023年3月第1版
印次：2023年3月北京第1次印刷
发行：新华书店北京发行所
开本：787mm×1092mm　1/16
印张：20
字数：505千字
定价：188.00元